概率论与数理统计习题精选精解(第二版)

习题册

主编 张天德 叶 宏
主审 刘建亚 吴 臻

GAILVLUN YU SHULI TONGJI XITI JINGXUAN JINGJIE

山东科学技术出版社
·济南·

图书在版编目（CIP）数据

概率论与数理统计习题精选精解 / 张天德，叶宏主编. -- 2版. -- 济南 : 山东科学技术出版社, 2025.8.
ISBN 978-7-5723-2950-0

Ⅰ.O21

中国国家版本馆CIP数据核字第2025XQ4812号

概率论与数理统计习题精选精解

责任编辑：段　琰　陈增玉

主管单位：	山东出版传媒股份有限公司
出 版 者：	山东科学技术出版社
	地址：济南市市中区舜耕路517号
	邮编：250003　电话：（0531）82098088
	网址：www.lkj.com.cn
	电子邮件：sdkj@sdcbcm.com
发 行 者：	山东科学技术出版社
	地址：济南市市中区舜耕路517号
	邮编：250003　电话：（0531）82098067
印 刷 者：	山东华立印务有限公司
	地址：山东省济南市莱芜高新区钱塘江街019号
	邮编：271100　电话：（0531）76216033

规格：16开（184 mm×260 mm）
印张：25.5　字数：580千
版次：2025年8月第2版　印次：2025年8月第19次印刷
定价：49.80元（全两册）

第二版前言

概率论与数理统计作为理工科领域的基石学科，其重要性不仅体现在大学阶段的基础教育，更深远地影响着后续专业课程的学习与研究。在概率论与数理统计的学习道路上，无论是应对日常学习、课程考核还是备战研究生入学考试，选择一本科学系统的辅导用书至关重要。

《概率论与数理统计习题精选精解（第二版）》正是基于这样的需求而精心编撰的，它既是一本适合同步学习的辅导全书，也是考研复习的得力助手。第二版在保留第一版精华的基础上，结合概率论与数理统计最新教学大纲和考研命题趋势，在内容体系、题目选编和解析深度等方面进行了全方位优化升级，力求为读者提供更加系统、高效的学习体验。本次修订主要体现在以下四个维度：

一、重构题型体系，强化知识脉络

采用科学系统的分类方法，对题目进行了更精细的题型划分，题型的编排顺序也更加循序渐进，从知识点核心归纳到典型例题，再到举一反三，形成完整的学习闭环。

二、更新习题内容，瞄准考研动态

在题目内容更新方面，进行了全面的优化筛选。一方面严格筛选淘汰与当前教学要求不符的陈旧题目，另一方面精选近年来具有代表性的考研真题进行补充。这些新增题目不仅覆盖了考研概率论与数理统计的主要考点，更体现了最新的命题趋势。

三、增加题型精讲视频，提炼方法精要

本书增加了概率论与数理统计学习资源，通过"一题型一码"的便捷形式，实现扫码即看、随学随会的移动学习体验。为每个题型的典型原型题配备了高校老师录制的视频解析，通过动态演示将解题思路可视化，不仅逐步演示解题过程，更着重剖析思维路径，注重方法总结。

四、精设多个板块，注重学练贯通

在内容编排上，全书由"章节刷题散点图""核心归纳""重点题型"三大板块

及"思路拓展"等辅助模块构成，形成了一个科学完整的学习体系，帮助读者循序渐进地掌握概率论与数理统计的核心内容与解题方法。

在使用本书进行学习时，建议采取以下系统化的学习方法：

首先，在开始每个章节的学习前，应充分利用"章节刷题散点图"进行预习规划。这张可视化图表能清晰展示本章题目的难度分布和知识点覆盖情况，建议用不同颜色标注自己的预期重点和难点区域。

其次，深入研读"核心归纳"部分时，建议采用主动学习的方法。不要简单浏览，而要动手整理知识框架：可以准备专门的笔记本，将每个知识点的定义、定理、公式用自己的语言重新表述，并配以典型示例。

在"重点题型"部分的学习中，要遵循科学的解题训练流程。面对每个"原型题"，建议先独立尝试解答，即使没有思路也要坚持思考 5~10 分钟，这个过程对培养概率论与数理统计思维至关重要。然后再仔细研读书中的解析，特别注意解题思路的建立过程，而不仅仅是结果。完成原型题后，立即转入"举一反三"的变式训练，这是检验是否真正掌握所学知识的关键环节。建议为每个变式题设置时间限制，培养解题速度。

"综合提高题型"部分的使用要讲究策略。这部分题目往往具有一定的挑战性，建议在完成章节主要内容后再来攻克。

我们深信，概率论与数理统计素养的提升需要科学的方法指引和系统的训练体系，概率论与数理统计能力的提升源于持续的努力和正确的方法。希望这本凝聚了编写团队多年教学心血的辅导用书，能够帮助读者建立坚实的概率论与数理统计基础，在概率论与数理统计的学习道路上取得突破，为未来的学术进步和职业规划奠定坚实的数理基础。

由于编者水平有限，书中难免存在不足之处，恳请广大读者批评指正。

编者

2025 年 6 月

首版前言

2007年，我们编写了高等数学同步辅导及考研复习用书——《吉米多维奇高等数学习题精选精解》。此书出版后，得到了广大读者的喜爱。许多同行告诉我们，他们那里的学生几乎人手一册，成为许多高校"指定"的必备参考书。

概率论与数理统计同样是理工类专业的一门重要基础课，是硕士研究生入学考试的重点科目。许多读者与我们联系，希望我们也能编写一本概率论与数理统计的辅导书。为帮助读者更好地学习这一科目，我们编写了《概率论与数理统计习题精选精解》作为《吉米多维奇高等数学习题精选精解》的姊妹篇。

本书涵盖了概率论与数理统计的知识要点、典型习题、考研真题以及难度稍大的综合习题，汇集了概率论与数理统计的基本解题思路、方法和技巧，融入了编者多年讲授概率论与数理统计课程、辅导考研数学的经验和体会。相信本书会成为读者学习概率论与数理统计的良师益友。

本书共分八章，每章又分若干节。在章节划分和内容设置上与最新版硕士研究生入学考试大纲完全一致。每章除最后一节外每节包括两大板块：

知识要点：简要对每节涉及的基本概念、基本定理和公式进行了系统的梳理。

基本题型：对每节常见的基本题型进行归纳总结，便于读者理解和掌握基本知识，有利于提高读者的解题能力和数学思维水平。

每章最后一节是**综合提高题型**，这一节的题目综合性较强，有一定的难度及灵活性，其中相当一部分是考研真题。通过本节的学习，可以提高读者的应变能力、思维能力和分析问题、解决问题的能力，把握知识重点、掌握考查规律、了解考研动向。

本书由张天德主编，叶宏、王颜副主编。山东大学刘建亚教授、吴臻教授对全书作了仔细的审校，并对部分习题提出了更为精妙的解题思路。

本书可作为在校大学生同步学习的优秀辅导书，也可作为广大教师的教学参考书，还可以为考研复习和成人学员自学提供富有成效的帮助。读者在使用本书时，宜先独立求解，然后再与本书作比较，这样一定会获益匪浅，掌握更多的有用知识。

本书出版以来广受好评，本次重印经过认真修订，对部分内容加以调整，补充了最新的考研真题。

本书在编写过程中参考本科教学大纲和最新考研大纲，充分考虑学生实际学习需要，选取了前八章的内容。限于编者水平，书中存在的不足之处，欢迎广大专家、同行和读者批评指正。

编者
2010 年 9 月

板块介绍和使用说明

刷题散点图

作为每章的开篇导航，采用可视化方式直观呈现本章所有题目的分布和知识点覆盖情况。

1. 随机事件及其运算
   原型题 1 2 5 6 7
   举一反三 3 4 8 9 10
2. 随机事件的概率
   原型题 11 12 13 14 20 21
   举一反三 15 16 17 18 19

   举一反三 44 45 48 49 50
5. 独立性
   原型题 51 52 53 57 58 59 64 65 66
   举一反三 54 55 56 60 61 62 63 67 68 69 70

核心归纳

以考研大纲和主流教材为依据，对每节的核心概念、重要定理和关键公式进行系统梳理。

核心归纳

1. 随机事件的相关概念
   （1）随机试验
   在概率论中将具备下列三个条件的试验称为**随机试验**，简称**试验**：
   1° 在相同条件下可重复进行；
   2° 每次试验的结果具有多种可能性；

重点题型

"原型题＋举一反三"的双阶训练体系

"**原型题**"板块：每个题型选取极具代表性的经典例题，题号采用醒目的蓝色阴影标注，便于快速定位，题量少而精，并配备完整的详细解析；

"**举一反三**"变式训练题组：通过条件变换、逆向思维、一题多变等训练方式，培养读者灵活运用知识的能力；答案解析单独成册，便于对照自查。

题型1 事件的表示

原型题

[1] 以 A 表示事件"甲种产品畅销，乙种产品滞销"，则其对立事件 $\bar{A}$ 为（ ）.
A."甲种产品滞销，乙种产品畅销" B."甲、乙两种产品均畅销"
C."甲种产品滞销或乙种产品畅销" D."甲种产品滞销"

解 设 $B=$"甲种产品畅销"，$C=$"乙种产品滞销"，则 $A=BC$，$\bar{A}=\bar{B}\bar{C}=\bar{B}\cup\bar{C}=$"甲种产品滞销或乙种产品畅销".
故应选 C.

举一反三

[3] 在电炉上安装了4个温控器，其显示温度的误差是随机的. 在使用过程中，只要有两个温控器显示的温度不低于临界温度 t_0，电炉就断电. 以 E 表示事件"电炉断电"，而 $T_{(1)} \leq T_{(2)} \leq T_{(3)} \leq T_{(4)}$ 为4个温控器显示的按递增顺序排列的温度值，则事件 E 等于（ ）.
A.$\{T_{(1)} \geq t_0\}$ B.$\{T_{(2)} \geq t_0\}$ C.$\{T_{(3)} \geq t_0\}$ D.$\{T_{(4)} \geq t_0\}$

[4] 设 A,B,C 为三个事件，则 A,B,C 仅有一个发生可表示为_____.

综合提高题型

位于每章最后一节，精选具有挑战性的综合应用题，打破知识壁垒，培养整体思维能力，真正实现从"会做题"到"会思考"的能力跃升。

6. 综合提高题型

[71] 在区间$[0,1]$上随机地取一个点，记为X，设事件$A=\left\{0\leqslant X\leqslant\dfrac{1}{2}\right\}$，$B=\left\{\dfrac{1}{4}\leqslant X\leqslant\dfrac{3}{4}\right\}$，则( )．

A. A,B 互不相容 B. A,B 相互独立
C. A 包含于 B D. A 与 B 对立

解 $AB=\left\{\dfrac{1}{4}\leqslant X\leqslant\dfrac{1}{2}\right\}$，$P(AB)=\dfrac{1}{4}$.

而 $P(A)=P(B)=\dfrac{1}{2}$，故 $P(AB)=P(A)P(B)$，即 A,B 相互独立．

故应选 B.

思路拓展

多角度分析问题、探索不同解法、建立知识联系，从而提升解题能力和概率论与数理统计思维。

思路拓展

此题考查概率"单调性"，即若 $A\subset B$ 是两个随机事件，则
$$0\leqslant P(A)\leqslant P(B)\leqslant 1.$$

题型精讲视频

扫码开启掌上学习

"一题型一码·扫码即学"：轻松解锁高清讲解！

操作步骤：

注册登录

微信扫描封底"鲁科高数"小程序码，完成注册。

激活权限

扫描书中任意"题型二维码"，输入封底的激活码，即可解锁全书视频资源！

便捷学习

本书所有视频资源统一存放在小程序"高数课程→大学同步"专区，注册激活后，随时登录观看。

目 录

第一章　随机事件与概率

1. 随机事件及其运算
题型1　事件的表示 …………………………… 3
题型2　判断事件的关系及运算 ……………… 4

2. 随机事件的概率
题型1　古典概型 ……………………………… 6
题型2　几何概率 ……………………………… 9

3. 概率基本运算法则
题型1　利用性质求概率 …………………… 12
题型2　条件概率的计算 …………………… 14
题型3　利用乘法公式求概率 ……………… 16

4. 全概率公式与贝叶斯公式
题型1　全概率公式的应用 ………………… 17
题型2　利用贝叶斯公式求概率 …………… 19

5. 独立性
题型1　独立性的判断 ……………………… 22
题型2　独立性的应用 ……………………… 24
题型3　关于独立重复试验的题目 ………… 27

6. 综合提高题型
题型1　关于事件关系及概率的判断 ……… 29
题型2　利用公式求概率 …………………… 31
题型3　概率的应用与证明 ………………… 34
题型4　关于事件独立性与独立重复试验的问题 …… 38

第二章　随机变量及其分布

1. 随机变量与分布函数
题型1　关于分布函数的定义和性质 ……… 42
题型2　利用分布函数求概率 ……………… 44

2. 离散型随机变量及其分布
题型1　关于分布律的性质 ………………… 47
题型2　求离散型随机变量的分布律 ……… 48
题型3　离散型随机变量的分布律与分布函数的关系 …… 51
题型4　利用分布律求概率 ………………… 53
题型5　关于常见分布 ……………………… 54

3. 连续型随机变量及其分布
题型1　概率密度的性质 …………………… 59
题型2　概率密度与分布函数的转化以及求概率 …… 60
题型3　关于重要分布 ……………………… 63

4. 随机变量函数的分布
题型1　离散型随机变量函数的分布 ……… 67
题型2　连续型随机变量函数的分布 ……… 70

5. 综合提高题型
题型1　关于随机变量的判断及选择 ……… 71
题型2　利用随机变量的分布求概率 ……… 74
题型3　求随机变量或随机变量函数的分布 …… 77
题型4　关于重要分布 ……………………… 83

第三章　多维随机变量及其分布

1. 二维随机变量及其分布
题型1　关于联合分布的性质 ……………… 91
题型2　求联合分布律 ……………………… 92
题型3　分布函数与概率密度的转化 ……… 94
题型4　利用联合分布求概率 ……………… 95

2. 边缘分布
题型1　联合分布律与边缘分布律 ………… 99
题型2　联合分布函数与边缘分布函数 …… 101
题型3　联合概率密度与边缘密度 ………… 102
题型4　关于重要的二维分布 ……………… 103

3. 条件分布
题型1　求条件分布律 ……………………… 105
题型2　条件密度的计算及应用 …………… 106

4. 随机变量的独立性
题型1　随机变量独立性的判断问题 ……… 109
题型2　独立性的应用 ……………………… 112

5. 多维随机变量函数的分布
题型1　求离散型随机变量函数的分布 …… 116
题型2　求连续型随机变量函数的分布 …… 118
题型3　关于重要结论及公式 ……………… 122

题型 4　特殊类型的变量函数的分布 …………124	题型 3　利用随机变量的分布求概率 …………134
6. 综合提高题型	题型 4　与独立性有关的题目 …………138
题型 1　关于多维随机变量的选择与判断 …………126	题型 5　求多维随机变量函数的分布 …………141
题型 2　多维随机变量的分布工具及工具的转换 …129	

第四章　随机变量的数字特征

1. 数学期望	题型 2　关于重要性质及结论 …………169
题型 1　求离散型随机变量的数学期望 …………153	题型 3　独立与不相关的判断 …………171
题型 2　求连续型随机变量的数学期望 …………153	题型 4　关于矩和协方差矩阵 …………173
题型 3　随机变量函数的数学期望 …………154	**4. 综合提高题型**
题型 4　利用性质求期望 …………157	题型 1　关于数字特征的判断与选择 …………175
题型 5　数学期望的应用 …………158	题型 2　利用公式求数字特征 …………178
2. 方差	题型 3　利用性质求数字特征 …………187
题型 1　方差的计算 …………160	题型 4　关于重要分布的数字特征 …………190
题型 2　期望与方差性质的综合使用 …………162	题型 5　数字特征应用题 …………193
题型 3　关于重要分布的期望与方差 …………164	题型 6　独立与不相关 …………196
3. 协方差与相关系数	
题型 1　协方差与相关系数的计算 …………167	

第五章　大数定律与中心极限定理

题型 1　利用切比雪夫不等式估计概率 …………201	题型 3　与中心极限定理有关的题目 …………203
题型 2　关于大数定律 …………202	题型 4　综合提高题型 …………206

第六章　数理统计基本概念

题型 1　判断抽样分布 …………216	题型 4　关于样本、统计量和经验分布函数 …………224
题型 2　利用抽样分布求概率 …………219	题型 5　综合提高题型 …………226
题型 3　统计量求数字特征 …………222	

第七章　参数估计

1. 点估计	题型 2　正态总体参数 σ^2 的区间估计 …………250
题型 1　求矩估计 …………236	**3. 综合提高题型**
题型 2　求最大似然估计 …………238	题型 1　关于点估计 …………252
题型 3　估计量的评选标准 …………241	题型 2　关于区间估计 …………264
2. 区间估计	
题型 1　正态总体参数 μ 的区间估计 …………247	

第八章　假设检验

1. 假设检验基本概念	题型 3　配对问题 …………278
题型　关于两类错误 …………271	**3. 综合提高题型**
2. 正态总体参数的假设检验	题型 1　正态总体参数的假设检验 …………279
题型 1　正态总体均值的检验 …………274	题型 2　关于两类错误和拒绝域的题目 …………285
题型 2　正态总体方差的检验 …………277	

第一章 随机事件与概率

刷题散点图

在学习概率论与数理统计时,制作刷题散点图是一种高效的学习方法. 用笔在题号上标记:做对的画"√",做错的画"×". 完成后,观察题号的分布情况:错题集中的区域是薄弱点,需重点二刷、三刷;错题分散则说明基础不牢,要全面巩固.

通过散点图,能快速定位问题,精准复习,提升学习效率.

1. 随机事件及其运算

核心归纳

1. 随机事件的相关概念

(1) 随机试验

在概率论中将具备下列三个条件的试验称为**随机试验**,简称**试验**:

① 在相同条件下可重复进行;

② 每次试验的结果具有多种可能性;

③ 在每次试验之前不能准确预言该次试验将出现何种结果,但是所有结果明确可知.

(2) 样本空间

随机试验的所有可能的结果构成的集合称为**样本空间**,常用 Ω 表示.

(3) 随机事件

随机试验的每一种可能的结果称为**随机事件**,常用 A,B,C,D 表示.

(4) 基本事件

不能分解为其他事件组合的最简单的随机事件称为**基本事件**.

(5) 必然事件

每次试验中一定发生的事件称为**必然事件**,常用 Ω 表示.

(6) 不可能事件

每次试验中一定不发生的事件称为**不可能事件**,常用 $\varnothing$ 表示.

2. 事件的关系及运算

(1) 包含

A 发生必然导致 B 发生,则称 B **包含** A(或 A 包含于 B),记为 $B \supset A$(或 $A \subset B$).

(2) 相等

若 $A \supset B$ 且 $B \supset A$,则称 A 与 B **相等**,记为 $A = B$.

(3) 事件的和

A 与 B 至少有一个发生,称为 A 与 B 的**和事件**,记为 $A \cup B$.

(4) 事件的积

A 与 B 同时发生,称为 A 与 B 的**积事件**,记为 $A \cap B$(或 AB).

(5) 事件的差

A 发生而 B 不发生,称为 A 与 B 的**差事件**,记为 $A - B$.

(6) 互斥事件

在试验中,若事件 A 与 B 不能同时发生,即 $A \cap B = \varnothing$,则称 A,B 为**互斥事件**或**互不相容事件**.

(7) 对立事件

在每次试验中,"事件 A 不发生"的事件称为 A 的**对立事件**或**逆事件**,记为 $\overline{A}$.

3. 事件的运算律

(1) 交换律

$A \cup B = B \cup A, AB = BA$.

(2) 结合律

$(A \cup B) \cup C = A \cup (B \cup C), (A \cap B) \cap C = A \cap (B \cap C)$.

(3) 分配律

$(A \cup B)C = (AC) \cup (BC), A \cup (BC) = (A \cup B)(A \cup C)$.

(4) 德摩根律

$\overline{A \cup B} = \overline{A} \cap \overline{B}, \overline{A \cap B} = \overline{A} \cup \overline{B}$.

重点题型

题型 1　事件的表示

原型题

[1] ① 以 A 表示事件"甲种产品畅销,乙种产品滞销",则其对立事件 $\overline{A}$ 为(　　).

A. "甲种产品滞销,乙种产品畅销"　　　　B. "甲、乙两种产品均畅销"

C. "甲种产品滞销或乙种产品畅销"　　　　D. "甲种产品滞销"

解　设 B = "甲种产品畅销",C = "乙种产品滞销",则 $A = BC$,

$\overline{A} = \overline{BC} = \overline{B} \cup \overline{C}$ = "甲种产品滞销或乙种产品畅销".

故应选 C.

[2] 设 A,B,C 为三事件,用 A,B,C 的运算关系表示下列各事件.

(1) A 发生,B 与 C 不发生;　　　　　　(2) A 与 B 都发生,而 C 不发生;

(3) A,B,C 中至少有一个发生;　　　　　(4) A,B,C 都发生;

(5) A,B,C 都不发生;　　　　　　　　　(6) A,B,C 中不多于一个发生;

(7) A,B,C 中不多于两个发生;　　　　　(8) A,B,C 中至少有两个发生.

解　(1) $A\overline{B}\,\overline{C}$;　　(2) $AB\overline{C}$;　　　　(3) $A \cup B \cup C$;

---

①书中带浅蓝色阴影的题目为原型题,如:[1] 。

(4) ABC;　　　　　(5) $\overline{A}\overline{B}\overline{C}$ 或 $\overline{A \cup B \cup C}$;

(6) $\overline{A}BC \cup A\overline{B}C \cup AB\overline{C} \cup \overline{A}\overline{B}\overline{C}$ 或 $\overline{AB} \cup \overline{AC} \cup \overline{BC}$;

(7) $\overline{ABC}$ 或 $\overline{A} \cup \overline{B} \cup \overline{C}$;　　　　　(8) $AB \cup BC \cup AC$.

方法总结

任意一个随机事件均可以表示为一个或几个与其等价的形式. 在概率的计算中,可以根据条件的不同而选用不同的等价形式,大家在做关于随机事件的关系及运算的题目时,应该注意下面几个结论的应用:

(1) $A = AB + A\overline{B}$, AB 与 $A\overline{B}$ 互不相容;

(2) 当 A,B 互不相容时,$A - B = A$; $AB = \varnothing$; $(A+B) - B = A$;

(3) 当 $B \subset A$ 时,$A + B = A$; $AB = B$; $(A-B) + B = A$;

(4) $A - B = A - AB = A\overline{B}$.

举一反三

解析见答案册第 1 页

[3]① 在电炉上安装了 4 个温控器,其显示温度的误差是随机的. 在使用过程中,只要有两个温控器显示的温度不低于临界温度 t_0,电炉就断电. 以 E 表示事件"电炉断电",而 $T_{(1)} \leqslant T_{(2)} \leqslant T_{(3)} \leqslant T_{(4)}$ 为 4 个温控器显示的按递增顺序排列的温度值,则事件 E 等于( ).

A. $\{T_{(1)} \geqslant t_0\}$　　B. $\{T_{(2)} \geqslant t_0\}$　　C. $\{T_{(3)} \geqslant t_0\}$　　D. $\{T_{(4)} \geqslant t_0\}$

[4] 设 A, B, C 为三个事件,则 A, B, C 仅有一个发生可表示为_____.

题型 2　判断事件的关系及运算

原型题

[5] 设任意两个随机事件 A 和 B 满足条件 $AB = \overline{A}\overline{B}$,则( ).

A. $A \cup B = \varnothing$　　B. $A \cup B = \Omega$　　C. $A \cup B = A$　　D. $A \cup B = B$

解　方法一　排除法.

注意到 $AB = \overline{A}\overline{B}$,那么 A, B 的地位是"对等"的,从而 C,D 均不成立. A 不正确是显然的. 故 B 正确.

方法二　直接法.

运用德摩根律,$AB = \overline{A}\overline{B} = \overline{A \cup B}$,那么

$$A \cup B = (A \cup B) \cup AB = (A \cup B) \cup \overline{A \cup B} = \Omega.$$

故应选 B.

---

① 该题型为举一反三,如:[3]。

[6] 设事件 A 与 B 互不相容,则下列结论中肯定正确的是( ).

A. $\bar{A}$ 与 $\bar{B}$ 互不相容 B. $\bar{A}$ 与 $\bar{B}$ 相容

C. A 与 B 对立 D. $A - B = A$

解 因为事件 A 与 B 互不相容,所以利用事件关系或者文氏图可看出 A,B,C 显然不对,由差事件的定义可知 $A - B = A$.

故应选 D.

[7] 设 A,B,C 是三个事件,与事件 A 互斥的事件是( ).

A. $\overline{AB} \cup \overline{AC}$ B. $\overline{A(B \cup C)}$ C. $\overline{ABC}$ D. $\overline{A \cup B \cup C}$

解 $A(\overline{AB} \cup \overline{AC}) = A\overline{AB} \cup A\overline{AC} = \varnothing \cup A\overline{C} = A\overline{C}$,所以 A 与 $\overline{AB} \cup \overline{AC}$ 不一定互斥;$\overline{A(B \cup C)} = \overline{A} \cup \overline{BC}$,而 $A(\overline{A} \cup \overline{BC}) = A\overline{A} \cup A\overline{BC} = A\overline{BC}$,所以 A 与 $\overline{A(B \cup C)}$ 也不一定互斥;$\overline{ABC} = \overline{A} \cup \overline{B} \cup \overline{C}$,而 $A(\overline{A} \cup \overline{B} \cup \overline{C}) = A\overline{A} \cup A\overline{B} \cup A\overline{C} = A\overline{B} \cup A\overline{C}$,所以 A 与 $\overline{ABC}$ 也不一定互斥;$\overline{A \cup B \cup C} = \overline{A}\,\overline{B}\,\overline{C}$,而 $A\overline{A}\overline{B}\overline{C} = \varnothing \overline{BC} = \varnothing$,所以 A 与 $\overline{A \cup B \cup C}$ 一定互斥.

故应选 D.

方法总结

对于较复杂的事件运算,除了熟练运用定义及运算规律判断,还可采用集合论中的文氏图帮助分析和理解.

举一反三 解析见答案册第 1 页

[8] 对于任意两个随机事件 A 与 B,其对立的充要条件为( ).

A. A 与 B 至少有一个发生

B. A 与 B 不同时发生

C. A 与 B 至少有一个发生,且 A 与 B 至少有一个不发生

D. A 与 B 至少有一个不发生

[9] 设 A 和 B 是任意两个随机事件,则与 $A \cup B = B$ 不等价的是( ).

A. $A \subset B$ B. $\bar{B} \subset \bar{A}$ C. $A\bar{B} = \varnothing$ D. $\bar{A}B = \varnothing$

[10] 指出下面式子中事件之间的关系:

(1) $AB = A$; (2) $A \cup B = A$; (3) $ABC = A$; (4) $A \cup B \cup C = A$.

2. 随机事件的概率

核心归纳

1. 概率的统计定义
在相同的条件下,重复进行 n 次试验,事件 A 发生的频率稳定地在某一常数 p 附近摆动. 且一般说来,n 越大,摆动幅度越小,则称常数 p 为事件 A 的**概率**,记作 $P(A)$.

2. 概率的公理化定义
设 Ω 是一样本空间,称满足下列三条公理的集函数 $P(\cdot)$ 为定义在 Ω 上的**概率**:

(1) 非负性　对任意事件 A,$P(A) \geqslant 0$;

(2) 规范性　$P(\Omega) = 1$;

(3) 可列可加性　若两两互不相容的事件列 $\{A_n\}$ 是可列的,则 $P(\sum\limits_{i=1}^{\infty} A_i) = \sum\limits_{i=1}^{\infty} P(A_i)$.

3. 古典概型
具有下列两个特点的试验称为**古典概型**.

(1) 每次试验只有有限种可能的试验结果;

(2) 每次试验中,各基本事件出现的可能性完全相同.

对于古典概型,事件 A 发生的概率为

$$P(A) = \frac{A \text{ 中基本事件数}}{\Omega \text{ 中基本事件数}} = \frac{m}{n}.$$

4. 几何概型
如果随机试验的样本空间是一个区域(例如直线上的区间、平面或空间中的区域),而且样本空间中每个试验结果的出现具有等可能性,那么规定事件 A 的概率为

$$P(A) = \frac{A \text{ 的测度(长度、面积、体积)}}{\text{样本空间的测度(长度、面积、体积)}}.$$

重点题型

题型 1　古典概型

原型题

[11]　设袋中有红、白、黑球各 1 个,从中有放回地取球,每次取 1 个,直到三种颜色的球都取到时停止,则取球次数恰好为 4 的概率为_____.

解 设 A 为"取球次数恰好为 4 时三种颜色齐全",样本空间所含基本事件数 $n = 3^4$. A 意味着第 4 次单独一种颜色,前 3 次出现两种颜色,其中一种颜色出现一次,另一种颜色出现两次,故 A 所含基本事件数为 $m = C_3^1(C_3^1 C_2^1)$,则

$$P(A) = \frac{m}{n} = \frac{2}{9}.$$

故应填 $\frac{2}{9}$.

[12] 设有 N 件产品,其中有 M 件次品,今从中任取 n 件,问其中恰有 $k(k \leqslant \min\{n, M\})$ 件次品的概率是多少?

解 在 N 件产品中任取 n 件,所有可能的取法有 C_N^n 种. 在 M 件次品中任取 k 件,所有可能的取法有 C_M^k 种,在 $N-M$ 件正品中任取 $n-k$ 件,所有可能的取法有 C_{N-M}^{n-k} 种. 由乘法原理,在 N 件产品中任取 n 件,其中恰有 k 件次品的取法有 $C_M^k C_{N-M}^{n-k}$ 种.

因此,恰有 k 件次品概率为

$$p = \frac{C_M^k C_{N-M}^{n-k}}{C_N^n}.$$

上式称为**超几何公式**,在第二章中我们将会具体介绍由此而来的**超几何分布**.

[13] 设一个袋中装有 a 个黑球,b 个白球,现将球随机地一个个摸出,问第 k 次摸出黑球的概率是多少?$(1 \leqslant k \leqslant a+b)$

解 方法一 令 A 表示事件"第 k 次摸到黑球".

将这 $a+b$ 个球编号,并以球依摸出的先后次序排队,易知基本事件总数为 $(a+b)!$. 事件 A 等价于在第 k 个位置上放一个黑球,在其余 $a+b-1$ 个位置上放余下的 $(a+b-1)$ 个球,则 A 包含的基本事件数为 $a(a+b-1)!$. 那么所求概率为

$$P(A) = \frac{a(a+b-1)!}{(a+b)!} = \frac{a}{a+b}.$$

方法二 本题也可以只考虑前 k 个位置,则

$$P(A) = \frac{C_a^1 \cdot A_{a+b-1}^{k-1}}{A_{a+b}^k} = \frac{a}{a+b}.$$

[14] 有 n 个人,每人都有同等的机会被分配到 $N(n \leqslant N)$ 间房中的任一间去,试求下列各事件的概率.

(1) $A = $ "某指定的 n 间房中各有一人";

(2) $B = $ "恰有 n 间房各有一人";

(3) $C = $ "某指定的一间房中恰有 $m(m \leqslant n)$ 人".

解 (1) 基本事件总数为 N^n. 将 n 个人分到某指定的 n 间房中,相当于 n 个元素的全排列,所以事件 A 包含的基本事件数为 $n!$,故

$$P(A) = \frac{n!}{N^n};$$

(2) n 间房中各有 1 人是指任意 n 间房中各有 1 人,这共有 C_N^n 种情况,所以事件 B 包含

的基本事件数为 $C_N^n n!$，故

$$P(B) = \frac{C_N^n n!}{N^n} = \frac{N!}{N^n(N-n)!};$$

(3) 从 n 个人中选 m 个分配到指定的一间房中，有 C_n^m 种方法；其余的 $n-m$ 个人分到其余 $N-1$ 间房，有 $(N-1)^{n-m}$ 种方法，所以事件 C 包含的基本事件数为 $C_n^m(N-1)^{n-m}$，故

$$P(C) = \frac{C_n^m(N-1)^{n-m}}{N^n} = C_n^m \left(\frac{1}{N}\right)^m \left(\frac{N-1}{N}\right)^{n-m}.$$

这实际上是第二章将要介绍的**二项分布**的特殊情形.

> **方法总结**
>
> 计算古典概率 $P(A)$ 的关键是找出 A 中的基本事件数，在计算过程中常常用到排列组合的知识，有时也需要用列举法逐一分析 A 中的基本事件.

举一反三   解析见答案册第 1 页

[15] 一袋中装有 10 个号码球，分别标有 1～10 号，现从袋中任取 3 个球，记录其号码，求：

(1) 最小号码为 5 的概率；

(2) 最大号码为 5 的概率；

(3) 中间号码为 5 的概率.

[16] 一元二次方程 $x^2 + Bx + C = 0$，其中 B,C 分别是将一枚骰子接连掷两次先后出现的点数. 求该方程有实根的概率 p 和有重根的概率 q.

[17] 从 0,1,2,⋯,9 十个号码中随机取出四个号码,排成一个四位数,求这个四位数能被 5 整除的概率.

[18] 将 3 个球随机地放入 4 个杯子中去,求杯子中球的最大个数分别为 1,2,3 的概率.

[19] 一部五卷的文集,按任意次序排放到书架上,试求下列概率:
(1) 第一卷出现在两边;
(2) 第一卷及第五卷出现在两边;
(3) 第一卷或第五卷出现在两边;
(4) 第一卷或第五卷不出现在两边.

题型 2　几何概率

原型题

[20] 某城际列车每 1 小时发一班车,某人下班后到候车厅候车,则他候车时间短于 10 分钟的概率为 _____.

解 以分钟为单位,记上一班车发出时刻为 0,下一班车发出时刻为 60,因此这个人到达候车厅的时间必在区间 (0,60) 内,记"等待时间短于 10 分钟"为事件 A,则有
$$S=(0,60),\quad A=(50,60)\subset S.$$

于是

$$P(A) = \frac{\mu(A)}{\mu(S)} = \frac{10}{60} = \frac{1}{6},$$

其中 $\mu(A), \mu(S)$ 表示长度.

故应填 $\frac{1}{6}$.

[21] 在区间 $(0,1)$ 中随机地取两个数,则这两个数之差的绝对值小于 $\frac{1}{2}$ 的概率为 _____.

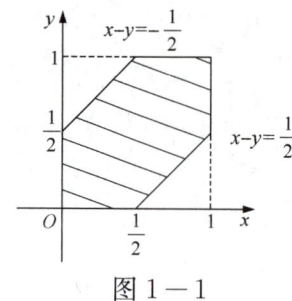

图 1—1

解 设 x,y 为所取的两个数,则 $0<x<1, 0<y<1$. x,y 所有可能取值结果对应的集合记为 S,事件"两个数之差的绝对值小于 $\frac{1}{2}$" 记为 A. 则样本空间 $S = \{(x,y) \mid 0<x<1, 0<y<1\}$,事件 $A = \left\{(x,y) \mid (x,y) \in S, |x-y| < \frac{1}{2}\right\}$(如图 1—1 中阴影部分),故

$$P(A) = \frac{\Omega(A)}{\Omega(S)} = \frac{3/4}{1} = \frac{3}{4},$$

其中, $\Omega(A)$ 与 $\Omega(S)$ 分别表示 A 与 S 的面积.

故应填 $\frac{3}{4}$.

方法总结

根据题意建立正确的几何概型往往是解题的关键,另外,几何概率的计算中往往需要利用定积分及重积分求面积或体积,因此要求考生对微积分知识熟悉.

举一反三

解析见答案册第 3 页

[22] 在区间 $(0,1)$ 中随机地取两个数,则事件"两数之和小于 $\frac{6}{5}$"的概率为 _____.

[23] 有一根长 l 的木棒,任意折成三段,恰好能构成一个三角形的概率为 _____.

3. 概率基本运算法则

核心归纳

1. 概率的性质

(1) 对任何事件 A,$0 \leqslant P(A) \leqslant 1$；

(2) $P(\Omega) = 1, P(\varnothing) = 0$；

(3) 设 A 为任一随机事件,则 $P(\bar{A}) = 1 - P(A)$；

(4) 设 $A \subset B$,则 $P(B-A) = P(B) - P(A)$；

(5) 设事件 $A_1, A_2, \cdots, A_n$ 两两互斥,则
$$P(A_1 + A_2 + \cdots + A_n) = P(A_1) + P(A_2) + \cdots + P(A_n);$$

(6) 设 A,B 为任意两个随机事件,则 $P(A \cup B) = P(A) + P(B) - P(AB)$.

上式还能推广到多个事件的情况. 例如,设 A_1, A_2, A_3 为任意三个事件,则有
$P(A_1 \cup A_2 \cup A_3) = P(A_1) + P(A_2) + P(A_3) - P(A_1 A_2) - P(A_1 A_3) - P(A_2 A_3) + P(A_1 A_2 A_3)$

一般,对于任意 n 个事件 $A_1, A_2, \cdots, A_n$,有
$$P(A_1 \cup A_2 \cup \cdots \cup A_n) = \sum_{i=1}^{n} P(A_i) - \sum_{1 \leqslant i < j \leqslant n} P(A_i A_j) + \sum_{1 \leqslant i < j < k \leqslant n} P(A_i A_j A_k) + \cdots + (-1)^{n-1} P(A_1 A_2 \cdots A_n).$$

2. 条件概率

在事件 A 已经发生的条件下,事件 B 发生的概率,称为事件 B 在给定条件 A 下的**条件概率**,记作 $P(B \mid A)$.

$$P(B \mid A) = \frac{P(AB)}{P(A)}, \quad P(A) > 0.$$

3. 乘法公式

设 A,B 是任意两个随机事件,$P(A) > 0, P(B) > 0$,则
$$P(AB) = P(A \mid B)P(B) = P(B \mid A)P(A).$$

一般地,设 $A_1, \cdots, A_n$ 是 n 个随机事件,$P(A_1 \cdots A_{n-1}) > 0$,则
$$P(A_1 \cdots A_n) = P(A_n \mid A_1 \cdots A_{n-1}) \cdots P(A_3 \mid A_1 A_2) P(A_2 \mid A_1) P(A_1).$$

重点题型

题型 1　利用性质求概率

原型题

[24] 设 A, B 为随机事件,则 $P(A) = P(B)$ 的充分必要条件为(　　).

A. $P(A \cup B) = P(A) + P(B)$
B. $P(AB) = P(A)P(B)$
C. $P(A\bar{B}) = P(B\bar{A})$
D. $P(AB) = P(\overline{AB})$

解　由减法公式可知 $P(A\bar{B}) = P(A) - P(AB)$, $P(B\bar{A}) = P(B) - P(AB)$, 因此 $P(A\bar{B}) = P(B\bar{A})$ 的充要条件是 $P(A) = P(B)$.

故应选 C.

思路拓展

充分运用减法公式的各种变形. 特别注意以下方法在解决此类问题中的应用.

设 A, B 是任意两个随机事件,$A - B = A - AB = A(\Omega - B) = A\bar{B}$. 事实上,这是一个很容易理解的变形,不妨按下列方式理解:$A - B$ 表示事件"A 发生 B 不发生",$A - AB$ 表示事件"在 A 发生的事件中除掉 AB 一起发生的事件",$A\bar{B}$ 表示事件"A 发生 B 不发生",很明显这三个事件是一样的.

[25] 设当事件 A 与 B 同时发生时,事件 C 必发生,则(　　).

A. $P(C) \leqslant P(A) + P(B) - 1$
B. $P(C) \geqslant P(A) + P(B) - 1$
C. $P(C) = P(AB)$
D. $P(C) = P(A \cup B)$

解　由题意"当 A, B 发生时 C 必然发生"从而 $AB \subset C$,所以 $P(AB) \leqslant P(C)$,那么

$$P(C) \geqslant P(AB) = P(A) + P(B) - P(A \cup B) \geqslant P(A) + P(B) - 1.$$

故应选 B.

思路拓展

此题考查概率"单调性",即若 $A \subset B$ 是两个随机事件,则

$$0 \leqslant P(A) \leqslant P(B) \leqslant 1.$$

[26] 已知 $P(A) = P(B) = P(C) = \dfrac{1}{4}$, $P(AB) = 0$, $P(AC) = P(BC) = \dfrac{1}{6}$, 则事件 A, B, C 全不发生的概率为_____.

分析　应用德摩根律,加法法则,对立事件的概念.

解 因为 $P(AB)=0$，所以 $P(ABC)=0$.

$$P(\overline{A}\,\overline{B}\,\overline{C})=P(\overline{A\cup B\cup C})=1-P(A\cup B\cup C)$$
$$=1-[P(A)+P(B)+P(C)-P(AB)-P(AC)-P(BC)+P(ABC)]$$
$$=1-\left(\frac{1}{4}+\frac{1}{4}+\frac{1}{4}-0-\frac{1}{6}-\frac{1}{6}+0\right)=\frac{7}{12}.$$

故应填 $\frac{7}{12}$.

举一反三

解析见答案册第 3 页

[27] 设随机事件 A,B 及其和事件 $A\cup B$ 的概率分别是 $0.4, 0.3, 0.6$. 若 $\overline{B}$ 表示 B 的对立事件，那么积事件 $A\overline{B}$ 的概率 $P(A\overline{B})=$ _____.

[28] 设 A,B 为随机事件，$P(A)=0.7$，$P(A-B)=0.3$，则 $P(\overline{AB})=$ _____.

[29] 设 A,B,C 为三个随机事件，且 $P(A)=P(B)=P(C)=\frac{1}{4}$，$P(AB)=0$，$P(AC)=P(BC)=\frac{1}{12}$，求 A,B,C 中恰好有一个事件发生的概率.

[30] 从 5 双不同的鞋子中任取 4 只，这 4 只鞋子中至少有 2 只配成一双的概率是多少？

[31] 已知 $P(A) = \frac{1}{2}$，(1) 若 A, B 互不相容，求 $P(A\overline{B})$；(2) 若 $P(AB) = \frac{1}{8}$，求 $P(A\overline{B})$.

题型 2　条件概率的计算

● 原型题

[32] 设 A, B 为两个随机事件，且 $0 < P(A) < 1, 0 < P(B) < 1$，如果 $P(A \mid B) = 1$，则 (　　).

A. $P(\overline{B} \mid \overline{A}) = 1$　　B. $P(A \mid \overline{B}) = 0$　　C. $P(A \cup B) = 1$　　D. $P(B \mid A) = 1$

解　因为 $P(A \mid B) = \dfrac{P(AB)}{P(B)} = 1$，所以 $P(AB) = P(B)$. 故

$$P(\overline{B} \mid \overline{A}) = \frac{P(\overline{A}\,\overline{B})}{P(\overline{A})} = \frac{1 - P(A \cup B)}{1 - P(A)} = \frac{1 - [P(A) + P(B) - P(AB)]}{1 - P(A)}$$

$$= \frac{1 - P(A)}{1 - P(A)} = 1.$$

故应选 A.

[33] 设 A, B, C 是随机事件，A 与 C 互不相容，$P(AB) = \dfrac{1}{2}$，$P(C) = \dfrac{1}{3}$，则 $P(AB \mid \overline{C}) = \underline{\qquad}$.

解　由条件概率的定义，$P(AB \mid \overline{C}) = \dfrac{P(AB\overline{C})}{P(\overline{C})}$，因为 A, C 互不相容，所以 $A\overline{C} = A$，

因此 $P(AB\overline{C}) = P(AB)$，从而原式 $= \dfrac{P(AB)}{1 - P(C)} = \dfrac{\frac{1}{2}}{1 - \frac{1}{3}} = \dfrac{3}{4}$.

另外，除了用互斥定义得到 $P(AB\overline{C}) = P(AB)$，还可以用性质——减法公式：

$$P(AB\overline{C}) = P(AB) - P(ABC),$$

由于 $P(AC) = 0 \Rightarrow P(ABC) = 0$，从而 $P(AB\overline{C}) = P(AB)$.

故应填 $\dfrac{3}{4}$.

[34] 设某种动物由出生算起活 20 年以上的概率为 0.8,活 25 年以上的概率为 0.4. 如果现在有一只 20 岁的这种动物,问它能活到 25 岁以上的概率是多少?

解 设事件 B = "能活 20 年以上", A = "能活 25 年以上".

按题意,$P(B) = 0.8$. 由于 $A \subset B$,所以 $BA = A$,因此 $P(AB) = P(A) = 0.4$.

由条件概率的定义,得 $P(A \mid B) = \dfrac{P(AB)}{P(B)} = \dfrac{0.4}{0.8} = 0.5$.

方法总结

计算条件概率 $P(B \mid A)$ 的方法有两种:

(1) 按条件概率的含义,直接求出 $P(B \mid A)$. 注意到,在求 $P(B \mid A)$ 时已知 A 已发生,样本空间 S 中所有不属于 A 的样本点都被排除,原有的样本空间 S 缩减成为 S'. 在 S' 中计算事件 B 的概率就得到 $P(B \mid A)$;

(2) 在 S 中计算 $P(AB)$ 及 $P(A)$,再按 $\dfrac{P(AB)}{P(A)}$ 求得 $P(B \mid A)$.

举一反三

解析见答案册第 4 页

[35] 假设一批产品中一、二、三等品各占 60%,30%,10%,从中随意抽取出一件,结果不是三等品,则取到的是一等品的概率为_____.

[36] 已知 $P(\overline{A}) = 0.3$,$P(B) = 0.4$,$P(A\overline{B}) = 0.5$,求 $P(B \mid A \cup \overline{B})$.

[37] 设某种集成电路使用到 2 000 h 还能正常工作的概率为 0.92,使用到 3 000 h 仍能正常工作的概率为 0.85,问已经工作了 2 000 h 的集成电路,能继续工作到 3 000 h 的概率是多少?

题型 3　利用乘法公式求概率

原型题

[38] 设某光学仪器厂制造的透镜,第一次落下时打破的概率为 $\dfrac{1}{2}$.若第一次落下未打破,第二次落下打破的概率为 $\dfrac{7}{10}$.试求透镜落下两次而未打破的概率.

解　第一次下落未被打破记为事件 A_1,第二次下落未被打破记为事件 A_2,则下落两次而未被打破可表示为 $A_1 A_2$,由乘法公式

$$P(A_1 A_2) = P(A_1) P(A_2 \mid A_1) = 0.5 \times 0.3 = 0.15.$$

[39] 袋中有 a 个白球 b 个黑球,随机取出一个球,然后放回,并同时再放进与取出的球同色的球 c 个,再取第二个,这样连续三次.问取出的三个球中前两个是黑球,第三个是白球的概率是多少?

解　设 A_i 表示取出的第 i 个球为白球,则所求的概率为

$$P(\overline{A_1}\,\overline{A_2}A_3) = P(\overline{A_1}\,\overline{A_2})(A_3 \mid \overline{A_1}\,\overline{A_2}) = P(\overline{A_1}) P(\overline{A_2} \mid \overline{A_1}) P(A_3 \mid \overline{A_1}\,\overline{A_2})$$

$$= \dfrac{b}{a+b} \cdot \dfrac{b+c}{a+b+c} \cdot \dfrac{a}{a+b+2c}.$$

方法总结

乘法公式的模型要熟练掌握,若事件可分为多个阶段,每个阶段的结果都是已知的,则该事件可以表示为多个事件的乘积,其概率可以利用乘法公式求出.

举一反三　　　　　　　　　　　　　　　　　　　　解析见答案册第 4 页

[40] 甲袋中装有 9 个乒乓球,其中 3 个白球,6 个黄球.乙袋中也装有 9 个乒乓球,5 个白球,4 个黄球.首先从甲袋中任选一球放入乙袋,再从乙袋中任取一球放入甲袋,则甲袋中白球数目不会发生变化的概率为_____.

[41] 100 件产品中有 10 件次品,用不放回的方式从中每次取一件,连取三次,求第三次才取得次品的概率.

4. 全概率公式与贝叶斯公式

核心归纳

1. 完备事件组
设 Ω 为试验的样本空间,$B_1,B_2,\cdots,B_n$ 为试验的一组事件,若有

(1) $B_i B_j = \varnothing$ ($i \neq j$; $i,j = 1,2,\cdots,n$);

(2) $\bigcup\limits_{i=1}^{n} B_i = \Omega$,

则称 $B_1,B_2,\cdots,B_n$ 为 Ω 的一个**划分**或**完备事件组**.

由定义可见,若 $B_1,B_2,\cdots,B_n$ 为 Ω 的一个划分,则在一次试验中,$B_1,B_2,\cdots,B_n$ 必有且仅有一个发生.

2. 全概率公式
设事件 $B_1,B_2,\cdots,B_n$ 是样本空间 Ω 的一个划分,$P(B_i)>0 (i=1,2,\cdots,n)$,$A$ 是试验的任一事件,则有

$$P(A) = \sum_{i=1}^{n} P(B_i) P(A \mid B_i).$$

3. 贝叶斯公式
设事件 $B_1,B_2,\cdots,B_n$ 是样本空间 Ω 的一个划分,$P(B_i)>0 (i=1,2,\cdots,n)$,$A$ 是试验的任一事件. 且 $P(A)>0$,则有

$$P(B_i \mid A) = \frac{P(B_i) P(A \mid B_i)}{\sum\limits_{j=1}^{n} P(B_j) P(A \mid B_j)} \quad (i=1,2,\cdots,n).$$

重点题型

题型 1　全概率公式的应用

原型题

[42] 从数 $1,2,3,4$ 中任取一个数,记为 X,再从 $1,\cdots,X$ 中任取一个数,记为 Y,则 $P\{Y=2\} = $ _____.

解　令 $A_i = \{X=i\}$,$i=1,2,3,4$,则 A_1,A_2,A_3,A_4 构成一个完备事件组,且

$$P(A_i) = \frac{1}{4}, \quad i=1,2,3,4.$$

而
$$P\{Y=2 \mid A_1\} = 0, \quad P\{Y=2 \mid A_i\} = \frac{1}{i}, \quad i=2,3,4,$$

那么由全概率公式得
$$P\{Y=2\} = \sum_{i=1}^{4} P(A_i) P\{Y=2 \mid A_i\} = \frac{1}{4}\left(0 + \frac{1}{2} + \frac{1}{3} + \frac{1}{4}\right) = \frac{13}{48}.$$

故应填 $\frac{13}{48}$.

[43] 设某人有三个不同的电子邮件账户,有70%的邮件进入账户1,另有20%的邮件进入账户2,其余10%的邮件进入账户3. 根据以往经验,三个账户垃圾邮件的比例分别为1%,2%,5%,问某天随机收到的一封邮件为垃圾邮件的概率.

解 记 A 表示"邮件为垃圾邮件",B_1, B_2, B_3 表示"邮件分别来自账户1、账户2、账户3",则任一封邮件为垃圾邮件的概率
$$P(A) = P(A \mid B_1)P(B_1) + P(A \mid B_2)P(B_2) + P(A \mid B_3)P(B_3)$$
$$= 0.7 \times 0.01 + 0.2 \times 0.02 + 0.1 \times 0.05 = 0.016.$$

举一反三   解析见答案册第 5 页

[44] 一批产品共有10个正品和2个次品,任意抽取两次,每次抽出一个,抽出后不再放回,则第二次抽出的是次品的概率为_____.

[45] (1) 设甲袋中装有 n 只白球,m 只红球,乙袋中装有 N 只白球,M 只红球. 今从甲袋中任意取一只球放入乙袋中,再从乙袋中任意取一只球,问取到白球的概率是多少?

(2) 第一只盒子装有5只红球,4只白球,第二只盒子装有4只红球,5只白球. 先从第一个盒子中任取2只球放入第二个盒子中,然后从第二个盒子中任取一只球,求取到白球的概率.

题型 2　利用贝叶斯公式求概率

原型题

[46] 对以往数据分析表明,当机器调整得良好时,产品的合格率为 0.9,否则,产品的合格率为 0.3,每天早上机器开动前调整得良好的概率为 0.75. 若某日早上第一件产品是合格品,试求机器调整得良好的概率.

解　设事件 $B=$ "产品合格",$A=$ "机器调整良好". 则 $A, \overline{A}$ 是一完备事件组,所需求的概率为 $P(A \mid B)$. 由贝叶斯公式知

$$P(A \mid B) = \frac{P(A)P(B \mid A)}{P(A)P(B \mid A) + P(\overline{A})P(B \mid \overline{A})}.$$

由题设条件得

$$P(A) = 0.75, \quad P(\overline{A}) = 0.25, \quad P(B \mid A) = 0.9, \quad P(B \mid \overline{A}) = 0.3,$$

所以

$$P(A \mid B) = \frac{0.75 \times 0.9}{0.75 \times 0.9 + 0.25 \times 0.3} = 0.9.$$

[47] 设一个仓库里有十箱同样规格的产品,已知其中的五箱,三箱,二箱依次是甲、乙、丙厂生产的,且甲、乙、丙厂生产的该种产品的次品率依次为 $\frac{1}{10}, \frac{1}{15}, \frac{1}{20}$. 从这十箱产品中任取一箱,再从中任取一件产品,试求:

(1) 取得正品的概率;

(2) 如果已知取出的产品是正品,问它是甲厂生产的概率是多少?

解　(1) 设事件 $A=$ "取得产品为正品",

$B_1=$ "取得产品是甲厂生产的",

$B_2=$ "取得产品是乙厂生产的",

$B_3=$ "取得产品是丙厂生产的",

那么,事件 B_1, B_2, B_3 是一完备事件组. 所以

$$P(A) = P(B_1)P(A \mid B_1) + P(B_2)P(A \mid B_2) + P(B_3)P(A \mid B_3).$$

而

$$P(B_1) = \frac{5}{10}, \quad P(B_2) = \frac{3}{10}, \quad P(B_3) = \frac{2}{10},$$

$$P(A \mid B_1) = 1 - \frac{1}{10} = \frac{9}{10},$$

$$P(A \mid B_2) = 1 - \frac{1}{15} = \frac{14}{15},$$

$$P(A \mid B_3) = 1 - \frac{1}{20} = \frac{19}{20},$$

所以

$$P(A) = \frac{5}{10} \cdot \frac{9}{10} + \frac{3}{10} \cdot \frac{14}{15} + \frac{2}{10} \cdot \frac{19}{20} = \frac{92}{100} = 0.92;$$

(2) $P(B_1 \mid A) = \dfrac{P(AB_1)}{P(A)} = \dfrac{P(B_1)P(A \mid B_1)}{P(A)} = \dfrac{\frac{5}{10} \cdot \frac{9}{10}}{\frac{92}{100}} = \dfrac{45}{92} = 0.4891.$

方法总结

对于全概率公式和贝叶斯公式,我们可以按如下方式理解:设 A 是一个随机事件,有 n 个因素 $B_1, B_2, \cdots, B_n$ 导致它发生,并假定 $P(B_i)$ 已知,$i = 1, 2, \cdots, n$,而且每个因素 B_i 对 A 的影响程度 $P(A \mid B_i)$ 也可知,$i = 1, 2, \cdots, n$,全概率公式是计算"结果"A 发生的概率 $P(A)$;而贝叶斯公式则是已知"结果"A 发生了,要计算这个"结果"受"第 i 个因素的影响"的概率 $P(B_i \mid A), i = 1, 2, \cdots, n$,应用这两个公式的关键是找到一个完备事件组.

寻找完备事件组的两个常用方法:

(1) 从第一个试验入手,分解其样本空间,找出完备事件组.

如果所求概率的事件与前后两个试验(两个工序)有关,且这两个试验(或工序)彼此关联,第一个试验(工序)的各种结果直接对第二个试验产生影响,而问第二个试验(工序)出现结果的概率. 这类问题是属于使用全概率公式的问题. 第一个试验的各种结果就是所求的一个完备事件组;

(2) 从事件 A 发生的两两互不相容的诸原因找完备事件组.

如果事件能且只能在"原因"$B_1, B_2, \cdots, B_n$ 下发生,且 $B_1, B_2, \cdots, B_n$ 两两互不相容,那么这些"原因"$B_1, B_2, \cdots, B_n$ 就是一个完备事件组.

举一反三

[48] 将两信息分别编码为 A 和 B 传递出去,接收站收到时,A 被误收作 B 的概率为 0.02,而 B 被误收作 A 的概率为 0.01,信息 A 与信息 B 传递的频繁程度为 $2:1$. 若接收站收到的信息是 A,问原发信息是 A 的概率是多少?

[49] 设某人从外地赶来参加紧急会议.他乘火车、轮船、汽车或飞机来的概率分别是 $\frac{3}{10},\frac{1}{5},\frac{1}{10}$ 及 $\frac{2}{5}$,如果他乘飞机来,不会迟到;而乘火车、轮船或汽车来迟到的概率分别为 $\frac{1}{4}$,$\frac{1}{3}$,$\frac{1}{12}$.

(1) 求此人迟到的概率;

(2) 此人若迟到,试推断他是怎样来的可能性最大?

[50] 玻璃杯成箱出售,每箱20只,假设各箱含0,1,2只残次品的概率相应为0.8,0.1和0.1,一顾客欲购一箱玻璃杯,在购买时售货员随意取一箱,而顾客开箱随机地查看4只,若无残次品,则买下该箱玻璃杯,否则退回.试求:

(1) 顾客买下该箱的概率 α;

(2) 在顾客买下的一箱中,确实没有残次品的概率 β.

5. 独立性

核心归纳

1. 两事件相互独立

如果事件 A 发生的可能性不受事件 B 发生与否的影响,也就是 $P(A\mid B)=P(A)$,则称事件 A 对于事件 B **相互独立**.若 A 对于 B 独立,则 B 对于 A 也独立,那么就称事件 A 与事件 B **相互独立**.

基本性质:

(1) A 与 B 独立 $\Leftrightarrow P(AB)=P(A)P(B)$;

(2) 若 A 与 B 独立,则 A 与 $\bar{B}$、$\bar{A}$ 与 B、$\bar{A}$ 与 $\bar{B}$ 中的每一对事件都相互独立.

2. n 个事件相互独立

$n(n \geq 2)$ 个事件 $A_1,\cdots,A_n$ 中任意一个事件发生的可能性都不受其他一个或多个事件发生与否的影响,则称 $A_1,\cdots,A_n$ **相互独立**.

基本性质:

(1) 如果事件 $A_1,\cdots,A_n$ 相互独立,则对于任意 $k(1 < k \leq n)$ 和任意 $1 \leq i_1 < i_2 < \cdots < i_k \leq n$, $P(A_{i_1}A_{i_2}\cdots A_{i_k}) = P(A_{i_1})P(A_{i_2})\cdots P(A_{i_k})$ 成立;

(2) 如果事件 $A_1,\cdots,A_n$ 相互独立,则将 $A_1,\cdots,A_n$ 中任意多个事件换成它们的逆事件,所得的 n 个事件仍相互独立;

(3) 如果事件 $A_1,\cdots,A_n$ 相互独立,则 $P(\sum_{i=1}^{n} A_i) = 1 - \prod_{i=1}^{n} P(\bar{A_i})$.

3. 重复独立试验

在 n 次试验中,若任意一次试验的诸结果是相互独立的,则称这 n 次试验为**重复独立试验**或独立试验序列.

(1) 伯努利概型

假定一次试验中只有事件 A 发生或 $\bar{A}$ 发生,每次试验的结果与其他各次试验结果无关,这样的 n 次重复试验,称为 n **重伯努利试验**或**伯努利概型**.

(2) 二项概率公式

设一次试验中事件 A 发生的概率为 $p(0 < p < 1)$,则在 n 重伯努利试验中,事件 A 恰好发生 k 次的概率为 $p_k = C_n^k p^k q^{n-k}$, $k = 0, 1, \cdots, n$,其中 $q = 1 - p$.

重点题型

题型 1 独立性的判断

原型题

[51] 对于任意二事件 A 和 B,(   ).

A. 若 $AB \neq \varnothing$,则 A, B 一定独立　　B. 若 $AB \neq \varnothing$,则 A, B 有可能独立

C. 若 $AB = \varnothing$,则 A, B 一定独立　　D. 若 $AB = \varnothing$,则 A, B 一定不独立

分析　"独立"与"互斥"是两个不同的概念,本题利用独立的充要条件 $P(AB) = P(A)P(B)$ 判断,可得正确选项 B.

解　若 $AB = \varnothing$,当 $P(A), P(B)$ 中至少有一个等于 0 时,D 不成立;

当 $P(A), P(B)$ 均大于 0 时,C 不成立;

若 $AB \neq \varnothing$,如果 $P(AB) = P(A)P(B)$,则 A 与 B 独立,否则 A 与 B 不独立,A 不成立.

故应选 B.

[52] 设 $0<P(A)<1, 0<P(B)<1, P(A|B)+P(\overline{A}|\overline{B})=1$,那么下列正确的选项是( ).

A. A 与 B 相互独立　　　　　　B. A 与 B 相互对立

C. A 与 B 互不相容　　　　　　D. A 与 B 互不独立

解　**方法一**　因 $P(A|B)=\dfrac{P(AB)}{P(B)}, P(\overline{A}|\overline{B})=\dfrac{P(\overline{A}\,\overline{B})}{P(\overline{B})}=\dfrac{1-P(A\cup B)}{1-P(B)}$,故

$$1=\dfrac{P(AB)}{P(B)}+\dfrac{1-P(A\cup B)}{1-P(B)},$$

整理得 $P(AB)[1-P(B)]=P(B)[P(A)-P(AB)]$,从而

$$P(AB)=P(B)[P(AB)+P(A\overline{B})]=P(B)P[A(B+\overline{B})]=P(B)P(A).$$

故应选 A.

方法二　注意到 $P(\overline{A}|\overline{B})=1-P(A|\overline{B})$,又 $P(A|\overline{B})=\dfrac{P(A\overline{B})}{P(\overline{B})}$.

由题意知 $1=P(A|B)+P(\overline{A}|\overline{B})=P(A|B)+1-P(A|\overline{B})$,即 $P(A|B)=P(A|\overline{B})$,那么

$$\dfrac{P(AB)}{P(B)}=\dfrac{P(A\overline{B})}{P(\overline{B})}=\dfrac{P(A)-P(AB)}{1-P(B)}.$$

下同,故略.

> **思路拓展**
>
> 本例的解答过程实质上意味着:当 $0<P(A)<1, 0<P(B)<1$ 时,事件 A 与 B 相互独立 $\Leftrightarrow P(A|B)+P(\overline{A}|\overline{B})=1 \Leftrightarrow P(A|B)=P(A|\overline{B})$.

[53]　将一枚硬币独立地掷两次,引进事件 $A_1=\{$掷第一次出现正面$\}, A_2=\{$掷第二次出现正面$\}, A_3=\{$正、反面各出现一次$\}, A_4=\{$正面出现两次$\}$,则事件( ).

A. A_1, A_2, A_3 相互独立　　　　　B. A_2, A_3, A_4 相互独立

C. A_1, A_2, A_3 两两独立　　　　　D. A_2, A_3, A_4 两两独立

解　按照相互独立与两两独立的定义进行验算即可,注意应先检查两两独立,若成立,再检验是否相互独立.

因为 $P(A_1)=\dfrac{1}{2}, \quad P(A_2)=\dfrac{1}{2}, \quad P(A_3)=\dfrac{1}{2}, \quad P(A_4)=\dfrac{1}{4}$ 且

$P(A_1A_2)=\dfrac{1}{4}, \quad P(A_1A_3)=\dfrac{1}{4}, \quad P(A_2A_3)=\dfrac{1}{4}, \quad P(A_2A_4)=\dfrac{1}{4}, \quad P(A_1A_2A_3)=0.$

可见有 $P(A_1A_2)=P(A_1)P(A_2)$,

$P(A_1A_3)=P(A_1)P(A_3)$,

$P(A_2A_3)=P(A_2)P(A_3)$,

$P(A_1A_2A_3)\neq P(A_1)P(A_2)P(A_3)$,

$$P(A_2A_4) \neq P(A_2)P(A_4),$$

故 A_1,A_2,A_3 两两独立但不相互独立；A_2,A_3,A_4 不两两独立更不相互独立.

故应选 C.

> **思路拓展**
>
> 本题用排除法更简便：因为 A_3,A_4 互斥，故 A_3,A_4 不相互独立，从而 B,D 排除. 如果 A 正确，则 C 也正确，作为单项选择题必选 C.

举一反三　　　　　　　　　　　　　　　　　　　　　　　　　　　解析见答案册第 6 页

[54] 设 A,B,C 三个事件两两独立，则 A,B,C 相互独立的充分必要条件是(　　).

　A. A 与 BC 独立　　　　　　　　　　B. AB 与 $A \cup C$ 独立

　C. AB 与 AC 独立　　　　　　　　　　D. $A \cup B$ 与 $A \cup C$ 独立

[55] 设 A,B,C 为三个随机事件，且 A 与 C 相互独立，B 与 C 相互独立，则 $A \cup B$ 与 C 相互独立的充分必要条件是(　　).

　A. A 与 B 相互独立　　　　　　　　　B. A 与 B 互不相容

　C. AB 与 C 相互独立　　　　　　　　D. AB 与 C 互不相容

[56] 设事件 A 的概率 $P(A)=0$，证明对于任意另一事件 B，有 A,B 相互独立.

题型 2　独立性的应用

> **原型题**

[57] 设随机事件 A 与 B 相互独立，$P(B)=0.5$，$P(A-B)=0.3$，则 $P(B-A)=$ (　　).

　A. 0.1　　　　　B. 0.2　　　　　C. 0.3　　　　　D. 0.4

解　$P(A-B) = P(A) - P(AB) = P(A) - P(A)P(B) = P(A) - 0.5P(A)$
$= 0.5P(A) \xrightarrow{\text{令}} 0.3,$

得 $P(A) = 0.6$，则

$$P(B-A) = P(B) - P(AB) = P(B) - P(A)P(B) = 0.2.$$

故应选 B.

思路拓展

本题也可以利用独立的性质：
当 A 与 B 相互独立时，A 与 $\overline{B}$、$\overline{A}$ 与 B 也相互独立.
则 $P(A-B) = P(A\overline{B}) = P(A)P(\overline{B})$，可求出 $P(A)$.
同理 $P(B-A) = P(B\overline{A}) = P(B)P(\overline{A})$，从而得到结论.

[58] 设随机事件 A,B,C 相互独立，且 $P(A)=P(B)=P(C)=\dfrac{1}{2}$，则 $P(AC \mid A \cup B) = $ _____.

解 $P(AC \mid A \cup B) = \dfrac{P[AC(A \cup B)]}{P(A \cup B)}$

$= \dfrac{P(AC \cup ABC)}{P(A)+P(B)-P(AB)} = \dfrac{P(AC)}{P(A)+P(B)-P(AB)}$

$= \dfrac{P(A)P(C)}{P(A)+P(B)-P(A)P(B)} = \dfrac{1}{3}.$

故应填 $\dfrac{1}{3}$.

[59] 三人独立地去破译一份密码，已知各人能译出的概率分别为 $\dfrac{1}{5},\dfrac{1}{3},\dfrac{1}{4}$，问三人中至少有一个能将此密码译出的概率是多少？

解 **方法一** 设 A,B,C 分别表示三人各自能译出密码，根据题意 A,B,C 相互独立，且

$$P(A) = \dfrac{1}{5}, \quad P(B) = \dfrac{1}{3}, \quad P(C) = \dfrac{1}{4},$$

则所求概率为

$P(A \cup B \cup C) = P(A)+P(B)+P(C)-P(AB)-P(AC)-P(BC)+P(ABC)$
$= P(A)+P(B)+P(C)-P(A)P(B)-P(A)P(C)-P(B)P(C)+P(A)P(B)P(C)$
$= \dfrac{1}{5} + \dfrac{1}{3} + \dfrac{1}{4} - \dfrac{1}{5} \times \dfrac{1}{3} - \dfrac{1}{5} \times \dfrac{1}{4} - \dfrac{1}{3} \times \dfrac{1}{4} + \dfrac{1}{5} \times \dfrac{1}{3} \times \dfrac{1}{4} = 0.6.$

方法二 $P(A \cup B \cup C) = 1 - P(\overline{A \cup B \cup C}) = 1 - P(\overline{A}\,\overline{B}\,\overline{C})$

$= 1 - P(\overline{A})P(\overline{B})P(\overline{C}) = 1 - \dfrac{4}{5} \cdot \dfrac{2}{3} \cdot \dfrac{3}{4} = \dfrac{3}{5}.$

举一反三

解析见答案册第 6 页

[60] 设两个相互独立的事件 A 和 B 都不发生的概率为 $\dfrac{1}{9}$，A 发生 B 不发生的概率与 B 发生 A 不发生的概率相等，则 $P(A) = $ _____.

[61] 设 A, B 为两事件,已知 $P(B) = \dfrac{1}{2}, P(A \cup B) = \dfrac{2}{3}$,若事件 A, B 相互独立,求 $P(A)$.

[62] 一实习生用一台机器接连独立地制造 3 个同种零件,第 i 个零件是不合格品的概率 $p_i = \dfrac{1}{1+i}(i = 1, 2, 3)$,以 X 表示 3 个零件中合格品的个数,求 $P\{X = 2\}$.

[63] 加工某一零件共需经过四道工序,设第一、二、三、四道工序的次品率分别为 $0.02, 0.03, 0.05$ 和 0.03. 假设各道工序是互不影响的,求加工出来的零件的次品率.

题型 3　关于独立重复试验的题目

原型题

[64]　一射手对同一目标独立地进行四次射击,若至少命中一次的概率为 $\dfrac{80}{81}$,则该射手的命中率为_____.

解　这是一个 4 重伯努利试验,设该射手的命中率为 p,则由伯努利概型计算公式得
$$C_4^0 p^0 (1-p)^4 = 1 - \dfrac{80}{81}, 即\ p = \dfrac{2}{3}.$$

故应填 $\dfrac{2}{3}$.

思路拓展

在 n 次独立重复试验中,记 $A=$"试验成功",$\overline{A}=$"试验失败",$P(A)=p(0<p<1)$,$P(\overline{A})=1-p$,则至少成功一次的概率为 $1-(1-p)^n$,至少失败一次的概率为 $1-p^n$,恰好成功 r 次的概率为 $C_n^r p^r (1-p)^{n-r}$.

[65]　设每次试验成功的概率为 $p(0<p<1)$,现进行独立重复试验,则直到第 10 次试验才取得第 4 次成功的概率为_____.

解　由题意,前 9 次取得了 3 次成功,第 10 次成功,故第 10 次才取得第 4 次成功的概率为 $C_9^3 p^3 (1-p)^6 p = C_9^3 p^4 (1-p)^6$.

故应填 $C_9^3 p^4 (1-p)^6$.

[66]　人的血型为 O,A,B,AB 型的概率分别为 $0.46,0.40,0.11,0.03$,今任意挑选五人,求下列事件的概率:

(1) 恰有两人为 O 型;

(2) 三人为 O 型,二人为 A 型;

(3) 没有 AB 型.

解　本题可利用独立性解决,其中(1)、(3)可视为伯努利概型.

(1) 两人为 O 型,三人为非 O 型,其中每人为 O 型的概率为 0.46,为非 O 型的概率为 $1-0.46=0.54$,故 $p_1 = C_5^2 \cdot (0.46)^2 \cdot (0.54)^3 = 0.333$;

(2) 三人为 O 型,二人为 A 型,共有 C_5^3 种情形,故 $p_2 = C_5^3 \cdot (0.46)^3 \cdot (0.4)^2 = 0.156$;

(3) 没有 AB 型,即五人都非 AB 型,而每个人非 AB 型的概率为 $1-0.03=0.97$,故 $p_3 = (0.97)^5 = 0.859$.

举一反三

[67]　某人向同一目标独立重复射击,每次射击命中目标的概率为 $p(0<p<1)$,则此

人第 4 次射击恰好第二次命中目标的概率为(　　).

A. $3p(1-p)^2$　　　　B. $6p(1-p)^2$　　　　C. $3p^2(1-p)^2$　　　　D. $6p^2(1-p)^2$

[68]　某种日光灯使用 3 000 小时以上的概率为 0.8,求 3 个日光灯在使用 3 000 小时以后,

(1) 都没有坏的概率;

(2) 坏了一个的概率;

(3) 最多只有一个坏了的概率.

[69]　假设一厂家生产的每台仪器以概率 0.7 可以直接出厂,以概率 0.3 需进一步调试,经调试后以概率 0.8 可以出厂,以概率 0.2 定为不合格品不能出厂,现该厂新生产了 $n(n\geqslant 2)$ 台仪器(假设各台仪器的生产过程相互独立).求

(1) 全部能出厂的概率 α;

(2) 其中恰好有两件不能出厂的概率 β;

(3) 其中至少有两件不能出厂的概率 θ.

[70]　甲、乙两个乒乓球运动员进行单打比赛,如果每赛一局甲胜的概率为 0.6,乙胜的概率为 0.4.比赛既可采用三局两胜制,也可采用五局三胜制,问采用哪种赛制对甲更有利?

6. 综合提高题型

题型 1 关于事件关系及概率的判断

原型题

[71] 在区间$[0,1]$上随机地取一个点,记为X,设事件$A = \left\{0 \leqslant X \leqslant \dfrac{1}{2}\right\}$,$B = \left\{\dfrac{1}{4} \leqslant X \leqslant \dfrac{3}{4}\right\}$,则( ).

A. A,B 互不相容
B. A,B 相互独立
C. A 包含于 B
D. A 与 B 对立

解 $AB = \left\{\dfrac{1}{4} \leqslant X \leqslant \dfrac{1}{2}\right\}$, $P(AB) = \dfrac{1}{4}$.

而 $P(A) = P(B) = \dfrac{1}{2}$,故 $P(AB) = P(A)P(B)$,即 A,B 相互独立.

故应选 B.

[72] 若 A、B 为任意两个随机事件,则( ).

A. $P(AB) \leqslant P(A)P(B)$
B. $P(AB) \geqslant P(A)P(B)$
C. $P(AB) \leqslant \dfrac{P(A)+P(B)}{2}$
D. $P(AB) \geqslant \dfrac{P(A)+P(B)}{2}$

解 对于 A,B 选项,当事件 A 与 B 独立时,$P(AB) = P(A)P(B)$. 而当 A,B 不独立时,$P(AB)$ 与 $P(A)P(B)$ 没有确定的关系,所以 A,B 选项错误;

对于 C,D 选项,由概率性质

$$P(A) \geqslant P(AB), \quad P(B) \geqslant P(AB),$$

两式相加,得 $P(A) + P(B) \geqslant 2P(AB)$,即 $P(AB) \leqslant \dfrac{P(A)+P(B)}{2}$.

故应选 C.

思路拓展

本题考查概率的性质,解法多样,常见思路有:

(1) 利用概率单调性.

因为 $AB \subset A$,所以 $P(AB) \leqslant P(A)$.

同理,$P(AB) \leqslant P(B)$.

因此,$P(A) + P(B) \geqslant 2P(AB)$,即 $P(AB) \leqslant \dfrac{P(A)+P(B)}{2}$;

(2) 利用广义加法分式.

因为 $P(A \cup B) = P(A) + P(B) - P(AB)$,所以

$$P(A) + P(B) - 2P(AB) = P(A \cup B) - P(AB) \geq 0,即$$

$$P(A) + P(B) \geq 2P(AB),故 P(AB) \leq \frac{P(A) + P(B)}{2}.$$

[73] 设事件 A 与事件 B 互不相容,则( ).

A. $P(\overline{A}\overline{B}) = 0$ \qquad B. $P(AB) = P(A)P(B)$

C. $P(A) = 1 - P(B)$ \qquad D. $P(\overline{A} \cup \overline{B}) = 1$

解 因为 A,B 互不相容,所以 $P(AB) = 0$,则 $P(\overline{A} \cup \overline{B}) = 1 - P(AB) = 1$. 故应选 D.

[74] 设 A,B 为随机事件,且 $0 < P(B) < 1$,下列命题中为假命题的是( ).

A. 若 $P(A|B) = P(A)$,则 $P(A|\overline{B}) = P(A)$

B. 若 $P(A|B) > P(A)$,则 $P(\overline{A}|\overline{B}) > P(\overline{A})$

C. 若 $P(A|B) > P(A|\overline{B})$,则 $P(A|B) > P(A)$

D. 若 $P(A|A \cup B) > P(\overline{A}|A \cup B)$,则 $P(A) > P(B)$

解 **方法一** 选项 A,$P(A|B) = P(A)$,即 A,B 独立,则 $A,\overline{B}$ 也独立,$P(A|\overline{B}) = P(A)$ 成立;

选项 B,$P(A|B) > P(A)$ 对任意事件 A 成立,即有 $0 < P(\overline{B}) < 1$ 时,$P(\overline{A}|\overline{B}) > P(\overline{A})$ 成立;

选项 C,$P(A|B) > P(A|\overline{B}) = \frac{P(A\overline{B})}{P(\overline{B})} = \frac{P(A) - P(AB)}{1 - P(B)}$,即 $\frac{P(AB)}{P(B)} > \frac{P(A) - P(AB)}{1 - P(B)}$,

也就有 $P(AB) - P(AB)P(B) > P(B)P(A) - P(B)P(AB)$,即 $P(AB) > P(A)P(B)$,

$\frac{P(AB)}{P(B)} > P(A),P(A|B) > P(A)$ 成立.

选项 A,B,C 均非假命题,应选 D.

方法二 选项 D,$P(A|A \cup B) > P(\overline{A}|A \cup B)$,即 $\frac{P(A)}{P(A \cup B)} > \frac{P(B\overline{A})}{P(A \cup B)}$,等价于 $P(A) > P(B) - P(AB)$,这并不能推出 $P(A) > P(B)$,应选 D.

方法三 $P(A|A \cup B) > P(\overline{A}|A \cup B)$,令 $A = B$,则

$$P(A|A \cup B) = P(A|A) = 1 > P(\overline{A}|A) = 0,$$

此时 D 的条件成立,但结论 $P(A) > P(B) = P(A)$ 不成立.

故应选 D.

方法总结

选择题主要考查基本概念、性质、定理，一般来说难度并不太大.选择题大致可分为两类：概念性、理论性选择题和计算性选择题.对于前者，主要运用基本概念、定理、公理、公式、法则及逻辑关系等基本工具对问题进行分析和逻辑推理，从而确定正确答案.对于计算性选择题，需要经过计算才能选出正确选项.而有些问题的处理，则需要采用概念和计算相结合的方法.

举一反三

解析见答案册第 8 页

[75] 设 A,B 为随机事件，且 $P(B)>0, P(A\mid B)=1$，则必有（　　）.

A. $P(A\bigcup B)>P(A)$ B. $P(A\bigcup B)>P(B)$

C. $P(A\bigcup B)=P(A)$ D. $P(A\bigcup B)=P(B)$

[76] 设 A,B,C 为随机事件，$P(ABC)=0$，且 $0<P(C)<1$，则一定有（　　）.

A. $P(ABC)=P(A)P(B)P(C)$

B. $P[(A+B)\mid C]=P(A\mid C)+P(B\mid C)$

C. $P(A+B+C)=P(A)+P(B)+P(C)$

D. $P[(A+B)\mid \overline{C}]=P(A\mid \overline{C})+P(B\mid \overline{C})$

[77] 设 A,B 为任意两个事件，且 $A\subset B, P(B)>0$，则下列选项必然成立的是（　　）.

A. $P(A)<P(A\mid B)$ B. $P(A)\leqslant P(A\mid B)$

C. $P(A)>P(A\mid B)$ D. $P(A)\geqslant P(A\mid B)$

[78] 设 A,B 为随机事件，若 $0<P(A)<1, 0<P(B)<1$，则 $P(A\mid B)>P(A\mid \overline{B})$ 的充分必要条件是（　　）.

A. $P(B\mid A)>P(B\mid \overline{A})$ B. $P(B\mid A)<P(B\mid \overline{A})$

C. $P(\overline{B}\mid A)>P(B\mid \overline{A})$ D. $P(\overline{B}\mid A)<P(B\mid \overline{A})$

[79] 设 $P(B)>0, A_1,A_2$ 互不相容，则下列各式中不一定正确的是（　　）.

A. $P(A_1A_2\mid B)=0$

B. $P(A_1\bigcup A_2\mid B)=P(A_1\mid B)+P(A_2\mid B)$

C. $P(\overline{A_1}\,\overline{A_2}\mid B)=1$

D. $P(\overline{A_1}\bigcup \overline{A_2}\mid B)=1$

题型 2　利用公式求概率

原型题

[80] 设 A,B 为两事件，$P(A)=\dfrac{1}{3}, P(A\mid B)=\dfrac{2}{3}, P(\overline{B}\mid A)=\dfrac{3}{5}$，则 $P(B)=$（　　）.

A. $\dfrac{1}{5}$ B. $\dfrac{2}{5}$ C. $\dfrac{3}{5}$ D. $\dfrac{4}{5}$

解 因为 $P(\overline{B}\mid A)=\dfrac{P(A\overline{B})}{P(A)}=\dfrac{P(A)-P(AB)}{P(A)}=\dfrac{3}{5}\Rightarrow P(AB)=\dfrac{2}{15}$,而

$$P(A\mid B)=\dfrac{P(AB)}{P(B)}=\dfrac{2}{3},\text{故 } P(B)=\dfrac{1}{5}.$$

故应选 A.

[81] 设 $P(A)=a$,$P(B)=0.3$,$P(\overline{A}\cup B)=0.7$. 若事件 A 与 B 互不相容,则 $a=$ _____. 若事件 A 与 B 相互独立,则 $a=$ _____.

解 由概率的加法公式和概率的包含可减性知

$$P(\overline{A}\cup B)=P(\overline{A})+P(B)-P(\overline{A}B)=P(\overline{A})+P(B)-[P(B)-P(AB)]$$
$$=1-P(A)+P(AB).$$

由题设可知

$$0.7=1-a+P(AB). \qquad ①$$

(1) 若事件 A 与 B 互不相容,则 $AB=\varnothing$,$P(AB)=0$,代入上式得 $a=0.3$;

(2) 若事件 A 与 B 相互独立,则有

$$P(AB)=P(A)\cdot P(B). \qquad ②$$

将 ② 式代入 ① 式右端,可得

$$0.7=1-a+0.3a,$$

解得 $a=\dfrac{3}{7}$.

故应填 $0.3,\dfrac{3}{7}$.

[82] 设 A,B 为两个随机事件,A 与 B 相互独立,已知 $P(A)=2P(B)$,$P(A\cup B)=\dfrac{5}{8}$,则在事件 A,B 至少有一个发生的条件下,A,B 中恰有一个发生的概率为 _____.

解 本题所求概率为

$$P(A\overline{B}\cup \overline{A}B\mid A\cup B)=\dfrac{P[(A\overline{B}\cup \overline{A}B)(A\cup B)]}{P(A\cup B)}=\dfrac{P(A\overline{B}\cup \overline{A}B)}{P(A\cup B)},$$

因为

$$P(A\cup B)=P(A)+P(B)-P(AB)=P(A)+P(B)-P(A)P(B)$$
$$=3P(B)-2[P(B)]^2=\dfrac{5}{8},$$

所以 $P(B)=\dfrac{1}{4}$,$P(A)=\dfrac{1}{2}$.

因为 A 与 B 相互独立,则

$$P(A\overline{B}\cup \overline{A}B)=P(A\overline{B})+P(\overline{A}B)=P(A)P(\overline{B})+P(\overline{A})P(B)=\dfrac{1}{2},$$

故 $P(A\bar{B} \cup \bar{A}B \mid A \cup B) = \dfrac{P(A\bar{B} \cup \bar{A}B)}{P(A \cup B)} = \dfrac{\frac{1}{2}}{\frac{5}{8}} = \dfrac{4}{5}.$

故应填 $\dfrac{4}{5}$.

方法总结

利用事件的关系和基本公式求概率是本章的重点题型,对于性质公式、条件概率、乘法公式、全概率公式和贝叶斯公式要熟练掌握.

举一反三   解析见答案册第 8 页

[83] 设 A,B,C 为三个随机事件,A 与 B 互不相容,A 与 C 互不相容,B 与 C 相互独立,且 $P(A) = P(B) = P(C) = \dfrac{1}{3}$,则 $P[(B \cup C) \mid (A \cup B \cup C)] = $ _____.

[84] 已知 $P(A) = \dfrac{1}{4}$,$P(B \mid A) = \dfrac{1}{3}$,$P(A \mid B) = \dfrac{1}{2}$,求 $P(A \cup B)$.

[85] 设 A,B,C 是三事件,且 $P(A) = P(B) = P(C) = \dfrac{1}{4}$,$P(AB) = P(BC) = 0$,$P(AC) = \dfrac{1}{8}$,求 A,B,C 至少有一个发生的概率.

[86] 已知 $P(A)=\frac{1}{2}, P(B)=\frac{1}{3}, P(C)=\frac{1}{5}, P(AB)=\frac{1}{10}, P(AC)=\frac{1}{15}, P(BC)=\frac{1}{20}, P(ABC)=\frac{1}{30}$,求 $A\cup B, \overline{A}\,\overline{B}, A\cup B\cup C, \overline{A}\,\overline{B}\,\overline{C}, \overline{A}\,\overline{B}\,C, \overline{A}\,\overline{B}\cup C$ 的概率.

[87] 设 $P(A)=0.14, P(B)=0.23, P(C)=0.37, P(AB)=0.08, P(AC)=0.09, P(BC)=0.13, P(ABC)=0.05$. 求 $P(A\mid B\cup C), P(A\cup B\mid C)$.

题型 3 概率的应用与证明

原型题

[88] 在某城市中发行三种报纸 A、B、C,经调查,订阅 A 报的有 45%,订阅 B 报的有 35%,订阅 C 报的有 30%,同时订阅 A 及 B 报的有 10%,同时订阅 A 及 C 报的有 8%,同时订阅 B 及 C 报的有 5%,同时订阅 A、B、C 报的有 3%. 试求下列事件的概率:

(1) 只订 A 报的;(2) 订 A 及 B 报的;(3) 只订一种报纸的;(4) 恰好订两种报纸的;

(5) 至少订阅一种报纸的;(6) 不订阅任何报纸的;(7) 至多订阅一种报纸的.

解 (1) $P(A\,\overline{B}\,\overline{C}) = P(A-B-C) = P[A-(B\cup C)] = P[A-A(B\cup C)]$
$= P(A) - P[A(B\cup C)] = P(A) - P(AB) - P(AC) + P(ABC)$
$= 0.45 - 0.1 - 0.08 + 0.03 = 0.30;$

(2) $P(A\,B\,\overline{C}) = P(AB-C) = P(AB-ABC) = P(AB) - P(ABC)$
$= 0.10 - 0.03 = 0.07;$

(3) $P(A\,\overline{B}\,\overline{C}\cup \overline{A}\,B\,\overline{C}\cup \overline{A}\,\overline{B}\,C) = P(A\,\overline{B}\,\overline{C}) + P(\overline{A}\,B\,\overline{C}) + P(\overline{A}\,\overline{B}\,C)$
$= 0.30 + P[B-B(A\cup C)] + P[C-C(A\cup B)]$
$= 0.30 + P(B) - P(AB) - P(BC) + P(ABC) + P(C) - P(CA) - P(CB) +$

$P(ABC)$
$= 0.30+0.35-0.10-0.05+0.03+0.30-0.08-0.05+0.03 = 0.73;$

(4) $P(AB\overline{C} \cup A\overline{B}C \cup \overline{A}BC) = P(AB\overline{C}) + P(A\overline{B}C) + P(\overline{A}BC)$
$= P(AB) - P(ABC) + P(AC) - P(ABC) + P(BC) - P(ABC)$
$= P(AB) + P(AC) + P(BC) - 3P(ABC)$
$= 0.10 + 0.08 + 0.05 - 3 \times 0.03 = 0.14;$

(5) $P(A \cup B \cup C) = P(A) + P(B) + P(C) - P(AB) - P(AC) - P(BC) + P(ABC)$
$= 0.45 + 0.35 + 0.30 - 0.10 - 0.08 - 0.05 + 0.03 = 0.90;$

(6) $P(\overline{A}\,\overline{B}\,\overline{C}) = 1 - P(A \cup B \cup C) = 1 - 0.90 = 0.10;$

(7) $P(\overline{A}\,\overline{B}\,\overline{C} + A\overline{B}\,\overline{C} + \overline{A}B\overline{C} + \overline{A}\,\overline{B}C) = P(\overline{A}\,\overline{B}\,\overline{C}) + P(A\overline{B}\,\overline{C}) + P(\overline{A}B\overline{C}) + P(\overline{A}\,\overline{B}C)$
$= 0.10 + 0.73 = 0.83.$

[89] 某人忘记了银行卡密码的最后一位数字,因而他随机按号,求他按号不超过三次而选正确的概率,若已知最后一个数是偶数,那么此概率是多少?

解 方法一 设 $A_i = \{$第 i 次按号按对$\}, i=1,2,3, A=\{$按号不超过 3 次而按对$\}$,则 $A = A_1 + \overline{A}_1 A_2 + \overline{A}_1 \overline{A}_2 A_3$,且三者互斥,故有

$$P(A) = P(A_1) + P(\overline{A}_1)P(A_2 \mid \overline{A}_1) + P(\overline{A}_1)P(\overline{A}_2 \mid \overline{A}_1)P(A_3 \mid \overline{A}_1\overline{A}_2),$$

于是

$$P(A) = \frac{1}{10} + \frac{9}{10} \times \frac{1}{9} + \frac{9}{10} \times \frac{8}{9} \times \frac{1}{8} = \frac{3}{10};$$

$$P(B) = \frac{1}{5} + \frac{4}{5} \times \frac{1}{4} + \frac{4}{5} \times \frac{3}{4} \times \frac{1}{3} = \frac{3}{5}.$$

方法二 $\overline{A} = \{$按号三次都不对$\}$,故
$P(A) = 1 - P(\overline{A}) = 1 - P(\overline{A}_1\overline{A}_2\overline{A}_3) = 1 - P(\overline{A}_1)P(\overline{A}_2 \mid \overline{A}_1)P(\overline{A}_3 \mid \overline{A}_1\overline{A}_2)$
$= 1 - \frac{9}{10} \times \frac{8}{9} \times \frac{7}{8} = \frac{3}{10}.$

同理 $P(B) = 1 - \frac{4}{5} \times \frac{3}{4} \times \frac{2}{3} = \frac{3}{5}.$

[90] 甲、乙、丙三门高射炮向同一架飞机射击,设甲、乙、丙炮射中飞机的概率分别是0.4,0.5,0.7.又设若只有一门炮射中,飞机坠毁的概率为0.2;若有两门炮射中,飞机坠毁的概率为0.6;若三门炮都射中,飞机必坠毁.试求飞机坠毁的概率.

解 设 $B=$"飞机坠毁",$A_i=$"i 门炮射中飞机"$(i=1,2,3)$.显然,A_1, A_2, A_3 构成完备事件组.三门高射炮各自射击飞机,射中与否相互独立,按加法公式及乘法公式,得

$P(A_1) = 0.4 \times (1-0.5) \times (1-0.7) + (1-0.4) \times 0.5 \times (1-0.7) + (1-0.4) \times$
$\qquad (1-0.5) \times 0.7 = 0.36,$

$P(A_2) = 0.4 \times 0.5 \times (1-0.7) + 0.4 \times (1-0.5) \times 0.7 + (1-0.4) \times 0.5 \times 0.7$
$\qquad = 0.41,$

$$P(A_3) = 0.4 \times 0.5 \times 0.7 = 0.14.$$

再由题意知

$$P(B \mid A_1) = 0.2, \quad P(B \mid A_2) = 0.6, \quad P(B \mid A_3) = 1.$$

利用全概率公式,得

$$P(B) = \sum_{i=1}^{3} P(A_i) P(B \mid A_i) = 0.36 \times 0.2 + 0.41 \times 0.6 + 0.14 \times 1 = 0.458.$$

[91] 一学生接连参加同一课程的两次考试,第一次考试及格的概率为 p,若第一次及格,则第二次及格的概率也为 p;若第一次不及格,则第二次及格的概率为 $\dfrac{p}{2}$.

(1) 若至少有一次及格他能取得某种资格,求他取得该资格的概率.

(2) 若已知他第二次已经及格,求他第一次及格的概率.

解 (1) 设 $A = $ "他取得该资格", $B_i = $ "第 i 次及格", $i = 1, 2$. 则

$$A = B_1 + B_2, \quad B_2 = B_1 B_2 + \overline{B_1} B_2.$$

$$P(A) = P(B_1) + P(B_2) - P(B_1 B_2) = p + P(B_1 B_2) + P(\overline{B_1} B_2) - P(B_1 B_2)$$

$$= p + P(\overline{B_1}) P(B_2 \mid \overline{B_1}) = p + (1-p)\frac{p}{2} = \frac{1}{2}(3p - p^2);$$

(2) 所求概率为

$$P(B_1 \mid B_2) = \frac{P(B_1 B_2)}{P(B_2)} = \frac{P(B_1) P(B_2 \mid B_1)}{P(B_1) P(B_2 \mid B_1) + P(\overline{B_1}) P(B_2 \mid \overline{B_1})}$$

$$= \frac{p^2}{p^2 + (1-p)\frac{p}{2}} = \frac{2p^2}{p^2 + p} = \frac{2p}{p+1}.$$

[92] 设 A, B 是两个事件. 验证事件 A 和事件 B 恰有一个发生的概率为 $P(A) + P(B) - 2P(AB)$.

证 A, B 恰好有一个发生的事件为 $A\overline{B} \cup \overline{A}B$, 其概率为

$$P(A\overline{B} \cup \overline{A}B) = P(A\overline{B}) + P(\overline{A}B) = P[A(S-B)] + P[B(S-A)]$$

$$= P(A - AB) + P(B - AB) = P(A) + P(B) - 2P(AB).$$

举一反三　　　　　　　　　　　　　　　　　　　　　　　　解析见答案册第 9 页

[93] 盒中有 12 个乒乓球,其中 9 个是新的. 第一次比赛时从盒中任取 3 个,用后仍放回盒中,第二次比赛时再从盒中任取 3 个. 求第二次取出的球都是新球的概率. 若已知第二次取出的球都是新球,求第一次取到的球都是新球的概率.

[94] 已知 100 件产品中有 10 件正品,每次使用这些正品时肯定不会发生故障,而在每次使用非正品时均有 0.1 的可能性发生故障. 现从这 100 件产品中随机抽取一件,若使用了 n 次均未发生故障,问 n 为多大时,才能有 70% 的把握认为所得的产品为正品.

[95] 为了防止意外,在矿内同时装有两种报警系统 Ⅰ 和 Ⅱ. 两种报警系统单独使用时,系统 Ⅰ 和 Ⅱ 有效的概率分别 0.92 和 0.93. 在系统 Ⅰ 失灵的条件下,系统 Ⅱ 仍有效的概率为 0.85,求:
(1) 两种报警系统 Ⅰ 和 Ⅱ 都有效的概率;
(2) 系统 Ⅱ 失灵而系统 Ⅰ 有效的概率;
(3) 在系统 Ⅱ 失灵的条件下,系统 Ⅰ 仍有效的概率.

[96] 设有来自三个地区的各 10 名,15 名和 25 名考生的报名表,其中女生的报名表分别为 3 份、7 份和 5 份. 随机地取一个地区的报名表,从中先后抽出两份.
(1) 求先抽到的一份是女生表的概率 p;
(2) 已知后抽到的一份是男生表,求先抽到的一份是女生表的概率 q.

[97] 设本题涉及的事件均有意义,设 A,B 都是事件.
(1) 已知 $P(A) > 0$,证明 $P(AB \mid A) \geqslant P(AB \mid A \bigcup B)$;
(2) 若 $P(A \mid B) = 1$,证明 $P(\overline{B} \mid \overline{A}) = 1$;
(3) 若设 C 也是事件,且有 $P(A \mid C) \geqslant P(B \mid C), P(A \mid \overline{C}) \geqslant P(B \mid \overline{C})$,证明 $P(A) \geqslant P(B)$.

题型 4　关于事件独立性与独立重复试验的问题

原型题

[98]　设 A,B,C 为三个随机事件,且 A 与 B 相互独立,B 与 C 相互独立,A 与 C 互不相容,已知 $P(A)=P(C)=\dfrac{1}{4},P(B)=\dfrac{1}{2}$,则在事件 A,B,C 至少有一个发生的条件下,A,B,C 中恰有一个发生的概率为 _____.

解　本题所求概率为

$$P(A\overline{B}\overline{C}\cup\overline{A}B\overline{C}\cup\overline{A}\overline{B}C\mid A\cup B\cup C)=\frac{P[(A\overline{B}\overline{C}\cup\overline{A}B\overline{C}\cup\overline{A}\overline{B}C)(A\cup B\cup C)]}{P(A\cup B\cup C)}$$

$$=\frac{P(A\overline{B}\overline{C}\cup\overline{A}B\overline{C}\cup\overline{A}\overline{B}C)}{P(A\cup B\cup C)}.$$

因为 A 与 B 相互独立,B 与 C 相互独立,A 与 C 互不相容,所以

$$P(AB)=P(A)P(B),P(BC)=P(B)P(C),P(AC)=0,P(ABC)=0,$$

则

$$P(A\cup B\cup C)=P(A)+P(B)+P(C)-P(AB)-P(AC)-P(BC)+P(ABC)=\frac{3}{4},$$

$$P(A\overline{B}\overline{C}\cup\overline{A}B\overline{C}\cup\overline{A}\overline{B}C)=P(A\cup B\cup C)-P(AB)-P(AC)-P(BC)+2P(ABC)=\frac{1}{2}.$$

故 $P(A\overline{B}\overline{C}\cup\overline{A}B\overline{C}\cup\overline{A}\overline{B}C\mid A\cup B\cup C)=\dfrac{\frac{1}{2}}{\frac{3}{4}}=\dfrac{2}{3}.$

故应填 $\dfrac{2}{3}$.

[99]　设有 n 位投保人向保险公司购买了某种 1 年期人身意外保险,假定每位投保人在一年内发生意外的概率为 0.01.问 n 为多少时,保险公司产生赔付的概率大于 0.5.

解　以 $A_i(i=1,2,\cdots,n)$ 表示事件"第 i 人发生意外",D 表示事件"保险公司产生赔付",则有 $D=A_1\cup A_2\cup\cdots\cup A_n$.

$$P(D)=P(A_1\cup A_2\cup\cdots\cup A_n)=1-P(\overline{A_1})P(\overline{A_2})\cdots P(\overline{A_n})=1-0.99^n.$$

令 $1-0.99^n>0.5$,解得 $n>684.16$.

即当参保人数超过 685 人时,保险公司产生赔付的概率大于 0.5.

[100]　设 A,B 是任意二事件,A 的概率不等于 0 和 1,证明 $P(B\mid A)=P(B\mid\overline{A})$ 是事件 A 与 B 独立的充分必要条件.

证　由于 A 的概率不等于 0 和 1,知题中两个条件概率都存在.

必要性.由事件 A 与事件 B 独立,知事件 $\overline{A}$ 与 B 也独立.因此 $P(B\mid A)=P(B)$,$P(B\mid\overline{A})=P(B)$,从而 $P(B\mid A)=P(B\mid\overline{A})$.

充分性. 由 $P(B\mid A)=P(B\mid \overline{A})$, 可见

$$\frac{P(AB)}{P(A)}=\frac{P(\overline{A}B)}{P(\overline{A})}=\frac{P(B)-P(AB)}{1-P(A)},$$

$$P(AB)[1-P(A)]=P(A)P(B)-P(A)P(AB),$$

$$P(AB)=P(A)P(B).$$

因此 A 与 B 独立.

方法总结

事件的独立性是概率论中的一个非常重要的概念. 概率论与数理统计中的很多内容都是在独立的前提下讨论的. 应该注意到, 在实际应用中, 对于事件的独立性, 我们往往不是根据定义来判断而是根据实际意义来加以判断的. 根据实际背景判断事件的独立性, 往往并不困难.

伯努利概型是独立重复试验的一个重要概率模型, 其特点是: 一次试验中只有事件 A 发生与不发生两种情况; 各次试验中事件 A 发生的概率都相同; 各次试验是相互独立的. 利用二项概率公式, 可以计算 n 次重复试验中某个事件 A 恰好发生 $k(0\leqslant k\leqslant n)$ 次的概率, 也可以计算 A 至少发生 k 次或 A 最多发生 k 次的概率. 此部分可以与第二章的二项分布合并记忆.

举一反三

[101] 设随机事件 A 与 B 相互独立, A 与 C 相互独立, $BC=\varnothing$, 若 $P(A)=P(B)=\frac{1}{2}$, $P(AC\mid AB\cup C)=\frac{1}{4}$, 求 $P(C)$.

[102] 今有甲、乙两名射手轮流对同一目标进行射击, 甲命中的概率为 p_1, 乙命中的概率为 p_2. 甲先射击, 谁先命中谁得胜. 分别求甲、乙二人获胜的概率.

[103]　甲、乙两人投篮命中率分别为 0.7 与 0.8，每人投篮 3 次，求：

(1) 两人进球数相等的概率；

(2) 甲比乙进球多的概率.

[104]　设有四个独立工作的元件，每个元件的可靠性均为 p，分别按图 1－2 的两种方式组成系统(分别记为 S_1 和 S_2)，试比较两种方式组成的系统的可靠性.

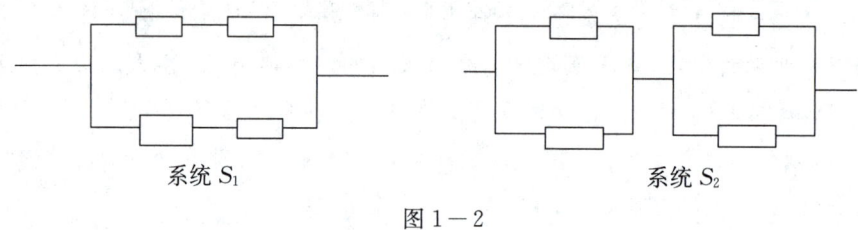

图 1－2

[105]　设事件 A, B, C 相互独立，证明：

(1) C 与 AB 相互独立.

(2) C 与 $A \cup B$ 相互独立.

第二章　随机变量及其分布

刷题散点图

在学习概率论与数理统计时,制作刷题散点图是一种高效的学习方法.用笔在题号上标记:做对的画"√",做错的画"×".完成后,观察题号的分布情况:错题集中的区域是薄弱点,需重点二刷、三刷;错题分散则说明基础不牢,要全面巩固.

通过散点图,能快速定位问题,精准复习,提升学习效率.

1. 随机变量与分布函数

核心归纳

1. 随机变量

设 E 是一个随机试验,其样本空间为 $\Omega = \{\omega\}$,如果对于每一个样本点 $\omega \in \Omega$,都有唯一的一个实数 $X(\omega)$ 与之对应,则称 $X(\omega)$ 为**一维随机变量**. 通常用 $X, Y, Z, \cdots$ 表示**随机变量**.

2. 分布函数

设 X 是一个随机变量,x 是任意实数,则函数 $F(x) = P\{X \leqslant x\}$ 称为 X 的**分布函数**.

基本性质

(1) **单调性**

$F(x)$ 是一个单调不减的函数,即当 $x_1 < x_2$ 时,$F(x_1) \leqslant F(x_2)$.

(2) **有界性**

$0 \leqslant F(x) \leqslant 1$,且

$$F(+\infty) = \lim_{x \to +\infty} F(x) = 1,$$

$$F(-\infty) = \lim_{x \to -\infty} F(x) = 0.$$

(3) **连续性**

$F(x+0) = F(x)$,即 $F(x)$ 是右连续函数.

3. 由分布函数求概率

$$P\{a < X \leqslant b\} = P\{X \leqslant b\} - P\{X \leqslant a\} = F(b) - F(a).$$

重点题型

题型 1 关于分布函数的定义和性质

原型题

[1] 设 $F_1(x)$ 与 $F_2(x)$ 分别为随机变量 X_1 与 X_2 的分布函数. 为使 $F(x) = aF_1(x) - bF_2(x)$ 是某一随机变量的分布函数,下列给定各组数值中应取( ).

A. $a = \dfrac{3}{5}, b = -\dfrac{2}{5}$ B. $a = \dfrac{2}{3}, b = \dfrac{2}{3}$

C. $a = -\dfrac{1}{2}, b = \dfrac{3}{2}$ D. $a = \dfrac{1}{2}, b = -\dfrac{3}{2}$

解 由 $\lim\limits_{x\to+\infty}F(x)=1$,结合已知条件得
$$\lim_{x\to+\infty}F(x)=F(+\infty)=aF_1(+\infty)-bF_2(+\infty).$$
因为 $\lim\limits_{x\to+\infty}F(x)=F(+\infty)=aF_1(+\infty)-bF_2(+\infty)=1$,且分布函数非负不减,则必有 $a>0,b<0,a-b=1$.

经验证,答案为 A.

故应选 A.

[2] 设随机变量 X 的分布函数为
$$F(x)=\begin{cases}a+\dfrac{b}{(1+x)^2}, & x>0,\\ c, & x\leqslant 0,\end{cases}$$
求常数 a,b,c 的值.

解 根据分布函数 $F(x)$ 的三条基本性质,可得
$$0=F(-\infty)=\lim_{x\to-\infty}F(x)=c,\text{即 }c=0.$$
$$1=F(+\infty)=\lim_{x\to+\infty}F(x)=\lim_{x\to+\infty}\left[a+\dfrac{b}{(1+x)^2}\right]=a,\text{即 }a=1.$$
又因为 $F(x)$ 是右连续的,即 $\lim\limits_{x\to 0^+}F(x)=a+b=c$,故 $b=-1$.

因此,常数 a,b,c 的值分别为 $1,-1$ 和 0.

[3] 在半径为 1,圆心为原点 O 的圆盘内任取一点 P,令 X 为 OP 的长度,求 X 的分布函数.

解 X 的分布函数 $F(x)=P\{X\leqslant x\}$ 表示点 P 落入以 O 为圆心、x 为半径的圆盘内的概率.

由几何概率模型可以求得

当 $x<0$ 时,$F(x)=0$;

当 $0\leqslant x<1$ 时,$F(x)=\dfrac{\pi\cdot x^2}{\pi\cdot 1^2}=x^2$;

当 $x\geqslant 1$ 时,$F(x)=1$.

综上所述,X 的分布函数为 $F(x)=\begin{cases}0, & x<0,\\ x^2, & 0\leqslant x<1,\\ 1, & x\geqslant 1.\end{cases}$

举一反三

解析见答案册第 13 页

[4] 下列函数中,可以做随机变量的分布函数的是( ).

A. $F(x)=\dfrac{1}{1+x^2}$

B. $F(x)=\dfrac{3}{4}+\dfrac{1}{2\pi}\arctan x$

C. $F(x)=\begin{cases}0, & x\leqslant 0,\\ \dfrac{x}{1+x}, & x>0\end{cases}$

D. $F(x)=\dfrac{2}{\pi}\arctan x+1$

[5]　设随机变量 X 的分布函数为 $F(x)=\begin{cases}a+be^{-\lambda x}, & x>0, \\ 0, & x\leqslant 0,\end{cases}$ 其中 $\lambda>0$，则（　　）.

A. $a=1, b=1$
B. $a=-1, b=-1$
C. $a=0, b=1$
D. $a=1, b=-1$

[6]　一个靶子是半径为 2 米的圆盘，设击中靶上任一同心圆盘上的点的概率与该圆盘的面积成正比，并设射击都能中靶，以 X 表示弹着点与圆心的距离. 试求随机变量 X 的分布函数.

题型 2　利用分布函数求概率

原型题

[7]　设随机变量 X 的分布函数 $F(x)=\begin{cases}0, & x<0, \\ \dfrac{1}{2}, & 0\leqslant x<1, \\ 1-e^{-x}, & x\geqslant 1,\end{cases}$ 则 $P\{X=1\}=$（　　）.

A. 0　　　　　B. $\dfrac{1}{2}$　　　　　C. $\dfrac{1}{2}-e^{-1}$　　　　　D. $1-e^{-1}$

解　$P\{X=1\}=P\{X\leqslant 1\}-P\{X<1\}=F(1)-F(1-0)$

$=(1-e^{-1})-\dfrac{1}{2}=\dfrac{1}{2}-e^{-1}$.

故应选 C.

[8]　设随机变量 X 的分布函数为

$$F(x)=\begin{cases}0, & x<0, \\ \dfrac{x}{10}, & 0\leqslant x<10, \\ 1, & x\geqslant 10.\end{cases}$$

求：(1) $P\{X\leqslant 3\}$；(2) $P\{1<X\leqslant 9\}$；(3) $P\{X>5\}$.

解 (1) $P\{X \leqslant 3\} = F(3) = \dfrac{3}{10}$;

(2) $P\{1 < X \leqslant 9\} = F(9) - F(1) = \dfrac{4}{5}$;

(3) $P\{X > 5\} = 1 - P\{X \leqslant 5\} = 1 - F(5) = 1 - \dfrac{1}{2} = \dfrac{1}{2}$.

方法总结

分布函数可以完整、准确地描述随机变量的取值规律. 利用 X 的分布函数可求如下概率:

(1) $P\{X \leqslant b\} = F(b)$;

(2) $P\{X > b\} = 1 - F(b)$;

(3) $P\{a < X \leqslant b\} = F(b) - F(a)$.

其他情形的概率需根据随机变量的类型——离散型或连续型分别讨论归纳.

举一反三 解析见答案册第 13 页

[9] 设随机变量 X 的分布函数为

$$F(x) = \begin{cases} 0, & x < 0, \\ \dfrac{x}{3}, & 0 \leqslant x < 1, \\ \dfrac{x}{2}, & 1 \leqslant x < 2, \\ 1, & x \geqslant 2. \end{cases}$$

求: (1) $P\left\{\dfrac{1}{2} < X \leqslant \dfrac{3}{2}\right\}$; (2) $P\left\{X > \dfrac{1}{2}\right\}$; (3) $P\left\{X > \dfrac{3}{2}\right\}$.

2. 离散型随机变量及其分布

核心归纳

1. 一维离散型随机变量

若随机变量 X 的全部可能取值是有限个或可列个,则称 X 为**离散型随机变量**.

2. 分布律

离散型随机变量 X 所有可能取值为 $x_k(k=1,2,\cdots)$,事件 $\{X=x_k\}$ 的概率为 $P\{X=x_k\}=p_k(k=1,2,\cdots)$,则称 $P\{X=x_k\}=p_k(k=1,2,\cdots)$ 为 X 的**分布律**或**分布列**. 分布律也可以写成表格形式:

X	x_1	x_2	$\cdots$	x_k	$\cdots$
P	p_1	p_2	$\cdots$	p_k	$\cdots$

离散型随机变量的分布律的性质:

(1) $P\{X=x_k\}=p_k \geqslant 0, k=1,2,\cdots$;

(2) $\sum\limits_{k} P\{X=x_k\} = \sum\limits_{k} p_k = 1.$

3. 离散型随机变量 X 的分布律与分布函数以及事件概率的关系

(1) 如果已知 X 的分布律为 $P\{X=x_k\}=p_k(k=1,2,\cdots)$,则 X 的分布函数

$$F(x) = P\{X \leqslant x\} = \sum_{x_k \leqslant x} p_k.$$

而事件 $\{a < X \leqslant b\}$ 的概率为

$$P\{a < X \leqslant b\} = \sum_{a < x_k \leqslant b} p_k.$$

(2) 如果已知 X 的分布函数 $F(x)$,则 X 的分布律为

$$P\{X=x_k\} = F(x_k) - F(x_k - 0), \quad k=1,2,\cdots.$$

4. 重要分布

(1) (0-1) **分布**

其分布律为

X	1	0
P	p	$1-p$

其中 p 为事件 A 出现的概率,$0 < p < 1$.

(2) 二项分布

设在 n 重伯努利试验中事件 A 发生的次数为 X，则

$$P\{X=k\}=C_n^k p^k q^{n-k}, \quad k=0,1,2,\cdots,n$$

其中 p 为事件 A 在每次试验中出现的概率，$q=1-p$，称随机变量 X 服从**二项分布**，记为 $X\sim B(n,p)$.

(3) 泊松分布

设随机变量 X 的分布律为

$$P\{X=k\}=\frac{\lambda^k e^{-\lambda}}{k!} \quad (k=0,1,2,\cdots)$$

其中 $\lambda>0$ 是常数，则称 X 服从参数为 λ 的**泊松分布**，记为 $X\sim\pi(\lambda)$ 或 $P(\lambda)$.

泊松定理：设随机变量 $X_n\sim B(n,p_n)$，若 $\lim\limits_{n\to\infty}np_n=\lambda>0$，则有

$$\lim_{n\to\infty}C_n^i p_n^i(1-p_n)^{n-i}=\frac{\lambda^i}{i!}e^{-\lambda} \quad (i=1,2,\cdots).$$

由泊松定理，二项分布可以用泊松分布作为近似.

(4) 超几何分布

设随机变量 X 的分布列是

$$P\{X=i\}=\frac{C_M^i C_{N-M}^{n-i}}{C_N^n}, \quad (i=0,1,2,\cdots,l;\, l=\min\{n,M\}).$$

其中 M,N,n 都是自然数，且 $n<N,M<N$，则称 X 服从参数为 N,M,n 的**超几何分布**，记为 $X\sim H(N,M,n)$.

(5) 几何分布

设随机变量 X 的分布列为

$$P\{X=i\}=(1-p)^{i-1}p, \quad i=1,2,3,\cdots,$$

其中 $0<p<1$，则称 X 服从参数为 p 的**几何分布**，记为 $X\sim G(p)$.

重点题型

题型 1 关于分布律的性质

原型题

[10] 当 $C=$ _____ 时，$P\{X=k\}=C\cdot\left(\dfrac{2}{3}\right)^k\,(k=1,2,3,\cdots)$ 才能成为随机变量 X 的分布列.

解 由分布列的性质 $\sum\limits_k p_k=1$，得

$$\sum_{k=1}^{\infty}C\cdot\left(\frac{2}{3}\right)^k=1,\; 即\; C\left[\frac{2}{3}+\left(\frac{2}{3}\right)^2+\cdots+\left(\frac{2}{3}\right)^n+\cdots\right]=1,$$

所以 $C \cdot \dfrac{\frac{2}{3}}{1-\frac{2}{3}} = 1$,解得 $C = \dfrac{1}{2}$.

所以当 $C = \dfrac{1}{2}$ 时,$P\{X = k\} = C \cdot \left(\dfrac{2}{3}\right)^k$ 才能成为随机变量的分布列.

故应填 $\dfrac{1}{2}$.

[11] 设随机变量 X 可能的取值为 $-1, 0, 1$,$P\{X = -1\} = \dfrac{a}{2}$,$P\{X = 0\} = b$,$P\{X = 1\} = \dfrac{1}{6}$,且 $P\{X^2 = X\} = \dfrac{1}{2}$,求 a, b.

解 由分布律的规范性可知 $\sum\limits_{i=1}^{\infty} p_i = 1$,则有 $\dfrac{a}{2} + b + \dfrac{1}{6} = 1$.

又由 $P\{X^2 = X\} = \dfrac{1}{2}$,有 $P\{X = 0\} + P\{X = 1\} = \dfrac{1}{2}$,即 $b + \dfrac{1}{6} = \dfrac{1}{2}$,解得 $b = \dfrac{1}{3}$,故 $a = 1$.

举一反三 解析见答案册第 14 页

[12] 设随机变量 X 的分布律为 $P\{X = k\} = \dfrac{c}{k!}\mathrm{e}^{-2}$,$k = 0, 1, 2, \cdots$,则常数 $c = $ _____.

[13] 设随机变量 X 的可能取值为 $-1, 0, 1$,且取这三个值的概率之比为 $1:2:3$,则 X 的概率分布为_____.

题型 2 求离散型随机变量的分布律

原型题

[14] 设口袋里有白球 4 个和黑球 1 个,甲乙两人轮流从中取球,取到黑球就停止,甲先取,用 X 表示甲的取球次数,求 X 的分布律.

解 由于甲先取球,所以 X 的取值至少是 1. 由于白球一共只有 4 个,所以如果前两次甲乙都取到白球的话,第五次甲就一定会取到黑球了,此时甲的取球次数为 3,可知 X 的最大值是 3. 综上可得 X 所有可能的取值是 $\{1, 2, 3\}$. 下面再逐一计算 X 等于这些值的概率.

方法一 首先考虑 $X = 1$ 的概率,注意到 $X = 1$ 有两种可能,第一种是甲第一次就取到黑球;第二种是甲第一次取到白球同时乙第一次取到黑球. 其概率为 $\dfrac{1}{5} + \dfrac{4}{5} \times \dfrac{1}{4} = \dfrac{2}{5}$,可知 $P\{X = 1\} = \dfrac{2}{5}$.

再考虑 $X = 2$ 的概率,这里也有两种可能,一是甲乙第一次取球都取到白球,甲第二次取球的时候取到了黑球；二是甲前两次都取到了白球，乙第一次取到了白球，第二次取到了黑球. 其概率为 $\frac{4}{5} \times \frac{3}{4} \times \frac{1}{3} + \frac{4}{5} \times \frac{3}{4} \times \frac{2}{3} \times \frac{1}{2} = \frac{2}{5}$，可知 $P\{X = 2\} = \frac{2}{5}$.

最后再计算 $P\{X = 3\}$，由归一性可知 $P\{X = 3\} = 1 - P\{X = 1\} - P\{X = 2\} = \frac{1}{5}$.

方法二 甲乙两人轮流取球相当于把这五颗球依次排序，由抽签原理可知，黑球排到任何一个位置都是等可能的，概率均为 $\frac{1}{5}$.

$X = 1$ 对应黑球排在前两个位置的情形，可知 $P\{X = 1\} = \frac{2}{5}$；$X = 2$ 对应黑球排在第三和第四个位置的情形，可知 $P\{X = 2\} = \frac{2}{5}$；$X = 3$ 对应黑球排在最后一个位置的情形，可知 $P\{X = 3\} = \frac{1}{5}$.

故 X 的分布律为

X	1	2	3
P	$\frac{2}{5}$	$\frac{2}{5}$	$\frac{1}{5}$

[15] 设 10 件产品有 7 件正品，3 件次品，随机地抽取产品，每次 1 件，直到取到正品为止.

(1) 若有放回地抽取，求抽取次数 X 的分布律；

(2) 若不放回地抽取，求抽取次数 X 的分布律.

解 (1) 若有放回地抽取，则 X 服从参数为 $\frac{7}{10}$ 的几何分布，即 X 的分布律为

$$P\{X = k\} = \left(\frac{3}{10}\right)^{k-1} \frac{7}{10}, k = 1, 2, \cdots;$$

(2) 若不放回地抽取，由于共有 3 件次品，7 件正品，因此，X 的可能取值为 $1, 2, 3, 4$. 令 $A_k =$ "第 k 次取到正品"，$k = 1, 2, 3, 4$，则利用乘法公式可得 X 的分布律为

$P\{X = 1\} = P(A_1) = \frac{7}{10}$,

$P\{X = 2\} = P(\overline{A}_1 A_2) = P(\overline{A}_1) P(A_2 \mid \overline{A}_1) = \frac{3}{10} \times \frac{7}{9} = \frac{7}{30}$,

$P\{X = 3\} = P(\overline{A}_1 \overline{A}_2 A_3) = P(\overline{A}_1) P(\overline{A}_2 \mid \overline{A}_1) P(A_3 \mid \overline{A}_1 \overline{A}_2) = \frac{3}{10} \times \frac{2}{9} \times \frac{7}{8} = \frac{7}{120}$,

$P\{X = 4\} = P(\overline{A}_1 \overline{A}_2 \overline{A}_3 A_4) = P(\overline{A}_1) P(\overline{A}_2 \mid \overline{A}_1) P(\overline{A}_3 \mid \overline{A}_1 \overline{A}_2) P(A_4 \mid \overline{A}_1 \overline{A}_2 \overline{A}_3) = \frac{1}{120}$.

即 X 的分布律为

X	1	2	3	4
P	$\dfrac{7}{10}$	$\dfrac{7}{30}$	$\dfrac{7}{120}$	$\dfrac{1}{120}$

方法总结

求离散型随机变量的分布律,先要搞清楚其所有可能的取值. 然后计算随机变量取各相应值的概率. 计算应结合求随机事件概率的各种方法和概率基本公式.

举一反三　　　　　　　　　　　　　　　　　　　　解析见答案册第 14 页

[16]　一辆汽车沿一街道行驶,需要通过三个均设有红绿信号灯的路口,每个信号灯为红或绿与其他信号灯为红或绿相互独立,且红绿两种信号显示时间相等. 以 X 表示该汽车首次遇到红灯前已通过的路口的个数,求 X 的概率分布.

[17]　一袋中有 5 只球,编号为 1,2,3,4,5,在袋中同时取 3 只,以 X 表示取出的 3 只球中的最大号码,写出随机变量 X 的分布律.

[18] 设随机变量 X 的分布律为 $P\{X=k\}=\dfrac{1}{2^k}, k=1,2,3,\cdots$，$Y$ 表示 X 被 3 除的余数，求 Y 的分布律.

题型 3　离散型随机变量的分布律与分布函数的关系

原型题

[19] 设随机变量的分布函数为
$$F(x)=P\{X\leqslant x\}=\begin{cases}0, & \text{若 } x<-1,\\ 0.4, & \text{若 }-1\leqslant x<1,\\ 0.8, & \text{若 } 1\leqslant x<3,\\ 1, & \text{若 } x\geqslant 3,\end{cases}$$
则 X 的概率分布为_____.

解　方法一　作图法

根据题意作出 X 分布函数 $F(x)$ 的图像（如图 2-1 所示）.

因为离散型随机变量的分布函数为阶梯型而且随机变量在间断点处取值概率不为零而是跳跃幅度大小，所以易得到

$P\{X=-1\}=0.4,\quad P\{X=1\}=0.4,$
$P\{X=3\}=0.2.$

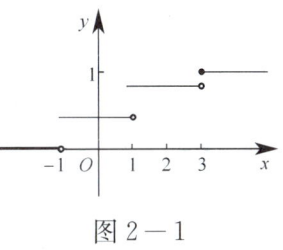

图 2-1

方法二　公式法

由 $P\{X=x\}=P\{X\leqslant x\}-P\{X<x\}=F(x)-F(x-0)$，得
$P\{X=-1\}=F(-1)-F(-1-0)=0.4,$
$P\{X=1\}=F(1)-F(1-0)=0.8-0.4=0.4,$
$P\{X=3\}=F(3)-F(3-0)=1-0.8=0.2.$
故应填 $P\{X=-1\}=0.4, P\{X=1\}=0.4, P\{X=3\}=0.2.$

思路拓展

利用分布函数求解离散型随机变量的概率分布一般采用作图法或公式法.

离散型随机变量的统计规律一般用分布律来描述,离散型随机变量的分布函数是阶梯函数,也是研究随机变量的统计规律的重要工具,但不如分布律直观简单.

[20] 设一盒子内有 5 个小球,2 个白的和 3 个黑的. 如果从中任取 2 个,那么取到黑球数的分布函数是多少?

分析 对于未知概率分布的随机变量要求其分布函数的问题,需先求出该随机变量的分布律.

解 令 X 表示取到黑球的个数,因为 X 为离散型随机变量,其全部可能取值为 $0,1,2$,所以其分布律为 $P\{X=k\} = \dfrac{C_3^k C_2^{2-k}}{C_5^2}$ $(k=0,1,2)$. 故

$$P\{X=0\}=0.1, \quad P\{X=1\}=0.6, \quad P\{X=2\}=0.3.$$

X 的分布函数为 $F(x) = P\{X \leqslant x\} = \sum\limits_{k \leqslant x} p_k$,得

$$F(x) = \begin{cases} 0, & x < 0, \\ 0.1, & 0 \leqslant x < 1, \\ 0.7, & 1 \leqslant x < 2, \\ 1, & x \geqslant 2. \end{cases}$$

思路拓展

在求解离散型随机变量的分布函数时,先通过概率公式求得分布律,再应用

$$F(x) = P\{X \leqslant x\} = \sum\limits_{x_k \leqslant x} p_k$$

这一公式,这是最基本的方法.

举一反三   解析见答案册第 15 页

[21] 设随机变量 X 的分布律为

X	1	2	3	4
P	$\dfrac{1}{4}$	$\dfrac{1}{8}$	$\dfrac{4}{7}$	$\dfrac{3}{56}$

若其分布函数为 $F(x)$,则 $F(3) = ($ $)$.

A. $\dfrac{53}{56}$ B. $\dfrac{3}{8}$ C. $\dfrac{3}{56}$ D. $\dfrac{1}{4}$

[22] 设随机变量 X 的分布律为

X	-1	0	1
P	$\frac{1}{4}$	a	b

分布函数为

$$F(x) = \begin{cases} c, & x < -1, \\ d, & -1 \leqslant x < 0, \\ \frac{3}{4}, & 0 \leqslant x < 1, \\ e, & x \geqslant 1, \end{cases}$$

求 a,b,c,d,e.

题型 4 利用分布律求概率

原型题

[23] 设随机变量 X 的分布律为 $P\{X=k\} = \theta(1-\theta)^{k-1}, k=1,2,\cdots,$ 其中 $0<\theta<1$, 若 $P\{X \leqslant 2\} = \frac{5}{9}$, 则 $P\{X=3\} = $ _____.

解 因为 $P\{X=k\} = \theta(1-\theta)^{k-1}, k=1,2,\cdots,$ 则 $\frac{5}{9} = P\{X \leqslant 2\} = P\{X=1\} + P\{X=2\} = \theta + \theta(1-\theta),$ 即 $\theta^2 - 2\theta + \frac{5}{9} = 0.$

解得 $\theta = \frac{1}{3}$ 或 $\theta = \frac{5}{3}$, 又因为 $0<\theta<1$, 故 $\theta = \frac{1}{3}$.

因此 $P\{X=3\} = \theta(1-\theta)^2 = \frac{1}{3}\left(\frac{2}{3}\right)^2 = \frac{4}{27}.$

故应填 $\frac{4}{27}$.

[24] 设随机变量的分布律为 $P\{X=k\} = \frac{1}{2^k}, k=1,2,\cdots,$ 则 $P\{X = 偶数\} = $ _____, $P\{X \geqslant 5\} = $ _____.

解 $P\{X = 偶数\} = \sum_{k=1}^{\infty} P\{X = 2k\} = \sum_{k=1}^{\infty} \frac{1}{2^{2k}} = \frac{\frac{1}{4}}{1 - \frac{1}{4}} = \frac{1}{3}.$

$$P\{X \geqslant 5\} = \sum_{k=5}^{\infty} P\{X = k\} = \sum_{k=5}^{\infty} \frac{1}{2^k} = \frac{\frac{1}{2^5}}{1 - \frac{1}{2}} = \frac{1}{16}.$$

故应填 $\frac{1}{3}$, $\frac{1}{16}$.

举一反三　解析见答案册第 15 页

[25] 已知离散型随机变量 X 的可能取值为 $-2, 0, 2, \sqrt{5}$，相应的概率依次为 $\frac{1}{a}, \frac{3}{2a}, \frac{5}{4a}, \frac{7}{8a}$，则 $P\{|X| \leqslant 2 \mid X \geqslant 0\} = ($　　$)$.

A. $\frac{21}{29}$　　　　B. $\frac{22}{29}$　　　　C. $\frac{2}{3}$　　　　D. $\frac{1}{3}$

[26] 设随机变量 X 可能的取值为 $-1, 0, 1$，$P\{X = -1\} = \frac{a}{2}$，$P\{X = 0\} = b$，$P\{X = 1\} = \frac{1}{6}$，且 $P\{X^2 = X\} = \frac{1}{2}$，求 a, b.

题型 5　关于常见分布

原型题

[27] 设随机变量 X 服从参数为 λ 的泊松分布，且 $P\{X = 0\} = \frac{1}{2}$，则 $P\{X > 1\} = ($　　$)$.

A. $\frac{1}{2} + \frac{1}{2}\ln 2$　　　B. $1 - \frac{1}{2}\ln 2$　　　C. $\frac{1}{2}(1 - \ln 2)$　　　D. $\frac{1}{2}$

解 由题意，$P\{X = 0\} = \frac{\lambda^0}{0!} e^{-\lambda} = \frac{1}{2}$，得 $\lambda = \ln 2$. 故

$$P\{X > 1\} = 1 - P\{X \leqslant 1\} = 1 - [P\{X = 0\} + P\{X = 1\}]$$
$$= 1 - \left(\frac{1}{2} + \frac{1}{2}\ln 2\right) = \frac{1}{2}(1 - \ln 2).$$

故应选 C.

[28] 设随机变量 X 服从参数为 $(2,p)$ 的二项分布,随机变量 Y 服从参数为 $(3,p)$ 的二项分布,若 $P\{X \geqslant 1\} = \dfrac{5}{9}$,则 $P\{Y \geqslant 1\} = $ _____.

解 $\dfrac{5}{9} = P\{X \geqslant 1\} = 1 - P\{X < 1\} = 1 - C_2^0 p^0 (1-p)^2 = 1 - (1-p)^2$ 得 $(1-p) = \dfrac{2}{3}$.

故

$$P\{Y \geqslant 1\} = 1 - P\{Y < 1\} = 1 - C_3^0 p^0 (1-p)^3 = 1 - \left(\dfrac{2}{3}\right)^3 = \dfrac{19}{27}.$$

故应填 $\dfrac{19}{27}$.

[29] 设某批电子元件的正品率为 $\dfrac{4}{5}$,次品率为 $\dfrac{1}{5}$. 现对这批元件进行测试,只要测得一个正品就停止测试工作,则测试次数的分布律是 _____.

解 设测试次数为 X,则 X 的可能值为 $1,2,3,\cdots$. 当 $X = k$ 时,相当于"前 $k-1$ 次测到的都是次品,而第 k 次测到的是正品",故

$$P\{X = k\} = \left(\dfrac{1}{5}\right)^{k-1} \left(\dfrac{4}{5}\right) \quad (k = 1, 2, \cdots).$$

故应填 $P\{X = k\} = \left(\dfrac{1}{5}\right)^{k-1} \left(\dfrac{4}{5}\right) \quad (k = 1, 2, \cdots)$.

思路拓展

本题中 X 服从几何分布,几何分布的实际背景是重复独立试验下首次成功的概率. 它可作为描述"独立射击,首次击中时的射击次数""有放回地抽取产品,首次抽到次品时的抽取次数"等概率分布的数学模型.

[30] 有一批产品共 20 件,其中次品 3 件. 现从中任取 4 件(不放回抽样),求其中次品数 X 的分布律;其中次品数不多于 2 件的概率有多大?

解 共有 20 个元素,分为两类(次品与正品),其中第一类元素(次品)有 3 个. 现从中任取 4 个元素,则其中第一类元素数 X 为服从超几何分布的随机变量. 故 X 的分布律为

$$P\{X = k\} = \dfrac{C_3^k C_{17}^{4-k}}{C_{20}^4}, \; k = 0, 1, 2, 3.$$

用表格可表示为

X	0	1	2	3
p_k	$\dfrac{28}{57}$	$\dfrac{8}{19}$	$\dfrac{8}{95}$	$\dfrac{1}{285}$

其中次品数不多于 2 件的概率为

$$P\{X \leqslant 2\} = P\{X=0\} + P\{X=1\} + P\{X=2\} \approx 0.996.$$

思路拓展

可以证明,当 $N \to +\infty$ 时,超几何分布以二项分布为极限,即当 N 充分大,n 相对较小时,X 近似服从 $B\left(n, \dfrac{M}{N}\right)$.

[31] 现有同型设备 300 台,各台设备的工作是相互独立的,发生故障的概率都是 0.01. 设一台设备的故障可由一名维修工人处理,问至少需配备多少名维修工人,才能保证设备发生故障但不能及时维修的概率小于 0.01?

解 设需配备 N 名工人,X 为同一时刻发生故障的设备的台数,则 $X \sim B(300, 0.01)$. 所需解决的问题是确定 N 的最小值,使 $P\{X \leqslant N\} \geqslant 0.99$.

因 $np = \lambda = 3$,由泊松定理 $P\{X \leqslant N\} \approx \sum\limits_{k=0}^{N} \dfrac{3^k}{k!} \mathrm{e}^{-3}$,故问题转化为求 N 的最小值,使 $\sum\limits_{k=0}^{N} \dfrac{3^k}{k!} \mathrm{e}^{-3} \geqslant 0.99$,即 $1 - \sum\limits_{k=0}^{N} \dfrac{3^k}{k!} \mathrm{e}^{-3} = \sum\limits_{k=N+1}^{+\infty} \dfrac{3^k}{k!} \mathrm{e}^{-3} \leqslant 0.01$.

查表可知,当 $N \geqslant 8$ 时,上式成立. 因此,为达到上述要求,至少需配备 8 名维修工人.

思路拓展

利用二项分布求概率时,如果遇到多个概率的和式不易求,可以运用泊松定理或后面的中心极限定理求其近似值. 本题就是如此,设 $X \sim B(n, p)$,当 n 较大,p 较小时,X 近似服从 $P(np)$.

举一反三 解析见答案册第 16 页

[32] 随机变量 X 服从泊松分布,并且已知 $P\{X=1\} = P\{X=2\}$,则 $P\{X=4\} = $ _____.

[33] 一电话交换台每分钟收到呼唤的次数服从参数为 4 的泊松分布,求:

(1) 某一分钟恰有 8 次呼唤的概率;

(2) 某一分钟的呼唤次数大于 3 的概率.

[34] 一大楼装有5个同类型的供水设备,调查表明在任一时刻t每个设备被使用的概率为0.1,问在同一时刻:

(1) 恰有2个设备被使用的概率是多少?

(2) 至少有3个设备被使用的概率是多少?

(3) 至多有3个设备被使用的概率是多少?

(4) 至少有1个设备被使用的概率是多少?

[35] 从学校乘汽车到火车站的途中有3个交通岗,假设在各个交通岗遇到红灯的事件是相互独立的,并且概率都是$\frac{2}{5}$. 设X为途中遇到红灯的次数,求随机变量X的分布律和分布函数.

[36] 同时掷两枚骰子,直到一枚骰子出现6点为止,问抛掷次数X服从什么分布?

3. 连续型随机变量及其分布

核心归纳

1. 连续型随机变量的概率密度

如果对于随机变量 X 的分布函数 $F(x)$,存在非负可积函数 $f(x)$,使得对任意实数 x,有 $F(x) = \int_{-\infty}^{x} f(t)dt$ 成立,则称 X 为**连续型随机变量**,函数 $f(x)$ 称为 X 的**概率密度**(或**分布密度**).

2. 连续型随机变量的概率密度函数 $f(x)$ 的性质

(1) $f(x) \geqslant 0$;

(2) $\int_{-\infty}^{+\infty} f(x)dx = 1$.

3. 连续型随机变量的概率密度与分布函数以及事件概率的关系

(1) 若 X 的概率密度为 $f(x)$,则 X 的分布函数为 $F(x) = \int_{-\infty}^{x} f(t)dt$. 当 $f(x)$ 为分段函数时,其分布函数 $F(x)$ 要做分段讨论;

(2) 若 $f(x)$ 在点 x 处连续,则有 $F'(x) = f(x)$;

(3) $P\{a < X \leqslant b\} = P\{a < X < b\} = P\{a \leqslant X < b\} = P\{a \leqslant X \leqslant b\}$
$= F(b) - F(a) = \int_a^b f(x)dx$;

(4) $P\{X = a\} = 0 \ (-\infty < a < +\infty)$.

4. 重要分布

(1) 均匀分布

若连续型随机变量 X 的概率密度函数为

$$f(x) = \begin{cases} \dfrac{1}{b-a}, & a \leqslant x \leqslant b, \\ 0, & \text{其他}, \end{cases}$$

则称 X 服从 $[a,b]$ 上的**均匀分布**.

(2) 指数分布

若连续型随机变量 X 的概率密度函数为

$$f(x) = \begin{cases} \lambda e^{-\lambda x}, & x > 0, \\ 0, & \text{其他}, \end{cases}$$

其中 $\lambda > 0$,则称 X 服从参数为 λ 的**指数分布**.

(3) 正态分布

若连续型随机变量 X 的概率密度函数为

$$f(x) = \frac{1}{\sqrt{2\pi}\sigma} e^{-\frac{(x-\mu)^2}{2\sigma^2}} \quad (-\infty < x < +\infty),$$

其中 μ 与 $\sigma > 0$ 都是常数,则称 X 服从参数为 μ 和 σ 的**正态分布**. 简记为 $X \sim N(\mu, \sigma^2)$.

(4) 标准正态分布

当 $\mu = 0$, $\sigma = 1$ 时称 X 服从**标准正态分布**,简记为 $X \sim N(0,1)$. 其概率密度函数和分布函数分别用 $\varphi(x), \Phi(x)$ 表示,

$$\varphi(x) = \frac{1}{\sqrt{2\pi}} e^{-\frac{x^2}{2}},$$

$$\Phi(x) = \frac{1}{\sqrt{2\pi}} \int_{-\infty}^{x} e^{-\frac{t^2}{2}} dt.$$

性质 1 $\Phi(-x) = 1 - \Phi(x)$.

性质 2 当 $X \sim N(\mu, \sigma^2)$ 时,$U = \dfrac{X-\mu}{\sigma} \sim N(0,1)$. 即 $F(x) = \Phi\left(\dfrac{x-\mu}{\sigma}\right)$.

重点题型

题型 1 概率密度的性质

> **原型题**

[37] 设随机变量 X 的概率密度为 $f(x)$,则下列函数中也是概率密度的是( ).

A. $f(2x)$ B. $f^2(x)$ C. $2xf(x^2)$ D. $3x^2 f(x^3)$

解 A. $\int_{-\infty}^{+\infty} f(2x) dx = \dfrac{1}{2} \int_{-\infty}^{+\infty} f(2x) d2x = \dfrac{1}{2} \neq 1$,故 $f(2x)$ 不是概率密度函数;

B. 反例,设 $X \sim U(0,2)$,则 $f(x) = \begin{cases} \dfrac{1}{2}, & 0 < x < 2, \\ 0, & \text{其它}, \end{cases}$ 从而 $f^2(x) = \begin{cases} \dfrac{1}{4}, & 0 < x < 2, \\ 0, & \text{其它}. \end{cases}$

由于 $\int_{-\infty}^{+\infty} f^2(x) dx = \int_0^2 \dfrac{1}{4} dx = \dfrac{1}{2} \neq 1$,故 $f^2(x)$ 不是概率密度函数;

C. 当 $x < 0$ 时,$2xf(x^2) \leqslant 0$,故 $2xf(x^2)$ 不是概率密度函数;

D. 因 $3x^2 f(x^3) \geqslant 0$ 且 $\int_{-\infty}^{+\infty} 3x^2 f(x^3) dx = \int_{-\infty}^{+\infty} f(x^3) dx^3 = 1$,故 $3x^2 f(x^3)$ 是概率密度函数.

故应选 D.

[38] 设随机变量 X 的概率密度为 $f(x) = a e^{-\frac{x^2}{2} + x}$,则 $a = $ _____.

解 **方法一** 由概率密度的性质可知 $\int_{-\infty}^{+\infty} f(x) dx = \int_{-\infty}^{+\infty} a e^{-\frac{x^2}{2} + x} dx = 1.$

其中 $\int_{-\infty}^{+\infty} a\mathrm{e}^{-\frac{x^2}{2}+x}\mathrm{d}x = \int_{-\infty}^{+\infty} a\mathrm{e}^{-\frac{(x-1)^2}{2}+\frac{1}{2}}\mathrm{d}x = a\sqrt{\mathrm{e}}\int_{-\infty}^{+\infty} \mathrm{e}^{-\frac{(x-1)^2}{2}}\mathrm{d}x$,再做变量代换 $u = \frac{x-1}{\sqrt{2}}$,可

得 $a\sqrt{\mathrm{e}}\int_{-\infty}^{+\infty} \mathrm{e}^{-\frac{(x-1)^2}{2}}\mathrm{d}x = a\sqrt{2\mathrm{e}}\int_{-\infty}^{+\infty} \mathrm{e}^{-u^2}\mathrm{d}u = a\sqrt{2\mathrm{e}\pi}$,可知 $a = \frac{1}{\sqrt{2\mathrm{e}\pi}}$.

方法二 $f(x) = a\mathrm{e}^{-\frac{x^2}{2}+x} = a\mathrm{e}^{-\frac{(x-1)^2}{2}+\frac{1}{2}} = a\sqrt{\mathrm{e}}\mathrm{e}^{-\frac{(x-1)^2}{2}}$.

由于正态分布的概率密度应该为 $\frac{1}{\sqrt{2\pi}\sigma}\mathrm{e}^{-\frac{(x-\mu)^2}{2\sigma^2}}$,和 $f(x)$ 对照可知,这里的 $\mu = 1, \sigma = 1$,

从而有 $a\sqrt{\mathrm{e}} = \frac{1}{\sqrt{2\pi}}$,从而 $a = \frac{1}{\sqrt{2\mathrm{e}\pi}}$.

故应填 $\frac{1}{\sqrt{2\mathrm{e}\pi}}$.

举一反三

解析见答案册第 17 页

[39] 下列选项中,能作为连续型随机变量密度函数的是(　　).

A. $f(x) = \begin{cases} \frac{1}{\sqrt{2\pi}}\mathrm{e}^{-\frac{x^2}{2}}, & x > 0, \\ 0, & x \leqslant 0 \end{cases}$

B. $f(x) = \begin{cases} 1, & |x| < 1, \\ 0, & 其他 \end{cases}$

C. $f(x) = \begin{cases} \frac{x}{2}, & 0 < x < 1, \\ 0, & 其他 \end{cases}$

D. $f(x) = \frac{1}{2}\mathrm{e}^{-|x|}$

[40] $f(x) = c\mathrm{e}^{-x^2+x}$ 是随机变量 X 的密度函数,则 $c = $ ＿＿＿＿.

题型 2　概率密度与分布函数的转化以及求概率

原型题

[41] 设随机变量 X 的密度函数为 $\varphi(x)$,且 $\varphi(-x) = \varphi(x)$,$F(x)$ 是 X 的分布函数,则对任意实数 a,有(　　).

A. $F(-a) = 1 - \int_0^a \varphi(x)\mathrm{d}x$　　　　B. $F(-a) = \frac{1}{2} - \int_0^a \varphi(x)\mathrm{d}x$

C. $F(-a) = F(a)$　　　　　　　　　D. $F(-a) = 2F(a) - 1$

分析　在对随机变量求密度函数与分布函数问题中多用到高等数学中微积分方面的知识,本题中需要对积分变量做换元.

解　由分布函数与密度函数关系可知 $F(-a) = \int_{-\infty}^{-a} \varphi(x)\mathrm{d}x$.

令 $x = -t$,得到 $F(-a) = -\int_{+\infty}^{a} \varphi(t)\mathrm{d}t = \int_a^{+\infty} \varphi(x)\mathrm{d}x$.

又因为 $\int_{-\infty}^{+\infty} \varphi(x)\mathrm{d}x = 1$,且有 $\varphi(-x) = \varphi(x)$,故

$$\int_{-\infty}^{-a}\varphi(x)\mathrm{d}x+\int_{-a}^{0}\varphi(x)\mathrm{d}x=\int_{0}^{a}\varphi(x)\mathrm{d}x+\int_{a}^{\infty}\varphi(x)\mathrm{d}x=\frac{1}{2}\int_{-\infty}^{+\infty}\varphi(x)\mathrm{d}x=\frac{1}{2},$$

得 $\int_{0}^{a}\varphi(x)\mathrm{d}x+F(-a)=\frac{1}{2}$.

所以 $F(-a)=\frac{1}{2}-\int_{0}^{a}\varphi(x)\mathrm{d}x$.

故应选 B.

思路拓展

另外还可以根据随机变量 X 的密度函数图形来判定.

由于密度函数 $\varphi(x)$ 满足 $\varphi(x)=\varphi(-x)$ 是关于 y 轴对称的,如图 2-2 所示. S_1,D_1,D_2,S_2 表示图中对应部分的面积.根据密度函数的性质及 $\varphi(-x)=\varphi(x)$ 知

$$S_1=S_2,\quad D_1=D_2,\quad S_1+D_1=D_2+S_2=\frac{1}{2}.$$

因此 $F(-a)=S_1=S_2=\frac{1}{2}-D_2=\frac{1}{2}-\int_{0}^{a}\varphi(x)\mathrm{d}x$.

故应选 B.

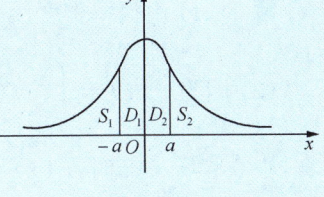

图 2-2

[42] 设连续型随机变量 X 的分布函数为

$$F(x)=\begin{cases}0, & x<0,\\ Ax^2, & 0\leqslant x<1,\\ 1, & x\geqslant 1.\end{cases}$$

求(1) 常数 A;(2) X 落在 $\left(-1,\dfrac{1}{2}\right)$ 及 $\left(\dfrac{1}{3},2\right)$ 内的概率;(3) X 的概率密度.

分析 求解分布函数未知参数时要用到分布函数的性质.由已知分布函数来求概率密度时要对分布函数求导,其中若分布函数为分段函数,概率密度也要分区间考虑.

解 (1) 由 $F(x)$ 的连续性,可知 $\lim\limits_{x\to 1^-}F(x)=F(1)$,则 $\lim\limits_{x\to 1^-}Ax^2=1$,可得 $A=1$.

那么分布函数 $F(x)=\begin{cases}0, & x<0,\\ x^2, & 0\leqslant x<1,\\ 1, & x\geqslant 1.\end{cases}$

(2) 由于 X 落在 $\left(-1,\dfrac{1}{2}\right)$ 内,则

$$P\left\{-1<X<\frac{1}{2}\right\}=F\left(\frac{1}{2}\right)-F(-1)=\left(\frac{1}{2}\right)^2-0=\frac{1}{4}.$$

同理可知

$$P\left\{\frac{1}{3}<X<2\right\}=F(2)-F\left(\frac{1}{3}\right)=1-\left(\frac{1}{3}\right)^2=\frac{8}{9};$$

(3) 因为 $f(x)=F'(x)$.

当 $0 \leqslant x < 1$ 时，$f(x) = (x^2)' = 2x$；其他情况时，$f(x) = 0$.

所以 $f(x) = \begin{cases} 2x, & 0 \leqslant x < 1, \\ 0, & \text{其他}. \end{cases}$

[43] 设随机变量 X 的概率密度为

$$f(x) = \begin{cases} kx + 1, & 0 \leqslant x < 2, \\ 0, & \text{其他}. \end{cases}$$

求(1) k 值；(2) X 的分布函数；(3) $P\{1 < X < 2\}$.

解 (1) 由概率密度性质 $\int_{-\infty}^{+\infty} f(x) \mathrm{d}x = \int_0^2 (kx+1) \mathrm{d}x = 2k + 2 = 1$，得 $k = -\dfrac{1}{2}$；

(2) 因为 $F(x) = \int_{-\infty}^{x} f(t) \mathrm{d}t$，所以当 $x < 0$ 时，$F(x) = \int_{-\infty}^{x} 0 \mathrm{d}t = 0$；

当 $0 \leqslant x < 2$ 时，$F(x) = \int_{-\infty}^{0} 0 \mathrm{d}t + \int_0^x \left(-\dfrac{1}{2}t + 1\right) \mathrm{d}t = -\dfrac{1}{4}x^2 + x$；

当 $x \geqslant 2$ 时，$F(x) = \int_{-\infty}^{0} 0 \mathrm{d}t + \int_0^2 \left(-\dfrac{1}{2}t + 1\right) \mathrm{d}t + \int_2^x 0 \mathrm{d}t = 1$.

故 X 的分布函数

$$F(x) = \begin{cases} 0, & x < 0, \\ -\dfrac{1}{4}x^2 + x, & 0 \leqslant x < 2, \\ 1, & x \geqslant 2. \end{cases}$$

(3) $P\{1 < X < 2\} = \int_1^2 \left(-\dfrac{1}{2}x + 1\right) \mathrm{d}x = \dfrac{1}{4}$.

思路拓展

本题也可以用分布函数 $F(x)$ 求概率 $P\{1 < X < 2\} = F(2) - F(1) = \dfrac{1}{4}$.

举一反三 解析见答案册第 17 页

[44] 设随机变量 X 的概率密度 $f(x)$ 满足 $f(1+x) = f(1-x)$，且 $\int_0^2 f(x)\mathrm{d}x = 0.6$，则 $P\{X < 0\} = (\quad)$.

A. 0.2　　　　　　B. 0.3　　　　　　C. 0.4　　　　　　D. 0.5

[45] 设随机变量 X 的概率密度为

$$f(x) = \begin{cases} \dfrac{1}{3}, & \text{若 } x \in [0,1], \\ \dfrac{2}{9}, & \text{若 } x \in [3,6], \\ 0, & \text{其他}. \end{cases}$$

若 k 使得 $P\{X \geqslant k\} = \dfrac{2}{3}$，则 k 的取值范围是_____.

[46] 某种型号的电子管其寿命(小时)为一随机变量．概率密度函数是

$$\varphi(x) = \begin{cases} \dfrac{100}{x^2}, & x \geqslant 100, \\ 0, & \text{其他}. \end{cases}$$

某一无线电器材配有三个这种电子管，求使用 150 小时内不需要更换的概率．

[47] 设随机变量 X 的分布函数为 $F(x) = A + B\arctan x \quad (-\infty < x < \infty)$．试求：
(1) 系数 A 与 B；(2) X 落在 $(-1,1)$ 内的概率；(3) X 的概率密度．

题型 3 关于重要分布

原型题

[48] 设 X_1, X_2, X_3 是随机变量，且 $X_1 \sim N(0,1)$，$X_2 \sim N(0,2^2)$，$X_3 \sim N(5,3^2)$，$p_i = P\{-2 \leqslant X_i \leqslant 2\}$ $(i=1,2,3)$，则（　　）.

A. $p_1 > p_2 > p_3$ \qquad B. $p_2 > p_1 > p_3$
C. $p_3 > p_1 > p_2$ \qquad D. $p_1 > p_3 > p_2$

解 将所求的概率 p_i 用标准正态分布 $N(0,1)$ 的分布函数 $\Phi(x)$ 表示出来，再通过 $\Phi(x)$ 的几何意义求解．

由题意可得

$$p_1 = P\{-2 \leqslant X_1 \leqslant 2\} = \Phi(2) - \Phi(-2) = 2\Phi(2) - 1,$$

$$p_2 = P\{-2 \leqslant X_2 \leqslant 2\} = P\left\{\dfrac{-2-0}{2} \leqslant \dfrac{X_2-0}{2} \leqslant \dfrac{2-0}{2}\right\}$$

$$= \Phi(1) - \Phi(-1) = 2\Phi(1) - 1,$$

$$p_3 = P\{-2 \leqslant X_3 \leqslant 2\} = P\left\{\frac{-2-5}{3} \leqslant \frac{X_3-5}{3} \leqslant \frac{2-5}{3}\right\}$$
$$= \Phi(-1) - \Phi\left(-\frac{7}{3}\right) = \Phi\left(\frac{7}{3}\right) - \Phi(1).$$

由图 2-3 可知,$p_1 > p_2 > p_3$.

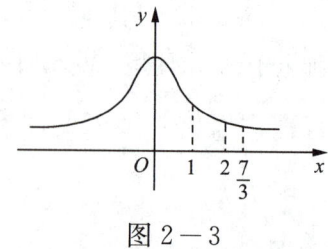

图 2-3

故应选 A.

[49] 设随机变量 X 服从正态分布 $N(\mu,\sigma^2)$,则随 σ 的增大,$P\{|X-\mu|<\sigma\}$( ).

A. 单调增加　　　　B. 单调减少　　　　C. 保持不变　　　　D. 非单调变化

解 $P\{|X-\mu|<\sigma\} = P\left\{\left|\frac{X-\mu}{\sigma}\right|<1\right\} = \Phi(1) - \Phi(-1)$,

可见概率 $P\{|X-\mu|<\sigma\}$ 不随 σ 的增大而改变.

故应选 C.

> **思路拓展**
>
> 对于正态分布的题型,普通正态分布化成标准正态分布,往往是解决问题的关键,以上两例说明了这一点.

[50] 设随机变量 Y 服从参数为 1 的指数分布,a 为常数且大于零,则 $P\{Y \leqslant a+1 \mid Y > a\} = $ _____.

解 因为 Y 服从参数为 1 的指数分布,所以 Y 的分布函数为
$$F(y) = \begin{cases} 1 - e^{-y}, & y > 0, \\ 0, & y \leqslant 0, \end{cases}$$

则
$$P\{Y \leqslant a+1 \mid Y > a\} = \frac{P\{a < Y \leqslant a+1\}}{P\{Y > a\}}$$
$$= \frac{P\{a < Y \leqslant a+1\}}{1 - P\{Y \leqslant a\}} = \frac{F(a+1) - F(a)}{1 - F(a)}$$
$$= \frac{1 - e^{-a-1} - (1 - e^{-a})}{1 - (1 - e^{-a})} = 1 - e^{-1}.$$

故应填 $1 - e^{-1}$.

> **思路拓展**
>
> 本题为条件概率,先使用条件概率公式,再利用指数分布的分布函数或概率密度求出相应的概率,此为常规解法.
>
> 除此之外,本题也可以利用指数分布的性质——"无记忆性".
>
> 设 $Y \sim E(\lambda)$,则
> $$P\{Y > a+t \mid Y > a\} = P\{Y > t\}.$$
> 故 $P\{Y \leqslant a+1 \mid Y > a\} = 1 - P\{Y > a+1 \mid Y > a\} = 1 - P\{Y > 1\} = P\{Y \leqslant 1\} = 1 - e^{-1}.$

[51] 若随机变量 Y 在 $(1,6)$ 上服从均匀分布,则方程 $x^2 + Yx + 1 = 0$ 有实根的概率是_____.

解 从二次代数方程存在实根的判定条件得出 Y 的变化范围,再由 Y 的分布确定此事件的概率.

方程 $x^2 + Yx + 1 = 0$ 有实根的条件是 $\Delta = Y^2 - 4 \geqslant 0$,即 $Y \geqslant 2$ 或 $Y \leqslant -2$.

由于 Y 服从 $(1,6)$ 均匀分布,故 Y 的密度函数为

$$f_Y(y) = \begin{cases} \dfrac{1}{5}, & 1 < y < 6, \\ 0, & y \geqslant 6 \text{ 或 } y \leqslant 1. \end{cases}$$

所以,$P\{x^2 + Yx + 1 = 0 \text{ 有实根}\} = P\{Y \geqslant 2\} + P\{Y \leqslant -2\} = \dfrac{4}{5}.$

故应填 $\dfrac{4}{5}$.

> **举一反三**

[52] 设打一次电话所用时间 X(分钟)服从参数 $\lambda = 0.1$ 的指数分布.如某人刚好在你前面走进电话间,求你等待的时间

(1) 超过 10 分钟的概率;

(2) 在 10 分钟到 20 分钟之间的概率.

[53] 由某机器生产的螺栓的长度(cm)服从参数为 $\mu=10.05, \sigma=0.06$ 的正态分布，规定长度在 10.05 ± 0.12 内为合格．求一螺栓为不合格品的概率．

[54] 一工厂生产的电子管的寿命 X（小时）服从参数为 $\mu=160, \sigma$ 的正态分布，若要求 $P\{120<X\leqslant 200\}\geqslant 0.80$，允许 σ 最大为多少？

[55] 设 $X\sim N(3,2^2)$，
(1) 求 $P\{2<X\leqslant 5\}, P\{-4<X\leqslant 10\}, P\{|X|>2\}, P\{X>3\}$；
(2) 确定 c，使得 $P\{X>c\}=P\{X\leqslant c\}$；
(3) 设 d 满足 $P\{X>d\}\geqslant 0.9$，问 d 至多为多少？

4. 随机变量函数的分布

核心归纳

1. 离散型随机变量函数的分布

设随机变量 X 的分布律为 $P\{X=x_k\}=p_k$,$k=1,2,3\cdots$,则当 $Y=g(X)$ 的所有取值为 $y_j(j=1,2,\cdots)$ 时,随机变量 Y 有分布律

$$P\{Y=y_j\}=\sum_{g(x_k)=y_j}P\{X=x_k\}.$$

2. 连续型随机变量函数的分布

定义法:设随机变量 X 的概率密度函数为 $f_X(x)(-\infty<x<+\infty)$,那么 $Y=g(X)$ 的分布函数为

$$F_Y(y)=P\{Y\leqslant y\}=P\{g(X)\leqslant y\}=\int_{g(x)\leqslant y}f_X(x)\mathrm{d}x,$$

其概率密度为 $f_Y(y)=F_Y'(y)$.

公式法:设随机变量 X 的概率密度函数 $f_X(x)(-\infty<x<+\infty)$,$g(x)$ 为 $(-\infty,+\infty)$ 内的严格单调的可导函数,则随机变量 $Y=g(X)$ 的概率密度为

$$f_Y(y)=\begin{cases}f_X[h(y)]\,|\,h'(y)\,|,&\alpha<y<\beta,\\0,&\text{其他},\end{cases}$$

其中 $h(y)$ 是 $g(x)$ 的反函数,$\alpha=\min\{g(-\infty),g(+\infty)\}$,$\beta=\max\{g(-\infty),g(+\infty)\}$.

重点题型

题型 1 离散型随机变量函数的分布

原型题

[56] 已知 X 的分布律如下表所示

X	0	1	2	3	4	5
P	$\dfrac{1}{12}$	$\dfrac{1}{6}$	$\dfrac{1}{3}$	$\dfrac{1}{12}$	$\dfrac{2}{9}$	$\dfrac{1}{9}$

则 $Y=(X-2)^2$ 的分布律为_____.

解 记 $g(x)=(x-2)^2$. 由于 $g(0)=g(4)=4$,$g(1)=g(3)=1$,$g(2)=0$,

$g(5) = 9$，因此

$$P\{Y = 0\} = P\{X = 2\} = \frac{1}{3},$$

$$P\{Y = 1\} = P\{X = 1\} + P\{X = 3\} = \frac{1}{6} + \frac{1}{12} = \frac{1}{4},$$

$$P\{Y = 4\} = P\{X = 0\} + P\{X = 4\} = \frac{1}{12} + \frac{2}{9} = \frac{11}{36},$$

$$P\{Y = 9\} = P\{X = 5\} = \frac{1}{9}.$$

故应填

Y	0	1	4	9
P	$\frac{1}{3}$	$\frac{1}{4}$	$\frac{11}{36}$	$\frac{1}{9}$

思路拓展

求离散型随机变量函数的分布律时，要注意两种情形：

设 X 为离散型随机变量，其分布律为 $P\{X = x_k\} = p_k$，$k = 1, 2, \cdots$，则 $Y = g(X)$ 的分布律为

(1) 当 y_k 各不相同时，$P\{Y = y_k\} = P\{g(X) = y_k\} = p_k$，$k = 1, 2, \cdots$.

(2) 当 y_k 有重复时，$P\{Y = y_k\} = P\{g(X) = y_k\} = \sum\limits_{g(x_i) = y_k} p_i$.

[57] 设随机变量 X 的概率分布为 $P\{X = k\} = \frac{1}{2^k}$，$k = 1, 2, 3, \cdots$. 试求随机变量 $Y = \sin\left(\frac{\pi}{2} X\right)$ 的分布律.

解 $P\{Y = 0\} = P\{X = 2\} + P\{X = 4\} + P\{X = 6\} + \cdots = \frac{1}{2^2} + \frac{1}{2^4} + \frac{1}{2^6} + \cdots = \frac{1}{3}.$

$P\{Y = -1\} = P\{X = 3\} + P\{X = 7\} + P\{X = 11\} + \cdots$

$= \frac{1}{2^3} + \frac{1}{2^7} + \frac{1}{2^{11}} + \cdots = \frac{2}{15}.$

$P\{Y = 1\} = 1 - P\{Y = 0\} - P\{Y = -1\} = \frac{8}{15}.$

故 $Y = \sin\left(\frac{\pi}{2} X\right)$ 的分布律为

Y	-1	0	1
P	$\frac{2}{15}$	$\frac{1}{3}$	$\frac{8}{15}$

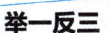

解析见答案册第 19 页

[58] 设离散型随机变量 X 服从泊松分布,参数 $\lambda = 4$,则 $3X - 2$ 的分布律为 _____.

[59] 设随机变量 X 的分布律为

X	-2	-1	0	1	3
P	0.3	0.2	0.1	0.3	0.1

求:(1) $Y = 2 - X$ 的分布律;(2) $Z = X^2$ 的分布律.

[60] 已知 X 的分布函数为

$$F(x) = \begin{cases} 0, & x < -1, \\ \dfrac{1}{3}, & -1 \leqslant x < 0, \\ \dfrac{1}{2}, & 0 \leqslant x < 1, \\ \dfrac{2}{3}, & 1 \leqslant x < 2, \\ 1, & 2 \leqslant x. \end{cases}$$

求 $Y = \left(\sin \dfrac{\pi}{6} X\right)^2$ 的分布函数.

题型 2　连续型随机变量函数的分布

原型题

[61]　设随机变量 X 的分布函数为 $F(x)$，则随机变量 $Y = 2X + 1$ 的分布函数 $G(y) = （\quad）$.

A. $F\left(\dfrac{1}{2}y + 1\right)$　　B. $2F(y) + 1$　　C. $\dfrac{1}{2}F(y) - \dfrac{1}{2}$　　D. $F\left(\dfrac{1}{2}y - \dfrac{1}{2}\right)$

解　$G(y) = P\{Y \leqslant y\} = P\{2X + 1 \leqslant y\} = P\left\{X \leqslant \dfrac{y-1}{2}\right\} = F\left(\dfrac{y-1}{2}\right)$.

故应选 D.

[62]　设随机变量 X 服从 $(0,2)$ 上的均匀分布，则随机变量 $Y = X^2$ 的概率密度 $f_Y(y) = $ _____.

解　**方法一**　定义法（或分布函数法）

由已知条件可知，

当 $y \leqslant 0$ 时，$F_Y(y) = 0$；

当 $y \geqslant 4$ 时，$F_Y(y) = 1$；

当 $0 < y < 4$ 时，$F_Y(y) = P\{Y \leqslant y\} = P\{X^2 \leqslant y\} = P\{X \leqslant \sqrt{y}\} = F_X(\sqrt{y})$.

由于 X 服从 $(0,2)$ 上的均匀分布，所以 $F_Y(y) = F_X(\sqrt{y}) = \dfrac{\sqrt{y}}{2}$.

故 $f_Y(y) = F_Y'(y) = \begin{cases} \dfrac{1}{4\sqrt{y}}, & 0 < y < 4, \\ 0, & \text{其他}. \end{cases}$

方法二　公式法（或复合函数求导法）

因为 $y = x^2$ 在 $(0,4)$ 内单调，其反函数 $x = \sqrt{y}$ 在 $(0,2)$ 内可导，那么

$$f_Y(y) = f_X(\sqrt{y})(\sqrt{y})' = \dfrac{1}{2\sqrt{y}} \times \dfrac{1}{2} = \dfrac{1}{4\sqrt{y}}, \quad (0 < y < 4),$$

此处对 $\sqrt{y}$ 求导得 $\dfrac{1}{2\sqrt{y}} > 0$，因 $f_Y(y) \geqslant 0$，从而符合概率密度非负的性质. 若对反函数求导为负值时，需要取其绝对值. 因此随机变量 Y 的概率密度为 $f_Y(y) = \begin{cases} \dfrac{1}{4\sqrt{y}}, & 0 < y < 4, \\ 0, & \text{其他}. \end{cases}$

故应填 $\begin{cases} \dfrac{1}{4\sqrt{y}}, & 0 < y < 4, \\ 0, & \text{其他}. \end{cases}$

思路拓展

连续型随机变量函数的分布有两种求法,一是先通过随机变量的概率密度或分布函数求出随机变量函数的分布函数,再求其概率密度;二是如果随机变量函数是严格单调可导函数,先求其反函数,再根据公式算出其概率密度.

举一反三

解析见答案册第 20 页

[63] 设随机变量 X 的概率密度为 $f_X(x) = \begin{cases} e^{-x}, & x \geq 0, \\ 0, & x < 0. \end{cases}$ 试求随机变量 $Y = e^X$ 的概率密度 $f_Y(y)$.

[64] 设 $X \sim N(0,1)$,求:
(1) $Y = e^X$ 的概率密度;
(2) $Y = 2X^2 + 1$ 的概率密度;
(3) $Y = |X|$ 的概率密度.

5. 综合提高题型

核心归纳

题型 1 关于随机变量的判断及选择

原型题

[65] 设 X 为连续型随机变量,则 X 的分布函数是(   ).

A. 非阶梯间断函数 B. 可导函数
C. 连续但不一定可导的函数 D. 阶梯型函数

解 连续型随机变量的分布函数一定是连续的,但不一定可导.

因为对于函数 $F(x) = \int_{-\infty}^{x} f(t)dt$ 来说,如果要保证 $F(x)$ 可导需要已知 $f(x)$ 是连续的,而这一点不一定成立,例如均匀分布和指数分布的概率密度就都有不连续点. 所以 X 的分布函数一定连续但不一定可导.

故应选 C.

[66] 设 $F_1(x)$ 与 $F_2(x)$ 为两个分布函数,其相应的概率密度 $f_1(x)$ 与 $f_2(x)$ 是连续函数,则必为概率密度的是( )

A. $f_1(x)f_2(x)$
B. $2f_2(x)F_1(x)$
C. $f_1(x)F_2(x)$
D. $f_1(x)F_2(x) + f_2(x)F_1(x)$

解 因为 $f_1(x)F_2(x) + f_2(x)F_1(x) \geqslant 0$,且

$$\int_{-\infty}^{+\infty} [f_1(x)F_2(x) + f_2(x)F_1(x)]dx = \int_{-\infty}^{+\infty} [F'_1(x)F_2(x) + F'_2(x)F_1(x)]dx$$

$$= F_1(x)F_2(x)\Big|_{-\infty}^{+\infty} = 1.$$

所以,$f_1(x)F_2(x) + f_2(x)F_1(x)$ 满足概率密度的两条性质.

故应选 D.

> **思路拓展**
>
> 本题考查了多个基本知识点,综合性较强:
>
> (1) 概率密度的性质: $f(x) \geqslant 0; \int_{-\infty}^{+\infty} f(x)dx = 1$;
>
> (2) 分布函数的性质: $F(-\infty) = 0; F(+\infty) = 1$;
>
> (3) 分布函数与概率密度的关系: $F'(x) = f(x)$.

[67] 设随机变量 X 具有对称的概率密度,即 $f(-x) = f(x)$,则对任意 $a > 0$,概率 $P\{|X| > a\} = ($).

A. $1 - 2F(a)$ B. $2F(a) - 1$ C. $2 - F(a)$ D. $2[1 - F(a)]$

解 因为 $f(-x) = f(x)$,所以 $F(-a) = \int_{-\infty}^{-a} f(x)dx = \int_{a}^{+\infty} f(x)dx.$

故

$$F(a) + F(-a) = \int_{-\infty}^{+\infty} f(x)dx = 1 \Rightarrow F(-a) = 1 - F(a) \Rightarrow$$

$$P\{|X| > a\} = 1 - P\{|X| < a\} = 1 - P\{-a < X < a\}$$

$$= 1 - [F(a) - F(-a)] = 1 - \{F(a) - [1 - F(a)]\} = 2[1 - F(a)].$$

故应选 D.

> **思路拓展**
>
> 由题意可知,该随机变量的概率密度 $f(x)$ 关于 $x=0$ 对称,故本题也可以借助 $f(x)$ 的几何意义进行分析和计算.

[68] 设随机变量 X 服从正态分布 $N(\mu_1,\sigma_1^2)$,随机变量 Y 服从正态分布 $N(\mu_2,\sigma_2^2)$,且 $P\{|X-\mu_1|<1\} > P\{|Y-\mu_2|<1\}$,则必有(　　).

A. $\sigma_1 < \sigma_2$　　　　B. $\sigma_1 > \sigma_2$　　　　C. $\mu_1 < \mu_2$　　　　D. $\mu_1 > \mu_2$

解　$P\{|X-\mu_1|<1\} > P\{|Y-\mu_2|<1\}$,即

$$P\left\{\frac{-1}{\sigma_1} < \frac{X-\mu_1}{\sigma_1} < \frac{1}{\sigma_1}\right\} > P\left\{\frac{-1}{\sigma_2} < \frac{Y-\mu_2}{\sigma_2} < \frac{1}{\sigma_2}\right\},$$

从而 $2\Phi\left(\frac{1}{\sigma_1}\right)-1 > 2\Phi\left(\frac{1}{\sigma_2}\right)-1$,故 $\Phi\left(\frac{1}{\sigma_1}\right) > \Phi\left(\frac{1}{\sigma_2}\right)$,$\frac{1}{\sigma_1} > \frac{1}{\sigma_2}$,得 $\sigma_2 > \sigma_1$.

故应选 A.

[69] 设随机变量 X 在区间 $(2,5)$ 上服从均匀分布,现对 X 进行三次独立观测,则至少有两次观测值大于 3 的概率为(　　).

A. $\dfrac{20}{27}$　　　　B. $\dfrac{27}{30}$　　　　C. $\dfrac{2}{5}$　　　　D. $\dfrac{2}{3}$

解　由题意"对 X 进行三次独立观测"即是在相同条件下进行三次独立重复试验,因此所求概率属于伯努利概型的概率计算问题.

以 A 表示事件"对 X 的观测值大于 3",即 $A=\{X>3\}$,由题设知 X 的概率密度为

$$f(x) = \begin{cases} \dfrac{1}{3}, & 2<x<5, \\ 0, & \text{其他}, \end{cases}$$

因此 $P(A) = P\{X>3\} = \int_3^5 \dfrac{1}{3}\mathrm{d}x = \dfrac{2}{3}$.

以 Y 表示三次独立观测中观测值大于 3 的次数,则 Y 的可能值为 $0,1,2,3$,且据伯努利概型的计算公式,Y 取各可能值的概率为

$$P\{Y=k\} = C_3^k p^k q^{3-k} = C_3^k\left(\dfrac{2}{3}\right)^k\left(\dfrac{1}{3}\right)^{3-k} \quad (k=0,1,2,3),$$

即 $Y \sim B\left(3,\dfrac{2}{3}\right)$.从而,所求概率为

$$P\{Y \geqslant 2\} = C_3^2\left(\dfrac{2}{3}\right)^2\left(\dfrac{1}{3}\right) + C_3^3\left(\dfrac{2}{3}\right)^3 = \dfrac{20}{27}.$$

故应选 A.

举一反三

解析见答案册第 22 页

[70] 设 X 为连续型随机变量,则下列结论中不正确的是(　　).

A. $P\{a<X<b\} = \int_a^b f(x)\mathrm{d}x$ B. $F'(x) = f(x)$

C. $F(x) = \int f(x)\mathrm{d}x$ D. $\int_{-\infty}^{+\infty} f(x)\mathrm{d}x = 1$

[71] 设 X 是连续型随机变量,则 $Y = g(X)$( ).

A. 一定是连续型随机变量 B. 一定是非离散型随机变量

C. 一定是离散型随机变量 D. 有可能是连续型随机变量

[72] 设 $X \sim B(n,p)$,若 $(n+1)p$ 不是整数,则( )时 $P\{X=k\}$ 最大.

A. $k = (n+1)p$ B. $k = (n+1)p - 1$

C. $k = np$ D. $k = [(n+1)p]$

[73] 设随机变量 X 的密度函数为 $f_X(x)$,则 $Y = 3 - 2X$ 的密度函数为( ).

A. $-\dfrac{1}{2}f_X\left(-\dfrac{y-3}{2}\right)$ B. $\dfrac{1}{2}f_X\left(-\dfrac{y-3}{2}\right)$

C. $-\dfrac{1}{2}f_X\left(-\dfrac{y+3}{2}\right)$ D. $\dfrac{1}{2}f_X\left(-\dfrac{y+3}{2}\right)$

[74] 设随机变量 X 满足 $X^3 \sim N(1,7^2)$,记标准正态分布函数为 $\Phi(x)$,则 $P\{1<X<2\}$ 的值为( ).

A. $\Phi(2) - \Phi(1)$ B. $\Phi(\sqrt[3]{2}) - \Phi(1)$

C. $\Phi(1) - 0.5$ D. $\Phi(\sqrt[3]{3}) - \Phi(\sqrt[3]{2})$

[75] 设随机变量 X 的概率密度为 $f(x)$,$-\infty < x < \infty$,则 $Y = X^3$ 的概率密度为( ).

A. $f_Y(y) = \dfrac{2}{3}y^{-\frac{1}{3}}f(y^{\frac{1}{3}}), y \neq 0$ B. $f_Y(y) = \dfrac{1}{3}y^{-\frac{2}{3}}f(y^{\frac{1}{3}}), y \neq 0$

C. $f_Y(y) = \dfrac{1}{3}y^{-\frac{2}{3}}f(y^3), y \neq 0$ D. $f_Y(y) = \dfrac{2}{3}y^{-\frac{1}{3}}f(y^3), y \neq 0$

[76] 已知随机变量 X 的分布律为

X	-2	0	1	2
P	0.1	0.3	0.4	0.2

且 $Y = X^2 - 1$,记随机变量 Y 的分布函数为 $F_Y(y)$,则 $F_Y(2) = ($).

A. 0.3 B. 0.4 C. 0.7 D. 0.8

题型 2 利用随机变量的分布求概率

原型题

[77] 设随机变量 X 的分布函数为 $F_X(x) = \begin{cases} 0, & x < 1, \\ \ln x, & 1 \leqslant x < e, \\ 1, & x \geqslant e, \end{cases}$ 求:

(1) $P\{X<2\}$, $P\{0<X\leqslant 3\}$, $P\{2<X<\dfrac{5}{2}\}$;

(2) 概率密度函数 $f_X(x)$.

解 (1) $P\{X<2\}=F_X(2)=\ln 2$,

$$P\{0<X\leqslant 3\}=F_X(3)-F_X(0)=1-0=1,$$

$$P\left\{2<X<\dfrac{5}{2}\right\}=F_X\left(\dfrac{5}{2}\right)-F_X(2)=\ln\dfrac{5}{2}-\ln 2=\ln\dfrac{5}{4};$$

(2) $f_X(x)=F_X{}'(x)=\begin{cases}\dfrac{1}{x}, & 1<x<\mathrm{e},\\ 0, & \text{其他}.\end{cases}$

[78] 连续型随机变量 X 的密度函数为 $p(x)=\begin{cases}\dfrac{A}{\sqrt{1-x^2}}, & |x|<1,\\ 0, & \text{其他},\end{cases}$ 求:

(1) 系数 A;

(2) X 落在区间 $\left(-\dfrac{1}{2},\dfrac{1}{2}\right)$ 内的概率;

(3) X 的分布函数.

解 (1) 因为 $\int_{-\infty}^{+\infty}p(x)\mathrm{d}x=1$, 所以

$$\int_{-\infty}^{+\infty}p(x)\mathrm{d}x=\int_{-1}^{1}\dfrac{A}{\sqrt{1-x^2}}\mathrm{d}x=A\arcsin x\Big|_{-1}^{1}=A\left(\dfrac{\pi}{2}+\dfrac{\pi}{2}\right)=1.$$

由此得 $A=\dfrac{1}{\pi}$;

(2) $P\left\{-\dfrac{1}{2}<X<\dfrac{1}{2}\right\}=\int_{-\frac{1}{2}}^{\frac{1}{2}}\dfrac{1}{\pi}\dfrac{1}{\sqrt{1-x^2}}\mathrm{d}x=\dfrac{1}{\pi}\arcsin x\Big|_{-\frac{1}{2}}^{\frac{1}{2}}=\dfrac{1}{3}$;

(3) 设 X 的分布函数为 $F(x)$.

当 $x\leqslant -1$ 时,

$$F(x)=P\{X\leqslant x\}=\int_{-\infty}^{x}p(t)\mathrm{d}t=\int_{-\infty}^{x}0\mathrm{d}t=0;$$

当 $-1<x\leqslant 1$ 时,

$$F(x)=P\{X\leqslant x\}=P\{X\leqslant -1\}+P\{-1<X\leqslant x\}$$
$$=\int_{-\infty}^{-1}0\mathrm{d}t+\int_{-1}^{x}\dfrac{1}{\pi}\dfrac{1}{\sqrt{1-t^2}}\mathrm{d}t=\dfrac{1}{2}+\dfrac{1}{\pi}\arcsin x;$$

当 $x>1$ 时,

$$F(x)=P\{X\leqslant x\}=P\{X\leqslant -1\}+P\{-1<X\leqslant 1\}+P\{1<X\leqslant x\}$$
$$=\int_{-\infty}^{-1}0\mathrm{d}t+\int_{-1}^{1}\dfrac{1}{\pi}\dfrac{1}{\sqrt{1-t^2}}\mathrm{d}t+\int_{1}^{x}0\mathrm{d}t=1.$$

故

$$F(x) = \begin{cases} 0, & x \leqslant -1, \\ \dfrac{1}{2} + \dfrac{1}{\pi}\arcsin x, & -1 < x \leqslant 1, \\ 1, & x > 1. \end{cases}$$

[79] 设自动生产线在调整以后出现废品的概率为 $p = 0.1$,当生产过程中出现废品时立即进行调整,X 代表在两次调整之间生产的合格品数,求:

(1) X 的分布律;

(2) $P\{X \geqslant 5\}$.

解 (1) 因为 X 代表在两次调整之间生产的合格品数,所以 X 的分布律为

$$P\{X = k\} = (1-p)^k p, \text{即 } P\{X = k\} = (0.9)^k \times 0.1, \quad k = 0, 1, 2, \cdots;$$

(2) 因为 $P\{X \geqslant 5\} = \sum_{k=5}^{\infty} P\{X = k\}$,所以

$$P\{X \geqslant 5\} = \sum_{k=5}^{\infty} (0.9)^k \times 0.1 = (0.9)^5 = 0.5905.$$

举一反三

解析见答案册第 22 页

[80] 已知随机变量 X 的分布律为

X	-2	0	1	2
P	0.1	0.3	0.4	0.2

若其分布函数为 $F(x)$,则 $F(1) = $ _____.

[81] 设随机变量 X 的密度为 $f(x) = \begin{cases} cx, & 0 \leqslant x \leqslant 1, \\ 0, & \text{其他}, \end{cases}$ 求:

(1) 常数 c;

(2) $P\{0.3 < X < 0.7\}$;

(3) 常数 a,使 $P\{X > a\} = P\{X < a\}$;

(4) X 的分布函数 $F(x)$.

[82] 设连续型随机变量 X 的分布函数为 $F(x) = \begin{cases} A + Be^{-2x}, & x > 0, \\ 0, & x \leqslant 0, \end{cases}$ 求:

(1) A, B 的值;

(2) $P(-1 < X < 1)$;

(3) 概率密度函数 $f(x)$.

[83] 设随机变量 X 的密度函数为 $f(x) = \begin{cases} \dfrac{x}{2}, & 0 < x < 2, \\ 0, & 其他, \end{cases}$ 求 $P\left\{F(X) > \dfrac{1}{3}\right\}$.

题型 3　求随机变量或随机变量函数的分布

原型题

[84] 已知盒中有 10 件产品,其中 8 件正品,2 件次品.需要从中取出 2 件正品,每次取 1 件,直到取出两件正品为止,做不放回抽样.设 X 为取件的次数,求:

(1) X 的分布律;

(2) X 的分布函数 $F(x)$;

(3) 概率 $P\{2 \leqslant X \leqslant 3\}$.

解　(1) X 的可能取值为 $2, 3, 4$.

$$P\{X = 2\} = \frac{8}{10} \times \frac{7}{9} = \frac{28}{45},$$

$$P\{X = 3\} = \frac{8}{10} \times \frac{2}{9} \times \frac{7}{8} + \frac{2}{10} \times \frac{8}{9} \times \frac{7}{8} = \frac{14}{45},$$

$$P\{X = 4\} = 1 - \frac{28}{45} - \frac{14}{45} = \frac{1}{15}.$$

因此, X 的分布律为

X	2	3	4
P	$\dfrac{28}{45}$	$\dfrac{14}{45}$	$\dfrac{1}{15}$

(2) 因为 $F(x) = P\{X \leqslant x\} = \sum_{x_i \leqslant x} P\{X = x_i\}, i = 1, 2, 3, \cdots$，所以

当 $X < 2$ 时，$F(x) = 0$；

当 $2 \leqslant X < 3$ 时，$F(x) = P\{X = 2\} = \dfrac{28}{45}$；

当 $3 \leqslant X < 4$ 时，$F(x) = P\{X = 2\} + P\{X = 3\} = \dfrac{28}{45} + \dfrac{14}{45} = \dfrac{14}{15}$；

当 $X \geqslant 4$ 时，$F(x) = P\{X = 2\} + P\{X = 3\} + P\{X = 4\} = \dfrac{28}{45} + \dfrac{14}{45} + \dfrac{1}{15} = 1.$

综上所述，分布函数为

$$F(x) = \begin{cases} 0, & x < 2, \\ \dfrac{28}{45}, & 2 \leqslant x < 3, \\ \dfrac{14}{15}, & 3 \leqslant x < 4, \\ 1, & x \geqslant 4. \end{cases}$$

(3) **方法一**　根据分布函数的定义可知

$$P\{2 \leqslant X \leqslant 3\} = P\{X = 2\} + P\{2 < X \leqslant 3\}$$
$$= P\{X = 2\} + F(3) - F(2)$$
$$= \dfrac{28}{45} + \dfrac{14}{15} - \dfrac{28}{45} = \dfrac{14}{15}.$$

方法二　利用分布律求累积概率

$$P\{2 \leqslant X \leqslant 3\} = P\{X = 2\} + P\{X = 3\}$$
$$= \dfrac{28}{45} + \dfrac{14}{45} = \dfrac{14}{15}.$$

[85] 设随机变量 X 服从均匀分布 $U(-1, 3)$，记 $Y = \begin{cases} -\dfrac{1}{2}, & X < 0, \\ \dfrac{1}{2}, & X \geqslant 0. \end{cases}$

求 Y 的分布律.

解　因为 $P\{Y = -\dfrac{1}{2}\} = P\{X < 0\} = \dfrac{1}{4}$，$P\{Y = \dfrac{1}{2}\} = P\{X \geqslant 0\} = \dfrac{3}{4}$，所以 Y 的分布律为

Y	$-\dfrac{1}{2}$	$\dfrac{1}{2}$
P	$\dfrac{1}{4}$	$\dfrac{3}{4}$

[86] 在区间 $(0, 2)$ 上随机取一点，将该区间分成两段，较短一段的长度记为 X，较长一段的长度记为 Y. 令 $Z = \dfrac{Y}{X}$，求：

(1) X 的概率密度；

(2) Z 的概率密度.

解 (1) 因为 X 服从 $(0,1)$ 上的均匀分布,所以 $f_X(x) = \begin{cases} 1, & 0 < x < 1, \\ 0, & 其他. \end{cases}$

(2) **方法一** $Z = \dfrac{Y}{X} = \dfrac{2-X}{X} = \dfrac{2}{X} - 1, F_Z(z) = P\{Z \leqslant z\} = P\left\{\dfrac{2-X}{X} \leqslant z\right\}$.

当 $z < 1$ 时, $F_Z(z) = 0$；

当 $z \geqslant 1$ 时, $F_Z(z) = P\left\{X \geqslant \dfrac{2}{z+1}\right\} = 1 - \dfrac{2}{z+1}$.

故
$$F_Z(z) = \begin{cases} 0, & z < 1, \\ 1 - \dfrac{2}{z+1}, & z \geqslant 1, \end{cases}$$

$$f_Z(z) = F'_Z(z) = \begin{cases} \dfrac{2}{(z+1)^2}, & z \geqslant 1, \\ 0, & z < 1. \end{cases}$$

方法二 $Z = \dfrac{Y}{X} = \dfrac{2-X}{X} = \dfrac{2}{X} - 1$, 因为 $x = h(z) = \dfrac{2}{z+1}$, 所以利用公式 $f_Z(z) = f_X[h(z)] \, | \, h'(z) |$ 得 $f_Z(z) = \begin{cases} \dfrac{2}{(z+1)^2}, & z > 1, \\ 0, & 其他. \end{cases}$

[87] 设随机变量 X 的概率分布为 $P\{X=1\} = P\{X=2\} = \dfrac{1}{2}$. 在给定 $X=i$ 的条件下, 随机变量 Y 服从均匀分布 $U(0,i)(i=1,2)$. 求 Y 的分布函数 $F_Y(y)$ 和概率密度 $f_Y(y)$.

解 $F_Y(y) = P\{Y \leqslant y\}$
$\qquad = P\{X=1\}P\{Y \leqslant y \mid X=1\} + P\{X=2\}P\{Y \leqslant y \mid X=2\}$
$\qquad = \dfrac{1}{2}P\{Y \leqslant y \mid X=1\} + \dfrac{1}{2}P\{Y \leqslant y \mid X=2\}$.

当 $y < 0$ 时, $F_Y(y) = 0$；

当 $0 \leqslant y < 1$ 时, $F_Y(y) = \dfrac{3y}{4}$；

当 $1 \leqslant y < 2$ 时, $F_Y(y) = \dfrac{1}{2} + \dfrac{y}{4}$；

当 $y \geqslant 2$ 时, $F_Y(y) = 1$.

故 Y 的分布函数为

$$F_Y(y) = \begin{cases} 0, & y < 0, \\ \dfrac{3y}{4}, & 0 \leqslant y < 1, \\ \dfrac{1}{2} + \dfrac{y}{4}, & 1 \leqslant y < 2, \\ 1, & y \geqslant 2. \end{cases}$$

随机变量 Y 的概率密度为

$$f_Y(y) = \begin{cases} \dfrac{3}{4}, & 0 < y < 1, \\ \dfrac{1}{4}, & 1 \leqslant y < 2, \\ 0, & \text{其他}. \end{cases}$$

> **思路拓展**
>
> 本题方法不难但过程复杂,求 $F_Y(y)$ 的关键在于全概率公式的使用,另外各种情形的讨论力求全面细致,利用均匀分布求概率时要注意范围.

[88] 设随机变量 X 的概率密度为 $f(x) = \begin{cases} \dfrac{1}{3\sqrt[3]{x^2}}, & \text{若 } x \in [1, 8], \\ 0, & \text{其他}, \end{cases}$ $F(x)$ 是 X 的分布函数. 求随机变量 $Y = F(X)$ 的分布函数.

分析 随机变量函数 $Y = F(X)$ 隐含的条件是:因为 $F(x)$ 是 X 的分布函数的表达式,所以 Y 的值域为 $[0, 1]$.

解 当 $x < 1$ 时,$F(x) = 0$;当 $x > 8$ 时,$F(x) = 1$;当 $x \in [1, 8]$ 时,

$$F(x) = \int_1^x \dfrac{1}{3\sqrt[3]{t^2}} \mathrm{d}t = \sqrt[3]{x} - 1.$$

令 $G(y)$ 为 $Y = F(X)$ 的分布函数.

当 $y \leqslant 0$ 时,$G(y) = 0$;当 $y \geqslant 1$ 时,$G(y) = 1$;当 $y \in (0, 1)$ 时,

$$G(y) = P\{Y \leqslant y\} = P\{F(X) \leqslant y\} = P\{\sqrt[3]{X} - 1 \leqslant y\}$$
$$= P\{X \leqslant (y+1)^3\} = F((y+1)^3) = y.$$

因此 $Y = F(X)$ 的分布函数为 $G(y) = \begin{cases} 0, & y < 0, \\ y, & 0 \leqslant y < 1, \\ 1, & y \geqslant 1. \end{cases}$

> **思路拓展**
>
> 本题也可以不求 $F(x)$ 的具体表达式.
>
> 因为 $Y = F(X)$ 的分布函数为 $G(y) = P\{Y \leqslant y\} = P\{F(X) \leqslant y\}$,注意到 $F(x)$ 为分布函数,于是 $0 \leqslant F(x) \leqslant 1$,因此当 $y < 0$ 时,$G(y) = 0$;当 $y \geqslant 1$ 时,$G(y) = 1$;当 $0 \leqslant y < 1$ 时,因为 $F(x)$ 为单调增加函数,则
>
> $$G(y) = P\{Y \leqslant y\} = P\{F(X) \leqslant y\} = P\{X \leqslant F^{-1}(y)\} = F[F^{-1}(y)] = y.$$
>
> 故 $G(y) = \begin{cases} 0, & y < 0, \\ y, & 0 \leqslant y < 1, \\ 1, & y \geqslant 1. \end{cases}$

实际上,$Y=F(X)$ 的分布与 X 服从什么分布无关.

结论:若连续型随机变量 X 的分布函数是 $F(x)$,则 $Y=F(X)$ 服从 $(0,1)$ 上的均匀分布.

举一反三

[89] 设有随机变量 $X \sim \begin{bmatrix} -1 & 0 & 1 \\ \dfrac{1}{3} & \dfrac{1}{6} & \dfrac{1}{2} \end{bmatrix}$,则 X 的分布函数为_____.

[90] 已知随机变量 X 的分布律如下:

X	-2	-1	0	1	2	3
P	$4a$	$\dfrac{1}{12}$	$3a$	a	$10a$	$4a$

$Y=X^2$,则 Y 的分布律为_____.

[91] 假设随机变量 X 的概率密度为 $f(x)=\begin{cases} 2x, & \text{若 } 0<x<1, \\ 0, & \text{其他}, \end{cases}$ 现在对 X 进行 n 次独立重复观测,以 V_n 表示观测值不大于 0.1 的次数.试求随机变量 V_n 的概率分布.

[92] 设做伯努利试验,每次成功的概率为 $p(0<p<1)$.试验一直进行到第二次成功为止,X 表示此时的试验次数,求 X 的分布律.

[93] 设随机变量 X 的概率密度为

(1) $f(x) = \begin{cases} 2\left(1 - \dfrac{1}{x^2}\right), & 1 \leqslant x \leqslant 2, \\ 0, & \text{其他}, \end{cases}$ (2) $f(x) = \begin{cases} x, & 0 \leqslant x < 1, \\ 2 - x, & 1 \leqslant x < 2, \\ 0, & \text{其他}, \end{cases}$

求 X 的分布函数 $F(x)$.

[94] 设随机变量 X 在 $(0,1)$ 服从均匀分布,求:
(1) $Y = e^X$ 的概率密度;
(2) $Y = -2\ln X$ 的概率密度.

[95] 设随机变量 X 的概率密度为 $f(x) = \begin{cases} \dfrac{1}{9}x^2, & 0 < x < 3, \\ 0, & \text{其他}. \end{cases}$ 令随机变量

$Y = \begin{cases} 2, & X \leqslant 1, \\ X, & 1 < X < 2, \\ 1, & X \geqslant 2. \end{cases}$

(1) 求 Y 的分布函数;
(2) 求概率 $P\{X \leqslant Y\}$.

[96] 假设随机变量 X 的绝对值不大于 1. $P\{X=-1\}=\dfrac{1}{8}$, $P\{X=1\}=\dfrac{1}{4}$. 在事件 $\{-1<X<1\}$ 出现的条件下, X 在 $(-1,1)$ 内任一子区间上取值的条件概率与该子区间长度成正比. 试求 X 的分布函数 $F(x)=P\{X\leqslant x\}$.

[97] 设随机变量 X 服从参数为 2 的指数分布, 证明 $Y=1-\mathrm{e}^{-2X}$ 在区间 $(0,1)$ 上服从均匀分布.

题型 4 关于重要分布

原型题

[98] 设 $f_1(x)$ 为标准正态分布的概率密度, $f_2(x)$ 为 $[-1,3]$ 上均匀分布的概率密度, 若

$$f(x)=\begin{cases} af_1(x), & x\leqslant 0, \\ bf_2(x), & x>0 \end{cases} \quad (a>0, b>0)$$

为概率密度, 则 a,b 应满足(　　).

A. $2a+3b=4$ 　　B. $3a+2b=4$ 　　C. $a+b=1$ 　　D. $a+b=2$

解　由概率密度的性质: $\int_{-\infty}^{+\infty}f(x)\mathrm{d}x=1$, 而

$$\int_{-\infty}^{+\infty}f(x)\mathrm{d}x=a\int_{-\infty}^{0}f_1(x)\mathrm{d}x+b\int_{0}^{+\infty}f_2(x)\mathrm{d}x,$$

其中

$$\int_{-\infty}^{0}f_1(x)\mathrm{d}x=\dfrac{1}{2}\int_{-\infty}^{+\infty}f_1(x)\mathrm{d}x=\dfrac{1}{2} \quad (f_1(x) \text{ 偶函数}),$$

$$\int_{0}^{+\infty}f_2(x)\mathrm{d}x=\int_{0}^{3}\dfrac{1}{4}\mathrm{d}x=\dfrac{3}{4} \quad \left(f_2(x)=\begin{cases}\dfrac{1}{4}, & x\in[-1,3], \\ 0, & \text{其他}\end{cases}\right),$$

故 $\dfrac{a}{2}+\dfrac{3b}{4}=1$, 即 $2a+3b=4$.

故应选 A.

[99] 设随机变量 X 与 Y 均服从正态分布，$X \sim N(\mu, 4^2)$，$Y \sim N(\mu, 5^2)$. 记 $p_1 = P\{X \leqslant \mu - 4\}$，$p_2 = P\{Y \geqslant \mu + 5\}$，则( ).

A. 对任何实数 μ，都有 $p_1 = p_2$
B. 对任何实数 μ，都有 $p_1 < p_2$
C. 只对 μ 的个别值，才有 $p_1 = p_2$
D. 对任何实数 μ，都有 $p_1 > p_2$

解 因为 $\dfrac{X-\mu}{4} \sim N(0,1)$，$\dfrac{Y-\mu}{5} \sim N(0,1)$，所以

$$p_1 = P\left\{\dfrac{X-\mu}{4} \leqslant -1\right\} = \Phi(-1) = 1 - \Phi(1),$$

$$p_2 = P\left\{\dfrac{Y-\mu}{5} \geqslant 1\right\} = 1 - \Phi(1).$$

故 $p_1 = p_2$，而且与 μ 的取值无关.

故应选 A.

[100] 设 $X_1, X_2, \cdots, X_{20}$ 为来自总体 $B(1, 0.1)$ 的简单随机样本，令 $T = \sum\limits_{i=1}^{20} X_i$，利用泊松分布近似表示二项分布的方法可得 $P\{T \leqslant 1\} \approx ($).

A. $\dfrac{1}{e^2}$ B. $\dfrac{2}{e^2}$ C. $\dfrac{3}{e^2}$ D. $\dfrac{4}{e^2}$

解 由题意可知 $T \sim B(20, 0.1)$，利用泊松定理，二项分布 T 近似服从泊松分布 $P(\lambda)$，$\lambda = np = 2$.

因为 $P\{T = k\} = \dfrac{2^k}{k!} e^{-2}$，$k = 0, 1, 2, \cdots$，所以

$$P\{T \leqslant 1\} = P\{T = 0\} + P\{T = 1\} = \dfrac{2^0 e^{-2}}{0!} + \dfrac{2^1 e^{-2}}{1!} = 3e^{-2}.$$

故应选 C.

[101] 设随机试验每次成功的概率为 p，现进行 3 次独立重复试验. 在至少成功 1 次的条件下，3 次试验全部成功的概率为 $\dfrac{4}{13}$，则 $p = $ _____.

解 设随机变量 X 表示三次试验中成功的次数，则 $X \sim B(3, p)$.

故 $P\{X = 3 \mid X \geqslant 1\} = \dfrac{P\{X = 3, X \geqslant 1\}}{P\{X \geqslant 1\}} = \dfrac{P\{X = 3\}}{P\{X \geqslant 1\}} = \dfrac{p^3}{1 - (1-p)^3} = \dfrac{4}{13}$，

解得 $p = \dfrac{2}{3}$.

故应填 $\dfrac{2}{3}$.

[102] 设顾客在某银行的窗口等待服务的时间 X（分钟）服从指数分布，其概率密度为

$$f_X(x) = \begin{cases} \dfrac{1}{5}\mathrm{e}^{-\frac{x}{5}}, & x>0, \\ 0, & \text{其他}. \end{cases}$$

某顾客在窗口等待服务,若超过 10 分钟,他就离开. 他一个月要到银行 5 次,以 Y 表示一个月内他未等到服务而离开窗口的次数,写出 Y 的分布律,并求 $P\{Y \geqslant 1\}$.

解 该顾客在窗口未等到服务而离开的概率为

$$p = P\{X>10\} = \int_{10}^{+\infty} f_X(x)\mathrm{d}x = \int_{10}^{+\infty} \frac{1}{5}\mathrm{e}^{-\frac{x}{5}}\mathrm{d}x = -\mathrm{e}^{-\frac{x}{5}}\Big|_{10}^{+\infty} = \mathrm{e}^{-2}.$$

显然 $Y \sim B(5,\mathrm{e}^{-2})$,故

$$P\{Y=k\} = C_5^k \mathrm{e}^{-2k}(1-\mathrm{e}^{-2})^{5-k}, \quad k=0,1,2,3,4,5,$$

$$P\{Y \geqslant 1\} = 1 - P\{Y=0\} = 1 - (1-\mathrm{e}^{-2})^5 = 0.5167.$$

[103] 设随机变量 $X \sim U(a,b)(a,b>0)$,且 $P\{0<X<3\} = \dfrac{1}{4}$,$P\{X>4\} = \dfrac{1}{2}$. 求:

(1) X 的概率密度;

(2) $P\{1<X<5\}$.

解 (1) 因为 $X \sim U(a,b)$,其中 $a>0$,所以

$$P\{0<X<3\} = P\{a<X<3\} = \frac{1}{4}.$$

由均匀分布的性质可得

$$\frac{3-a}{b-a} = \frac{1}{4}.$$

又因为 $P\{X>4\} = \dfrac{1}{2}$,因此 4 是 a、b 的中点,即 $\dfrac{a+b}{2} = 4$.

解 $\begin{cases} \dfrac{3-a}{b-a} = \dfrac{1}{4}, \\ \dfrac{a+b}{2} = 4, \end{cases}$ 可得 $\begin{cases} a=2, \\ b=6. \end{cases}$

故 X 的概率密度为 $f(x) = \begin{cases} \dfrac{1}{4}, & 2<x<6, \\ 0, & \text{其它}. \end{cases}$

(2) $P\{1<X<5\} = P\{2<X<5\} = \dfrac{5-2}{6-2} = \dfrac{3}{4}$.

[104] 若每只母鸡产 k 个蛋的概率服从参数为 λ 的泊松分布,而每个蛋能孵化成小鸡的概率为 p. 试证:每只母鸡有 n 只小鸡的概率服从参数为 λp 的泊松分布.

证 设 $X=\{$蛋数$\}$,$Y=\{$鸡数$\}$. 由全概率公式,

$$P\{Y=n\} = P\{X=n\}P\{Y=n \mid X=n\} + P\{X=n+1\}P\{Y=n \mid X=n+1\} + \cdots$$

$$= \frac{\lambda^n}{n!}\mathrm{e}^{-\lambda}p^n + \frac{\lambda^{n+1}}{(n+1)!}\mathrm{e}^{-\lambda}C_{n+1}^n p^n q + \cdots = \frac{(\lambda p)^n}{n!}\mathrm{e}^{-\lambda(1-q)} = \frac{(\lambda p)^n}{n!}\mathrm{e}^{-\lambda p}.$$

故 $Y \sim P(\lambda p)$.

[105] 设随机变量 X 服从标准正态分布 $N(0,1)$,对给定的 $\alpha(0<\alpha<1)$,数 u_α 满足 $P\{X>u_\alpha\}=\alpha$. 若 $P\{|X|<x\}=\alpha$,则 x 等于(   ).

A. $u_{\frac{\alpha}{2}}$ 　　　　B. $u_{1-\frac{\alpha}{2}}$ 　　　　C. $u_{\frac{1-\alpha}{2}}$ 　　　　D. $u_{1-\alpha}$

[106] 设 X 为随机变量,若矩阵 $A=\begin{bmatrix} 2 & 3 & 2 \\ 0 & -2 & -X \\ 0 & 1 & 0 \end{bmatrix}$ 的特征值全为实数的概率为 0.5,则(   ).

A. X 服从区间 $[0,2]$ 上的均匀分布　　B. X 服从二项分布 $B(2,0.5)$

C. X 服从参数为 1 的指数分布　　　　D. X 服从正态分布 $N(0,1)$

[107] 设随机变量 X 服从正态分布 $N(\mu,\sigma^2)(\sigma>0)$,且二次方程 $y^2+4y+X=0$ 无实根的概率为 $\frac{1}{2}$,则 $\mu=$ _____.

[108] 某批零件的次品率为 0.1,从这批零件中任取 20 件,求:

(1) 恰有 3 件次品的概率;

(2) 至少有 3 件次品的概率;

(3) 次品数的最可能值.

[109] 一家商店在每个月底要制定出下个月的某种商品进货计划,为了不使商品积压,进货量不宜过多,但为了获得足够的利润,进货量又不易过少. 由该商店过去的销售记录知道,该商品每月的销售可以用参数为 $\lambda=10$ 的泊松分布来描述. 为了以 95% 以上的把握保证不脱销,问商店在月底至少应进某种商品多少件?

[110] 现有500人检查身体,初步发现有50人患有某种病,从中任找出10人,求下列事件的概率:

(1) 恰有1人患此病;

(2) 最多有1人患此病;

(3) 至少有1人患此病.

[111] 某公共汽车从上午7:00起每隔15分钟有一趟班车经过某车站,即7:00,7:15,7:30,…时刻有班车到达此车站. 如果某乘客是在7:00至7:30等可能地到达此车站候车,问他等候不超过5分钟便乘上汽车的概率.

[112] 假设测量的随机误差 $X \sim N(0, 10^2)$,试求在100次独立重复测量中,至少有三次测量误差的绝对值大于19.6的概率 α,并利用泊松分布求出 α 的近似值(要求小数点后取两位有效数字).

[113] 设一大型设备在任何长为 t 的时间内发生故障的次数 $N(t)$ 服从参数为 λt 的泊松分布,求:

(1) 在相继两次故障之间时间间隔 T 的概率分布;

(2) 在设备已经无故障工作8小时的情况下,再无故障运行8小时的概率 Q.

[114]   设有 2 500 个客户参加某保险公司的意外伤害保险,根据以往统计资料,在 1 年里每个人出现意外伤害的概率是 0.002. 每个投保人 1 年付给保险公司 120 元保费,而在出现意外时从保险公司领取赔偿金 2 万元. 求保险公司一年获利不少于 10 万元的概率.

[115]   某单位招聘 155 人,按考试成绩录用,共有 526 人报名,假设报名者的考试成绩 $X \sim N(\mu, \sigma^2)$. 已知 90 分以上的 12 人,60 分以下的 83 人,若从高分到低分依次录取,某人成绩为 78 分,问此人能否被录取?

[116]   设随机变量 X 服从几何分布,证明
$$P\{X = n+k \mid X > n\} = P\{X = k\}, \quad (n \geqslant 1, k = 1, 2, \cdots)$$

第三章 多维随机变量及其分布

刷题散点图

在学习概率论与数理统计时,制作刷题散点图是一种高效的学习方法. 用笔在题号上标记:做对的画"√",做错的画"×". 完成后,观察题号的分布情况:错题集中的区域是薄弱点,需重点二刷、三刷;错题分散则说明基础不牢,要全面巩固.

通过散点图,能快速定位问题,精准复习,提升学习效率.

1. 二维随机变量及其分布

核心归纳

1. 二维随机变量

设 E 是随机试验,样本空间 $\Omega=\{\omega\}$,由 $X=X(\omega),Y=Y(\omega)$ 构成的向量 (X,Y) 称为**二维随机变量**.

2. 联合分布函数

设 (X,Y) 是二维随机变量,x,y 是两个任意实数,则称定义在平面上的二元函数 $P\{X\leqslant x, Y\leqslant y\}$ 为 (X,Y) 的**分布函数**,或称为 X 和 Y 的**联合分布函数**,记作 $F(x,y)$,即

$$F(x,y)=P\{X\leqslant x,Y\leqslant y\}.$$

$F(x,y)$ 的性质:

(1) $0\leqslant F(x,y)\leqslant 1, F(-\infty,y)=F(x,-\infty)=F(-\infty,-\infty)=0, F(+\infty,+\infty)=1$;

(2) $F(x,y)$ 是变量 x 或 y 的单调不减函数;

(3) $F(x,y)=F(x+0,y)$,$F(x,y)=F(x,y+0)$,$F(x,y)$ 关于 x 或 y 都是右连续的;

(4) 对任意 (x_1,y_1),(x_2,y_2),当 $x_1<x_2$,$y_1<y_2$ 时有

$$P\{x_1<X\leqslant x_2,\ y_1<Y\leqslant y_2\}=F(x_2,y_2)-F(x_1,y_2)-F(x_2,y_1)+F(x_1,y_1).$$

3. 二维离散型随机变量

若 (X,Y) 所有可能取值为 (x_i,y_j),$i,j=1,2,\cdots$,则 $P\{X=x_i,Y=y_j\}=p_{ij}$ 称为**联合分布律**,联合分布律可列表如下:

X \ Y	y_1	$\cdots$	y_j	$\cdots$
x_1	p_{11}	$\cdots$	p_{1j}	$\cdots$
$\vdots$	$\vdots$		$\vdots$	
x_i	p_{i1}	$\cdots$	p_{ij}	$\cdots$
$\vdots$	$\vdots$		$\vdots$	

联合分布律的性质:

(1) $p_{ij}\geqslant 0$;

(2) $\sum\limits_{i=1}^{\infty}\sum\limits_{j=1}^{\infty}p_{ij}=1$.

4. 二维连续型随机变量

若分布函数 $F(x,y) = \int_{-\infty}^{x}\int_{-\infty}^{y} f(u,v)\,\mathrm{d}u\mathrm{d}v$，则称 (X,Y) 是**连续型随机变量**. $f(x,y)$ 称为 (X,Y) 的**联合概率密度**.

联合概率密度的性质：

(1) $f(x,y) \geqslant 0$，$\int_{-\infty}^{+\infty}\int_{-\infty}^{+\infty} f(x,y)\,\mathrm{d}x\mathrm{d}y = 1$；

(2) 若 $f(x,y)$ 在点 (x,y) 处连续，则 $\dfrac{\partial^2 F(x,y)}{\partial x \partial y} = f(x,y)$；

(3) 设 G 是 xOy 平面上一个区域，则 $P\{(X,Y) \in G\} = \iint\limits_{G} f(x,y)\,\mathrm{d}x\mathrm{d}y$.

重点题型

题型 1　关于联合分布的性质

原型题

[1] 设随机向量 (X,Y) 具有联合密度函数
$$f(x,y) = \begin{cases} k\mathrm{e}^{-(2x+y)}, & x > 0, y > 0, \\ 0, & \text{其它}, \end{cases}$$
则密度函数中的常数 $k = \underline{\qquad}$.

解　由联合密度函数的性质得 $\int_{0}^{+\infty}\int_{0}^{+\infty} k\mathrm{e}^{-2x-y}\,\mathrm{d}x\mathrm{d}y = \dfrac{k}{2} = 1$.

故应填 $k = 2$.

[2] 设随机变量 (X,Y) 的分布函数
$$F(x,y) = A\left(B + \arctan\dfrac{x}{2}\right)\left(C + \arctan\dfrac{y}{3}\right),$$
求 A, B, C 及 (X,Y) 的联合密度函数.

解　由联合分布函数的性质知
$$F(+\infty, +\infty) = A\left(B + \dfrac{\pi}{2}\right)\left(C + \dfrac{\pi}{2}\right) = 1,$$
$$F(-\infty, +\infty) = A\left(B - \dfrac{\pi}{2}\right)\left(C + \dfrac{\pi}{2}\right) = 0,$$
$$F(+\infty, -\infty) = A\left(B + \dfrac{\pi}{2}\right)\left(C - \dfrac{\pi}{2}\right) = 0,$$

解得 $A = \dfrac{1}{\pi^2}, B = \dfrac{\pi}{2}, C = \dfrac{\pi}{2}$；

$$f(x,y) = \frac{\partial^2 F}{\partial x \partial y} = \frac{6}{\pi^2(4+x^2)(9+y^2)}.$$

举一反三

解析见答案册第 29 页

[3] 设二维连续型随机变量 (X_1, X_2) 与 (Y_1, Y_2) 的联合密度分别为 $p(x,y)$ 和 $g(x,y)$，令 $f(x,y) = ap(x,y) + bg(x,y)$。要使函数 $f(x,y)$ 是某个二维随机变量的联合密度，则 a, b 应满足（　　）.

A. $a + b = 1$ 　　　　　　　　B. $a > 0$, $b > 0$
C. $0 \leqslant a \leqslant 1$, $0 \leqslant b \leqslant 1$ 　　D. $a \geqslant 0$, $b \geqslant 0$, 且 $a + b = 1$

[4] 设 (X, Y) 的分布律为

X \ Y	1	2	3
-1	$\frac{1}{3}$	$\frac{a}{6}$	$\frac{1}{4}$
1	0	$\frac{1}{4}$	a^2

求 a 的值.

题型 2　求联合分布律

原型题

[5] 盒子里装有 3 只黑球、2 只红球、2 只白球，在其中任选 4 只球，以 X 表示取到黑球的只数，以 Y 表示取到红球的只数，求 X 和 Y 的联合分布律.

解　(X, Y) 的所有可能取值为 $(0,0), (0,1), (0,2), (1,0), (1,1), (1,2), (2,0), (2,1), (2,2), (3,0), (3,1), (3,2)$.

按古典概型，显有

$$P\{X=0, Y=2\} = \frac{C_3^0 \times C_2^2 \times C_2^2}{C_7^4} = \frac{1}{35},$$

$$P\{X=1, Y=1\} = \frac{C_3^1 \times C_2^1 \times C_2^2}{C_7^4} = \frac{6}{35},$$

$$P\{X=1, Y=2\} = \frac{C_3^1 \times C_2^2 \times C_2^1}{C_7^4} = \frac{6}{35},$$

$$P\{X=2, Y=1\} = \frac{C_3^2 \times C_2^1 \times C_2^1}{C_7^4} = \frac{12}{35},$$

$$P\{X=2, Y=0\} = \frac{C_3^2 \times C_2^0 \times C_2^2}{C_7^4} = \frac{3}{35},$$

$$P\{X=2, Y=2\} = \frac{C_3^2 \times C_2^2 \times C_2^0}{C_7^4} = \frac{3}{35},$$

$$P\{X=3, Y=0\} = \frac{C_3^3 \times C_2^0 \times C_2^1}{C_7^4} = \frac{2}{35},$$

$$P\{X=3, Y=1\} = \frac{C_3^3 \times C_2^1 \times C_2^0}{C_7^4} = \frac{2}{35},$$

则 X 和 Y 的联合分布律为

Y \ X	0	1	2	3
0	0	0	$\frac{3}{35}$	$\frac{2}{35}$
1	0	$\frac{6}{35}$	$\frac{12}{35}$	$\frac{2}{35}$
2	$\frac{1}{35}$	$\frac{6}{35}$	$\frac{3}{35}$	0

举一反三

[6] 抛掷一枚均匀的硬币三次,以 X 表示出现正面的次数,以 Y 表示正面出现次数与反面出现次数之差的绝对值,求 (X,Y) 的联合分布律.

题型 3 分布函数与概率密度的转化

原型题

[7] 设二维随机变量 (X,Y) 的联合分布函数为

$$F(x,y) = \begin{cases} 1 - 3^{-x} - 3^{-y} + 3^{-x-y}, & x \geqslant 0, y \geqslant 0, \\ 0, & \text{其他}, \end{cases}$$

则二维随机变量 (X,Y) 的联合密度 $\varphi(x,y)$ 为_____.

解 可以验证这是二维连续型随机变量的分布函数,由公式

$$\varphi(x,y) = \frac{\partial^2 F}{\partial x \partial y},$$

有

$$\frac{\partial F}{\partial x} = 3^{-x}\ln 3 - 3^{-x-y}\ln 3, \quad \frac{\partial^2 F}{\partial x \partial y} = 3^{-x-y}(\ln 3)^2.$$

故 $\varphi(x,y) = \begin{cases} 3^{-x-y}(\ln 3)^2, & x \geqslant 0, y \geqslant 0, \\ 0, & \text{其他}. \end{cases}$

故应填 $\begin{cases} 3^{-x-y}(\ln 3)^2, & x \geqslant 0, y \geqslant 0, \\ 0, & \text{其他}. \end{cases}$

[8] 已知随机变量 X 和 Y 的联合概率密度为

$$\varphi(x,y) = \begin{cases} 4xy, & 0 \leqslant x \leqslant 1, 0 \leqslant y \leqslant 1, \\ 0, & \text{其他}. \end{cases}$$

求 X 和 Y 的联合分布函数 $F(x,y)$.

解 对于 $x < 0$ 或 $y < 0$,有 $F(x,y) = P\{X \leqslant x, Y \leqslant y\} = 0$;

对于 $0 \leqslant x \leqslant 1, 0 \leqslant y \leqslant 1$,有 $F(x,y) = 4\int_0^x \int_0^y uv \, du \, dv = x^2 y^2$;

对于 $x > 1, y > 1$,有 $F(x,y) = 1$;

对于 $x > 1, 0 \leqslant y \leqslant 1$,有 $F(x,y) = P\{X \leqslant 1, Y \leqslant y\} = y^2$;

对于 $y > 1, 0 \leqslant x \leqslant 1$,有 $F(x,y) = P\{X \leqslant x, Y \leqslant 1\} = x^2$.

故 X 和 Y 的联合分布函数

$$F(x,y) = \begin{cases} 0, & x < 0 \text{ 或 } y < 0, \\ x^2 y^2, & 0 \leqslant x \leqslant 1, 0 \leqslant y \leqslant 1, \\ x^2, & 0 \leqslant x \leqslant 1, 1 < y, \\ y^2, & 1 < x, 0 \leqslant y \leqslant 1, \\ 1, & 1 < x, 1 < y. \end{cases}$$

举一反三

解析见答案册第 30 页

[9] 设随机变量 (X,Y) 的概率密度为

$$f(x,y) = \begin{cases} Ae^{-(3x+4y)}, & x>0, y>0, \\ 0, & \text{其他}. \end{cases}$$

求:(1) A 的值;

(2) (X,Y) 的联合分布函数 $F(x,y)$;

(3) (X,Y) 落在 $G = \{(x,y) \mid 0 < x \leqslant 1, 0 < y \leqslant 2\}$ 中的概率.

题型 4 利用联合分布求概率

原型题

[10] 设二维随机变量 (X,Y) 的概率密度为

$$f(x,y) = \begin{cases} 6x, & 0 \leqslant x \leqslant y \leqslant 1, \\ 0, & \text{其他}. \end{cases}$$

则 $P\{X+Y \leqslant 1\} = \underline{\qquad}$.

解 由题意作图 3-1

$$P\{X+Y \leqslant 1\} = \iint_{x+y \leqslant 1} f(x,y) \mathrm{d}x\mathrm{d}y$$
$$= \int_0^{\frac{1}{2}} \mathrm{d}x \int_x^{1-x} 6x \mathrm{d}y$$
$$= \int_0^{\frac{1}{2}} 6x(1-2x)\mathrm{d}x = \frac{1}{4}.$$

故应填 $\dfrac{1}{4}$.

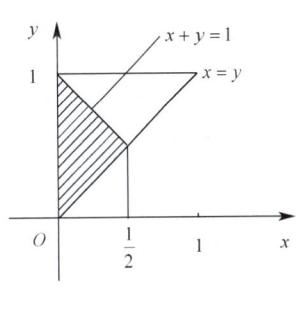

图 3-1

> **思路拓展**
>
> 利用 (X,Y) 的联合密度 $f(x,y)$ 求 $P\{(X,Y)\in G\}$ 属于基本题型,其中 $P\{(X,Y)\in G\} = \iint\limits_{G} f(x,y)\mathrm{d}x\mathrm{d}y$ 计算二重积分时,应找出 G 与 $f(x,y)$ 的非零区域的公共部分 D,然后在 D 上积分.

[11] 设随机变量 (X,Y) 的分布函数为
$$F(x,y) = \begin{cases} 1 - 2^{-x} - 2^{-y} + 2^{-x-y}, & x \geqslant 0, y \geqslant 0, \\ 0, & \text{其他}, \end{cases}$$
求 $P\{1 < X \leqslant 2, 3 < Y \leqslant 5\}$.

解 $P\{1 < X \leqslant 2, 3 < Y \leqslant 5\} = F(2,5) - F(1,5) - F(2,3) + F(1,3) = \dfrac{3}{128}$.

[12] 设 (X,Y) 的分布律为

X \ Y	1	2	3
0	0.1	0.1	0.3
1	0.25	0	0.25

求:(1) $P\{X=0\}$;   (2) $P\{Y \leqslant 2\}$;
  (3) $P\{X < 1, Y \leqslant 2\}$;   (4) $P\{X+Y=2\}$.

分析 利用联合分布律求概率公式为
$$P\{(X,Y) \in G\} = \sum_{(x_i,y_j) \in G} p_{ij}.$$

解 (1) $P\{X=0\} = P\{X=0,Y=1\} + P\{X=0,Y=2\} + P\{X=0,Y=3\}$
     $= 0.1 + 0.1 + 0.3 = 0.5$;
(2) $P\{Y \leqslant 2\} = P\{X=0,Y=1\} + P\{X=0,Y=2\} + P\{X=1,Y=1\} +$
     $P\{X=1,Y=2\}$
     $= 0.1 + 0.1 + 0.25 + 0 = 0.45$;
(3) $P\{X < 1, Y \leqslant 2\} = P\{X=0,Y=1\} + P\{X=0,Y=2\} = 0.1 + 0.1 = 0.2$;
(4) $P\{X+Y=2\} = P\{X=0,Y=2\} + P\{X=1,Y=1\} = 0.1 + 0.25 = 0.35$.

> **举一反三**   解析见答案册第 30 页

[13] 设二维连续型随机变量 (X,Y) 的概率密度为 $f(x,y)$,则 $P\{Y \leqslant 1\} = ($ $)$.

A. $\int_{1}^{+\infty} \mathrm{d}x \int_{-\infty}^{+\infty} f(x,y)\mathrm{d}y$ B. $\int_{-\infty}^{1} \mathrm{d}x \int_{-\infty}^{+\infty} f(x,y)\mathrm{d}y$

C. $\int_{-\infty}^{+\infty} \mathrm{d}x \int_{-\infty}^{1} f(x,y)\mathrm{d}y$ D. $\int_{1}^{+\infty} \mathrm{d}x \int_{-\infty}^{+\infty} f(x,y)\mathrm{d}y$

[14] 设二维随机变量 (X,Y) 的分布律为

X \ Y	1	2	3
0	0.20	0.10	0.15
1	0.30	0.15	0.10

则 $F(1,2) = $ _____.

[15] 设一个电子设备含有两个主要元件,分别以 X 和 Y 表示这两个主要元件的寿命(单位:h). 若设其联合分布函数为

$$F(x,y) = \begin{cases} 1 - e^{-0.01x} - e^{-0.01y} + e^{-0.01(x+y)}, & x \geqslant 0, y \geqslant 0, \\ 0, & \text{其它}, \end{cases}$$

试求这两个元件的寿命都超过 120 h 的概率.

[16] 已知随机变量 (X,Y) 的概率密度为

$$f(x,y) = \begin{cases} Axy^2, & 0 \leqslant x \leqslant 2, 0 \leqslant y \leqslant 1, \\ 0, & \text{其他}. \end{cases}$$

求 (1) A; (2) $P\{X \leqslant Y\}$, $P\{X+Y \leqslant 1\}$.

2. 边缘分布

核心归纳

1. 边缘分布函数

设二维随机变量 (X,Y) 的分布函数为 $F(x,y)$,分别称函数

$$F_X(x) = \lim_{y \to +\infty} F(x,y) = F(x, +\infty), \quad F_Y(y) = \lim_{x \to +\infty} F(x,y) = F(+\infty, y)$$

为 (X,Y) 关于 X 和 Y 的**边缘分布函数**.

2. 边缘分布律

设二维离散型随机变量 (X,Y) 的联合分布律为 $P\{X = x_i, Y = y_j\} = p_{ij}$,分别称

$$p_{i\cdot} = \sum_{j=1}^{\infty} p_{ij} = P\{X = x_i\} \quad (i = 1, 2, 3, \cdots),$$

$$p_{\cdot j} = \sum_{i=1}^{\infty} p_{ij} = P\{Y = y_j\} \quad (j = 1, 2, 3, \cdots\cdots)$$

为 (X,Y) 关于 X 和 Y 的**边缘分布律**.

3. 边缘概率密度

设二维连续型随机变量 (X,Y) 的概率密度为 $f(x,y)$,则 $f_X(x) = \int_{-\infty}^{+\infty} f(x,y) \mathrm{d}y$ 和 $f_Y(y) = \int_{-\infty}^{+\infty} f(x,y) \mathrm{d}x$ 分别称为 (X,Y) 关于 X 和 Y 的**边缘概率密度**.

4. 常用的二维分布

(1) 二维均匀分布

如果二维随机变量 (X,Y) 的概率密度为

$$f(x,y) = \begin{cases} \dfrac{1}{A}, & (x,y) \in G, \\ 0, & \text{其他}. \end{cases}$$

其中 G 为平面有界区域,A 为其面积,则称 (X,Y) 在 G 上服从**二维均匀分布**.

(2) 二维正态分布

如果二维随机变量 (X,Y) 的概率密度为

$$f(x,y) = \frac{1}{2\pi\sigma_1\sigma_2\sqrt{1-\rho^2}} \exp\left\{-\frac{1}{2(1-\rho^2)}\left[\frac{(x-\mu_1)^2}{\sigma_1^2} - 2\rho\frac{(x-\mu_1)(y-\mu_2)}{\sigma_1\sigma_2} + \frac{(y-\mu_2)^2}{\sigma_2^2}\right]\right\},$$

$$-\infty < x, y < +\infty,$$

其中 $\mu_1, \mu_2, \sigma_1, \sigma_2, \rho$ 均为常数,且 $\sigma_1 > 0, \sigma_2 > 0, -1 < \rho < 1$,则称 (X,Y) 服从参数为 μ_1,

$\mu_2, \sigma_1, \sigma_2, \rho$ 的**二维正态分布**,记作 $(X,Y) \sim N(\mu_1, \sigma_1^2; \mu_2, \sigma_2^2; \rho)$.

特别,当 $\mu_1 = \mu_2 = 0$, $\sigma_1 = \sigma_2 = 1$ 时,称 (X,Y) 服从**标准正态分布**.

性质:$(X,Y) \sim N(\mu_1, \sigma_1^2; \mu_2, \sigma_2^2; \rho) \Rightarrow X \sim N(\mu_1, \sigma_1^2)$, $Y \sim N(\mu_2, \sigma_2^2)$. 逆命题不成立.

重点题型

题型 1　联合分布律与边缘分布律

原型题

[17] 设随机变量 $X_i \sim \begin{bmatrix} -1 & 0 & 1 \\ \frac{1}{4} & \frac{1}{2} & \frac{1}{4} \end{bmatrix}$ $(i=1,2)$,且满足 $P\{X_1 X_2 = 0\} = 1$,则 $P\{X_1 = X_2\}$ 等于(　　).

A. 0　　　　B. $\frac{1}{4}$　　　　C. $\frac{1}{2}$　　　　D. 1

分析　$P\{X_1 X_2 = 0\} = 1$ 是解决本题的关键,隐含了 $P\{X_1 X_2 \neq 0\} = 0$. 由此条件再根据联合分布及边缘分布的关系计算.

解　由 $P\{X_1 X_2 = 0\} = 1 \Rightarrow P\{X_1 X_2 \neq 0\} = 0$,即
$P\{X_1 = -1, X_2 = -1\}$, $P\{X_1 = -1, X_2 = 1\}$, $P\{X_1 = 1, X_2 = -1\}$, $P\{X_1 = 1, X_2 = 1\}$
均为 0.

由以上条件求出 X_1, X_2 的联合概率分布如下表所示

X_1 \ X_2	-1	0	1	$p_{i\cdot}$
-1	0	$\frac{1}{4}$	0	$\frac{1}{4}$
0	$\frac{1}{4}$	0	$\frac{1}{4}$	$\frac{1}{2}$
1	0	$\frac{1}{4}$	0	$\frac{1}{4}$
$p_{\cdot j}$	$\frac{1}{4}$	$\frac{1}{2}$	$\frac{1}{4}$	1

那么
$P\{X_1 = X_2\} = P\{X_1 = -1, X_2 = -1\} + P\{X_1 = 0, X_2 = 0\} + P\{X_1 = 1, X_2 = 1\} = 0$.
故应选 A.

> **思路拓展**
>
> 列表法是解决联合分布和边缘分布问题常用的方法,直观明显.

[18] 设随机变量 X 在 $1,2,3,4$ 四个整数中随机地取一值,另一随机变量 Y 在 1 到 X 中随机地取一整数. 求 (X,Y) 的分布律及 X 和 Y 的边缘分布.

解 X 可能的取值为 $i=1,2,3,4$,Y 可能的取值为 $j=1,\cdots,i$. 由乘法定理得

$$P\{X=i,Y=j\}=P\{Y=j\mid X=i\}\cdot P\{X=i\}=\begin{cases}\dfrac{1}{4}\cdot\dfrac{1}{i}, & j\leqslant i,\\ 0, & j>i,\end{cases}$$

故得 X 和 Y 的联合分布律为

Y \ X	1	2	3	4
1	$\dfrac{1}{4}$	$\dfrac{1}{8}$	$\dfrac{1}{12}$	$\dfrac{1}{16}$
2	0	$\dfrac{1}{8}$	$\dfrac{1}{12}$	$\dfrac{1}{16}$
3	0	0	$\dfrac{1}{12}$	$\dfrac{1}{16}$
4	0	0	0	$\dfrac{1}{16}$

利用 $p_{i\cdot}=\sum\limits_{j}p_{ij}$ 和 $p_{\cdot j}=\sum\limits_{i}p_{ij}$,求出 (X,Y) 关于 X 和 Y 的边缘分布律,并写在联合分布律表格的边缘上,可得下表

Y \ X	1	2	3	4	$p_{\cdot j}$
1	$\dfrac{1}{4}$	$\dfrac{1}{8}$	$\dfrac{1}{12}$	$\dfrac{1}{16}$	$\dfrac{25}{48}$
2	0	$\dfrac{1}{8}$	$\dfrac{1}{12}$	$\dfrac{1}{16}$	$\dfrac{13}{48}$
3	0	0	$\dfrac{1}{12}$	$\dfrac{1}{16}$	$\dfrac{7}{48}$
4	0	0	0	$\dfrac{1}{16}$	$\dfrac{3}{48}$
$p_{i\cdot}$	$\dfrac{1}{4}$	$\dfrac{1}{4}$	$\dfrac{1}{4}$	$\dfrac{1}{4}$	1

举一反三

[19] 假设随机变量 Y 服从 $(0,3)$ 上的均匀分布,随机变量
$$X_k = \begin{cases} 0, & Y \leqslant k, \\ 1, & Y > k \end{cases} \quad (k=1,2),$$
求 X_1 和 X_2 的联合概率分布和边缘分布.

题型 2　联合分布函数与边缘分布函数

原型题

[20] 设 (X,Y) 的联合分布函数是 $F(x,y)$,X 和 Y 的边缘分布函数分别是 $F_X(x)$ 和 $F_Y(y)$,则 $P\{X \leqslant a, Y > b\} = (\quad)$.

A. $1 - F(a,b)$　　B. $F_X(a)$　　C. $1 - F_Y(b)$　　D. $F_X(a) - F(a,b)$

解　根据联合分布函数和边缘分布函数的定义可知
$$P\{X \leqslant a, Y > b\} = F_X(a) - F(a,b).$$
故应选 D.

[21] 设二维连续型随机变量 (X,Y) 的联合分布函数为
$$F(x,y) = \begin{cases} (1-e^{-3x})(1-e^{-5y}), & x \geqslant 0, y \geqslant 0, \\ 0, & 其他. \end{cases}$$
则 (X,Y) 关于 Y 的边缘分布函数 $F_Y(y) = \underline{\qquad}$.

解　$F_Y(y) = F(+\infty, y) = \begin{cases} 1-e^{-5y}, & y \geqslant 0, \\ 0, & 其他. \end{cases}$

故应填 $\begin{cases} 1-e^{-5y}, & y \geqslant 0, \\ 0, & 其他. \end{cases}$

举一反三

[22] 已知二维随机变量(X,Y)的分布函数为

$$F(x,y) = \frac{1}{\pi^2}\left(\frac{\pi}{2} + \arctan\frac{x}{2}\right)\left(\frac{\pi}{2} + \arctan\frac{y}{2}\right) \quad (-\infty < x < +\infty, -\infty < y < +\infty),$$

试求(X,Y)关于X,Y的边缘分布函数.

题型3　联合概率密度与边缘密度

原型题

[23] 设二维随机变量(X,Y)的概率密度为

$$f(x,y) = \begin{cases} e^{-y}, & 0 < x < y, \\ 0, & 其他. \end{cases}$$

(1) 求随机变量X的密度$f_X(x)$；

(2) 求概率$P\{X+Y \leqslant 1\}$.

解　(1) 由联合密度与边缘概率密度关系可知

$$f_X(x) = \int_{-\infty}^{+\infty} f(x,y)\mathrm{d}y.$$

当$x \leqslant 0$时, $f(x,y) = 0$, $f_X(x) = 0$；

当$x > 0$时, $f_X(x) = \int_x^{+\infty} e^{-y}\mathrm{d}y = e^{-x}$.

故 $f_X(x) = \begin{cases} e^{-x}, & x > 0, \\ 0, & x \leqslant 0. \end{cases}$

(2) 根据题意, 作图3-2.

$$P\{X+Y \leqslant 1\} = \iint\limits_{x+y \leqslant 1} f(x,y)\mathrm{d}x\mathrm{d}y = \int_0^{\frac{1}{2}} \mathrm{d}x \int_x^{1-x} e^{-y}\mathrm{d}y$$

$$= 1 - \frac{2}{e^{\frac{1}{2}}} + \frac{1}{e}.$$

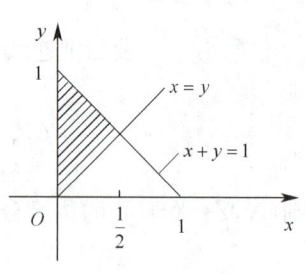

图3-2

思路拓展

由联合密度求边缘密度时,要注意讨论范围及积分定限,必要时将 $f(x,y)$ 的非零区域用图形表示,便于分析.

举一反三

解析见答案册第 31 页

[24] 设随机变量 (X,Y) 的联合概率密度为

$$f(x,y)=\begin{cases} \dfrac{6}{5}(x+y^2), & 0 \leqslant x \leqslant 1, 0 \leqslant y \leqslant 1, \\ 0, & \text{其他}, \end{cases}$$

求边缘概率密度 $f_X(x), f_Y(y)$.

题型 4　关于重要的二维分布

原型题

[25] 设 (X,Y) 服从区域 D 上的均匀分布,其中 $D: x \geqslant y, 0 \leqslant x \leqslant 1, y \geqslant 0$,求 $P\{X+Y \leqslant 1\}$.

解　方法一　因为 D 的面积 $A=\dfrac{1}{2}$,所以 (X,Y) 的概率密度为

$$f(x,y)=\begin{cases} 2, & (x,y) \in D, \\ 0, & \text{其他}, \end{cases}$$

则

$$P\{X+Y \leqslant 1\} = \iint\limits_{x+y \leqslant 1} f(x,y)\mathrm{d}x\mathrm{d}y$$

$$= \iint\limits_{D_1} 2\mathrm{d}x\mathrm{d}y \quad (\text{如图 } 3-3)$$

$$= 2 \times \dfrac{1}{4} = \dfrac{1}{2}.$$

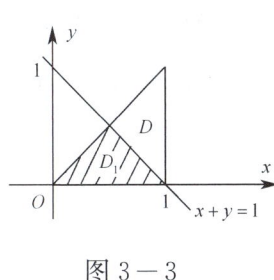

图 3-3

方法二　可利用几何概率计算

$$P\{X+Y \leqslant 1\} = \dfrac{S(D_1)}{S(D)} = \dfrac{1}{2}.$$

> **思路拓展**
>
> 二维均匀分布求概率可以利用几何概型来计算,更加简便.

[26] 设 (X,Y) 服从二维正态分布,概率密度为
$$f(x,y)=\frac{1}{2\pi\times 10^2}e^{-\frac{x^2+y^2}{2\times 10^2}},$$
求 $P\{Y\geqslant X\}$.

解 $P\{Y\geqslant X\}=\iint\limits_{y\geqslant x}f(x,y)\mathrm{d}x\mathrm{d}y$ （如图 3-4）

$=\iint\limits_{y\geqslant x}\dfrac{1}{2\pi\times 10^2}e^{-\frac{x^2+y^2}{2\times 10^2}}\mathrm{d}x\mathrm{d}y$

（利用极坐标法）

$=\dfrac{1}{2\pi\times 10^2}\int_{\frac{\pi}{4}}^{\frac{5\pi}{4}}\mathrm{d}\theta\int_0^{+\infty}e^{-\frac{r^2}{2\times 10^2}}\cdot r\mathrm{d}r$

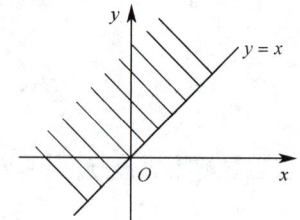

图 3-4

$=-\dfrac{1}{2}\int_0^{+\infty}e^{-\frac{r^2}{2\times 10^2}}\mathrm{d}\left(-\dfrac{r^2}{2\times 10^2}\right)=-\dfrac{1}{2}e^{-\frac{r^2}{2\times 10^2}}\Big|_0^{+\infty}$

$=\dfrac{1}{2}.$

举一反三   解析见答案册第 32 页

[27] 设平面区域 D 由曲线 $y=\dfrac{1}{x}$ 及直线 $y=0$, $x=1$, $x=e^2$ 围成. 二维随机变量 (X,Y) 在区域 D 上服从均匀分布,则 (X,Y) 关于 X 的边缘概率密度在 $x=2$ 处的值为 _____.

[28] 设二维随机变量 (X,Y) 在 xOy 平面上由曲线 $y=x$ 与 $y=x^2$ 所围成的区域内服从均匀分布,求 $P\{0<X<\dfrac{1}{2},0<Y<\dfrac{1}{2}\}$.

3. 条件分布

核心归纳

1. 条件分布律

设 (X,Y) 是二维离散型随机变量,若 $p_{\cdot j} > 0$,则称

$$p_{X|Y}(i \mid j) = P\{X = x_i \mid Y = y_j\} = \frac{p_{ij}}{p_{\cdot j}} \quad (i = 1, 2, \cdots)$$

为在 $\{Y = y_j\}$ 条件下随机变量 X 的**条件分布律**.

若 $p_{i\cdot} > 0$,则称

$$p_{Y|X}(j \mid i) = P\{Y = y_j \mid X = x_i\} = \frac{p_{ij}}{p_{i\cdot}} \quad (j = 1, 2, \cdots)$$

为在 $\{X = x_i\}$ 条件下随机变量 Y 的**条件分布律**.

2. 条件概率密度

设 (X,Y) 是二维连续型随机变量,若 $f_Y(y) > 0$,则称

$$f_{X|Y}(x \mid y) = \frac{f(x,y)}{f_Y(y)} \quad (-\infty < x < +\infty)$$

为在 $\{Y = y\}$ 条件下 X 的**条件概率密度**.

若 $f_X(x) > 0$,则称

$$f_{Y|X}(y \mid x) = \frac{f(x,y)}{f_X(x)} \quad (-\infty < y < +\infty)$$

为在 $\{X = x\}$ 条件下 Y 的**条件概率密度**.

重点题型

题型 1　求条件分布律

原型题

[29]　设随机变量 (X,Y) 的联合分布律为

X \ Y	0	1	2
0	0.10	0.04	0.02
1	0.08	0.20	0.06
2	0.06	0.14	0.30

当 $X=1$ 时,求 Y 的条件分布律.

解 由联合分布律可以求出,$P\{X=1\}=0.08+0.20+0.06=0.34$. 根据条件分布律的定义可知

$$P\{Y=0 \mid X=1\} = \frac{P\{X=1,Y=0\}}{P\{X=1\}} = \frac{0.08}{0.34} = \frac{4}{17},$$

$$P\{Y=1 \mid X=1\} = \frac{P\{X=1,Y=1\}}{P\{X=1\}} = \frac{0.20}{0.34} = \frac{10}{17},$$

$$P\{Y=2 \mid X=1\} = \frac{P\{X=1,Y=2\}}{P\{X=1\}} = \frac{0.06}{0.34} = \frac{3}{17}.$$

因此,当 $X=1$ 时,Y 条件分布律为

Y	0	1	2
$P\{Y \mid X=1\}$	$\dfrac{4}{17}$	$\dfrac{10}{17}$	$\dfrac{3}{17}$

举一反三 解析见答案册第 32 页

[30] 已知随机变量 $X \sim \begin{bmatrix} 0 & 1 \\ 0.5 & 0.5 \end{bmatrix}$,$Y \sim \begin{bmatrix} 0 & 1 \\ 0.4 & 0.6 \end{bmatrix}$,且 $P\{XY \neq 0\}=0.4$. 求:

(1) 随机变量 (X,Y) 的联合分布律;

(2) 在 $Y=j$ 的条件下,X 的条件分布律.

题型 2 条件密度的计算及应用

原型题

[31] 设条件概率密度 $f_{Y|X}(y \mid x) = \begin{cases} \dfrac{2y}{1-x^2}, & x \leqslant y \leqslant 1, \\ 0, & \text{其他}, \end{cases}$ 则 $P\left\{Y < \dfrac{2}{3} \mid X = \dfrac{1}{2}\right\} = $

_____.

解 将 $x = \dfrac{1}{2}$ 带入条件概率密度后可知

$$f_{Y|X}\left(y \mid \dfrac{1}{2}\right) = \begin{cases} \dfrac{8y}{3}, & \dfrac{1}{2} \leqslant y \leqslant 1, \\ 0, & 其他, \end{cases}$$

则 $P\left\{Y < \dfrac{2}{3} \mid X = \dfrac{1}{2}\right\} = \displaystyle\int_{-\infty}^{\frac{2}{3}} f_{Y|X}\left(y \mid \dfrac{1}{2}\right) \mathrm{d}y = \int_{\frac{1}{2}}^{\frac{2}{3}} \dfrac{8y}{3} \mathrm{d}y = \dfrac{7}{27}.$

故应填 $\dfrac{7}{27}$.

[32] 设随机变量 (X,Y) 的概率密度为

$$f(x,y) = \begin{cases} 1, & |y| < x, 0 < x < 1, \\ 0, & 其他, \end{cases}$$

求条件概率密度 $f_{Y|X}(y \mid x),\quad f_{X|Y}(x \mid y)$.

解 由于概率密度 $f(x,y)$ 仅在图 3-5 中阴影部分为非零值.

故 $f(x,y)$ 的边缘密度为

$$f_X(x) = \begin{cases} \displaystyle\int_{-x}^{x} 1 \mathrm{d}y, & 0 < x < 1, \\ 0, & 其他 \end{cases} = \begin{cases} 2x, & 0 < x < 1, \\ 0, & 其他, \end{cases}$$

$$f_Y(y) = \begin{cases} \displaystyle\int_{|y|}^{1} 1 \mathrm{d}x, & -1 < y < 1, \\ 0, & 其他 \end{cases}$$

$$= \begin{cases} 1 - |y|, & -1 < y < 1, \\ 0, & 其他. \end{cases}$$

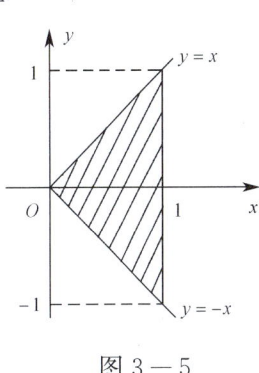

图 3-5

因此,当 $0 < x < 1$ 时,

$$f_{Y|X}(y \mid x) = \dfrac{f(x,y)}{f_X(x)} = \begin{cases} \dfrac{1}{2x}, & |y| < x, \\ 0, & 其他. \end{cases}$$

当 $|y| < 1$ 时,

$$f_{X|Y}(x \mid y) = \dfrac{f(x,y)}{f_Y(y)} = \begin{cases} \dfrac{1}{1-|y|}, & |y| < x < 1, \\ 0, & 其他. \end{cases}$$

[33] 设二维连续型随机变量(X,Y)的概率密度为
$$f(x,y)=\begin{cases} 3x, & 0<x<1, 0<y<x, \\ 0, & 其他, \end{cases}$$
求概率$P\{Y\leqslant \frac{1}{8} \mid X=\frac{1}{4}\}$.

[34] 设二维随机变量(X,Y)服从区域$D: x^2+y^2\leqslant 1$上的均匀分布,求条件密度函数和条件概率$P\{X>\frac{1}{2} \mid Y=0\}$.

[35] 设(X,Y)是二维变量,X的边缘概率密度为$f_X(x)=\begin{cases} 3x^2, & 0<x<1, \\ 0, & 其他. \end{cases}$在给定$X=x(0<x<1)$的条件下$Y$的条件概率密度为
$$f_{Y|X}(y\mid x)=\begin{cases} \dfrac{3y^2}{x^3}, & 0<y<x, \\ 0, & 其他. \end{cases}$$
(1) 求(X,Y)的概率密度$f(x,y)$;
(2) 求Y的边缘概率密度$f_Y(y)$;
(3) 求$P\{X>2Y\}$.

4. 随机变量的独立性

核心归纳

1. 随机变量的独立性

若二维随机变量 (X,Y) 对任意实数均有

$$P\{X\leqslant x, Y\leqslant y\} = P\{X\leqslant x\}P\{Y\leqslant y\},\text{即 } F(x,y)=F_X(x)\cdot F_Y(y),$$

则 X 与 Y **相互独立**.

2. 离散型随机变量相互独立的充要条件

$$p_{ij} = p_{i\cdot}\, p_{\cdot j}, \quad i,j = 1,2,\cdots.$$

3. 连续型随机变量相互独立的充要条件

$$f(x,y) = f_X(x)\cdot f_Y(y), \quad x,y \text{ 任意实数}.$$

重点题型

题型 1 随机变量独立性的判断问题

原型题

[36] 设随机变量 X_1 和 X_2 的概率分布为

$$X_1 \sim \begin{bmatrix} -1 & 0 & 1 \\ \dfrac{1}{4} & \dfrac{1}{2} & \dfrac{1}{4} \end{bmatrix}, X_2 \sim \begin{bmatrix} 0 & 1 \\ \dfrac{1}{2} & \dfrac{1}{2} \end{bmatrix},$$

而且 $P\{X_1 X_2 = 0\} = 1$.

求:(1) X_1 和 X_2 的联合分布;(2) X_1 和 X_2 是否独立?

解 (1) 因为 $P\{X_1 X_2 = 0\} = 1$,所以 $P\{X_1 X_2 \neq 0\} = 0$,因此

$$P\{X_1 = -1, X_2 = 1\} = P\{X_1 = 1, X_2 = 1\} = 0.$$

那么

$$P\{X_1 = -1, X_2 = 0\} = P\{X_1 = -1\} = \frac{1}{4},$$

$$P\{X_1 = 0, X_2 = 0\} = P\{X_2 = 1\} = \frac{1}{2},$$

$$P\{X_1=1, X_2=0\} = P\{X_1=1\} = \frac{1}{4},$$

$$P\{X_1=0, X_2=0\} = 1 - \left(\frac{1}{4} + \frac{1}{2} + \frac{1}{4}\right) = 0.$$

X_1 和 X_2 的联合分布列表为

X_2 \ X_1	-1	0	1	$P\{X_2=j\}$
0	$\frac{1}{4}$	0	$\frac{1}{4}$	$\frac{1}{2}$
1	0	$\frac{1}{2}$	0	$\frac{1}{2}$
$P\{X_1=i\}$	$\frac{1}{4}$	$\frac{1}{2}$	$\frac{1}{4}$	1

(2) 由于 $P\{X_1=0, X_2=0\} = 0 \neq P\{X_1=0\}P\{X_2=0\} = \frac{1}{2} \times \frac{1}{2} = \frac{1}{4}$,所以 X_1 与 X_2 不相互独立.

思路拓展

两随机变量独立的充要条件是解决相互独立性问题最直接最重要的方法.

[37] 设随机变量 (X,Y) 的概率密度为

$$f(x,y) = \begin{cases} Axy^2, & 0<x<1, 0<y<1, \\ 0, & \text{其他}, \end{cases}$$

求:(1) 常数 A; (2) 证明 X 与 Y 相互独立.

解 (1) 由性质 $\int_{-\infty}^{+\infty}\int_{-\infty}^{+\infty} f(x,y)\mathrm{d}x\mathrm{d}y = 1$,可知 $\frac{A}{6} = 1$,则 $A = 6$;

(2) 边缘密度为

$$f_X(x) = \int_{-\infty}^{+\infty} f(x,y)\mathrm{d}y = \begin{cases} 2x, & 0<x<1, \\ 0, & \text{其他}, \end{cases}$$

$$f_Y(y) = \int_{-\infty}^{+\infty} f(x,y)\mathrm{d}x = \begin{cases} 3y^2, & 0<y<1, \\ 0, & \text{其他}, \end{cases}$$

显然,$f(x,y) = f_X(x) \cdot f_Y(y)$.

故 X,Y 相互独立.

[38] 设随机变量 (X,Y) 具有分布函数

$$F(x,y) = \begin{cases} (1-\mathrm{e}^{-\alpha x})y, & x \geqslant 0, 0 \leqslant y \leqslant 1, \\ 1-\mathrm{e}^{-\alpha x}, & x \geqslant 0, y > 1, \quad \alpha > 0, \\ 0, & \text{其他}, \end{cases}$$

证明 X,Y 相互独立.

证 $F_X(x) = F(x, \infty) = \begin{cases} 1 - e^{-\alpha x}, & x \geq 0, \\ 0, & 其他, \end{cases}$

$F_Y(y) = F(\infty, y) = \begin{cases} y, & 0 \leq y \leq 1, \\ 1, & y > 1, \\ 0, & 其他. \end{cases}$

因为对于所有的 x, y 都有 $F(x,y) = F_X(x) F_Y(y)$，故 X, Y 相互独立．

解析见答案册第 34 页

[39] 设二维随机变量 (X, Y) 的分布律为

X \ Y	1	2	3
0	0.2	0.1	0.1
1	0.3	0.2	0.1

(1) 求 $P\{X + Y = 2\}$；
(2) 求 X, Y 的边缘分布律，并判断 X 与 Y 的独立性．

[40] 一个电子仪器由两个部件构成，以 X 和 Y 分别表示两个部件的寿命（千小时）．已知 X 和 Y 的联合分布函数为

$$F(x,y) = \begin{cases} 1 - e^{-0.5x} - e^{-0.5y} + e^{-0.5(x+y)}, & 若 x \geq 0, y \geq 0, \\ 0, & 其他. \end{cases}$$

(1) 问 X 和 Y 是否独立？
(2) 求两个部件的寿命都超过 100 小时的概率 α．

[41] 设二维随机变量 (X,Y) 的联合概率密度函数为
$$f(x,y)=\begin{cases}\dfrac{1+xy}{4}, & |x|<1, |y|<1, \\ 0, & \text{其他},\end{cases}$$
证明 X 与 Y 不独立,但 X^2 与 Y^2 独立.

题型 2　独立性的应用

原型题

[42]　设随机变量 X 和 Y 相互独立,且 X 和 Y 的概率分布分别为

X	0	1	2	3
P	$\dfrac{1}{2}$	$\dfrac{1}{4}$	$\dfrac{1}{8}$	$\dfrac{1}{8}$

Y	-1	0	1
P	$\dfrac{1}{3}$	$\dfrac{1}{3}$	$\dfrac{1}{3}$

则 $P\{X+Y=2\}=(\quad)$.

A. $\dfrac{1}{12}$　　　　B. $\dfrac{1}{8}$　　　　C. $\dfrac{1}{6}$　　　　D. $\dfrac{1}{2}$

解　$P\{X+Y=2\}=P\{X=1,Y=1\}+P\{X=2,Y=0\}+P\{X=3,Y=-1\}$
$=P\{X=1\}P\{Y=1\}+P\{X=2\}P\{Y=0\}+P\{X=3\}P\{Y=-1\}$
$=\dfrac{1}{6}.$

故应选 C.

[43]　设 (ξ,η) 的联合分布律为

ξ \ η	0	1	2
-1	$\dfrac{1}{6}$	$\dfrac{1}{9}$	$\dfrac{1}{18}$
1	$\dfrac{1}{3}$	A	B

求 A,B 为何值时随机变量 ξ,η 相互独立.

分析 对于此类确定概率的问题需要考虑的是，ξ,η 独立的充要条件是对一切 i,j 都要满足 $p_{ij} = p_{i\cdot}p_{\cdot j}$.

解 由 (ξ,η) 的联合分布律可得到

$$p_{1\cdot} = \frac{1}{6} + \frac{1}{9} + \frac{1}{18} = \frac{1}{3}, \quad p_{2\cdot} = \frac{1}{3} + A + B,$$

$$p_{\cdot 1} = \frac{1}{6} + \frac{1}{3} = \frac{1}{2}, \quad p_{\cdot 2} = \frac{1}{9} + A, \quad p_{\cdot 3} = \frac{1}{18} + B.$$

若 ξ,η 相互独立，则必有对一切 i,j 均满足 $p_{ij} = p_{i\cdot}p_{\cdot j}$，得

$$\begin{cases} p_{1\cdot}p_{\cdot 2} = \dfrac{1}{3} \times \left(\dfrac{1}{9} + A\right) = \dfrac{1}{9}, \\ p_{1\cdot}p_{\cdot 3} = \dfrac{1}{3} \times \left(\dfrac{1}{18} + B\right) = \dfrac{1}{18}. \end{cases}$$

解方程组得 $A = \dfrac{2}{9}, B = \dfrac{1}{9}$.

[44] 设随机变量 X 和 Y 相互独立，且

$$f_X(x) = \begin{cases} 2x, & 0 < x < 1, \\ 0, & \text{其他}, \end{cases} \quad f_Y(y) = \begin{cases} \mathrm{e}^{-y}, & y > 0, \\ 0, & \text{其他}. \end{cases}$$

求二次方程 $\mu^2 - 2X\mu + Y = 0$ 具有实根的概率.

解 由题意知，(X,Y) 的概率密度函数为

$$f(x,y) = f_X(x)f_Y(y) = \begin{cases} 2x\mathrm{e}^{-y}, & 0 < x < 1, y > 0, \\ 0, & \text{其他}. \end{cases}$$

二次方程 $\mu^2 - 2X\mu + Y = 0$ 具有实根等价于 $\Delta = 4X^2 - 4Y \geqslant 0$，即 X 与 Y 应满足 $Y \leqslant X^2$，故所求概率为

$$P\{Y \leqslant X^2\} = \iint\limits_{y \leqslant x^2} f(x,y)\mathrm{d}x\mathrm{d}y = \int_0^1 2x\mathrm{d}x \int_0^{x^2} \mathrm{e}^{-y}\mathrm{d}y$$

$$= \int_0^1 2x(1 - \mathrm{e}^{-x^2})\mathrm{d}x = 1 + (\mathrm{e}^{-1} - 1) = \mathrm{e}^{-1}$$

$$= \frac{1}{\mathrm{e}}.$$

举一反三

解析见答案册第 35 页

[45] 设随机变量 X 和 Y 相互独立，且均服从区间 $[0,3]$ 上的均匀分布，则 $P\{\max\{X,Y\} \leqslant 1\} = $ _____.

[46] 设随机变量 X 和 Y 相互独立，下表列出随机变量 (X,Y) 联合分布律及关于 X 和 Y 的边缘分布律中的部分数值，试将其余数值填入表中空白处.

X \ Y	y_1	y_2	y_3	$P\{X=x_i\}=p_{i\cdot}$
x_1		$\frac{1}{8}$		
x_2	$\frac{1}{8}$			
$P\{Y=y_j\}=p_{\cdot j}$	$\frac{1}{6}$			1

[47] 设随机变量 X 和 Y 相互独立,它们的密度函数分别为

$$f_X(x)=\begin{cases}\mathrm{e}^{-x}, & x>0,\\ 0, & x\leqslant 0,\end{cases}\quad f_Y(y)=\begin{cases}\mathrm{e}^{-y}, & y>0,\\ 0, & y\leqslant 0,\end{cases}$$

求:(1) (X,Y) 的密度函数;(2) $P\{X\leqslant 1\mid Y>0\}$.

5. 多维随机变量函数的分布

核心归纳

1. 二维随机变量函数的分布

(1) 设离散型随机变量 (X,Y) 的分布律为 $P\{X=x_i,Y=y_j\}=p_{ij}$,则 $Z=g(X,Y)$ 的分布为

$$P\{Z=z_k\}=P\{g(X,Y)=z_k\}=\sum_{g(x_i,y_j)=z_k}p_{ij}.$$

(2) 设连续型随机变量 (X,Y) 的概率密度为 $f(x,y)$,则 $Z=g(X,Y)$ 的分布函数为

$$F_Z(z)=P\{Z\leqslant z\}=\iint_{g(x,y)\leqslant z}f(x,y)\mathrm{d}x\mathrm{d}y,$$

概率密度 $f_Z(z)=F_Z'(z)$.

特殊类型:

① $Z=X+Y$ 密度函数为

$$f_Z(z)=\int_{-\infty}^{+\infty}f(x,z-x)\mathrm{d}x=\int_{-\infty}^{+\infty}f(z-y,y)\mathrm{d}y,$$

特别,当 X 与 Y 相互独立时

$$f_Z(z) = f_X * f_Y = \int_{-\infty}^{+\infty} f_X(x) f_Y(z-x) \mathrm{d}x = \int_{-\infty}^{+\infty} f_X(z-y) f_Y(y) \mathrm{d}y.$$

② 设 $X \sim N(\mu_1, \sigma_1^2)$, $Y \sim N(\mu_2, \sigma_2^2)$, 且 X, Y 相互独立,则

$$aX + bY \sim N(a\mu_1 + b\mu_2, a^2\sigma_1^2 + b^2\sigma_2^2).$$

③ 设 X, Y 相互独立,分布函数分别为 $F_X(x)$ 和 $F_Y(y)$, $M = \max(X, Y)$, $N = \min(X, Y)$, 则

$$F_M(z) = F_X(z) F_Y(z),$$
$$F_N(z) = 1 - [1 - F_X(z)][1 - F_Y(z)].$$

④ $Z = \dfrac{X}{Y}$ 的密度函数为

$$f_Z(z) = \int_{-\infty}^{+\infty} |y| f(yz, y) \mathrm{d}y,$$

当 X, Y 相互独立时,

$$f_Z(z) = \int_{-\infty}^{+\infty} |y| f_X(yz) f_Y(y) \mathrm{d}y.$$

⑤ $Z = \dfrac{Y}{X}$ 的密度函数为

$$f_Z(z) = \int_{-\infty}^{+\infty} |x| f(x, xz) \mathrm{d}x,$$

当 X, Y 相互独立时,

$$f_Z(z) = \int_{-\infty}^{+\infty} |x| f_X(x) f_Y(xz) \mathrm{d}x.$$

⑥ $Z = XY$ 的密度函数为

$$f_Z(z) = \int_{-\infty}^{+\infty} \frac{1}{|x|} f(x, \frac{z}{x}) \mathrm{d}x,$$

当 X, Y 相互独立时,

$$f_Z(z) = \int_{-\infty}^{+\infty} \frac{1}{|x|} f_X(x) f_Y(\frac{z}{x}) \mathrm{d}x.$$

2. 多维随机变量函数的分布

对于相互独立的多维随机变量所构成的简单函数,可利用二维随机变量的结果加以推广. 常用结论及公式如下:

(1) 设 $X_1, X_2, \cdots, X_n$ 相互独立,且 $X_i \sim N(\mu_i, \sigma_i^2)$, $k_i (i = 1, 2, \cdots, n)$ 为任意常数,则

$$Z = \sum_{i=1}^{n} k_i X_i \sim N\Big(\sum_{i=1}^{n} k_i \mu_i, \sum_{i=1}^{n} k_i^2 \sigma_i^2\Big).$$

(2) 设 $X_1, X_2, \cdots, X_n$ 相互独立,且 X_i 的分布函数为 $F_{X_i}(x_i) (i = 1, 2, \cdots, n)$, 则 $Z = \max\{X_1, X_2, \cdots, X_n\}$ 的分布函数为

$$F_{\max}(z) = F_{X_1}(z) F_{X_2}(z) \cdots F_{X_n}(z).$$

$Z = \min\{X_1, X_2, \cdots, X_n\}$ 的分布函数为

$$F_{\min}(z) = 1 - [1 - F_{X_1}(z)][1 - F_{X_2}(z)]\cdots[1 - F_{X_n}(z)].$$

重点题型

题型 1　求离散型随机变量函数的分布

原型题

[48] 设随机变量 X 与 Y 相互独立，X 的概率分布为 $P\{X=1\}=P\{X=-1\}=\dfrac{1}{2}$，$Y$ 服从参数为 λ 的泊松分布. 令 $Z=XY$，求 Z 的概率分布.

解　Z 的所有可能取值为全体整数，即 Z 取 $0, \pm 1, \pm 2, \cdots$.

$$P\{Z=0\} = P\{XY=0\} = P\{Y=0\} = e^{-\lambda}.$$

对于 $n = \pm 1, \pm 2, \cdots$，有

$$P\{Z=n\} = P\{XY=n\} = P\left\{X = \frac{n}{|n|}, Y = |n|\right\}$$

$$= P\left\{X = \frac{n}{|n|}\right\} P\{Y = |n|\} = \frac{1}{2} \cdot \frac{\lambda^{|n|}}{|n|!} e^{-\lambda}$$

[49] 假设随机变量 X_1, X_2, X_3, X_4 相互独立且同分布，$P\{X_i=0\}=0.6$，$P\{X_i=1\}=0.4\,(i=1,2,3,4)$，求行列式 $X = \begin{vmatrix} X_1 & X_2 \\ X_3 & X_4 \end{vmatrix}$ 的概率分布.

解　记 $Y_1 = X_1 X_4$，$Y_2 = X_2 X_3$，则 $X = Y_1 - Y_2$，随机变量 Y_1 和 Y_2 独立同分布.

$$P\{Y_1=1\} = P\{Y_2=1\} = P\{X_2=1, X_3=1\} = 0.16,$$
$$P\{Y_1=0\} = P\{Y_2=0\} = 1 - 0.16 = 0.84.$$

随机变量 $X = Y_1 - Y_2$ 有三个可能值 $-1, 0, 1$，易见

$$P\{X=-1\} = P\{Y_1=0, Y_2=1\} = 0.84 \times 0.16 = 0.134\,4,$$
$$P\{X=1\} = P\{Y_1=1, Y_2=0\} = 0.16 \times 0.84 = 0.134\,4,$$
$$P\{X=0\} = 1 - 2 \times 0.134\,4 = 0.731\,2.$$

于是，行列式的概率分布为

$$X = \begin{vmatrix} X_1 & X_2 \\ X_3 & X_4 \end{vmatrix} \sim \begin{bmatrix} -1 & 0 & 1 \\ 0.134\,4 & 0.731\,2 & 0.134\,4 \end{bmatrix}.$$

思路拓展

本题将概率论与线性代数很好地结合在一起，有一定的参考价值. 先将行列式求出，再引入中间变量 Y_1, Y_2 并求出其分布，则问题可解决.

[50] 设随机变量 X 与 Y 独立同分布，且 X 的概率分布为

X	1	2
P	$\frac{2}{3}$	$\frac{1}{3}$

记 $U = \max\{X,Y\}$，$V = \min\{X,Y\}$，求 (U,V) 的概率分布.

解 (U,V) 有三个可能值：$(1,1),(2,1),(2,2)$，而

$$P\{U=1,V=1\} = P\{X=1,Y=1\} = P\{X=1\}P\{Y=1\} = \frac{4}{9},$$

$$P\{U=2,V=1\} = P\{X=1,Y=2\} + P\{X=2,Y=1\} = \frac{4}{9},$$

$$P\{U=2,V=2\} = P\{X=2,Y=2\} = P\{X=2\}P\{Y=2\} = \frac{1}{9}.$$

故 (U,V) 的概率分布为

U \ V	1	2
1	$\frac{4}{9}$	0
2	$\frac{4}{9}$	$\frac{1}{9}$

举一反三

解析见答案册第 36 页

[51] 设两个相互独立的随机变量 ξ 与 η 的分布律为

ξ	1	3
p_i	0.3	0.7

η	2	4
p_j	0.6	0.4

求随机变量 $Z = \xi + \eta$ 的分布律.

[52] 设二维随机变量(X,Y)的概率分布为

X \ Y	-1	0	1
0	0.1	0.2	0.3
1	0.1	0.1	0.2

求以下随机变量的分布律：
(1) $Z=X+Y$； (2) $Z=\max\{X,Y\}$； (3) $Z=\min\{X,Y\}$.

[53] 已知随机变量 X 与 Y 相互独立，且均服从参数为 λ 的泊松分布，证明 $Z=X+Y$ 服从参数为 2λ 的泊松分布.

题型 2　求连续型随机变量函数的分布

原型题

[54] 设 X 和 Y 是两个相互独立的随机变量，其概率密度分别为

$$f_X(x)=\begin{cases}1, & 0\leqslant x\leqslant 1,\\ 0, & \text{其他},\end{cases} \quad f_Y(y)=\begin{cases}e^{-y}, & y>0,\\ 0, & y\leqslant 0,\end{cases}$$

试求随机变量 $Z=X+Y$ 的概率密度.

解　方法一　求随机变量 Z 的概率密度，先求 Z 的分布函数，再用 $f_Z(z)=F_Z'(z)$ 得到所求的概率密度.

因为 X 和 Y 相互独立,所以联合密度

$$f(x,y) = f_X(x)f_Y(y) = \begin{cases} e^{-y}, & 0 \leqslant x \leqslant 1, y > 0, \\ 0, & \text{其他}. \end{cases}$$

对 $Z = X+Y$ 的分布分段讨论,简便起见作图 3-6 表示.

当 $z < 0$ 时,
$$F_Z(z) = \iint\limits_{x+y \leqslant z} f(x,y)\mathrm{d}x\mathrm{d}y = \iint\limits_{x+y \leqslant z} 0 \mathrm{d}x\mathrm{d}y = 0;$$

当 $0 \leqslant z < 1$ 时,
$$F_Z(z) = \iint\limits_{x+y \leqslant z} f(x,y)\mathrm{d}x\mathrm{d}y = \int_0^z \mathrm{d}x \int_0^{z-x} e^{-y}\mathrm{d}y$$
$$= z - 1 + \frac{1}{e^z};$$

当 $z \geqslant 1$ 时,
$$F_Z(z) = \iint\limits_{x+y \leqslant z} f(x,y)\mathrm{d}x\mathrm{d}y = \int_0^1 \mathrm{d}x \int_0^{z-x} e^{-y}\mathrm{d}y$$
$$= 1 + (1-e)\frac{1}{e^z}.$$

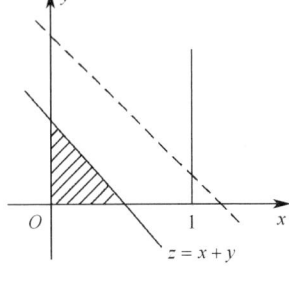

图 3-6

由 $f_Z(z) = F_Z'(z)$,得 Z 的分布密度

$$f_Z(z) = \begin{cases} 0, & z < 0, \\ 1 - e^{-z}, & 0 \leqslant z < 1, \\ (e-1)e^{-z}, & z \geqslant 1. \end{cases}$$

方法二 由于 X 和 Y 是相互独立的,故由卷积公式,$Z = X+Y$ 的概率密度

$$f_Z(z) = \int_{-\infty}^{+\infty} f_X(x)f_Y(z-x)\mathrm{d}x.$$

易知仅当 $\begin{cases} 0 \leqslant x \leqslant 1, \\ z-x > 0, \end{cases}$ 即 $\begin{cases} 0 \leqslant x \leqslant 1, \\ x < z \end{cases}$ 时,上述积分的被积函数不为零(图 3-7).所以

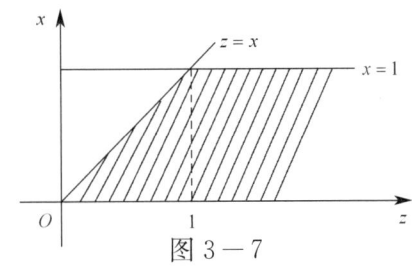

图 3-7

$$f_Z(z) = \begin{cases} \int_0^x f_X(x)f_Y(z-x)\mathrm{d}x, & 0 \leqslant z \leqslant 1, \\ \int_0^1 f_X(x)f_Y(z-x)\mathrm{d}x, & z > 1, \\ 0, & \text{其他} \end{cases} = \begin{cases} \int_0^x e^{-(z-x)}\mathrm{d}x, & 0 \leqslant z \leqslant 1, \\ \int_0^1 e^{-(z-x)}\mathrm{d}x, & z > 1, \\ 0, & \text{其他} \end{cases}$$

$$= \begin{cases} 1-e^{-z}, & 0 \leqslant z \leqslant 1, \\ (e-1)e^{-z}, & z > 1, \\ 0, & 其他. \end{cases}$$

[55] 设 X 与 Y 相互独立，分别服从参数为 λ_1 与 λ_2 的指数分布，求 $Z = \dfrac{X}{Y}$ 的密度函数.

分析 设 (X,Y) 是二维连续型随机变量，其联合密度函数为 $f(x,y)$，则随机变量 $Z = \dfrac{X}{Y}$ 的密度函数 $f_Z(z)$ 为

$$f_Z(z) = \int_{-\infty}^{+\infty} |y| f(zy, y) dy.$$

特别地，如果 X 与 Y 相互独立，则有 $f(x,y) = f_X(x) f_Y(y)$. 此时，

$$f_Z(z) = \int_{-\infty}^{+\infty} |y| f_X(yz) f_Y(y) dy.$$

解 $f_X(x) = \begin{cases} \lambda_1 e^{-\lambda_1 x}, & x > 0, \\ 0, & x \leqslant 0, \end{cases}$ $f_Y(y) = \begin{cases} \lambda_2 e^{-\lambda_2 y}, & y > 0, \\ 0, & y \leqslant 0. \end{cases}$

设 $Z = \dfrac{X}{Y}$，由 X 与 Y 独立性，有

$$f_Z(z) = \int_{-\infty}^{+\infty} |y| f_X(yz) f_Y(y) dy, \quad yz > 0, y > 0.$$

如图 3-8 所示：

若 $z \leqslant 0$，$f_Z(z) = 0$；

若 $z > 0$，

$$f_Z(z) = \int_0^{+\infty} y \lambda_1 e^{-\lambda_1 yz} \lambda_2 e^{-\lambda_2 y} dy$$

$$= \lambda_1 \lambda_2 \int_0^{+\infty} y e^{-(\lambda_2 + \lambda_1 z)y} dy$$

$$= \frac{\lambda_1 \lambda_2}{(\lambda_2 + \lambda_1 z)^2}.$$

故 $Z = \dfrac{X}{Y}$ 的密度为

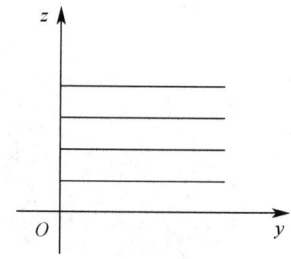

图 3-8

$$f_Z(z) = \begin{cases} \dfrac{\lambda_1 \lambda_2}{(\lambda_2 + \lambda_1 z)^2}, & z > 0, \\ 0, & z \leqslant 0. \end{cases}$$

[56] 设二维随机变量 (X,Y) 在矩形 $G = \{(x,y) \mid 0 \leqslant x \leqslant 2, 0 \leqslant y \leqslant 1\}$ 上服从均匀分布，试求边长为 X 和 Y 的矩形面积 S 的概率密度 $f(s)$.

解 本题为利用 (X,Y) 的分布，求 $S = XY$ 的分布问题. 二维随机变量 (X,Y) 的概率密度为

$$\varphi(x,y) = \begin{cases} \dfrac{1}{2}, & (x,y) \in G, \\ 0, & (x,y) \overline{\in} G. \end{cases}$$

设 $F(s) = P\{S \leqslant s\}$ 为 S 的分布函数,则当 $s \leqslant 0$ 时,$F(s) = 0$;当 $s \geqslant 2$ 时,$F(s) = 1$.

现在,设 $0 < s < 2$,如图 3-9 所示,曲线 $xy = s$ 与矩形 G 的上边交于点 $(s,1)$. 位于曲线 $xy = s$ 上方的点满足 $xy > s$,位于下方的点满足 $xy < s$,于是

$$\begin{aligned} F(s) &= P\{S \leqslant s\} = P\{XY \leqslant s\} = 1 - P\{XY > s\} \\ &= 1 - \iint\limits_{xy \geqslant s} \dfrac{1}{2} \mathrm{d}x \mathrm{d}y \\ &= 1 - \dfrac{1}{2} \int_s^2 \mathrm{d}x \int_{\frac{s}{x}}^1 \mathrm{d}y = \dfrac{s}{2}(1 + \ln 2 - \ln s). \end{aligned}$$

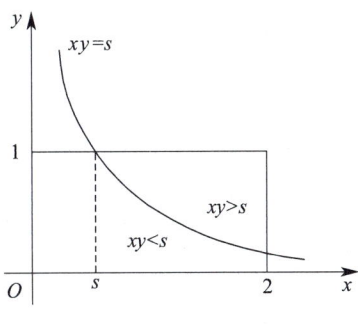

图 3-9

故

$$f(s) = \begin{cases} \dfrac{1}{2}(\ln 2 - \ln s), & 0 < s < 2, \\ 0, & s \leqslant 0 \text{ 或 } s \geqslant 2. \end{cases}$$

思路拓展

本题也可利用公式计算:

$$f(s) = \int_{-\infty}^{+\infty} \dfrac{1}{|x|} \varphi\left(x, \dfrac{z}{x}\right) \mathrm{d}x = \begin{cases} \dfrac{1}{2}(\ln 2 - \ln s), & 0 < s < 2, \\ 0, & \text{其他}. \end{cases}$$

举一反三

解析见答案册第 38 页

[57] 设随机变量 X, Y 相互独立,且具有相同的分布,它们的概率密度均为

$$f(x) = \begin{cases} \mathrm{e}^{1-x}, & x > 1, \\ 0, & \text{其他}, \end{cases}$$

求 $Z = X + Y$ 的概率密度.

[58] 设随机变量 X,Y 相互独立,它们的概率密度均为
$$f(x) = \begin{cases} e^{-x}, & x > 0, \\ 0, & 其他, \end{cases}$$
求 $Z = \dfrac{Y}{X}$ 的概率密度.

[59] 设随机变量 (X,Y) 的概率密度为
$$f(x,y) = \begin{cases} x+y, & 0 < x < 1, 0 < y < 1, \\ 0, & 其他, \end{cases}$$
求 $Z = XY$ 的概率密度.

[60] 设随机变量 X 和 Y 的联合分布是正方形 $G = \{(x,y) \mid 1 \leqslant x \leqslant 3, 1 \leqslant y \leqslant 3\}$ 上的均匀分布,试求随机变量 $U = |X - Y|$ 的概率密度 $p(u)$.

题型 3　关于重要结论及公式

原型题

[61] 设两个相互独立的随机变量 X 和 Y 分别服从正态分布 $N(0,1)$ 和 $N(1,1)$,则(　　).

A. $P\{X+Y\leqslant 0\}=\dfrac{1}{2}$ B. $P\{X+Y\leqslant 1\}=\dfrac{1}{2}$

C. $P\{X-Y\leqslant 0\}=\dfrac{1}{2}$ D. $P\{X-Y\leqslant 1\}=\dfrac{1}{2}$

解 因为 $X+Y\sim N(1,2)$，$X-Y\sim N(-1,2)$. 利用正态分布几何意义或者结论，当 $X\sim N(\mu,\sigma^2)$ 时，$P\{X\leqslant\mu\}=\dfrac{1}{2}$. 所以，$P\{X+Y\leqslant 1\}=\dfrac{1}{2}$.

故应选 B.

[62] 设系统 L 由两个相互独立的子系统 L_1 和 L_2 连接而成，其连接的方式分别为

(1) 串联，(2) 并联，如图 3-10 所示.

设 L_1 和 L_2 的寿命分别为 X 和 Y，已知它们的密度函数分别为

$$f_X(x)=\begin{cases}\alpha e^{-\alpha x},&x>0,\\0,&x\leqslant 0,\end{cases}$$

$$f_Y(y)=\begin{cases}\beta e^{-\beta y},&y>0,\\0,&y\leqslant 0,\end{cases}$$

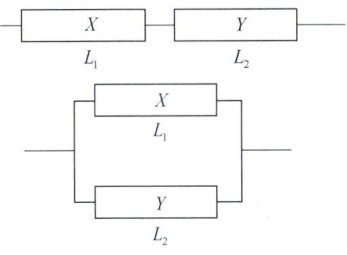

图 3-10

其中 $\alpha>0$，$\beta>0$，试分别就以上两种连接方式写出系统 L 的寿命 Z 的密度函数.

解 (1) 串联的情况

因为当 L_1 和 L_2 中有一个损坏时，系统 L 就停止工作，所以 L 的寿命为 $Z=\min(X,Y)$.

因 X 和 Y 的分布函数分别为

$$F_X(x)=\begin{cases}1-e^{-\alpha x},&x>0,\\0,&x\leqslant 0,\end{cases}\quad F_Y(y)=\begin{cases}1-e^{-\beta y},&y>0,\\0,&y\leqslant 0,\end{cases}$$

故 Z 的分布函数

$$F_Z(z)=1-[1-F_X(z)][1-F_Y(z)]=\begin{cases}1-e^{-(\alpha+\beta)z},&z>0,\\0,&z\leqslant 0.\end{cases}$$

于是，得 Z 的密度函数

$$f_Z(z)=\begin{cases}(\alpha+\beta)e^{-(\alpha+\beta)z},&z>0,\\0,&z\leqslant 0.\end{cases}$$

(2) 并联的情况

因为当且仅当 L_1 和 L_2 都损坏时，系统 L 才停止工作，所以 L 的寿命为 $Z=\max(X,Y)$.

由此知，Z 的分布函数

$$F_Z(z)=F_X(z)F_Y(z)=\begin{cases}(1-e^{-\alpha z})(1-e^{-\beta z}),&z>0,\\0,&z\leqslant 0.\end{cases}$$

于是，得 Z 的密度函数

$$f_Z(z)=\begin{cases}\alpha e^{-\alpha z}+\beta e^{-\beta z}-(\alpha+\beta)e^{-(\alpha+\beta)z},&z>0,\\0,&z\leqslant 0.\end{cases}$$

举一反三

解析见答案册第 39 页

[63] 设随机变量 X,Y 相互独立,且都服从正态分布 $N(\mu,\sigma^2)$,则 $P\{|X-Y|<1\}$ ( ).

A. 与 μ 无关,与 σ^2 有关   B. 与 μ 有关,与 σ^2 无关

C. 与 μ,σ^2 都有关   D. 与 μ,σ^2 都无关

[64] 已知随机变量 X 与 Y 相互独立,且都服从正态分布 $N\left(\mu,\dfrac{1}{2}\right)$. 如果 $P\{X+Y\leqslant 1\}=\dfrac{1}{2}$,则 $\mu=$ _____.

[65] 假设一电路装有 3 个同种电气元件,其工作状态相互独立,且无故障工作时间都服从参数为 $\lambda>0$ 的指数分布. 当 3 个元件都无故障时,电路正常工作,否则整个电路不能正常工作. 试求电路正常工作的时间 T 的概率分布.

题型 4   特殊类型的变量函数的分布

原型题

[66] 设随机变量 X 与 Y 独立,其中 X 的概率分布为

$$X \sim \begin{bmatrix} 1 & 2 \\ 0.3 & 0.7 \end{bmatrix}$$

而 Y 的概率密度为 $f(y)$,求随机变量 $U=X+Y$ 的概率密度 $g(u)$.

解 设 $F(y)$ 是 Y 的分布函数,则由全概率公式知,$U=X+Y$ 的分布函数为

$$\begin{aligned}
G(u) &= P\{X+Y\leqslant u\} \\
&= P\{X=1\}P\{X+Y\leqslant u \mid X=1\} + P\{X=2\}P\{X+Y\leqslant u \mid X=2\} \\
&= 0.3P\{X+Y\leqslant u \mid X=1\} + 0.7P\{X+Y\leqslant u \mid X=2\} \\
&= 0.3P\{Y\leqslant u-1 \mid X=1\} + 0.7P\{Y\leqslant u-2 \mid X=2\}.
\end{aligned}$$

由于 X 和 Y 独立,可知

$$G(u) = 0.3P\{Y\leqslant u-1\} + 0.7P\{Y\leqslant u-2\}$$

$$= 0.3F(u-1) + 0.7F(u-2).$$

由此,得 U 的概率密度

$$g(u) = G'(u) = 0.3F'(u-1) + 0.7F'(u-2)$$
$$= 0.3f(u-1) + 0.7f(u-2).$$

思路拓展

本题属新题型,求两个随机变量和的分布,其中一个是连续型,一个是离散型,需用全概率公式计算,有一定难度.

另外,也可写成 $G(u) = 0.3\int_{-\infty}^{u-1} f(y)\mathrm{d}y + 0.7\int_{-\infty}^{u-2} f(y)\mathrm{d}y$,同样求出 $g(u)$.

[67] 设 X 和 Y 是相互独立的随机变量,其概率密度分别为

$$f_X(x) = \begin{cases} \lambda \mathrm{e}^{-\lambda x}, & x > 0, \\ 0, & x \leqslant 0, \end{cases}$$

$$f_Y(y) = \begin{cases} \mu \mathrm{e}^{-\mu y}, & y > 0, \\ 0, & y \leqslant 0, \end{cases}$$

其中 $\lambda > 0, \mu > 0$ 是常数. 引入随机变量

$$Z = \begin{cases} 1, & X \leqslant Y, \\ 0, & X > Y, \end{cases}$$

求 Z 的分布律和分布函数.

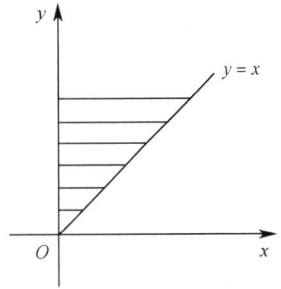

图 3—11

解 由于 $Z = \begin{cases} 1, & X \leqslant Y, \\ 0, & X > Y \end{cases}$ (如图 3—11),且

$$P\{Z = 1\} = P\{X \leqslant Y\} = \int_0^{+\infty}\int_x^{+\infty} \lambda\mu \mathrm{e}^{-(\lambda x + \mu y)}\mathrm{d}y\mathrm{d}x$$

$$= \int_0^{+\infty} \lambda \mathrm{e}^{-(\lambda+\mu)x}\mathrm{d}x = -\frac{\lambda}{\lambda+\mu}\mathrm{e}^{-(\lambda+\mu)x}\Big|_0^{+\infty} = \frac{\lambda}{\lambda+\mu},$$

$$P\{Z = 0\} = P\{X > Y\} = 1 - P\{X \leqslant Y\} = 1 - \frac{\lambda}{\lambda+\mu} = \frac{\mu}{\lambda+\mu}.$$

故 Z 的分布律为

Z	0	1
P	$\dfrac{\mu}{\lambda+\mu}$	$\dfrac{\lambda}{\lambda+\mu}$

Z 的分布函数为

$$F_Z(z) = \begin{cases} 0, & z < 0, \\ \dfrac{\mu}{\lambda+\mu}, & 0 \leqslant z < 1, \\ 1, & z \geqslant 1. \end{cases}$$

举一反三　　　　　　　　　　　　　　　　　　　　　　　解析见答案册第 39 页

[68]　设随机变量 X,Y 相互独立，且 X 的概率分布为 $P\{X=0\}=P\{X=2\}=\dfrac{1}{2}$，$Y$ 的概率密度为 $f_Y(y)=\begin{cases}2y, & 0<y<1,\\ 0, & 其他.\end{cases}$ 求 $Z=X+Y$ 的概率密度.

[69]　假设一设备开机后无故障工作的时间 X 服从指数分布，平均无故障工作的时间 (EX) 为 5 小时. 设备定时开机，出现故障时自动关机，而在无故障的情况下工作 2 小时便关机. 试求该设备每次开机无故障工作的时间 Y 的分布函数 $F(y)$.

6. 综合提高题型

核心归纳

题型 1　关于多维随机变量的选择与判断

原型题

[70]　设 X_1 和 X_2 是任意两个相互独立的连续型随机变量，它们的概率密度分别为 $f_1(x)$ 和 $f_2(x)$，分布函数分别为 $F_1(x)$ 和 $F_2(x)$，则(　　).

A. $f_1(x)+f_2(x)$ 必为某一随机变量的概率密度

B. $F_1(x)F_2(x)$ 必为某一随机变量的分布函数

C. $F_1(x)+F_2(x)$ 必为某一随机变量的分布函数

D. $f_1(x)f_2(x)$ 必为某一随机变量的概率密度

解 由密度函数及分布函数性质可知:B 正确,A,C,D 不满足性质.

故应选 B.

[71] 设两个随机变量 X 与 Y 相互独立且同分布,

$$P\{X=-1\}=P\{Y=-1\}=\frac{1}{2}, \quad P\{X=1\}=P\{Y=1\}=\frac{1}{2},$$

则下列各式中成立的是( ).

A. $P\{X=Y\}=\frac{1}{2}$
B. $P\{X=Y\}=1$
C. $P\{X+Y=0\}=\frac{1}{4}$
D. $P\{XY=1\}=\frac{1}{4}$

解 X,Y 的联合分布

X \ Y	-1	1
-1	$\frac{1}{4}$	$\frac{1}{4}$
1	$\frac{1}{4}$	$\frac{1}{4}$

因此,$P\{X=Y\}=P\{X=-1,Y=-1\}+P\{X=1,Y=1\}=\frac{1}{4}+\frac{1}{4}=\frac{1}{2}.$

故应选 A.

[72] 设随机变量 X,Y 相互独立,且 X 服从正态分布 $N(0,2)$,Y 服从正态分布 $N(-2,2)$,若 $P\{2X+Y<a\}=P\{X>Y\}$,则 $a=$( ).

A. $-2-\sqrt{10}$ B. $-2+\sqrt{10}$ C. $-2-\sqrt{6}$ D. $-2+\sqrt{6}$

解 $2X+Y\sim N(-2,10),Y-X\sim N(-2,4)$,因此

$$P\{2X+Y<a\}=\Phi\left(\frac{a+2}{\sqrt{10}}\right)=P\{Y-X<0\}=\Phi\left(\frac{0+2}{2}\right),$$

于是 $\frac{a+2}{\sqrt{10}}=\frac{0+2}{2}$,解得 $a=-2+\sqrt{10}$.

故应选 B.

[73] 设随机变量 X 与 Y 相互独立,且 X 服从标准正态分布 $N(0,1)$,Y 的概率分布为 $P\{Y=0\}=P\{Y=1\}=\frac{1}{2}$,记 $F_Z(z)$ 为随机变量 $Z=XY$ 的分布函数,则函数 $F_Z(z)$ 的间断点个数为( ).

A. 0 B. 1 C. 2 D. 3

解 $F_Z(z)=P\{XY\leqslant z\}=P\{XY\leqslant z\mid Y=0\}P\{Y=0\}+P\{XY\leqslant z\mid Y=1\}P\{Y=1\}$

$=\frac{1}{2}[P\{XY\leqslant z\mid Y=0\}+P\{XY\leqslant z\mid Y=1\}]$

$$= \frac{1}{2}[P\{X \cdot 0 \leqslant z \mid Y = 0\} + P\{X \leqslant z \mid Y = 1\}].$$

由于 X, Y 独立，$F_Z(z) = \frac{1}{2}[P(X \cdot 0 \leqslant z) + P(X \leqslant z)]$.

若 $z < 0$，则 $F_Z(z) = \frac{1}{2}\Phi(z)$；

若 $z \geqslant 0$，则 $F_Z(z) = \frac{1}{2}[1 + \Phi(z)]$.

所以 $z = 0$ 为间断点.

故应选 B.

[74] 设随机变量 X, Y 独立同分布，且 X 的分布函数为 $F(x)$，则 $Z = \max\{X, Y\}$ 的分布函数为（　　）.

A. $F^2(x)$ 　　　　　　　　　　　　B. $F(x)F(y)$

C. $1 - [1 - F(x)]^2$ 　　　　　　　D. $[1 - F(x)][1 - F(y)]$

解 $F_Z(z) = P\{Z \leqslant z\} = P\{\max\{X, Y\} \leqslant z\} = P\{X \leqslant z, Y \leqslant z\}$
$= P\{X \leqslant z\}P\{Y \leqslant z\} = F(z)F(z) = F^2(z).$

故应选 A.

举一反三

解析见答案册第 40 页

[75] 设 (X, Y) 的联合分布函数是 $F(x, y)$，X 和 Y 的边缘分布函数分别是 $F_X(x)$ 和 $F_Y(y)$，则 $P\{X > 1, Y > 1\} = (\quad)$.

A. $1 - F(1, 1)$ 　　　　　　　　　　B. $F(1, 1) + F_X(1) + F_Y(1) - 1$

C. $1 - F_X(1) - F_Y(1)$ 　　　　　　D. $1 - F_X(1) - F_Y(1) + F(1, 1)$

[76] 设二维随机变量 $(X, Y) \sim N(0, 0; \sigma^2, \sigma^2; 0)$，则 $P\{X < 2Y\} = (\quad)$.

A. $\Phi(2)$ 　　　　B. $\Phi(1)$ 　　　　C. $\Phi\left(\frac{1}{2}\right)$ 　　　　D. $\frac{1}{2}$

[77] 设二维随机变量 (X, Y) 的概率分布为

X \ Y	0	1
0	0.4	a
1	b	0.1

已知随机事件 $\{X = 0\}$ 与 $\{X + Y = 1\}$ 相互独立，则（　　）.

A. $a = 0.2, b = 0.3$ 　　　　　　　B. $a = 0.4, b = 0.1$

C. $a = 0.3, b = 0.2$ 　　　　　　　D. $a = 0.1, b = 0.4$

[78] 设随机变量 X_1, X_2, X_3 相互独立，并且有相同的概率分布

$$P\{X_i=1\}=p, \quad P\{X_i=0\}=q, \quad i=1,2,3, p+q=1.$$

考虑随机变量

$$Y_1=\begin{cases}1, & \text{若 } X_1+X_2 \text{ 为奇数,}\\ 0, & \text{若 } X_1+X_2 \text{ 为偶数,}\end{cases} \quad Y_2=\begin{cases}1, & \text{若 } X_2+X_3 \text{ 为奇数,}\\ 0, & \text{若 } X_2+X_3 \text{ 为偶数,}\end{cases}$$

则乘积 Y_1Y_2 的概率分布为( ).

A. $Y_1Y_2 \sim \begin{bmatrix} 0 & 1 \\ 1-pq & pq \end{bmatrix}$

B. $Y_1Y_2 \sim \begin{bmatrix} 0 & 1 \\ pq & 1-pq \end{bmatrix}$

C. $Y_1Y_2 \sim \begin{bmatrix} 0 & 1 \\ p & q \end{bmatrix}$

D. $Y_1Y_2 \sim \begin{bmatrix} 0 & 1 \\ q & p \end{bmatrix}$

[79] 设二维连续型随机变量 (X,Y) 的概率密度为 $f(x,y)$,则 $P\left\{X<\dfrac{1}{2}\bigg|Y=\dfrac{1}{3}\right\}=$ ( ).

A. $\dfrac{P\left\{X<\dfrac{1}{2}, Y=\dfrac{1}{3}\right\}}{P\left\{Y=\dfrac{1}{3}\right\}}$

B. $\int_{-\infty}^{\frac{1}{2}} f_{X|Y}\left(x\bigg|\dfrac{1}{3}\right)\mathrm{d}x$

C. $\int_{-\infty}^{\frac{1}{2}} f(x,y)\mathrm{d}x$

D. 不存在

[80] 设随机变量 X 与 Y 相互独立,且均服从参数为 λ 的指数分布.令 $Z=|X-Y|$,则下列随机变量与 Z 同分布的是( ).

A. $X+Y$ 　　B. $\dfrac{X+Y}{2}$ 　　C. $2X$ 　　D. X

[81] 设随机变量 X 与 Y 相互独立,且 $X \sim N\left(0,\dfrac{1}{2}\right), Y \sim N\left(1,\dfrac{1}{2}\right)$,则与随机变量 $Z=Y-X$ 同分布的随机变量是( ).

A. $X-Y$ 　　B. $X+Y$ 　　C. $X-2Y$ 　　D. $Y-2X$

[82] 设随机变量 X 与 Y 相互独立,且 X 服从正态分布 $N(0,\sigma_1^2)$,Y 服从正态分布 $N(0,\sigma_2^2)$,则概率 $P\{|X-Y|<1\}$( ).

A. 随 σ_1 与 σ_2 的减少而减少

B. 随 σ_1 与 σ_2 的增加而增加

C. 随 σ_1 的增加而减少,随 σ_2 的减少而增加

D. 随 σ_1 的增加而增加,随 σ_2 的减少而减少

题型 2　多维随机变量的分布工具及工具的转换

原型题

[83] 设某班车起点站上客人数 X 服从参数为 $\lambda(\lambda>0)$ 的泊松分布,每位乘客在中途下车的概率为 $p(0<p<1)$,且中途下车与否相互独立.以 Y 表示在中途下车的人数,求:

(1) 在发车时有 n 个乘客的条件下,中途有 m 人下车的概率;

(2) 二维随机变量 (X,Y) 的概率分布.

解 (1) $P\{Y=m \mid X=n\} = C_n^m p^m (1-p)^{n-m}$, $0 \leqslant m \leqslant n$, $n=0,1,2,\cdots$.

(2) $P\{X=n, Y=m\} = P\{Y=m \mid X=n\} P\{X=n\}$

$$= C_n^m p^m (1-p)^{n-m} \cdot \frac{e^{-\lambda}}{n!} \lambda^n, \quad 0 \leqslant m \leqslant n, \quad n=0,1,2,\cdots.$$

思路拓展

本题将许多基本内容综合在一起:(1) 二项分布;(2) 泊松分布;(3) 乘法公式;(4) 二维离散型随机变量的分布律. 很有参考价值.

[84] 设随机变量 X 与 Y 的概率分布分别为

X	0	1
P	$\frac{1}{3}$	$\frac{2}{3}$

Y	-1	0	1
P	$\frac{1}{3}$	$\frac{1}{3}$	$\frac{1}{3}$

且 $P\{X^2 = Y^2\} = 1$. 求:

(1) 二维随机变量 (X,Y) 的概率分布;

(2) $Z = XY$ 的概率分布.

解 (1) 由 $P\{X^2 = Y^2\} = 1$ 可知 $P\{X^2 \neq Y^2\} = 0$,于是

$$P\{X=0, Y=1\} = P\{X=0, Y=-1\} = P\{X=1, Y=0\} = 0,$$

则 $P\{X=1, Y=-1\} = P\{X=-1\} - P\{X=0, Y=-1\} = \frac{1}{3}$.

同理 $P\{X=1, Y=1\} = P\{X=0, Y=0\} = \frac{1}{3}$.

概率分布如下

$X \backslash Y$	-1	0	1
0	0	$\frac{1}{3}$	0
1	$\frac{1}{3}$	0	$\frac{1}{3}$

(2) $Z = XY$ 可能的取值为 $-1, 0, 1$.

$$P\{XY = -1\} = P\{X=1, Y=-1\} = \frac{1}{3},$$

$$P\{XY = 1\} = P\{X=1, Y=1\} = \frac{1}{3},$$

$$P\{XY = 0\} = 1 - \frac{1}{3} - \frac{1}{3} = \frac{1}{3}.$$

故 Z 的分布律为

Z	-1	0	1
P	$\dfrac{1}{3}$	$\dfrac{1}{3}$	$\dfrac{1}{3}$

[85] 设二维随机变量(X,Y)在G上服从均匀分布,G由$x-y=0, x+y=2$与$y=0$围成. 求:

(1) 边缘密度$f_X(x)$;

(2) $f_{X|Y}(x\mid y)$.

解 (1)(X,Y)的概率密度为

$$f(x,y)=\begin{cases}1, & (x,y)\in G,\\ 0, & \text{其他}.\end{cases}$$

X的概率密度

$$f_X(x)=\int_{-\infty}^{+\infty}f(x,y)\mathrm{d}y=\begin{cases}x, & 0\leqslant x\leqslant 1,\\ 2-x, & 1<x\leqslant 2,\\ 0, & \text{其他}.\end{cases}$$

(2) $f_Y(y)=\int_{-\infty}^{+\infty}f(x,y)\mathrm{d}x=\begin{cases}2(1-y), & 0\leqslant y\leqslant 1,\\ 0, & \text{其他}.\end{cases}$

当$0<y<1$时,X的条件概率密度

$$f_{X|Y}(x\mid y)=\frac{f(x,y)}{f_Y(y)}=\begin{cases}\dfrac{1}{2(1-y)}, & y<x<2-y,\\ 0, & \text{其他}.\end{cases}$$

[86] 设随机变量X在区间$(0,1)$上服从均匀分布,在$X=x(0<x<1)$的条件下,随机变量Y在区间$(0,x)$上服从均匀分布,求:

(1) 随机变量X和Y的联合概率密度;

(2) Y的概率密度;

(3) 概率$P\{X+Y>1\}$.

解 (1)X的概率密度为$f_X(x)=\begin{cases}1, & 0<x<1,\\ 0, & \text{其他}.\end{cases}$

在$X=x(0<x<1)$条件下,Y的条件密度为

$$f_{Y|X}(y\mid x)=\begin{cases}\dfrac{1}{x}, & 0<y<x,\\ 0, & \text{其他}.\end{cases}$$

当$0<y<x<1$时,随机变量X和Y的联合概率密度为

$$f(x,y)=f_X(x)f_{Y|X}(y\mid x)=\frac{1}{x};$$

在其他点(x,y)处,有$f(x,y)=0$.

故

$$f(x,y) = \begin{cases} \dfrac{1}{x}, & 0 < y < x < 1, \\ 0, & \text{其他}. \end{cases}$$

(2) 当 $0 < y < 1$ 时,Y 的概率密度为

$$f_Y(y) = \int_{-\infty}^{+\infty} f(x,y)\mathrm{d}x = \int_y^1 \dfrac{1}{x}\mathrm{d}x = -\ln y;$$

当 $y \leqslant 0$ 或 $y \geqslant 1$ 时,$f_Y(y) = 0$.

因此

$$f_Y(y) = \begin{cases} -\ln y, & 0 < y < 1, \\ 0, & \text{其他}. \end{cases}$$

(3) 所求概率

$$P\{X+Y>1\} = \iint\limits_{x+y>1} f(x,y)\mathrm{d}x\mathrm{d}y = \int_{\frac{1}{2}}^1 \mathrm{d}x \int_{1-x}^x \dfrac{1}{x}\mathrm{d}y = \int_{\frac{1}{2}}^1 \left(2 - \dfrac{1}{x}\right)\mathrm{d}x = 1 - \ln 2.$$

举一反三

解析见答案册第 42 页

[87] 袋中有一个红色球,两个黑色球,三个白色球,现有放回的从袋中取两次,每次取一球,以 X,Y,Z 分别表示两次取球的红、黑、白球的个数.

(1) 求 $P\{X = 1 \mid Z = 0\}$;

(2) 求二维随机变量 (X,Y) 的概率分布.

[88] 将一枚硬币掷 3 次,以 X 表示前 2 次中出现 H 的次数,以 Y 表示 3 次中出现 H 的次数,求 X,Y 的联合分布律以及边缘分布律.

[89] 设随机变量 X 的概率密度为

$$f_X(x) = \begin{cases} \dfrac{1}{2}, & -1 < x < 0, \\ \dfrac{1}{4}, & 0 \leqslant x < 2, \\ 0, & \text{其他}, \end{cases}$$

令 $Y = X^2$,$F(x,y)$ 为二维随机变量 (X,Y) 的分布函数. 求:

(1) Y 的概率密度 $f_Y(y)$;

(2) $F\left(-\dfrac{1}{2}, 4\right)$.

[90] 设二维随机变量 (X,Y) 的概率分布为

Y \ X	0	1
1	$\dfrac{1}{4}$	a
2	$\dfrac{1}{3}$	$\dfrac{1}{4}$

求:(1) 常数 a;

(2) 分布函数 $F(x,y)$;

(3) $P\{X < Y\}$,$P\left\{X \leqslant 2, Y \leqslant \dfrac{1}{2}\right\}$.

[91] 设随机变量(X,Y)的分布函数为
$$F(x,y)=\begin{cases}(1-e^{-x})(1-e^{-y}), & x>0, \\ 0, & 其它.\end{cases}$$
求:(1) 边缘分布函数 $F_X(x), F_Y(y)$;
(2) (X,Y) 的概率密度;
(3) $P\{0<X\leqslant 1, 0<Y\leqslant 2\}$.

[92] 设二维随机变量(X,Y)的概率密度为
$$f(x,y)=Ae^{-2x^2+2xy-y^2}, \quad -\infty<x<+\infty, -\infty<y<+\infty,$$
求常数 A 及条件概率密度 $f_{Y|X}(y\mid x)$.

题型 3　利用随机变量的分布求概率

原型题

[93] 设随机变量 X 与 Y 相互独立,且都服从$(0,1)$上的均匀分布,则 $P\{X^2+Y^2\leqslant 1\}$ =(　　).

A. $\dfrac{1}{4}$　　　　B. $\dfrac{1}{2}$　　　　C. $\dfrac{\pi}{8}$　　　　D. $\dfrac{\pi}{4}$

解　本题求随机事件的概率. 由于给出了边缘分布,结合随机变量 X 与 Y 相互独立的条件可直接得到(X,Y)的联合概率密度 $f(x,y)$,然后计算二重积分

$$P\{X^2+Y^2\leqslant 1\}=\iint\limits_{x^2+y^2\leqslant 1}f(x,y)\mathrm{d}x\mathrm{d}y$$

即可. 但本题联合分布为均匀分布,属几何概型,利用图示法, 即利用面积计算会更简便(参见图 3-12).

随机变量 X 与 Y 相互独立,且都服从区间$[0,1]$上的均匀分布,所以 X 与 Y 的联合分布为区域

$$D=\{(x,y)\mid 0\leqslant x\leqslant 1, 0\leqslant y\leqslant 1\}$$

上的均匀分布,于是

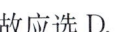

图 3-12

$$P\{X^2+Y^2\leqslant 1\}=\frac{S}{S_D}=\frac{\frac{\pi}{4}}{1}=\frac{\pi}{4}.$$

故应选 D.

[94] 设随机变量$(X,Y)\sim N(0,2^2;1,3^2;0)$,则 $P\{\mid 2X-Y\mid\geqslant 1\}=$ _____.

解 因为 $\rho=0$,所以 X,Y 独立,且 $X\sim N(0,2^2)$,$Y\sim N(1,3^2)$,则 $2X-Y\sim N(-1,5^2)$.

故

$$P\{\mid 2X-Y\mid\geqslant 1\}=1-P\{-1\leqslant 2X-Y\leqslant 1\}=1-\Phi\left(\frac{2}{5}\right)+\Phi(0)$$
$$=1-0.6554+0.5=0.8446.$$

故应填 0.844 6.

[95] 二维随机变量(X,Y)的概率分布为

X \ Y	-1	0	1
0	0.1	0.2	a
1	b	0.1	0.2

且 $P\{X+Y=1\}=0.4$,求:

(1) 常数 a,b;

(2) $P\{X\leqslant Y\},P\{X+Y<1\}$.

解 (1) 由 $P\{X+Y=1\}=P\{X=0,Y=1\}+P\{X=1,Y=0\}=a+0.1=0.4$,得 $a=0.3$.

又由 $0.1+0.2+a+b+0.1+0.2=0.6+a+b=1$,得 $b=0.1$;

(2) $P\{X\leqslant Y\}=P\{X=0,Y=0\}+P\{X=0,Y=1\}+P\{X=1,Y=1\}$
$$=0.2+a+0.2=0.7,$$

$P\{X+Y<1\}=P\{X=0,Y=-1\}+P\{X=0,Y=0\}+P\{X=1,Y=-1\}$
$$=0.1+0.2+b$$
$$=0.4.$$

[96] 设二维随机变量 (X,Y) 的概率密度为

$$f(x,y) = \begin{cases} 2-x-y, & 0<x<1, 0<y<1, \\ 0, & \text{其他}. \end{cases}$$

(1) 求 $P\{X>2Y\}$；

(2) 求 $Z=X+Y$ 的概率密度 $f_Z(z)$.

解 (1) $P\{X>2Y\} = \iint\limits_{x>2y} f(x,y)\mathrm{d}x\mathrm{d}y = \int_0^1 \mathrm{d}x \int_0^{\frac{x}{2}} (2-x-y)\mathrm{d}y$

$$= \int_0^1 \left(x - \frac{5}{8}x^2\right)\mathrm{d}x = \frac{7}{24};$$

(2) $f_Z(z) = \int_{-\infty}^{+\infty} f(x, z-x)\mathrm{d}x$，其中

$$f(x,z-x) = \begin{cases} 2-x-(z-x), & 0<x<1, 0<z-x<1, \\ 0, & \text{其他} \end{cases}$$

$$= \begin{cases} 2-z, & 0<x<1, 0<z-x<1, \\ 0, & \text{其他}. \end{cases}$$

当 $z \leqslant 0$ 或 $z \geqslant 2$ 时，$f_Z(z) = 0$；

当 $0 < z < 1$ 时，$f_Z(z) = \int_0^z (2-z)\mathrm{d}x = z(2-z)$；

当 $1 \leqslant z < 2$ 时，$f_Z(z) = \int_{z-1}^1 (2-z)\mathrm{d}x = (2-z)^2$.

故 Z 的概率密度为 $f_Z(z) = \begin{cases} z(2-z), & 0<z<1, \\ (2-z)^2, & 1 \leqslant z < 2, \\ 0, & \text{其他}. \end{cases}$

举一反三

解析见答案册第 44 页

[97] 设二维随机变量 (X,Y) 的联合分布律为

X \ Y	0	1
0	a	c
1	b	0.5

已知 $P\{Y=1 \mid X=0\} = \dfrac{1}{2}$，$P\{X=1 \mid Y=0\} = \dfrac{1}{3}$，求常数 a,b,c 的值.

[98] 设随机变量(X,Y)的概率密度为
$$f(x,y)=\begin{cases}k(6-x-y), & 0<x<2, 2<y<4,\\ 0, & 其他.\end{cases}$$
(1) 确定常数k;
(2) 求$P\{X<1, Y<3\}$;
(3) 求$P\{X<1.5\}$;
(4) 求$P\{X+Y\leqslant 4\}$.

[99] 设随机变量X,Y相互独立,X服从指数分布$E(1)$,Y的分布律为$P\{Y=0\}=0.5, P\{Y=1\}=0.5$,求$P\{X+Y\leqslant 1\}$.

[100] 设二维随机变量(X,Y)的概率密度为
$$f(x,y)=\begin{cases}e^{-x}, & 0<y<x,\\ 0, & 其他.\end{cases}$$
(1) 求条件概率密度$f_{Y|X}(y\mid x)$;
(2) 求条件概率$P\{X\leqslant 1\mid Y\leqslant 1\}$.

[101] 设 (X, Y) 的概率密度为

$$f(x, y) = \begin{cases} \dfrac{21}{4} x^2 y, & x^2 \leqslant y \leqslant 1, \\ 0, & \text{其他}. \end{cases}$$

(1) 求条件概率密度 $f_{Y|X}(y \mid x)$,特别写出当 $X = \dfrac{1}{2}$ 时 Y 的条件概率密度;

(2) 求条件概率 $P\left\{Y \geqslant \dfrac{3}{4} \mid X = \dfrac{1}{2}\right\}$.

题型 4　与独立性有关的题目

原型题

[102]　设随机变量 X 与 Y 相互独立,且分别服从参数为 1 与参数为 4 的指数分布,则 $P\{X < Y\} = ($　　$)$.

A. $\dfrac{1}{5}$　　　　　　B. $\dfrac{1}{3}$　　　　　　C. $\dfrac{2}{3}$　　　　　　D. $\dfrac{4}{5}$

解　因为 X, Y 分别服从参数为 1 与参数为 4 的指数分布,故

$$f_X(x) = \begin{cases} e^{-x}, & x > 0, \\ 0, & x \leqslant 0, \end{cases} \quad f_Y(y) = \begin{cases} 4e^{-4y}, & y > 0, \\ 0, & y \leqslant 0. \end{cases}$$

因为 X 与 Y 相互独立,所以 $f(x, y) = f_X(x) f_Y(y) = \begin{cases} 4e^{-x} e^{-4y}, & x > 0, y > 0, \\ 0, & \text{其他}, \end{cases}$

从而 $P\{X < Y\} = \iint\limits_{x < y} f(x, y) \mathrm{d}x \mathrm{d}y = \int_0^{+\infty} \mathrm{d}x \int_x^{+\infty} 4e^{-x-4y} \mathrm{d}y = \dfrac{1}{5}$.

故应选 A.

[103]　设随机变量 X 与 Y 相互独立,且 $X \sim B\left(1, \dfrac{1}{3}\right), Y \sim B\left(2, \dfrac{1}{2}\right)$,则 $P\{X = Y\} = $ _____.

解　因为 $X \sim B\left(1, \dfrac{1}{3}\right)$,所以 $X = 0, 1$;因为 $Y \sim B\left(2, \dfrac{1}{2}\right)$,所以 $Y = 0, 1, 2$.

又因为 X 与 Y 相互独立,所以

$$P\{X=Y\} = P\{X=0, Y=0\} + P\{X=1, Y=1\}$$
$$= P\{X=0\}P\{Y=0\} + P\{X=1\}P\{Y=1\}$$
$$= \frac{2}{3}C_2^0\left(\frac{1}{2}\right)^2 + \frac{1}{3}C_2^1\left(\frac{1}{2}\right)^2 = \frac{1}{3}.$$

故应填 $\frac{1}{3}$.

[104] 设二维随机变量 (X,Y) 服从正态分布 $N(1,0;1,1;0)$,则 $P\{XY-Y<0\}=$ _____.

解 由于相关系数为 0,所以 X,Y 都服从正态分布,即 $X\sim N(1,1), Y\sim N(0,1)$,且 X 和 Y 相互独立.

由 $X\sim N(1,1)$,可得 $X-1\sim N(0,1)$,所以
$$P\{XY-Y<0\} = P\{(X-1)Y<0\}$$
$$= P\{X-1<0, Y>0\} + P\{X-1>0, Y<0\}$$
$$= P\{X-1<0\}P\{Y>0\} + P\{X-1>0\}P\{Y<0\}$$
$$= \frac{1}{2}\times\frac{1}{2} + \frac{1}{2}\times\frac{1}{2} = \frac{1}{2}.$$

故应填 $\frac{1}{2}$.

思路拓展

本题考查了二维正态分布与一维正态分布的重要结论:
(1) 二维正态分布的边缘分布为一维正态分布,即当 $(X,Y)\sim N(\mu_1,\mu_2;\sigma_1^2,\sigma_2^2;\rho)$ 时,
$$X\sim N(\mu_1,\sigma_1^2), Y\sim N(\mu_2,\sigma_2^2).$$
(2) 二维正态分布独立 $\Leftrightarrow$ 不相关,即 $\rho=0 \Leftrightarrow X$ 与 Y 相互独立.
(3) 若 $X\sim N(\mu,\sigma^2)$,则 $P\{X\leqslant\mu\}=P\{X>\mu\}=\frac{1}{2}$.

本题中 $X\sim N(1,1), Y\sim N(0,1)$. 则
$$P\{X<1\}=P\{X>1\}=\frac{1}{2}, P\{Y<0\}=P\{Y>0\}=\frac{1}{2}.$$

[105] 设随机变量 X 与 Y 相互独立,X 服从参数为 1 的指数分布,Y 的概率分布为 $P\{Y=-1\}=p, P\{Y=1\}=1-p, 0<p<1$,令 $Z=XY$.

(1) 求 Z 的概率密度.

(2) 判断 X 与 Z 是否相互独立.

解 (1) 因为 $X\sim E(1)$,故 X 的概率密度函数为
$$f_X(x) = \begin{cases} e^{-x}, & x>0, \\ 0, & \text{其它}. \end{cases}$$

设 Z 的分布函数为 $F_Z(z)$，则由分布函数的定义可知
$$F_Z(z) = P\{Z \leqslant z\} = P\{XY \leqslant z\}.$$
因为 Y 是离散型随机变量，则由全概率公式可得
$$F_Z(z) = P\{Y=-1\}P\{XY \leqslant z \mid Y=-1\} + P\{Y=1\}P\{XY \leqslant z \mid Y=1\}$$
$$= pP\{X \geqslant -z\} + (1-p)P\{X \leqslant z\}.$$

当 $z < 0$ 时，$F_Z(z) = p\int_{-z}^{+\infty} e^{-x} dx = pe^z$；

当 $z \geqslant 0$ 时，$F_Z(z) = p + (1-p)\int_0^z e^{-x} dx = p + (1-p)(1-e^{-z})$.

从而
$$F_Z(z) = \begin{cases} pe^z, & z < 0, \\ p+(1-p)(1-e^{-z}), & z \geqslant 0. \end{cases}$$

因此，Z 的概率密度为
$$f_Z(z) = \begin{cases} pe^z, & z < 0, \\ (1-p)e^{-z}, & z \geqslant 0. \end{cases}$$

(2) 由于
$$P\{X \leqslant 1, Z \leqslant 1\} = P\{X \leqslant 1, XY \leqslant 1\}$$
$$= P\{X \leqslant 1, Y=1\} + P\{X \leqslant 1, Y=-1\} = 1-e^{-1},$$

而 $P\{X \leqslant 1\} = 1-e^{-1}$，$P\{Z \leqslant 1\} \neq 1$，从而
$$P\{X \leqslant 1\} \cdot P\{Z \leqslant 1\} \neq P\{X \leqslant 1, Z \leqslant 1\}.$$

故 X 与 Z 不独立.

举一反三

解析见答案册第 46 页

[106] 设相互独立的两个随机变量 X 和 Y 均服从指数分布 $E(1)$，则 $P\{1 < \min(X, Y) < 2\}$ 的值为（　　）.

A. $e^{-1} - e^{-2}$　　　B. $1 - e^{-1}$　　　C. $1 - e^{-2}$　　　D. $e^{-2} - e^{-4}$

[107] 设随机变量 X, Y 的概率密度分别为
$$f_X(x) = \begin{cases} 3x^2, & 0 \leqslant x \leqslant 1, \\ 0, & 其它, \end{cases} \quad f_Y(y) = \begin{cases} 2y, & 0 \leqslant y \leqslant 1, \\ 0, & 其它. \end{cases}$$

已知随机变量 X 和 Y 相互独立，则概率 $P\{Y - X < 0\} = ($　　$)$.

A. $\dfrac{1}{2}$　　　B. 1　　　C. $\dfrac{2}{5}$　　　D. $\dfrac{3}{5}$

[108] 设随机变量 X 和 Y 独立，均服从相同的 $(0-1)$ 分布：
$$P\{X=1\} = p, \ P\{X=0\} = 1-p.$$

又设 $Z = \begin{cases} 0, & X+Y = 偶数, \\ 1, & X+Y = 奇数, \end{cases}$ 则 $p(0 < p < 1)$ 为 _____ 时，能使 Z 和 X 相互独立.

[109] 设 (X,Y) 的联合密度函数为
$$f(x,y) = \begin{cases} Ae^{-(2x+y)}, & x>0, y>0, \\ 0, & \text{其他}. \end{cases}$$

(1) 确定 A；
(2) 求 $f_{X|Y}(x\mid y)$ 及 $f_{Y|X}(y\mid x)$，并判断 X,Y 的独立性；
(3) 求 $P\{X\leqslant 2\mid Y\leqslant 1\}$；
(4) 求 $P\{X\leqslant 2\mid Y=1\}$.

[110] 设随机变量 (X,Y) 的概率密度为
$$f(x,y) = \begin{cases} \dfrac{1}{2}(x+y)e^{-(x+y)}, & x>0, y>0, \\ 0, & \text{其他}, \end{cases}$$

问 X 和 Y 是否相互独立？

题型 5　求多维随机变量函数的分布

原型题

[111] 已知随机变量 (X,Y) 的联合分布律为

Y \ X	1	2	3
1	$\dfrac{1}{5}$	0	$\dfrac{1}{5}$
2	$\dfrac{1}{5}$	$\dfrac{1}{5}$	$\dfrac{1}{5}$

试求 $Z_1 = X+Y$, $Z_2 = \max\{X,Y\}$ 的分布律.

解 Z_1 的所有可能取值为 $2,3,4,5$，而

$$P\{Z_1=2\}=P\{X+Y=2\}=P\{X=1,Y=1\}=\frac{1}{5},$$

$$P\{Z_1=3\}=P\{X=1,Y=2\}+P\{X=2,Y=1\}=\frac{1}{5},$$

$$P\{Z_1=4\}=P\{X=2,Y=2\}+P\{X=3,Y=1\}=\frac{2}{5},$$

$$P\{Z_1=5\}=P\{X=3,Y=2\}=\frac{1}{5}.$$

因此，Z_1 的分布律为

Z_1	2	3	4	5
p_k	$\frac{1}{5}$	$\frac{1}{5}$	$\frac{2}{5}$	$\frac{1}{5}$

Z_2 的所有可能取值为 $1,2,3$，而

$$P\{Z_2=1\}=P\{X=1,Y=1\}=\frac{1}{5},$$

$$P\{Z_2=2\}=P\{X=2,Y=1\}+P\{X=2,Y=2\}+P\{X=1,Y=2\}=\frac{2}{5},$$

$$P\{Z_2=3\}=P\{X=3,Y=1\}+P\{X=3,Y=2\}=\frac{2}{5}.$$

因此，Z_2 的分布律为

Z_2	1	2	3
p_k	$\frac{1}{5}$	$\frac{2}{5}$	$\frac{2}{5}$

[112] 设 A,B 为随机事件，且 $P(A)=\frac{1}{4}$，$P(B\mid A)=\frac{1}{3}$，$P(A\mid B)=\frac{1}{2}$，令

$$X=\begin{cases}1, & A \text{ 发生},\\ 0, & A \text{ 不发生},\end{cases} \quad Y=\begin{cases}1, & B \text{ 发生},\\ 0, & B \text{ 不发生}.\end{cases}$$

(1) 求二维随机变量 (X,Y) 的概率分布；

(2) 求 $Z=X^2+Y^2$ 的概率分布.

解 (1) 由于 $P(AB)=P(A)P(B\mid A)=\frac{1}{12}$，$P(B)=\frac{P(AB)}{P(A\mid B)}=\frac{1}{6}$，所以

$$P\{X=1,Y=1\}=P(AB)=\frac{1}{12},$$

$$P\{X=1,Y=0\}=P(A\overline{B})=P(A)-P(AB)=\frac{1}{6},$$

$$P\{X=0,Y=1\}=P(\overline{A}B)=P(B)-P(AB)=\frac{1}{12},$$

$$P\{X=0,Y=0\}=P(\overline{A}\,\overline{B})=P(\overline{A\cup B})=1-P(A\cup B)$$

$$= 1 - [P(A) + P(B) - P(AB)] = \frac{2}{3}$$

$$\left(\text{或 } P\{X=0,Y=0\} = 1 - \frac{1}{12} - \frac{1}{6} - \frac{1}{12} = \frac{2}{3}\right).$$

故 (X,Y) 的概率分布为

X \ Y	0	1
0	$\frac{2}{3}$	$\frac{1}{12}$
1	$\frac{1}{6}$	$\frac{1}{12}$

(2) Z 的可能取值为 $0,1,2$,

$$P\{Z=0\} = P\{X=0,Y=0\} = \frac{2}{3},$$

$$P\{Z=1\} = P\{X=0,Y=1\} + P\{X=1,Y=0\} = \frac{1}{4},$$

$$P\{Z=2\} = P\{X=1,Y=1\} = \frac{1}{12}.$$

故 Z 的概率分布为

Z	0	1	2
P	$\frac{2}{3}$	$\frac{1}{4}$	$\frac{1}{12}$

[113] 设随机变量 X 与 Y 相互独立, X 的概率分布为 $P\{X=i\} = \frac{1}{3}$ $(i=-1,0,1)$, Y 的概率密度为 $f_Y(y) = \begin{cases} 1, & 0 \leqslant y \leqslant 1, \\ 0, & \text{其他}, \end{cases}$ 记 $Z = X+Y$.

(1) 求 $P\left\{Z \leqslant \frac{1}{2} \mid X=0\right\}$;

(2) 求 Z 的概率密度.

解 (1) $P\left\{Z \leqslant \frac{1}{2} \mid X=0\right\} = P\left\{X+Y \leqslant \frac{1}{2} \mid X=0\right\} = P\left\{Y \leqslant \frac{1}{2}\right\} = \int_0^{\frac{1}{2}} 1 dy = \frac{1}{2}$;

(2) 当 $z \geqslant 2$ 时, $F(z) = 1$;

当 $z < -1$ 时, $F(z) = 0$;

当 $-1 \leqslant z < 2$ 时,

$$F(z) = P\{Z \leqslant z\} = P\{X+Y \leqslant z\}$$
$$= P\{X+Y \leqslant z \mid X=-1\}P\{X=-1\} + P\{X+Y \leqslant z \mid X=0\}P\{X=0\} +$$
$$\quad P\{X+Y \leqslant z \mid X=1\}P\{X=1\}$$
$$= \frac{1}{3}[P\{Y \leqslant z+1\} + P\{Y \leqslant z\} + P\{Y \leqslant z-1\}].$$

当 $-1 \leqslant z < 0$ 时，$F(z) = \dfrac{1}{3}\int_0^{z+1} 1 \mathrm{d}y = \dfrac{1}{3}(z+1)$；

当 $0 \leqslant z < 1$ 时，$F(z) = \dfrac{1}{3}\left[1 + \int_0^z 1 \mathrm{d}y + 0\right] = \dfrac{1}{3}(z+1)$；

当 $1 \leqslant z < 2$ 时，$F(z) = \dfrac{1}{3}\left[1 + 1 + \int_0^{z-1} 1 \mathrm{d}y\right] = \dfrac{1}{3}(z+1)$.

因此

$$F(z) = \begin{cases} 0, & z < -1, \\ \dfrac{1}{3}(z+1), & -1 \leqslant z < 2, \\ 1, & z \geqslant 2. \end{cases}$$

故

$$f(z) = \begin{cases} \dfrac{1}{3}, & -1 \leqslant z < 2, \\ 0, & 其他. \end{cases}$$

[114] 设 (X,Y) 的联合密度函数为

$$f(x,y) = \begin{cases} \mathrm{e}^{-y}, & 0 \leqslant x \leqslant 1, y \geqslant 0, \\ 0, & 其他. \end{cases}$$

(1) 问 X,Y 是否独立？

(2) 求 $Z = 2X + Y$ 的密度函数 $f_Z(z)$ 和分布函数 $F_Z(z)$；

(3) 求 $P\{Z > 3\}$.

解 (1) 先求边缘密度函数 $f_X(x), f_Y(y)$：

$0 < x < 1$ 时，$f_X(x) = \int_0^{+\infty} \mathrm{e}^{-y} \mathrm{d}y = 1$，所以

$$f_X(x) = \begin{cases} 1, & 0 < x < 1, \\ 0, & 其他. \end{cases} \quad X \sim U(0,1).$$

$y > 0$ 时，$f_Y(y) = \int_0^1 \mathrm{e}^{-y} \mathrm{d}x = \mathrm{e}^{-y}$，所以

$$f_Y(y) = \begin{cases} \mathrm{e}^{-y}, & y > 0, \\ 0, & y \leqslant 0. \end{cases} \quad Y \text{ 服从指数分布}.$$

显然有

$$f_X(x) f_Y(y) = \begin{cases} \mathrm{e}^{-y}, & 0 < x < 1, y > 0, \\ 0, & 其他 \end{cases} = f(x,y),$$

因此，X,Y 相互独立；

(2) **方法一**

① 先求 $f_Z(z)$. 因为 X,Y 相互独立，用推广的卷积公式

$$f_Z(z) = \int_{-\infty}^{+\infty} f_X(x) f_Y(z - 2x) \mathrm{d}x.$$

首先要进行密度函数非零区域的变换，

$$\begin{cases} 0 \leqslant x \leqslant 1, \\ y \geqslant 0 \end{cases} \to \begin{cases} 0 \leqslant x \leqslant 1, \\ z-2x \geqslant 0 \end{cases} \to \begin{cases} 0 \leqslant x \leqslant 1, \\ z \geqslant 2x. \end{cases}$$

由图 3-13 看出:

$z < 0$ 时, $f_Z(z) = 0$;

$0 \leqslant z \leqslant 2$ 时, $f_Z(z) = \int_0^{\frac{z}{2}} \mathrm{e}^{-(z-2x)} \mathrm{d}x = \frac{1}{2}(1-\mathrm{e}^{-z})$;

$z > 2$ 时, $f_Z(z) = \int_0^1 \mathrm{e}^{-(z-2x)} \mathrm{d}x = \frac{1}{2}(\mathrm{e}^2-1)\mathrm{e}^{-z}$.

因此

$$f_Z(z) = \begin{cases} 0, & z < 0, \\ \frac{1}{2}(1-\mathrm{e}^{-z}), & 0 \leqslant z \leqslant 2, \\ \frac{1}{2}(\mathrm{e}^2-1)\mathrm{e}^{-z}, & z > 2. \end{cases}$$

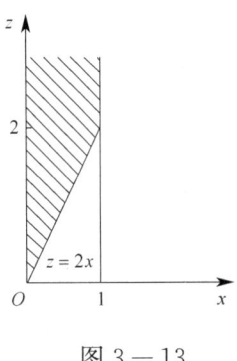

图 3-13

还可以用另一个卷积公式计算，由读者自己去做.

② 再求 $F_Z(z)$. 由 $f_Z(z)$ 经过定积分求得

$z < 0$ 时, $F_Z(z) = 0$;

$0 \leqslant z \leqslant 2$ 时, $F_Z(z) = \int_0^z \frac{1}{2}(1-\mathrm{e}^{-z}) \mathrm{d}z = \frac{1}{2}(z-1+\mathrm{e}^{-z})$;

$z > 2$ 时, $F_Z(z) = \int_0^2 \frac{1}{2}(1-\mathrm{e}^{-z}) \mathrm{d}z + \int_2^z \frac{1}{2}(\mathrm{e}^2-1)\mathrm{e}^{-z} \mathrm{d}z = 1 + \frac{1}{2}(1-\mathrm{e}^2)\mathrm{e}^{-z}$.

因此

$$F_Z(z) = \begin{cases} 0, & z < 0, \\ \frac{1}{2}(z-1+\mathrm{e}^{-z}), & 0 \leqslant z \leqslant 2, \\ 1+\frac{1}{2}(1-\mathrm{e}^2)\mathrm{e}^{-z}, & z > 2. \end{cases}$$

方法二

① 先求 $F_Z(z)$. 根据 $F_Z(z)$ 的定义，用二重积分计算求出.

$$F_Z(z) = P\{Z \leqslant z\} = P\{2X+Y \leqslant z\}$$
$$= \iint_{2x+y \leqslant z} f(x,y) \mathrm{d}x \mathrm{d}y.$$

积分域见图 3-14.

$z < 0$ 时, $F_Z(z) = 0$;

$0 \leqslant z \leqslant 2$ 时, $F_Z(z) = \int_0^{\frac{z}{2}} \int_0^{z-2x} \mathrm{e}^{-y} \mathrm{d}y \mathrm{d}x = \frac{1}{2}(z-1+\mathrm{e}^{-z})$;

$z > 2$ 时, $F_Z(z) = \int_0^1 \int_0^{z-2x} \mathrm{e}^{-y} \mathrm{d}y \mathrm{d}x = 1 + \frac{1}{2}(1-\mathrm{e}^2)\mathrm{e}^{-z}$.

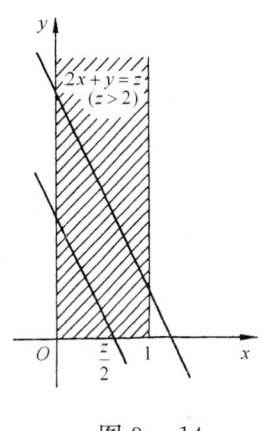

图 3-14

因此 $F_Z(z) = \begin{cases} 0, & z < 0, \\ \dfrac{1}{2}(z-1+\mathrm{e}^{-z}), & 0 \leqslant z \leqslant 2, \\ 1+\dfrac{1}{2}(1-\mathrm{e}^2)\mathrm{e}^{-z}, & z > 2. \end{cases}$

② 再求 $f_Z(z)$. 因为 $f_Z(z) = F_Z'(z)$,所以

$z < 0$ 时,$f_Z(z) = 0$;

$0 \leqslant z \leqslant 2$ 时,$f_Z(z) = \dfrac{1}{2}(1-\mathrm{e}^{-z})$;

$z > 2$ 时,$f_Z(z) = \dfrac{1}{2}(\mathrm{e}^2-1)\mathrm{e}^{-z}$.

因此,$f_Z(z) = \begin{cases} 0, & z < 0, \\ \dfrac{1}{2}(1-\mathrm{e}^{-z}), & 0 \leqslant z \leqslant 2, \\ \dfrac{1}{2}(\mathrm{e}^2-1)\mathrm{e}^{-z}, & z > 2. \end{cases}$

这里所用的方法比方法一简单,一是不必记公式,二是求导比积分容易. 因此,这是求函数的分布的较好方法;

(3) 利用已经得出的分布函数 $F_Z(z)$,得

$$P\{Z > 3\} = 1 - P\{Z \leqslant 3\} = 1 - F_Z(3) = 1 - \left[1 + \dfrac{1}{2}(1-\mathrm{e}^2)\mathrm{e}^{-3}\right]$$

$$= \dfrac{1}{2}(\mathrm{e}^2-1)\mathrm{e}^{-3} \approx 0.159\,1.$$

[115] 设二维随机变量 (X,Y) 的联合密度函数 $f(x,y) = \begin{cases} 2\mathrm{e}^{-2x-y}, & x > 0, y > 0, \\ 0, & 其他, \end{cases}$ 求 $Z = \max\{X,Y\}$ 的密度函数.

解 求出 X,Y 的边缘密度函数如下:

$$f_X(x) = \begin{cases} 2\mathrm{e}^{-2x}, & x > 0, \\ 0, & x < 0, \end{cases} \quad f_Y(y) = \begin{cases} \mathrm{e}^{-y}, & y > 0, \\ 0, & y < 0. \end{cases}$$

可知 X,Y 相互独立.

因为 $F_Z(z) = F_X(z)F_Y(z)$,所以当 $z > 0$ 时,

$$f_Z(z) = f_X(z)F_Y(z) + F_X(z)f_Y(z)$$
$$= 2\mathrm{e}^{-2z}(1-\mathrm{e}^{-z}) + (1-\mathrm{e}^{-2z})\mathrm{e}^{-z}$$
$$= \mathrm{e}^{-z} + 2\mathrm{e}^{-2z} - 3\mathrm{e}^{-3z}.$$

故 $f_Z(z) = \begin{cases} \mathrm{e}^{-z} + 2\mathrm{e}^{-2z} - 3\mathrm{e}^{-3z}, & z > 0, \\ 0, & 其他. \end{cases}$

[116] 设随机变量 X_1, X_2, X_3 相互独立,其中 X_1 与 X_2 均服从标准正态分布,X_3 的概率分布为

$$P\{X_3 = 0\} = P\{X_3 = 1\} = \frac{1}{2}, Y = X_3 X_1 + (1 - X_3) X_2.$$

(1) 求二维随机变量 (X_1, Y) 的分布函数,结果用标准正态分布函数 $\Phi(x)$ 表示;

(2) 证明随机变量 Y 服从标准正态分布.

解 (1) 由二维随机变量分布函数的定义,可得

$$F(x_1, y) = P\{X_1 \leqslant x_1, Y \leqslant y\} = P\{X_1 \leqslant x_1, X_3 X_1 + (1 - X_3) X_2 \leqslant y\}.$$

因为 $P\{X_3 = 0\} = P\{X_3 = 1\} = \frac{1}{2}$,则可将离散型随机变量不同取值分情况代入,即

$$F(x_1, y) = P\{X_3 = 0, X_1 \leqslant x_1, X_3 X_1 + (1 - X_3) X_2 \leqslant y\} +$$
$$P\{X_3 = 1, X_1 \leqslant x_1, X_3 X_1 + (1 - X_3) X_2 \leqslant y\}$$
$$= P\{X_3 = 0, X_1 \leqslant x_1, X_2 \leqslant y\} + P\{X_3 = 1, X_1 \leqslant x_1, X_1 \leqslant y\}.$$

又因为 X_1, X_2, X_3 相互独立,故

$$F(x_1, y) = P\{X_3 = 0\} \cdot P\{X_1 \leqslant x_1\} \cdot P\{X_2 \leqslant y\} + P\{X_3 = 1\} \cdot P\{X_1 \leqslant \min(x_1, y)\}$$
$$= \frac{1}{2} \cdot P\{X_1 \leqslant x_1\} \cdot P\{X_2 \leqslant y\} + \frac{1}{2} \cdot P\{X_1 \leqslant \min(x_1, y)\}.$$

$$= \begin{cases} \frac{1}{2} \Phi(x_1) \Phi(y) + \frac{1}{2} \Phi(y), & x_1 \geqslant y, \\ \frac{1}{2} \Phi(x_1) \Phi(y) + \frac{1}{2} \Phi(x_1), & x_1 < y. \end{cases}$$

证 (2) $F(y) = P\{X_3 X_1 + (1 - X_3) X_2 \leqslant y\}$
$$= P\{X_3 = 0, X_3 X_1 + (1 - X_3) X_2 \leqslant y\} +$$
$$P\{X_3 = 1, X_3 X_1 + (1 - X_3) X_2 \leqslant y\}$$
$$= P\{X_3 = 0, X_2 \leqslant y\} + P\{X_3 = 1, X_1 \leqslant y\}$$
$$= P\{X_3 = 0\} \cdot P\{X_2 \leqslant y\} + P\{X_3 = 1\} \cdot P\{X_1 \leqslant y\}$$
$$= \frac{1}{2} \cdot \Phi(y) + \frac{1}{2} \cdot \Phi(y) = \Phi(y).$$

因此,Y 服从标准正态分布.

举一反三 解析见答案册第 48 页

[117] 从 $1, 2, 3$ 三个数中任取两个数,记第一个数为 X,第二个数为 Y,令 $\xi = \max\{X, Y\}$,$\eta = \min\{X, Y\}$,求:

(1) (X, Y) 的联合分布律及边缘分布律;

(2) (ξ, η) 的联合分布律及边缘分布律.

[118] 设二维随机变量 (X,Y) 的概率密度为 $f(x,y)=\begin{cases}3x, & 0<y<x<1,\\ 0, & \text{其他},\end{cases}$ 求随机变量 $Z=X-Y$ 的概率密度.

[119] 某种商品一周的需求量是一个随机变量,其概率密度为
$$f(t)=\begin{cases}te^{-t}, & t>0,\\ 0, & t\leqslant 0.\end{cases}$$
设各周的需求量是相互独立的,求:
(1) 两周的需求量的概率密度;
(2) 三周的需求量的概率密度.

[120] 设某种型号的电子元件寿命(小时)近似地服从 $N(160,20^2)$ 分布. 随机地选取 4 只,求其中没有一只寿命小于 180 的概率.

[121] 设二维随机变量 (X,Y) 的概率分布为

X \ Y	−1	0	1
−1	a	0	0.2
0	0.1	b	0.2
1	0	0.1	c

其中 a,b,c 为常数,且 X 的数学期望 $EX=-0.2$, $P\{Y\leqslant 0\mid X\leqslant 0\}=0.5$,记 $Z=X+Y$,求:

(1) a,b,c 的值;

(2) Z 的概率分布;

(3) $P\{X=Z\}$.

[122] 设随机变量 X,Y 相互独立,分别服从正态分布 $N(0,1)$ 和均匀分布 $U(0,1)$,试求 $Z=X+Y$ 的概率密度(结果用 $\Phi(x)$ 表示).

[123] 设二维随机变量 (X,Y) 的概率密度为
$$f(x,y)=\begin{cases}\dfrac{2}{\pi}(x^2+y^2), & x^2+y^2\leqslant 1,\\ 0, & \text{其他}.\end{cases}$$

(1) 求 X 与 Y 是否相互独立;

(2) 求 $Z=X^2+Y^2$ 的概率密度.

[124] 设二维随机变量 (X,Y) 在区域 $D=\{(x,y)\mid 0<x<1,x^2<y<\sqrt{x}\}$ 上服从均匀分布,令 $U=\begin{cases}1, X\leqslant Y,\\ 0, X>Y.\end{cases}$

(1) 写出 (X,Y) 的概率密度；
(2) 问 U 与 X 是否相互独立？并说明理由；
(3) 求 $Z = U + X$ 的分布函数 $F(z)$.

[125] 设二维随机变量 (X,Y) 的概率密度为
$$f(x,y) = \begin{cases} 1, & 0 < x < 1, 0 < y < 2x, \\ 0, & \text{其他}. \end{cases}$$
(1) 求 (X,Y) 的边缘概率密度 $f_X(x)$, $f_Y(y)$；
(2) 求 $Z = 2X - Y$ 的概率密度 $f_Z(z)$；
(3) 求 $P\left\{Y \leqslant \dfrac{1}{2} \,\middle|\, X \leqslant \dfrac{1}{2}\right\}$.

[126] 设随机变量 X 与 Y 相互独立，X 的概率密度为 $f_X(x) = \begin{cases} 1, & 0 \leqslant x \leqslant 1, \\ 0, & \text{其他}, \end{cases}$ Y 的分布函数为 $F_Y(y)$. 令 $Z = \begin{cases} Y, & X \leqslant \dfrac{1}{2}, \\ X, & X > \dfrac{1}{2}, \end{cases}$ 求 Z 的分布函数 $F_Z(z)$.

第四章　随机变量的数字特征

刷题散点图

在学习概率论与数理统计时,制作刷题散点图是一种高效的学习方法.用笔在题号上标记:做对的画"√",做错的画"×".完成后,观察题号的分布情况:错题集中的区域是薄弱点,需重点二刷、三刷;错题分散则说明基础不牢,要全面巩固.

通过散点图,能快速定位问题,精准复习,提升学习效率.

1. 数学期望

核心归纳

1. 离散型随机变量的数学期望

设随机变量 X 的分布律为 $P\{X = x_k\} = p_k$ $(k = 1, 2, 3, \cdots)$，若级数 $\sum\limits_{k} x_k p_k$ 绝对收敛，则称它的和为 X 的**数学期望**，记作 $E(X)$，则 $E(X) = \sum\limits_{k} x_k p_k$.

2. 连续型随机变量的数学期望

设随机变量 X 的概率密度为 $f(x)$，若积分 $\int_{-\infty}^{+\infty} x f(x) \mathrm{d}x$ 绝对收敛，则称其值为 X 的**数学期望**，记作 $E(X)$，则 $E(X) = \int_{-\infty}^{+\infty} x f(x) \mathrm{d}x$.

3. 离散型随机变量函数的数学期望

(1) 一维随机变量函数的期望

设 X 的分布律为 $P\{X = x_k\} = p_k$，又 $Y = g(X)$，则

$$E(Y) = \sum\limits_{k} g(x_k) p_k;$$

(2) 二维随机变量函数的期望

设 (X, Y) 的联合分布律为 $P\{X = x_i, Y = y_j\} = p_{ij}$，又 $Z = g(X, Y)$，则

$$E(Z) = \sum\limits_{i} \sum\limits_{j} g(x_i, y_j) p_{ij}.$$

4. 连续型随机变量函数的数学期望

(1) 一维随机变量函数的数学期望

设连续型随机变量 X 的概率密度为 $f(x)$，又 $Y = g(X)$，则

$$E(Y) = \int_{-\infty}^{+\infty} g(x) \cdot f(x) \mathrm{d}x;$$

(2) 二维随机变量函数的数学期望

设连续型二维随机变量 (X, Y) 的联合概率密度为 $f(x, y)$，又 $Z = g(X, Y)$，则

$$E(Z) = \int_{-\infty}^{+\infty} \int_{-\infty}^{+\infty} g(x, y) \cdot f(x, y) \mathrm{d}x \mathrm{d}y.$$

5. 数学期望的性质

(1) $E(c) = c$ (c 为任意常数)；

(2) $E(cX) = cE(X)$ (c 为任意常数)；

(3) $E(X + Y) = E(X) + E(Y)$；

(4) 若 X 与 Y 相互独立，则有 $E(XY) = E(X) \cdot E(Y)$；

(5) $[E(XY)]^2 \leqslant E(X^2) \cdot E(Y^2)$.

重点题型

题型 1　求离散型随机变量的数学期望

原型题

[1]　一批零件中有 9 个合格品及 3 个废品，从中每次任取一个，如果是废品不再放回，求取得合格品以前已取出的废品数的数学期望.

解　设废品数为 X，可求出 X 的分布律为

X	0	1	2	3
P	$\frac{9}{12}$	$\frac{9}{44}$	$\frac{9}{220}$	$\frac{1}{220}$

则 $E(X) = \sum\limits_{i} x_i p_i = 0 \times \frac{9}{12} + 1 \times \frac{9}{44} + 2 \times \frac{9}{220} + 3 \times \frac{1}{220} = 0.3$.

举一反三　　　　　　　　　　　　　　　　　　　　　　　　　　　　解析见答案册第 52 页

[2]　设离散型随机变量 X 的分布律为 $P\{X = 2^k\} = \dfrac{2}{3^k}$, $k = 1, 2, \cdots$，则 $E(X) = $ _____.

[3]　设随机变量 X 的分布律为 $P\{X = (-1)^k k\} = \dfrac{1}{k(k+1)}$ $(k = 1, 2, \cdots)$，求 X 的数学期望.

题型 2　求连续型随机变量的数学期望

原型题

[4]　设在某一规定的时间间隔里，某电气设备用于最大负荷的时间 X（分钟）是一个随机变量，其概率密度为

$$f(x) = \begin{cases} \dfrac{1}{(1\,500)^2} x, & 0 \leqslant x \leqslant 1\,500, \\ \dfrac{-1}{(1\,500)^2}(x - 3\,000), & 1\,500 < x \leqslant 3\,000, \\ 0, & \text{其他}, \end{cases}$$

求 $E(X)$.

解 $E(X) = \int_{-\infty}^{+\infty} xf(x)dx = \int_{0}^{1500} \dfrac{x^2}{(1\,500)^2}dx + \int_{1500}^{3000} \dfrac{-x}{(1\,500)^2}(x-3\,000)dx$
$= 1\,500(分).$

举一反三　　　　　　　　　　　　　　　　　　　　　　　解析见答案册第 52 页

[5] 设随机变量 X 的分布函数为

$$F(x) = \begin{cases} 1 - \dfrac{4}{x^2}, & x \geqslant 2, \\ 0, & x < 2, \end{cases}$$

求 X 的期望.

[6] 设随机变量 Y 的概率密度为

$$f(y) = \begin{cases} 2y, & 0 < y < 1, \\ 0, & 其他, \end{cases}$$

求 $P\{Y \leqslant E(Y)\}$.

题型 3　随机变量函数的数学期望

原型题

[7] 设随机变量 X 的分布律为

X	-2	0	2
P	0.4	0.3	0.3

求 $E(X), E(X^2), E(3X^2+5)$.

解 $E(X) = (-2) \times 0.4 + 0 \times 0.3 + 2 \times 0.3 = -0.2,$

$$E(X^2) = (-2)^2 \times 0.4 + 0^2 \times 0.3 + 2^2 \times 0.3 = 2.8,$$
$$E(3X^2+5) = [3\times(-2)^2+5]\times 0.4 + [3\times 0^2+5]\times 0.3 + [3\times 2^2+5]\times 0.3$$
$$= 13.4,$$

或由期望的性质

$$E(3X^2+5) = 3E(X^2)+5 = 3\times 2.8+5 = 13.4.$$

[8] 设随机变量 X 的概率密度为

$$f(x) = \begin{cases} e^{-x}, & x > 0, \\ 0, & x \leqslant 0, \end{cases}$$

(1) 求 $Y = 2X$ 的数学期望;

(2) 求 $Y = e^{-2X}$ 的数学期望.

解 $(1) E(Y) = E(2X) = \int_{-\infty}^{+\infty} 2xf(x)\mathrm{d}x = \int_0^{+\infty} 2xe^{-x}\mathrm{d}x = 2;$

$(2) E(Y) = E(e^{-2X}) = \int_{-\infty}^{+\infty} e^{-2x}f(x)\mathrm{d}x = \int_0^{+\infty} e^{-2x}e^{-x}\mathrm{d}x = \dfrac{1}{3}.$

[9] 设二维随机变量的联合分布律为

X \ Y	1	2
1	0.25	0.32
2	0.08	0.35

求 $E(X^2+Y)$.

解 由公式 $E[g(X,Y)] = \sum_i \sum_j g(x_i, y_j)p_{ij}$,得

$$E(X^2+Y) = (1^2+1)\times 0.25 + (1^2+2)\times 0.32 + (2^2+1)\times 0.08 + (2^2+2)\times 0.35$$
$$= 3.96.$$

[10] 设二维随机变量 (X,Y) 的联合概率密度为

$$f(x,y) = \begin{cases} x+y, & 0 \leqslant x \leqslant 1, 0 \leqslant y \leqslant 1, \\ 0, & \text{其他}, \end{cases}$$

求 $E(XY), E(X), E(Y)$.

解 由公式 $E[g(X,Y)] = \int_{-\infty}^{+\infty}\int_{-\infty}^{+\infty} g(x,y)f(x,y)\mathrm{d}x\mathrm{d}y$,得

$$E(XY) = \int_{-\infty}^{+\infty}\int_{-\infty}^{+\infty} xyf(x,y)\mathrm{d}x\mathrm{d}y = \int_0^1\int_0^1 xy(x+y)\mathrm{d}x\mathrm{d}y = \dfrac{1}{3}.$$

求 $E(X)$ 与 $E(Y)$ 有两种方法:

方法一 先求出 $f_X(x), f_Y(y)$,利用公式 $E(X) = \int_{-\infty}^{+\infty} xf_X(x)\mathrm{d}x$ 求出结论.

$$f_X(x) = \int_{-\infty}^{+\infty} f(x,y)\mathrm{d}y = \begin{cases} x+\dfrac{1}{2}, & 0 \leqslant x \leqslant 1, \\ 0, & \text{其他}, \end{cases}$$

$$E(X) = \int_{-\infty}^{+\infty} x f_X(x) \mathrm{d}x = \int_0^1 x\left(x + \frac{1}{2}\right) \mathrm{d}x = \frac{7}{12}.$$

同理,可求出 $E(Y) = \frac{7}{12}$.

方法二　直接使用 $E[g(X,Y)]$ 公式.

$$E(X) = \int_{-\infty}^{+\infty} \int_{-\infty}^{+\infty} x f(x,y) \mathrm{d}x \mathrm{d}y = \frac{7}{12},$$

$$E(Y) = \int_{-\infty}^{+\infty} \int_{-\infty}^{+\infty} y f(x,y) \mathrm{d}x \mathrm{d}y = \frac{7}{12}.$$

思路拓展

当已知 (X,Y) 的概率密度 $f(x,y)$,求 $E(X), E(Y)$ 时方法二简便.

举一反三　　　　　　　　　　　　　　　　　　　　　　　解析见答案册第 52 页

[11] 设随机变量 X 服从标准正态分布,即 $X \sim N(0,1)$,则 $E(Xe^{2X}) = $ _____.

[12] 设 $X \sim P(\lambda)$,求 $E\left(\dfrac{1}{X+1}\right)$.

[13] 假设随机变量 Y 服从参数为 $\lambda = 1$ 的指数分布,随机变量

$$X_k = \begin{cases} 0, & Y \leqslant k, \\ 1, & Y > k, \end{cases} \quad (k = 1, 2).$$

(1) 求 X_1 和 X_2 的联合概率分布;

(2) 求 $E(X_1 + X_2)$.

[14] 设 (X,Y) 的概率密度为
$$f(x,y) = \begin{cases} 12y^2, & 0 \leqslant y \leqslant x \leqslant 1, \\ 0, & 其他, \end{cases}$$
求 $E(X)$，$E(Y)$，$E(XY)$，$E(X^2+Y^2)$.

题型 4　利用性质求期望

> 原型题

[15] 已知离散型随机变量 X 服从参数为 2 的泊松分布，即
$$P\{X=k\} = \frac{2^k e^{-2}}{k!}, \quad k=0,1,2,\cdots,$$
则随机变量 $Z=3X-2$ 的数学期望 $E(Z)=$ ＿＿＿＿.

解　本题要求读者熟悉泊松分布的数字特征，并会利用数学期望的性质求随机变量线性函数的数学期望.

由于 X 服从参数为 2 的泊松分布，则 $E(X)=2$，所以
$$E(Z)=E(3X-2)=3E(X)-2=4.$$
故应填 4.

[16] 设随机变量 $X_{ij}(i,j=1,2,\cdots,n;\ n\geqslant 2)$ 独立同分布，$EX_{ij}=2$，则行列式
$$Y = \begin{vmatrix} X_{11} & X_{12} & \cdots & X_{1n} \\ X_{21} & X_{22} & \cdots & X_{2n} \\ \cdots & \cdots & \cdots & \cdots \\ X_{n1} & X_{n2} & \cdots & X_{nn} \end{vmatrix}$$
的数学期望 $E(Y)=$ ＿＿＿＿.

解　由 $Y = \sum\limits_{j_1 j_2 \cdots j_n} (-1)^{\tau(j_1 j_2 \cdots j_n)} X_{1j_1} X_{2j_2} \cdots X_{nj_n}$ 且随机变量 $X_{ij}(i,j=1,2,\cdots,n)$ 相互独立同分布，$EX_{ij}=2$，有
$$E(Y) = E \sum_{j_1 j_2 \cdots j_n} (-1)^{\tau(j_1 j_2 \cdots j_n)} X_{1j_1} X_{2j_2} \cdots X_{nj_n} = \sum_{j_1 j_2 \cdots j_n} (-1)^{\tau(j_1 j_2 \cdots j_n)} EX_{1j_1} EX_{2j_2} \cdots EX_{nj_n}$$
$$= \begin{vmatrix} EX_{11} & EX_{12} & \cdots & EX_{1n} \\ EX_{21} & EX_{22} & \cdots & EX_{2n} \\ \cdots & \cdots & \cdots & \cdots \\ EX_{n1} & EX_{n2} & \cdots & EX_{nn} \end{vmatrix} = \begin{vmatrix} 2 & 2 & \cdots & 2 \\ 2 & 2 & \cdots & 2 \\ \cdots & \cdots & \cdots & \cdots \\ 2 & 2 & \cdots & 2 \end{vmatrix} = 0.$$

举一反三

解析见答案册第 54 页

[17] 设 X,Y 相互独立,其密度函数分别为

$$f_X(x) = \begin{cases} 2x, & 0 \leqslant x \leqslant 1, \\ 0, & \text{其他}, \end{cases} \quad f_Y(y) = \begin{cases} e^{-(y-5)}, & y > 5, \\ 0, & \text{其他}, \end{cases}$$

求 $E(XY)$.

[18] 从甲地到乙地的旅游车上载 20 位旅客自甲地开出,沿途有 10 个车站,如到达一个车站没有旅客下车就不停车. 以 X 表示停车次数,求 $E(X)$(设每位旅客在各个车站下车是等可能的).

题型 5　数学期望的应用

原型题

[19] 游客乘电梯从底层到电视塔顶层观光. 电梯于每个整点的第 5 分钟、25 分钟和 55 分钟从底层起行,假设一游客在早八点的第 X 分钟到达底层候梯处,且 X 在 $[0,60]$ 上服从均匀分布,求该游客等候时间的数学期望.

解　已知 X 在 $[0,60]$ 上服从均匀分布,其概率密度为

$$f(x) = \begin{cases} \dfrac{1}{60}, & \text{若 } 0 \leqslant x \leqslant 60, \\ 0, & \text{其他}. \end{cases}$$

设 Y 为游客等候电梯的时间(分钟),则

$$Y = g(X) = \begin{cases} 5-X, & 0 < X \leqslant 5, \\ 25-X, & 5 < X \leqslant 25, \\ 55-X, & 25 < X \leqslant 55, \\ 60-X+5, & 55 < X \leqslant 60. \end{cases}$$

因此,

$$E(Y) = E[g(X)] = \int_{-\infty}^{+\infty} g(x)f(x)\mathrm{d}x = \frac{1}{60}\int_0^{60} g(x)\mathrm{d}x$$
$$= \frac{1}{60}\left[\int_0^5 (5-x)\mathrm{d}x + \int_5^{25}(25-x)\mathrm{d}x + \int_{25}^{55}(55-x)\mathrm{d}x + \int_{55}^{60}(65-x)\mathrm{d}x\right]$$
$$= \frac{1}{60}[12.5 + 200 + 450 + 37.5] = 11.67.$$

举一反三　　　　　　　　　　　　　　　　　　　　　　　解析见答案册第 54 页

[20]　设某种商品每周的需求量 X 是服从区间 $[10,30]$ 上均匀分布的随机变量,而经销商店进货数量为区间 $[10,30]$ 中的某一整数. 商店每销售 1 单位商品可获利 500 元;若供大于求则削价处理,每处理 1 单位商品亏损 100 元;若供不应求,则可从外部调剂供应,此时每 1 单位商品仅获利 300 元,为使商店所获利润期望值不少于 9 280 元,试确定最少进货量.

[21]　假设一部机器在一天内发生故障的概率为 0.2,机器发生故障时全天停止工作,若一周 5 个工作日里无故障,可获利润 10 万元;发生一次故障仍可获利润 5 万元;发生二次故障所获利润 0 元;发生三次或三次以上故障要亏损 2 万元. 求一周内期望利润是多少?

2. 方差

核心归纳

1. 方差的定义和简化公式

若随机变量 X 的数学期望 $E(X)$ 存在,则 X 的方差可用下式定义:
$$D(X) = E(X - EX)^2,$$

其简化计算公式为
$$D(X) = E(X^2) - (EX)^2.$$

2. 方差的性质

(1) $D(c) = 0$ (c 为任意常数);

(2) $D(cX) = c^2 D(X)$ (c 为任意常数);

(3) 若 X 与 Y 相互独立,则有 $D(X \pm Y) = D(X) + D(Y)$.

3. 常见离散型分布的数字特征

(1) 若 $X \sim B(n,p)$,则 $E(X) = np$,$D(X) = npq$ ($0 < p < 1$,$p + q = 1$);

(2) 若 X 服从参数为 λ 的泊松分布,则 $E(X) = \lambda$,$D(X) = \lambda$ ($\lambda > 0$);

(3) 若 X 服从参数为 p 的几何分布,则 $E(X) = \dfrac{1}{p}$,$D(X) = \dfrac{1-p}{p^2}$.

4. 常见连续型分布的数字特征

(1) 若 $X \sim N(\mu, \sigma^2)$,则 $E(X) = \mu$,$D(X) = \sigma^2$;

(2) 若 X 服从参数为 λ 的指数分布,则 $E(X) = \dfrac{1}{\lambda}$,$D(X) = \dfrac{1}{\lambda^2}$ ($\lambda > 0$);

(3) 若 X 服从 $[a,b]$ 上的均匀分布,则 $E(X) = \dfrac{a+b}{2}$,$D(X) = \dfrac{(b-a)^2}{12}$.

重点题型

题型 1 方差的计算

原型题

[22] 设随机变量 X 的分布密度为 $f(x) = \begin{cases} \dfrac{1}{\pi \sqrt{1-x^2}}, & |x| < 1, \\ 0, & |x| \geq 1, \end{cases}$ 则数学期望

$E(X)$ 和方差 $D(X)$ 分别为_____,_____.

解 因为 $f(x)$ 是偶函数，$xf(x)$ 是奇函数，所以

$$E(X) = \int_{-\infty}^{+\infty} xf(x)\,dx = 0,$$

$$D(X) = E(X^2) - (EX)^2 = \int_{-\infty}^{+\infty} x^2 f(x)\,dx = 2\int_0^1 x^2 \frac{1}{\pi} \frac{1}{\sqrt{1-x^2}}\,dx$$

$$= \frac{1}{\pi}\left(-\frac{x}{2}\sqrt{1-x^2} + \frac{1}{2}\arcsin x\right)\Big|_0^1 = \frac{1}{2}.$$

故应填 $0, \frac{1}{2}$.

[23] 设随机变量 X 的分布律为

X	-2	0	2
P	0.4	0.3	0.3

求 $D(X), D(\sqrt{10}X - 5)$.

解 因为 $E(X) = -0.2, E(X^2) = (-2)^2 \cdot 0.4 + 2^2 \cdot 0.3 = 2.8$，所以

$$D(X) = E(X^2) - [E(X)]^2 = 2.76,$$

$$D(\sqrt{10}X - 5) = 10 D(X) = 27.6.$$

[24] 设随机变量 X 服从几何分布，其分布律为

$$P\{X = k\} = p(1-p)^{k-1}, \quad k = 1, 2, \cdots,$$

其中 $0 < p < 1$ 是常数，求 $E(X), D(X)$.

解 $P\{X = k\} = pq^{k-1}$ $(k = 1, 2, \cdots, n, \cdots)$，其中 $q = 1 - p$，由此得

$$E(X) = \sum_{k=1}^{\infty} kpq^{k-1} = p\sum_{k=1}^{\infty} k q^{k-1},$$

为了求这无穷级数的和，我们可以用已知的幂级数展开式：

$$\frac{1}{1-x} = 1 + x + x^2 + \cdots + x^k + \cdots \quad (|x| < 1),$$

按幂级数的微分法得

$$\frac{1}{(1-x)^2} = 1 + 2x + 3x^2 + \cdots + kx^{k-1} + \cdots \quad (|x| < 1).$$

因为 $q = 1 - p$，且 $0 < q < 1$，所以有

$$E(X) = \frac{p}{(1-q)^2} = \frac{p}{p^2} = \frac{1}{p}.$$

为了求方差 $D(X)$，先来求 $E(X^2)$，即

$$E(X^2) = \sum_{k=1}^{\infty} k^2 pq^{k-1} = p\sum_{k=1}^{\infty} k^2 q^{k-1} = p\left[\sum_{k=1}^{\infty}(q^{k+1})'' - \sum_{k=1}^{\infty} kq^{k-1}\right] = \frac{2-p}{p^2}.$$

故 $D(X) = E(X^2) - (EX)^2 = \dfrac{1-p}{p^2}$.

举一反三　　　　　　　　　　　　　　　　　　　　　　　解析见答案册第 55 页

[25]　设随机变量 X 在区间 $[-1,2]$ 上服从均匀分布,随机变量
$$Y = \begin{cases} 1, & \text{若 } X > 0, \\ 0, & \text{若 } X = 0, \\ -1, & \text{若 } X < 0, \end{cases}$$
则方差 $D(Y) = $ _____ .

[26]　设随机变量 X 的概率密度为
$$f(x) = \begin{cases} a + bx^2, & 0 < x < 1, \\ 0, & \text{其他}, \end{cases}$$
已知 $E(X) = \dfrac{3}{5}$,则 $D(X) = $ _____ .

[27]　设二维随机变量 (X,Y) 在 $0 < x < 1, |y| < x$ 上服从均匀分布,求 $Z = 2X+1$ 的方差.

题型 2　期望与方差性质的综合使用

原型题

[28]　设两个相互独立的随机变量 X 和 Y 的方差分别为 4 和 2,则随机变量 $3X - 2Y$ 的方差是(　　).

A. 8　　　　B. 16　　　　C. 28　　　　D. 44

解　由方差的性质知
$D(3X - 2Y) = D(3X) + D(-2Y) = 3^2 D(X) + (-2)^2 D(Y) = 36 + 8 = 44.$
故应选 D.

[29]　设 X 为随机变量,且 $E(X) = -1, D(X) = 3$,则 $E(2X^2 - 3) = ($　　$)$.

A. 1　　　　B. 2　　　　C. 3　　　　D. 5

解　$E(2X^2 - 3) = 2E(X^2) - 3 = 2[D(X) + E^2(X)] - 3 = 5.$
故应选 D.

[30]　一台设备由三大部件构成,在设备运转中各部件需要调整的概率相应为 0.10,

0.20 和 0.30. 假设各部件的状态相互独立,以 X 表示同时需要调整的部件数,试求 X 的数学期望 $E(X)$ 和方差 $D(X)$.

解 方法一 先求 X 的分布律,根据分布律再求期望.

根据 X 的意义,显然有 $X=0,1,2,3$,事件 A_i 表示第 i 件需要调整,$i=1,2,3$,并注意到事件之间的独立性.

$$P\{X=0\} = P(\overline{A}_1\overline{A}_2\overline{A}_3) = 0.9 \times 0.8 \times 0.7 = 0.504,$$

$$\begin{aligned}P\{X=1\} &= P(A_1\overline{A}_2\overline{A}_3) + P(\overline{A}_1 A_2\overline{A}_3) + P(\overline{A}_1\overline{A}_2 A_3)\\&= P(A_1)P(\overline{A}_2)P(\overline{A}_3) + P(\overline{A}_1)P(A_2)P(\overline{A}_3) + P(\overline{A}_1)P(\overline{A}_2)P(A_3)\\&= 0.1 \times 0.8 \times 0.7 + 0.9 \times 0.2 \times 0.7 + 0.9 \times 0.8 \times 0.3 = 0.398,\end{aligned}$$

$$\begin{aligned}P\{X=2\} &= P(A_1 A_2\overline{A}_3) + P(A_1\overline{A}_2 A_3) + P(\overline{A}_1 A_2 A_3)\\&= P(A_1)P(A_2)P(\overline{A}_3) + P(A_1)P(\overline{A}_2)P(A_3) + P(\overline{A}_1)P(A_2)P(A_3)\\&= 0.1 \times 0.2 \times 0.7 + 0.1 \times 0.8 \times 0.3 + 0.9 \times 0.2 \times 0.3 = 0.092,\end{aligned}$$

$$P\{X=3\} = P(A_1 A_2 A_3) = P(A_1)P(A_2)P(A_3) = 0.1 \times 0.2 \times 0.3 = 0.006,$$

因此

X	0	1	2	3
P	0.504	0.398	0.092	0.006

$$E(X) = 0 \times 0.504 + 1 \times 0.398 + 2 \times 0.092 + 3 \times 0.006 = 0.6,$$

$$D(X) = E(X^2) - [E(X)]^2 = 1^2 \times 0.398 + 2^2 \times 0.092 + 3^2 \times 0.006 - (0.6)^2 = 0.46.$$

方法二 不求 X 的分布律,引进新的随机变量,利用期望、方差的运算性质求出 X 的期望 $E(X)$,方差 $D(X)$.

现引进新随机变量 X_i,定义如下:

$$X_i = \begin{cases} 1, & \text{第 } i \text{ 个部件要调整,即事件 } A_i \text{ 发生,} \\ 0, & \text{第 } i \text{ 个部件不要调整,} \end{cases}$$

由此就有 $X = \sum_{i=1}^{3} X_i$,

$$E(X) = \sum_{i=1}^{3} E(X_i),$$

而 $X_i \sim (0-1)$ 分布,

$$E(X_i) = P\{X_i = 1\} = P(A_i),$$

所以

$$E(X) = \sum_{i=1}^{3} P(A_i) = P(A_1) + P(A_2) + P(A_3) = 0.1 + 0.2 + 0.3 = 0.6,$$

$$D(X_i) = P\{X_i = 1\}P\{X_i = 0\} = P(A_i)P(\overline{A}_i), X_i \text{ 之间相互独立}.$$

故

$$D(X) = \sum_{i=1}^{3} D(X_i) = \sum_{i=1}^{3} P(A_i)P(\overline{A}_i) = 0.1 \times 0.9 + 0.2 \times 0.8 + 0.3 \times 0.7 = 0.46.$$

> **思路拓展**
>
> 本题中解法二比解法一简单得多,这就是利用性质求 $E(X)$ 和 $D(X)$ 的好处,但如何引进新随机变量是问题的一个难点. 一般地,总是引入 $X_i \sim (0-1)$ 分布,用 $\sum X_i$ 来解决问题.

举一反三　　　　　　　　　　　　　　　　　　　　　　　　　解析见答案册第 56 页

[31] 设 $X_1, X_2, \cdots, X_n$ 是 n 个独立同分布的随机变量,$E(X_i) = \mu$,$D(X_i) = \sigma^2$,$i = 1, 2, \cdots, n$. 设 $\overline{X} = \dfrac{1}{n} \sum\limits_{i=1}^{n} X_i$,求 $E(\overline{X})$ 和 $D(\overline{X})$.

[32] 设随机变量 X_1, X_2, X_3, X_4 相互独立,且有 $E(X_i) = i$,$D(X_i) = 5-i$,$i = 1, 2, 3, 4$. 设 $Y = 2X_1 - X_2 + 3X_3 - \dfrac{1}{2}X_4$. 求 $E(Y)$,$D(Y)$.

[33] 设 X 为随机变量,C 是常数,证明
$$D(X) < E[(X-C)^2], \text{对于 } C \neq E(X).$$
(由于 $D(X) = E[X-E(X)]^2$,上式表明 $E[(X-C)^2]$ 当 $C = E(X)$ 时取到最小值.)

题型 3　关于重要分布的期望与方差

原型题

[34] 设随机变量 X 和 Y 相互独立,且 $X \sim B(10, 0.3)$,$Y \sim B(10, 0.4)$,则 $E(2X-Y)^2 = (\quad)$.

A. 12.6　　　　　B. 14.8　　　　　C. 15.2　　　　　D. 18.9

解　因为 $E(X)=3, D(X)=2.1, E(Y)=4, D(Y)=2.4$，所以
$$E(2X-Y)^2 = D(2X-Y) + [E(2X-Y)]^2 = 4D(X) + D(Y) + [2E(X)-E(Y)]^2$$
$$= 14.8.$$
故应选 B.

[35]　设 X 服从参数为 $\lambda > 0$ 的泊松分布，且已知 $E[(X-1)(X-2)]=1$，则 $\lambda =$ _____.

解　由 $X \sim P(\lambda)$ 得 $E(X) = D(X) = \lambda$，且
$$E(X^2) = (EX)^2 + D(X) = \lambda^2 + \lambda,$$
而
$$E[(X-1)(X-2)] = E(X^2 - 3X + 2) = E(X^2) - 3E(X) + 2 = 1,$$
得
$$\lambda^2 + \lambda - 3\lambda + 2 = 1, 即 \lambda^2 - 2\lambda + 1 = 0.$$
解得 $\lambda = 1$.
故应填 1.

[36]　设随机变量 X 和 Y 相互独立，且 X 服从参数为 $\dfrac{1}{2}$ 的指数分布，Y 服从参数为 9 的泊松分布，求 $D(X-2Y+1)$.

解　因为 X 服从参数为 $\dfrac{1}{2}$ 的指数分布，Y 服从参数为 9 的泊松分布，故
$$D(X) = 4, D(Y) = 9.$$
根据方差性质，$D(X-2Y+1) = D(X) + 4D(Y) = 40$.

举一反三

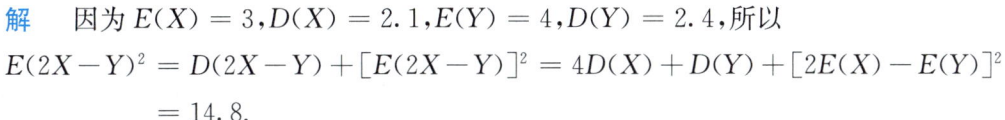

[37]　设一次试验成功的概率为 p，进行 100 次独立重复试验，当 $p =$ _____时，成功次数的标准差最大，其最大值为_____.

[38]　已知连续型随机变量 X 的概率密度函数为 $f(x) = \dfrac{1}{\sqrt{\pi}} e^{-x^2+2x-1}$，则 X 的数学期望为_____；X 的方差为_____.

[39]　设随机变量 X 服从参数为 λ 的指数分布，则 $P\{X > \sqrt{D(X)}\} =$ _____.

[40]　设随机变量 X_1, X_2, X_3 相互独立，且都服从参数为 λ 的泊松分布．令 $Y = \dfrac{1}{3}(X_1 + X_2 + X_3)$，则 Y^2 的数学期望等于_____.

3. 协方差与相关系数

核心归纳

1. 协方差

对于二维随机变量 (X,Y)，其**协方差**是
$$\mathrm{Cov}(X,Y) = E[X-E(X)][Y-E(Y)],$$
还可表示成
$$\mathrm{Cov}(X,Y) = E(XY) - E(X) \cdot E(Y).$$

协方差的性质

(1) $\mathrm{Cov}(X,X) = D(X)$； (2) $\mathrm{Cov}(X,Y) = \mathrm{Cov}(Y,X)$；

(3) $\mathrm{Cov}(aX,bY) = ab\,\mathrm{Cov}(X,Y)$； (4) $\mathrm{Cov}(X_1+X_2,Y) = \mathrm{Cov}(X_1,Y) + \mathrm{Cov}(X_2,Y)$；

(5) $D(X \pm Y) = D(X) + D(Y) \pm 2\,\mathrm{Cov}(X,Y)$.

2. 相关系数

$$\rho_{XY} = \frac{\mathrm{Cov}(X,Y)}{\sqrt{D(X)}\sqrt{D(Y)}} \quad (D(X) > 0,\ D(Y) > 0).$$

当 $\rho_{XY} = 0$ 时，X 与 Y 是不相关的。

相关系数反映了两个随机变量的线性相关程度，当其绝对值越接近 1 时，X 与 Y 的线性相关程度就越强，反之，越接近 0 时，X 与 Y 线性相关程度就越弱。

相关系数的性质

(1) $-1 \leqslant \rho_{XY} \leqslant 1$；

(2) 若 X 与 Y 相互独立，则 $\rho_{XY} = 0$，即 X,Y 不相关. 反之不一定成立；

(3) 若 X,Y 之间有线性关系，即 $Y = aX + b$ (a,b 为常数, $a \neq 0$)，则 $|\rho_{XY}| = 1$，且 $a > 0$ 时，$\rho_{XY} = 1$；$a < 0$ 时，$\rho_{XY} = -1$.

3. 二维正态分布的参数意义

当 $(X,Y) \sim N(\mu_1, \sigma_1^2; \mu_2, \sigma_2^2; \rho)$ 时，
$$E(X) = \mu_1,\quad E(Y) = \mu_2,\quad D(X) = \sigma_1^2,\quad D(Y) = \sigma_2^2,\quad \rho_{XY} = \rho.$$
且 X,Y 相互独立 $\Leftrightarrow X、Y$ 不相关.

4. 矩

(1) 原点矩

设 X 与 Y 是随机变量，如果 $E(X^k Y^l)$ $(k,l = 0,1,2,\cdots)$ 存在，则称它为 X 与 Y 的 $k+l$ 阶混合原点矩.

特别地，当 $l = 0$ 时，称 $E(X^k)$ 为 X 的 k 阶原点矩.

(2) 中心矩

设随机变量 X、Y 的数学期望 $E(X)$，$E(Y)$ 存在，且 $E\{[X-E(X)]^k[Y-E(Y)]^l\}$ 存在，则称它为 X 与 Y 的 $k+l$ 阶混合中心矩．

特别地，当 $l=0$ 时，称 $E[(X-EX)^k]$ 为 X 的 k 阶中心矩．

5. 协方差矩阵

设 $(X_1, X_2, \cdots, X_n)$ 为 n 维随机变量，记 $C_{ij} = \text{Cov}(X_i, X_j)$，$i, j = 1, 2, \cdots, n$，称

$$\begin{bmatrix} C_{11} & C_{12} & \cdots & C_{1n} \\ C_{21} & C_{22} & \cdots & C_{2n} \\ \cdots & \cdots & \cdots & \cdots \\ C_{n1} & C_{n2} & \cdots & C_{nn} \end{bmatrix}$$

为 $(X_1, X_2, \cdots, X_n)$ 的**协方差矩阵**．

重点题型

题型 1　协方差与相关系数的计算

原型题

[41]　设随机变量 X 和 Y 的联合概率分布为

X \ Y	−1	0	1
0	0.07	0.18	0.15
1	0.08	0.32	0.20

则 X 和 Y 的相关系数 $\rho =$ ＿＿＿＿，X^2 和 Y^2 的协方差 $\text{Cov}(X^2, Y^2) =$ ＿＿＿＿．

解　X 的分布律为

X	0	1
P	0.4	0.6

Y 的分布律为

Y	−1	0	1
P	0.15	0.5	0.35

$E(X) = 0.6$，

$E(Y) = 0.35 - 0.15 = 0.2$，

$E(XY) = \sum_i \sum_j x_i y_j p_{ij} = -0.08 + 0.20 = 0.12$，

$$\text{Cov}(X,Y) = E(XY) - E(X)E(Y) = 0.$$

因此

$$\rho_{XY} = \frac{\text{Cov}(X,Y)}{\sqrt{D(X)}\sqrt{D(Y)}} = 0;$$

$$E(X^2) = 0.6,$$
$$E(Y^2) = 0.5,$$
$$E(X^2 Y^2) = \sum_i \sum_j x_i^2 y_j^2 p_{ij} = 0.28.$$

因此

$$\text{Cov}(X^2, Y^2) = E(X^2 Y^2) - E(X^2)E(Y^2) = -0.02.$$

故应填 $0, -0.02$.

[42] 设随机变量 (X, Y) 具有概率密度函数

$$f(x, y) = \begin{cases} \dfrac{1}{8}(x+y), & 0 \leqslant x \leqslant 2,\ 0 \leqslant y \leqslant 2, \\ 0, & \text{其他}, \end{cases}$$

求 $E(X), E(Y), \text{Cov}(X,Y), \rho_{XY}, D(X+Y)$.

解 由公式得

$$E(X) = \int_{-\infty}^{+\infty} \int_{-\infty}^{+\infty} x f(x,y) \,dx\,dy = \int_0^2 dx \int_0^2 \frac{1}{8} x(x+y) \,dy = \frac{7}{6}.$$

$$E(Y) = \int_{-\infty}^{+\infty} \int_{-\infty}^{+\infty} y f(x,y) \,dx\,dy = \int_0^2 dx \int_0^2 \frac{1}{8} y(x+y) \,dy = \frac{7}{6}.$$

$$E(X^2) = \int_{-\infty}^{+\infty} \int_{-\infty}^{+\infty} x^2 f(x,y) \,dx\,dy = \int_0^2 dx \int_0^2 \frac{1}{8} x^2 (x+y) \,dy = \frac{10}{6}.$$

同理

$$E(Y^2) = \frac{10}{6}.$$

故

$$D(X) = E(X^2) - (EX)^2 = \frac{10}{6} - \frac{49}{36} = \frac{11}{36}.$$

同理

$$D(Y) = \frac{11}{36}.$$

又

$$E(XY) = \int_{-\infty}^{+\infty} \int_{-\infty}^{+\infty} xy f(x,y) \,dx\,dy = \int_0^2 dx \int_0^2 \frac{1}{8} xy(x+y) \,dy = \frac{8}{6}.$$

故

$$\text{Cov}(X,Y) = E(XY) - E(X) \cdot E(Y) = \frac{8}{6} - \frac{49}{36} = -\frac{1}{36}.$$

$$\rho_{XY} = \frac{\text{Cov}(X,Y)}{\sqrt{D(X)} \cdot \sqrt{D(Y)}} = -\frac{\frac{1}{36}}{\sqrt{\frac{11}{36} \cdot \frac{11}{36}}} = -\frac{1}{11}.$$

$$D(X+Y) = D(X) + D(Y) + 2\text{Cov}(X,Y) = \frac{11}{36} + \frac{11}{36} - \frac{2}{36} = \frac{5}{9}.$$

举一反三 解析见答案册第 58 页

[43] 已知 $X \sim \begin{bmatrix} -1 & 1 \\ \frac{1}{2} & \frac{1}{2} \end{bmatrix}$, $Y \sim \begin{bmatrix} 0 & 1 \\ \frac{1}{4} & \frac{3}{4} \end{bmatrix}$, $P\{X = Y\} = \frac{1}{4}$,则 $\rho_{XY} = $ _____.

[44] 某箱装有 100 件产品,其中一、二和三等品分别为 80,10 和 10 件,现在从中随机抽取一件,记

$$X_i = \begin{cases} 1, & \text{若抽到 } i \text{ 等品}, \\ 0, & \text{其他} \end{cases} \quad (i = 1,2,3).$$

(1) 求随机变量 X_1 和 X_2 的联合分布;
(2) 求随机变量 X_1 与 X_2 的相关系数 ρ.

[45] 设 X 服从区间 $\left(-\frac{\pi}{2}, \frac{\pi}{2}\right)$ 上的均匀分布,$Y = \sin X$,求 $\text{Cov}(X,Y)$.

题型 2 关于重要性质及结论

原型题

[46] 设随机变量 $X_1, X_2, \cdots, X_n (n > 1)$ 独立且同分布,且其方差为 $\sigma^2 > 0$. 令 $Y = \frac{1}{n} \sum_{i=1}^{n} X_i$,则( ).

A. $\text{Cov}(X_1, Y) = \frac{\sigma^2}{n}$ \qquad\qquad B. $\text{Cov}(X_1, Y) = \sigma^2$

C. $D(X_1+Y) = \dfrac{n+2}{n}\sigma^2$ D. $D(X_1-Y) = \dfrac{n+1}{n}\sigma^2$

解 本题用方差和协方差的运算性质直接计算即可,注意利用独立性有:
$\text{Cov}(X_1,X_i) = 0,\ i = 2,3,\cdots,n,$

$$\text{Cov}(X_1,Y) = \text{Cov}\Big(X_1,\dfrac{1}{n}\sum_{i=1}^n X_i\Big) = \dfrac{1}{n}\text{Cov}(X_1,X_1) + \dfrac{1}{n}\sum_{i=2}^n \text{Cov}(X_1,X_i)$$
$$= \dfrac{1}{n}D(X_1) = \dfrac{1}{n}\sigma^2.$$

本题 C,D 两个选项的方差也可直接计算得到,

$$D(X_1+Y) = D\Big(\dfrac{1+n}{n}X_1 + \dfrac{1}{n}X_2 + \cdots + \dfrac{1}{n}X_n\Big) = \dfrac{(1+n)^2}{n^2}\sigma^2 + \dfrac{n-1}{n^2}\sigma^2$$
$$= \dfrac{n^2+3n}{n^2}\sigma^2 = \dfrac{n+3}{n}\sigma^2,$$

$$D(X_1-Y) = D\Big(\dfrac{n-1}{n}X_1 - \dfrac{1}{n}X_2 - \cdots - \dfrac{1}{n}X_n\Big) = \dfrac{(n-1)^2}{n^2}\sigma^2 + \dfrac{n-1}{n^2}\sigma^2$$
$$= \dfrac{n^2-n}{n^2}\sigma^2 = \dfrac{n-1}{n}\sigma^2.$$

故应选 A.

[47] 将一枚硬币重复掷 n 次,以 X 和 Y 分别表示正面向上和反面向上的次数,则 X 和 Y 的相关系数等于( ).

A. -1 B. 0 C. $\dfrac{1}{2}$ D. 1

分析 根据本题的特点可通过相关系数的性质"$Y = aX+b \Rightarrow |\rho_{XY}| = 1$"求相关系数,亦可利用公式来求.

解 **方法一** 由题意可知 X 和 Y 的函数关系,即
$$X+Y = n,$$
又可表示为
$$Y = -X+n.$$
易知 Y 与 X 之间存在的线性关系为负相关,故 $\rho_{XY} = -1$.

故应选 A.

方法二 利用相关系数公式计算.
$$\text{Cov}(X,Y) = \text{Cov}(X,n-X) = \text{Cov}(X,n) - \text{Cov}(X,X),$$
由 $\text{Cov}(X,n) = 0$,得
$$\text{Cov}(X,Y) = -\text{Cov}(X,X) = -D(X).$$
又由方差性质知 $D(Y) = D(-X+n) = D(X)$,所以
$$\rho_{XY} = \dfrac{\text{Cov}(X,Y)}{\sqrt{D(X)}\sqrt{D(Y)}} = \dfrac{-D(X)}{D(X)} = -1.$$

故应选 A.

[48] 随机变量 $(X,Y) \sim N(0,1; 0,4; \rho)$，$D(2X-Y)=1$，则 $\rho=$ _____ .

解 因为 $(X,Y) \sim N(0,1; 0,4;\rho)$，所以
$$E(X)=0, \quad D(X)=1, \quad E(Y)=0, \quad D(Y)=4.$$
而 $D(2X-Y)=4D(X)+D(Y)-4\mathrm{Cov}(X,Y)=1$，因此
$$\mathrm{Cov}(X,Y)=\frac{7}{4},$$
则
$$\rho_{XY}=\frac{\mathrm{Cov}(X,Y)}{\sqrt{D(X)}\cdot\sqrt{D(Y)}}=\frac{\frac{7}{4}}{2}=\frac{7}{8}.$$

故应填 $\frac{7}{8}$.

举一反三   解析见答案册第 59 页

[49] 设二维随机变量 (X,Y) 服从 $N(\mu,\mu;\sigma^2,\sigma^2;0)$，则 $E(XY^2)=$ _____ .

[50] 设随机变量 X 和 Y 的相关系数为 0.9，若 $Z=X-0.4$，则 Y 与 Z 的相关系数为 _____ .

[51] 已知随机变量 X 和 Y 分别服从正态分布 $N(1,3^2)$ 和 $N(0,4^2)$，且 X 与 Y 的相关系数 $\rho_{XY}=-\frac{1}{2}$. 设 $Z=\frac{X}{3}+\frac{Y}{2}$，求：

(1) Z 的数学期望 $E(Z)$ 和方差 $D(Z)$；

(2) X 与 Z 的相关系数 ρ_{XZ}.

题型 3 独立与不相关的判断

原型题

[52] 设随机变量 X 和 Y 都服从正态分布，且它们不相关，则(   ).

A. X 与 Y 一定独立   B. (X,Y) 服从二维正态分布

C. X 与 Y 未必独立   D. $X+Y$ 服从一维正态分布

解 只有当 (X,Y) 服从二维正态分布时，不相关与独立才等价. 而本题仅知 X 和 Y 服从正态分布，故 A 不正确. 从而 B,D 也不正确.

故应选 C.

[53] 设随机变量 X 的概率分布密度为 $f(x) = \dfrac{1}{2}\mathrm{e}^{-|x|}$，$-\infty < x < +\infty$.

(1) 求 X 的数学期望 $E(X)$ 和方差 $D(X)$；

(2) 求 X 与 $|X|$ 的协方差,并问 X 与 $|X|$ 是否不相关?

(3) 问 X 与 $|X|$ 是否相互独立?为什么?

解 （1） $E(X) = \displaystyle\int_{-\infty}^{+\infty} x f(x)\,\mathrm{d}x = 0$,

$$D(X) = \int_{-\infty}^{+\infty} x^2 f(x)\,\mathrm{d}x = \int_{0}^{+\infty} x^2 \mathrm{e}^{-x}\,\mathrm{d}x = 2;$$

(2) $\mathrm{Cov}(X, |X|) = E(X|X|) - E(X) \cdot E(|X|) = E(X|X|)$

$$= \int_{-\infty}^{+\infty} x|x|f(x)\,\mathrm{d}x = 0,$$

故 X 与 $|X|$ 不相关；

(3) 对于给定 $0 < a < +\infty$，显然事件 $\{|X| < a\}$ 包含在事件 $\{X < a\}$ 内,且 $P\{X<a\} < 1$, $0 < P\{|X|<a\}$,故 $P\{X<a, |X|<a\} = P\{|X|<a\}$. 但

$$P\{X<a\} \cdot P\{|X|<a\} < P\{|X|<a\},$$

所以

$$P\{X<a, |X|<a\} \neq P\{X<a\} \cdot P\{|X|<a\}.$$

因此，X 与 $|X|$ 不独立.

举一反三 解析见答案册第 59 页

[54] 设二维随机变量 (X, Y) 的联合概率密度为

$$f(x,y) = \begin{cases} y\mathrm{e}^{-(x+y)}, & x, y > 0, \\ 0, & \text{其他}, \end{cases}$$

试求 X, Y 是否相关,是否独立.

[55] 设随机变量 (X,Y) 的分布律为

Y \ X	-1	0	1
-1	$\frac{1}{8}$	$\frac{1}{8}$	$\frac{1}{8}$
0	$\frac{1}{8}$	0	$\frac{1}{8}$
1	$\frac{1}{8}$	$\frac{1}{8}$	$\frac{1}{8}$

验证 X 和 Y 是不相关的,但 X 和 Y 不是相互独立的.

[56] 设 A 和 B 是试验 E 的两个事件,且 $P(A)>0$, $P(B)>0$,并定义随机变量 X, Y 如下:

$$X=\begin{cases}1, & 若 A 发生, \\ 0, & 若 A 不发生,\end{cases} \quad Y=\begin{cases}1, & 若 B 发生, \\ 0, & 若 B 不发生.\end{cases}$$

证明:若 $\rho_{XY}=0$,则 X 和 Y 必定相互独立.

题型 4 关于矩和协方差矩阵

原型题

[57] 设随机变量 X 的概率密度为 $f(x)=\begin{cases}6x(1-x), & 0<x<1, \\ 0, & 其他,\end{cases}$ 则 X 的三阶中心矩 $E[(X-EX)^3]=(\quad)$.

A. $-\dfrac{1}{32}$ B. 0 C. $\dfrac{1}{16}$ D. $\dfrac{1}{2}$

解 $E(X) = \int_0^1 x \cdot 6x(1-x)\mathrm{d}x = \dfrac{1}{2}$，则 $E[(X-EX)^3] = \int_0^1 \left(x-\dfrac{1}{2}\right)^3 \cdot 6x(1-x)\mathrm{d}x = 0$.

故应选 B.

[58] 设 (X,Y) 的协方差矩阵为 $C = \begin{pmatrix} 1 & -1 \\ -1 & 9 \end{pmatrix}$，求 ρ_{XY}.

解 由协方差矩阵的定义可知
$$\mathrm{Cov}(X,Y) = -1, \quad D(X) = 1, \quad D(Y) = 9,$$

则
$$\rho_{XY} = \dfrac{\mathrm{Cov}(X,Y)}{\sqrt{D(X)}\sqrt{D(Y)}} = \dfrac{-1}{1 \cdot \sqrt{9}} = -\dfrac{1}{3}.$$

举一反三 解析见答案册第 61 页

[59] 设随机变量 X 在 $[a,b]$ 上服从均匀分布，求 X 的 k 阶原点矩和三阶中心矩.

[60] 设 $X \sim N(0,1)$，求 X 的 k 阶原点矩及中心矩.

4. 综合提高题型

核心归纳

题型 1 关于数字特征的判断与选择

原型题

[61] 设随机变量 $X \sim N(0,1)$, $Y \sim N(1,4)$ 且相关系数 $\rho_{XY} = 1$, 则（　　）.

A. $P\{Y = -2X - 1\} = 1$　　　　B. $P\{Y = 2X - 1\} = 1$

C. $P\{Y = -2X + 1\} = 1$　　　　D. $P\{Y = 2X + 1\} = 1$

解 由性质 $\rho_{XY} = 1 \Rightarrow P\{Y = aX + b\} = 1 (a > 0)$，可排除 A,C.

因为 $X \sim N(0,1)$，所以

$$2X - 1 \sim N(-1, 4), \quad 2X + 1 \sim N(1, 4).$$

而 $Y \sim N(1,4)$.

故应选 D.

[62] 设随机变量 X 和 Y 独立同分布，记 $U = X - Y$, $V = X + Y$，则随机变量 U 与 V 必然（　　）.

A. 不独立　　　B. 独立　　　C. 相关系数不为零　　D. 相关系数为零

解 因为

$$\begin{aligned}
\text{Cov}(U,V) &= E(UV) - [E(U)E(V)] \\
&= E(X^2 - Y^2) - [E(X)]^2 + [E(Y)]^2 \\
&= E(X^2) - E(Y^2) - [E(X)]^2 + [E(Y)]^2 \\
&= [E(X^2) - (EX)^2] - [E(Y^2) - (EY)^2] = D(X) - D(Y) = 0,
\end{aligned}$$

所以

$$\rho_{UV} = \frac{\text{Cov}(U,V)}{\sqrt{D(U)} \cdot \sqrt{D(V)}} = 0.$$

故应选 D.

思路拓展

当随机变量是线性函数时，求协方差用性质较为方便：

$$\begin{aligned}
\text{Cov}(U,V) &= \text{Cov}(X-Y, X+Y) \\
&= \text{Cov}(X,X) + \text{Cov}(X,Y) - \text{Cov}(X,Y) - \text{Cov}(Y,Y) = D(X) - D(Y) = 0.
\end{aligned}$$

[63] 设随机变量 X 和 Y 的方差存在且不等于 0,则 $D(X+Y)=D(X)+D(Y)$ 是 X 和 Y ( ).

A. 不相关的充分条件,但不是必要条件

B. 独立的必要条件,但不是充分条件

C. 不相关的充分必要条件

D. 独立的充分必要条件

解 由于公式 $D(X+Y)=D(X)+D(Y)+2\mathrm{Cov}(X,Y)$,故 $D(X+Y)=D(X)+D(Y)$ 的充分必要条件是 $\mathrm{Cov}(X,Y)=0$.

故应选 C.

[64] 设连续型随机变量 X_1 与 X_2 相互独立且方差均存在,X_1 与 X_2 的概率密度分别为 $f_1(x)$ 与 $f_2(x)$,随机变量 Y_1 的概率密度为

$$f_{Y_1}(y)=\frac{1}{2}[f_1(y)+f_2(y)],$$

随机变量 $Y_2=\frac{1}{2}(X_1+X_2)$,则( ).

A. $E(Y_1)>E(Y_2),D(Y_1)>D(Y_2)$ 　　B. $E(Y_1)=E(Y_2),D(Y_1)=D(Y_2)$

C. $E(Y_1)=E(Y_2),D(Y_1)<D(Y_2)$ 　　D. $E(Y_1)=E(Y_2),D(Y_1)>D(Y_2)$

解 $E(Y_1)=\int_{-\infty}^{+\infty}yf_{Y_1}(y)\mathrm{d}y=\frac{1}{2}\left[\int_{-\infty}^{+\infty}yf_1(y)\mathrm{d}y+\int_{-\infty}^{+\infty}yf_2(y)\mathrm{d}y\right]$

$$=\frac{1}{2}[E(X_1)+E(X_2)],$$

$$E(Y_2)=\frac{1}{2}E(X_1+X_2)=\frac{1}{2}[E(X_1)+E(X_2)],$$

故 $E(Y_1)=E(Y_2)$.

$$D(Y_1)=E(Y_1^2)-[E(Y_1)]^2,D(Y_2)=E(Y_2^2)-[E(Y_2)]^2,$$

则

$$D(Y_1)-D(Y_2)=E(Y_1^2)-E(Y_2^2)$$

$$=\frac{1}{2}\left[\int_{-\infty}^{+\infty}y^2f_1(y)\mathrm{d}y+\int_{-\infty}^{+\infty}y^2f_2(y)\mathrm{d}y\right]-E\left[\frac{1}{4}(X_1+X_2)^2\right]$$

$$=\frac{1}{2}E(X_1^2)+\frac{1}{2}E(X_2^2)-\frac{1}{4}E[(X_1+X_2)^2]$$

$$=\frac{1}{4}E(X_1^2+X_2^2-2X_1X_2)$$

$$=\frac{1}{4}E[(X_1-X_2)^2]>0,$$

即 $D(Y_1)>D(Y_2)$.

故应选 D.

[65] 设随机变量 (X,Y) 服从二维正态分布,且 X 与 Y 不相关,$f_X(x),f_Y(y)$ 分别

表示 X,Y 的概率密度,则在 $Y=y$ 的条件下,X 的条件概率密度 $f_{X|Y}(x\mid y)$ 为( ).

A. $f_X(x)$ B. $f_Y(y)$ C. $f_X(x)f_Y(y)$ D. $\dfrac{f_X(x)}{f_Y(y)}$

解 方法一 由于 (X,Y) 服从二维正态分布,因此 X 与 Y 不相关可知 X 与 Y 相互独立. 于是有

$$f_{X|Y}(x\mid y)=f_X(x).$$

故应选 A.

方法二 由于 X 与 Y 不相关,即 $\rho=0$,因此 (X,Y) 的联合密度为

$$f(x,y)=\dfrac{1}{2\pi\sigma_1\sigma_2}\mathrm{e}^{-\frac{1}{2}\left[\left(\frac{x-\mu_1}{\sigma_1}\right)^2+\left(\frac{y-\mu_2}{\sigma_2}\right)^2\right]}.$$

而 X,Y 的边缘概率密度分别为

$$f_X(x)=\dfrac{1}{\sqrt{2\pi}\sigma_1}\mathrm{e}^{-\frac{(x-\mu_1)^2}{2\sigma_1^2}},$$

$$f_Y(y)=\dfrac{1}{\sqrt{2\pi}\sigma_2}\mathrm{e}^{-\frac{(y-\mu_2)^2}{2\sigma_2^2}},$$

因此

$$f_{X|Y}(x\mid y)=\dfrac{f(x,y)}{f_Y(y)}=\dfrac{1}{\sqrt{2\pi}\sigma_1}\mathrm{e}^{-\frac{(x-\mu_1)^2}{2\sigma_1^2}}=f_X(x).$$

故应选 A.

思路拓展

本题主要考查二维正态分布的性质,我们知道对于任意两个随机变量 X,Y 不相关仅仅是 X 与 Y 独立的必要条件. 但是对于二维正态分布,X 与 Y 不相关是 X,Y 独立的充分必要条件.

举一反三

解析见答案册第 61 页

[66] 设二维随机变量 (X,Y) 服从二维正态分布,则随机变量 $\xi=X+Y$ 与 $\eta=X-Y$ 不相关的充分必要条件为( ).

A. $E(X)=E(Y)$

B. $E(X^2)-[E(X)]^2=E(Y^2)-[E(Y)]^2$

C. $E(X^2)=E(Y^2)$

D. $E(X^2)+[E(X)]^2=E(Y^2)+[E(Y)]^2$

[67] 设随机变量 X 与 Y 相互独立,且 $E(X)$ 与 $E(Y)$ 存在,记 $U=\max\{X,Y\}$,$V=\min\{X,Y\}$,则 $E(UV)=($).

A. $E(U)\cdot E(V)$ B. $E(X)\cdot E(Y)$ C. $E(U)\cdot E(Y)$ D. $E(X)\cdot E(V)$

[68] 设随机变量 X,Y 分别服从正态分布 $N(-1,2),N(1,2)$,且 X 和 Y 不相关,$aX+Y$

与 $X+bY$ 也不相关,则( ).

  A. $a-b=1$ B. $a-b=0$ C. $a+b=1$ D. $a+b=0$

[69] 设随机变量 X_1 的分布函数为 $F_1(x)$,概率密度函数为 $f_1(x)$,且 $E(X_1)=1$. 随机变量 X 的分布函数为 $F(x)=0.4F_1(x)+0.6F_1(2x+1)$,则 $E(X)=$( ).

  A. 0.6   B. 0.5   C. 0.4   D. 1

[70] 设随机变量 X 服从正态分布 $N(-1,1)$,Y 服从正态分布 $N(1,2)$,若 X 与 $X+2Y$ 不相关,则 X 与 $X-Y$ 的相关系数为( ).

  A. $\dfrac{1}{3}$ B. $\dfrac{1}{2}$ C. $\dfrac{2}{3}$ D. $\dfrac{3}{4}$

[71] 设随机变量 X 与 Y 相关,相关系数为 ρ_{XY},$Z=aX+b$(a,b 为常数),则 $\rho_{YZ}=\rho_{XY}$ 的充分必要条件为( ).

  A. $a>0$ B. $a<0$ C. $a\neq 0$ D. $a=1$

[72] 设随机变量 $X\sim N(0,1)$,在 $X=x$ 条件下,随机变量 $Y\sim N(x,1)$,则 X 与 Y 的相关系数为( ).

  A. $\dfrac{1}{4}$ B. $\dfrac{1}{2}$ C. $\dfrac{\sqrt{3}}{3}$ D. $\dfrac{\sqrt{2}}{2}$

题型 2   利用公式求数字特征

原型题

[73] 设随机变量 X 的概率密度为 $f(x)=\begin{cases}2(1-x), & 0<x<1,\\ 0, & \text{其他},\end{cases}$ 在 $X=x$ ($0<x<1$) 的条件下,随机变量 Y 服从区间 $(x,1)$ 上的均匀分布,则 $\text{Cov}(X,Y)=$( ).

  A. $-\dfrac{1}{36}$ B. $-\dfrac{1}{72}$ C. $\dfrac{1}{72}$ D. $\dfrac{1}{36}$

解 当 $0<x<1$ 时,$f_{Y|X}(y\mid x)=\begin{cases}\dfrac{1}{1-x}, & x<y<1,\\ 0, & \text{其他}.\end{cases}$ 故

$$f(x,y)=\begin{cases}2, & 0<x<y<1,\\ 0, & \text{其他}.\end{cases}$$

$$\text{Cov}(X,Y)=E(XY)-E(X)E(Y)$$

$$=\int_0^1 dy\int_0^y 2xy\,dx - \int_0^1 dy\int_0^y 2x\,dx \cdot \int_0^1 dy\int_0^y 2y\,dx = \dfrac{1}{4} - \dfrac{1}{3}\times\dfrac{2}{3} = \dfrac{1}{36}.$$

故应选 D.

[74] 随机试验 E 有三种两两不相容的结果 A_1,A_2,A_3,且三种结果发生的概率均为 $\dfrac{1}{3}$. 将试验 E 独立重复做 2 次,X 表示 2 次试验中结果 A_1 发生的次数,Y 表示 2 次试验中结

果 A_2 发生的次数,则 X 与 Y 的相关系数为(   ).

A. $-\dfrac{1}{2}$ B. $-\dfrac{1}{3}$ C. $\dfrac{1}{3}$ D. $\dfrac{1}{2}$

解 因为 $P(A_1) = P(A_2) = P(A_3) = \dfrac{1}{3}$,所以 $X \sim B\left(2, \dfrac{1}{3}\right), Y \sim B\left(2, \dfrac{1}{3}\right)$.

X 与 Y 的相关系数为 $\rho = \dfrac{\text{Cov}(X,Y)}{\sqrt{D(X)}\sqrt{D(Y)}}$.

显然 $E(X) = E(Y) = \dfrac{2}{3}, D(X) = D(Y) = 2 \times \dfrac{1}{3} \times \dfrac{2}{3} = \dfrac{4}{9}$,

又 $\text{Cov}(X,Y) = E(XY) - E(X)E(Y)$,为求 $E(XY)$,要先求出 XY 的分布.

X 和 Y 的取值均为 0,1,2,所以 XY 的取值应为 0,1,2,4.

$P\{XY = 4\} = P\{X = 2, Y = 2\} = 0$,这是因为在 2 次试验中不可能发生 2 次 A_1 和 2 次 A_2.

同理

$P\{XY = 2\} = P\{X = 1, Y = 2\} + P\{X = 2, Y = 1\} = 0$,

$P\{XY = 1\} = P\{X = 1, Y = 1\} = 2 \times \dfrac{1}{3} \times \dfrac{1}{3} = \dfrac{2}{9}$,

$P\{XY = 0\} = 1 - \dfrac{2}{9} = \dfrac{7}{9}$,

故 XY 的分布为

XY	0	1	2	4
P	$\dfrac{7}{9}$	$\dfrac{2}{9}$	0	0

于是 $$E(XY) = \dfrac{2}{9},$$

$$\text{Cov}(X,Y) = E(XY) - E(X) \cdot E(Y) = \dfrac{2}{9} - \dfrac{2}{3} \times \dfrac{2}{3} = -\dfrac{2}{9},$$

从而 $$\rho = \dfrac{\text{Cov}(X,Y)}{\sqrt{D(X)}\sqrt{D(Y)}} = \dfrac{-\dfrac{2}{9}}{\dfrac{2}{3} \times \dfrac{2}{3}} = -\dfrac{1}{2}.$$

故应选 A.

思路拓展

本题也可用对称性来求解. 设 Z 表示 2 次试验中结果 A_3 发生的次数,显然 $X + Y + Z = 2, X, Y, Z$ 均服从分布 $B\left(2, \dfrac{1}{3}\right)$. 根据对称性 $D(X) = D(Y) = D(Z) = \dfrac{4}{9}$,有 $\text{Cov}(X,Y) = \text{Cov}(X,Z)$,而

$\text{Cov}(X,Y) = \text{Cov}(X, 2 - X - Z) = \text{Cov}(X, 2) - \text{Cov}(X, X) - \text{Cov}(X, Z)$

$= 0 - D(X) - \text{Cov}(X, Y),$

即 $2\text{Cov}(X,Y) = -D(X)$,所以

$$\rho = \frac{\text{Cov}(X,Y)}{\sqrt{D(X)}\sqrt{D(Y)}} = \frac{-\frac{1}{2}D(X)}{\sqrt{D(X)}\sqrt{D(Y)}} = -\frac{1}{2}.$$

[75] 设随机变量 X 的概率分布为 $P\{X=-2\} = \frac{1}{2}, P\{X=1\} = a, P\{X=3\} = b$,若 $E(X) = 0$,则 $D(X) = $ _____.

解 随机变量 X 的概率分布为

X	-2	1	3
P	$\frac{1}{2}$	a	b

因为 $E(X) = 0$,所以

$$-2 \times \frac{1}{2} + 1 \times a + 3 \times b = a + 3b - 1 = 0.$$

又因为 $\frac{1}{2} + a + b = 1$,于是 $\begin{cases} a+b = \frac{1}{2}, \\ a+3b = 1, \end{cases}$ 解得 $\begin{cases} a = \frac{1}{4}, \\ b = \frac{1}{4}. \end{cases}$ 从而

$$D(X) = E(X^2) - [E(X)]^2 = E(X^2) = (-2)^2 \times \frac{1}{2} + 1^2 \times a + 3^2 \times b = 2 + \frac{10}{4} = \frac{9}{2}.$$

故应填 $\frac{9}{2}$.

[76] 设随机变量 X 的概率密度为 $f(x) = \frac{e^x}{(1+e^x)^2}, -\infty < x < +\infty$,令 $Y = e^X$.

(1) 求 X 的分布函数;

(2) 求 Y 的概率密度;

(3) Y 的期望是否存在?

解 (1) $F(x) = \int_{-\infty}^{x} \frac{e^x}{(1+e^x)^2} dx = -\frac{1}{1+e^x} \Big|_{-\infty}^{x} = \frac{e^x}{1+e^x}, x \in \mathbf{R}$;

(2) **方法一** 分布函数法

$F_Y(y) = P\{Y \leqslant y\} = P\{e^X \leqslant y\}.$

当 $y < 0$ 时,$F_Y(y) = 0$;

当 $y \geqslant 0$ 时,$F_Y(y) = P\{X \leqslant \ln y\} = F(\ln y) = \frac{y}{1+y}.$

所以 Y 的概率密度为

$$f_Y(y) = \begin{cases} \frac{1}{(1+y)^2}, & y > 0, \\ 0, & \text{其他}. \end{cases}$$

方法二 公式法

因为 $y = e^x$ 在 $(-\infty, +\infty)$ 上单调且处处可导,当 $x \in (-\infty, +\infty), y > 0$ 时,$x = \ln y$,所以 Y 的概率密度为

$$f_Y(y) = \begin{cases} f(\ln y)(\ln y)', & y > 0, \\ 0, & \text{其他} \end{cases} = \begin{cases} \dfrac{e^{\ln y}}{(1+e^{\ln y})^2} \cdot \dfrac{1}{y}, & y > 0, \\ 0, & \text{其他} \end{cases} = \begin{cases} \dfrac{1}{(1+y)^2}, & y > 0, \\ 0, & \text{其他}. \end{cases}$$

(3) $E(Y) = \int_0^{+\infty} \dfrac{y}{(1+y)^2} dy = \left[\ln(1+y) + \dfrac{1}{1+y}\right]\Big|_0^{+\infty} = \infty$,所以 Y 的期望不存在.

[77] 设随机变量 X 的分布律为

$$P\{X = k\} = \dfrac{1}{1+a}\left(\dfrac{a}{1+a}\right)^k, \quad k = 0, 1, 2, \cdots,$$

其中 $a > 0$ 为常数,求 $E(X), D(X)$.

解 **方法一** 将 X 的分布律改写为

$$P\{X = k\} = pq^k, \quad k = 0, 1, 2, \cdots,$$

其中 $p = \dfrac{1}{1+a}, \quad q = \dfrac{a}{1+a}$.

仿照几何分布的期望与方差计算方法可得

$$E(X) = \sum_k kpq^k = pq\sum_k kq^{k-1} = pq\sum_k (q^k)' = pq\left(\dfrac{1}{1-q}\right)' = \dfrac{q}{p} = a.$$

同理可求 $D(X) = E(X^2) - [E(X)]^2 = (1+a)a$.

方法二 直接利用几何分布的期望与方差计算结果.

设 Y 服从参数为 p 的几何分布,则 $P\{Y = k\} = pq^{k-1}, k = 1, 2, \cdots$. 且

$$E(Y) = \dfrac{1}{p}, \quad D(Y) = \dfrac{q}{p^2}.$$

而 $X = Y - 1$,于是

$$E(X) = E(Y-1) = E(Y) - 1 = \dfrac{1}{p} - 1 = a,$$

$$D(X) = D(Y-1) = D(Y) = \dfrac{q}{p^2} = a(a+1).$$

[78] 设随机变量 X 的概率密度为

$$f(x) = \begin{cases} 2^{-x}\ln 2, & x > 0, \\ 0, & x \leqslant 0, \end{cases}$$

对 X 进行独立重复的观测,直到第 2 个大于 3 的观测值出现时停止. 记 Y 为观测次数,求:

(1) Y 的概率分布;

(2) $E(Y)$.

解 (1) 每次观测中,观测值大于 3 的概率为

$$P\{X > 3\} = \int_3^{+\infty} f(x) dx = \int_3^{+\infty} 2^{-x}\ln 2 \, dx = \dfrac{1}{8},$$

故 Y 的概率分布为

$$P\{Y=k\} = (k-1)\left(\frac{7}{8}\right)^{k-2}\left(\frac{1}{8}\right)^2, k=2,3,\cdots.$$

(2) $E(Y) = \sum_{k=2}^{\infty} k(k-1)\left(\frac{7}{8}\right)^{k-2}\left(\frac{1}{8}\right)^2 = \left(\frac{1}{8}\right)^2 \left(\sum_{k=2}^{\infty} x^k\right)''\bigg|_{x=\frac{7}{8}}$

$= \left(\frac{1}{8}\right)^2 \frac{2}{(1-x)^3}\bigg|_{x=\frac{7}{8}} = 16.$

[79] 设随机变量 X 和 Y 的联合分布在以点 $(0,1),(1,0),(1,1)$ 为顶点的三角形区域上服从均匀分布,试求随机变量 $Z=X+Y$ 的方差.

解 **方法一** (X,Y) 的联合密度为

$$f(x,y) = \begin{cases} 2, & 0 \leqslant x \leqslant 1, 1-x \leqslant y \leqslant 1, \\ 0, & \text{其他}. \end{cases}$$

由随机变量函数期望公式

$$E[g(X,Y)] = \int_{-\infty}^{+\infty}\int_{-\infty}^{+\infty} g(x,y)f(x,y)\mathrm{d}x\mathrm{d}y$$

可知,

$E(Z) = E(X+Y) = \int_{-\infty}^{+\infty}\int_{-\infty}^{+\infty}(x+y)f(x,y)\mathrm{d}x\mathrm{d}y = \int_0^1 \mathrm{d}y\int_{1-y}^1 2(x+y)\mathrm{d}x$

$= \int_0^1 (y^2+2y)\mathrm{d}y = \frac{4}{3},$

而

$E(Z^2) = E(X+Y)^2 = \int_{-\infty}^{+\infty}\int_{-\infty}^{+\infty}(x+y)^2 f(x,y)\mathrm{d}x\mathrm{d}y = \int_0^1 \mathrm{d}y\int_{1-y}^1 2(x^2+2xy+y^2)\mathrm{d}x$

$= \int_0^1 \left(2y+2y^2+\frac{3}{2}y^3\right)\mathrm{d}y = \frac{11}{6}.$

由方差的计算公式,得 $D(Z) = E(Z^2) - (EZ)^2 = \frac{11}{6} - \frac{16}{9} = \frac{1}{18}.$

方法二 利用 $D(X+Y) = D(X) + D(Y) + 2\mathrm{Cov}(X,Y).$

以 $f_X(x)$ 表示 X 的概率密度,则当 $x \leqslant 0$ 或 $x \geqslant 1$ 时,$f_X(x) = 0$;当 $0 < x < 1$ 时,有

$$f_X(x) = \int_{-\infty}^{+\infty} f(x,y)\mathrm{d}y = \int_{1-x}^1 2\mathrm{d}y = 2x.$$

因此

$$E(X) = \int_0^1 2x^2 \mathrm{d}x = \frac{2}{3}, \quad E(X^2) = \int_0^1 2x^3 \mathrm{d}x = \frac{1}{2},$$

$$D(X) = E(X^2) - (EX)^2 = \frac{1}{2} - \frac{4}{9} = \frac{1}{18}.$$

同理可得 $E(Y) = \frac{2}{3}, \quad D(Y) = \frac{1}{18}.$

现在求 X 和 Y 的协方差

$$E(XY) = \iint\limits_G 2xy\,\mathrm{d}x\mathrm{d}y = 2\int_0^1 x\,\mathrm{d}x\int_{1-x}^1 y\,\mathrm{d}y = \frac{5}{12},$$

$$\mathrm{Cov}(X,Y) = E(XY) - E(X)\cdot E(Y) = \frac{5}{12} - \frac{4}{9} = -\frac{1}{36}.$$

于是

$$D(Z) = D(X+Y) = D(X) + D(Y) + 2\mathrm{Cov}(X,Y) = \frac{1}{18} + \frac{1}{18} - \frac{2}{36} = \frac{1}{18}.$$

方法三 由于 X,Y 服从均匀分布,所以当 $z<1$ 时,$F(z)=0$;

当 $z>2$ 时,$F(z)=1$;

当 $1\leqslant z\leqslant 2$ 时,$F(z) = P\{X+Y\leqslant z\} = \dfrac{S_D{}'}{S_D}$.

因为 $S_D{}' = \dfrac{1}{2} - S_\Delta = \dfrac{1}{2} - \dfrac{1}{2}(2-z)^2$,$S_D = \dfrac{1}{2}$,所以 $F(z) = 1 - (2-z)^2$,

故 $f(z) = F'(z) = \begin{cases} 2(2-z), & 1\leqslant z\leqslant 2, \\ 0, & 其他. \end{cases}$

因此 $E(Z) = \dfrac{4}{3}$, $E(Z^2) = \dfrac{11}{6}$.

故 $D(Z) = D(X+Y) = E(Z^2) - [E(Z)]^2 = \dfrac{1}{18}.$

思路拓展

对本题而言,方法一最为简洁.

[80] 设二维随机变量 (X,Y) 在区域 $D = \{(x,y)\,|\,0<y<\sqrt{1-x^2}\}$ 上服从均匀分布,令

$$Z_1 = \begin{cases} 1, & X-Y>0, \\ 0, & X-Y\leqslant 0, \end{cases} \quad Z_2 = \begin{cases} 1, & X+Y>0, \\ 0, & X+Y\leqslant 0. \end{cases}$$

(1) 求二维随机变量 (Z_1,Z_2) 的概率分布.

(2) 求 Z_1 与 Z_2 的相关系数.

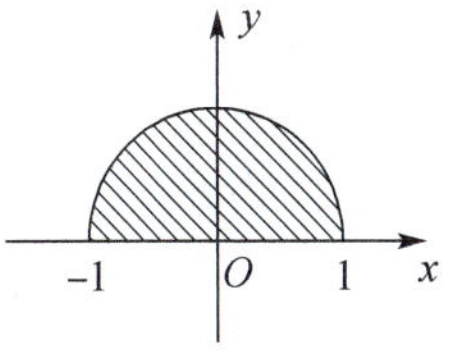

解 (1) 因为 (X,Y) 为区域 D 上的均匀分布,如图 4-1 所示,区域 D 的面积为 $\dfrac{\pi}{2}$,故二维随机变量 (X,Y) 的联合密度函数为

$$f(x,y) = \begin{cases} \dfrac{2}{\pi}, & (x,y)\in D, \\ 0, & (x,y)\notin D. \end{cases}$$

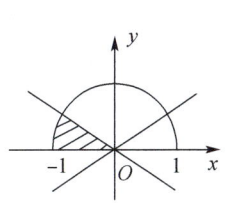

图 4-1

图 4-2

根据 Z_1,Z_2 的定义,将分以下四种情况讨论

① 如图 4-2,$P\{Z_1=0,Z_2=0\} = P\{X-Y\leqslant 0, X+Y\leqslant 0\} = \dfrac{1}{4}$;

② 如图 4-3, $P\{Z_1=0, Z_2=1\} = P\{X-Y \leqslant 0, X+Y > 0\} = \frac{1}{2}$;

③ $P\{Z_1=1, Z_2=0\} = P\{X-Y > 0, X+Y \leqslant 0\} = 0$;

④ 如图 4-4, $P\{Z_1=1, Z_2=1\} = P\{X-Y > 0, X+Y > 0\} = \frac{1}{4}$.

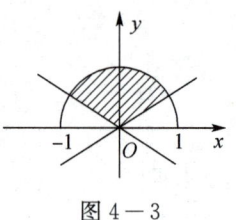

图 4-3

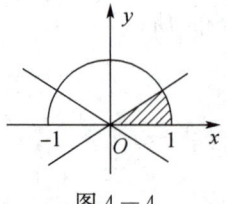

图 4-4

因此,(Z_1, Z_2) 的概率分布为

Z_2 \ Z_1	0	1
0	$\frac{1}{4}$	0
1	$\frac{1}{2}$	$\frac{1}{4}$

(2) 根据 (Z_1, Z_2) 的联合分布律可得

$E(Z_1) = 0 \cdot \frac{3}{4} + 1 \cdot \frac{1}{4} = \frac{1}{4}, D(Z_1) = \left(0-\frac{1}{4}\right)^2 \cdot \frac{3}{4} + \left(1-\frac{1}{4}\right)^2 \cdot \frac{1}{4} = \frac{3}{16}$.

$E(Z_2) = 0 \cdot \frac{1}{4} + 1 \cdot \frac{3}{4} = \frac{3}{4}, D(Z_2) = \left(0-\frac{3}{4}\right)^2 \cdot \frac{1}{4} + \left(1-\frac{3}{4}\right)^2 \cdot \frac{3}{4} = \frac{3}{16}$.

$E(Z_1 Z_2) = 0 \cdot \frac{3}{4} + 1 \cdot \frac{1}{4} = \frac{1}{4}$.

因此 $\rho_{Z_1 Z_2} = \dfrac{\operatorname{Cov}(Z_1, Z_2)}{\sqrt{D(Z_1)} \cdot \sqrt{D(Z_2)}} = \dfrac{E(Z_1 Z_2) - E(Z_1) \cdot E(Z_2)}{\sqrt{D(Z_1)} \cdot \sqrt{D(Z_2)}} = \dfrac{\frac{1}{4} - \frac{1}{4} \cdot \frac{3}{4}}{\frac{\sqrt{3}}{4} \cdot \frac{\sqrt{3}}{4}} = \frac{1}{3}$.

举一反三

解析见答案册第 63 页

[81] 设二维随机变量 (X, Y) 的概率分布为

X \ Y	0	1	2
-1	0.1	0.1	b
1	a	0.1	0.1

若事件$\{\max\{X,Y\}=2\}$与事件$\{\min\{X,Y\}=1\}$相互独立,则$\text{Cov}(X,Y)=($ $)$.

A. 0.6   B. -0.36 C. 0   D. 0.48

[82] 甲、乙两个盒子中各有 2 个红球和 2 个白球,先从甲盒中任取一球,观察颜色后放入乙盒,再从乙盒中任取一球.令 X,Y 分别表示从甲盒和乙盒中取到的红球的个数,则 X 与 Y 的相关系数为_____.

[83] 设 (X,Y) 的分布律为

Y \ X	1	2	3
-1	0.2	0.1	0
0	0.1	0	0.3
1	0.1	0.1	0.1

(1) 求 $E(X),E(Y)$;

(2) 设 $Z=\dfrac{Y}{X}$,求 $E(Z)$.

[84] 假设随机变量 U 在区间 $[-2,2]$ 上服从均匀分布,随机变量

$$X=\begin{cases}-1, & \text{若}\, U\leqslant -1,\\ 1, & \text{若}\, U>-1,\end{cases}\quad Y=\begin{cases}-1, & \text{若}\, U\leqslant 1,\\ 1, & \text{若}\, U>1.\end{cases}$$

(1) 求 X 和 Y 的联合概率分布;

(2) 求 $D(X+Y)$.

[85] 设随机变量(X,Y)的概率分布为

X \ Y	0	1	2
0	$\frac{1}{4}$	0	$\frac{1}{4}$
1	0	$\frac{1}{3}$	0
2	$\frac{1}{12}$	0	$\frac{1}{12}$

(1) 求 $P\{X=2Y\}$；
(2) 求 $\text{Cov}(X-Y,Y)$.

[86] 箱中装有 6 个球，其中红、白、黑球的个数分别为 1,2,3 个. 现从箱中随机地取出 2 个球，记 X 为取出的红球个数，Y 为取出的白球个数.
(1) 求随机变量 (X,Y) 的概率分布；
(2) 求 $\text{Cov}(X,Y)$

[87] 假设二维随机变量 (X,Y) 在矩形 $G=\{(x,y)\mid 0\leqslant x\leqslant 2, 0\leqslant y\leqslant 1\}$ 上服从均匀分布，记

$$U=\begin{cases}0, & \text{若 } X\leqslant Y,\\ 1, & \text{若 } X>Y,\end{cases} \qquad V=\begin{cases}0, & \text{若 } X\leqslant 2Y,\\ 1, & \text{若 } X>2Y.\end{cases}$$

(1) 求 U 和 V 的联合分布；
(2) 求 U 和 V 的相关系数 ρ.

[88] 设随机变量 X 与 Y 的概率分布相同，X 概率分布为 $P\{X=0\}=\dfrac{1}{3}, P\{X=1\}=\dfrac{2}{3}$，且 X 与 Y 的相关系数 $\rho_{XY}=\dfrac{1}{2}$.

(1) 求二维随机变量 (X,Y) 的联合概率分布；

(2) 求概率 $P\{X+Y\leqslant 1\}$.

题型 3　利用性质求数字特征

原型题

[89] 设随机变量 X 与 Y 相互独立，且 $X\sim N(1,2), Y\sim N(1,4)$，则 $D(XY)=$（　　）.

A. 6　　　　　　B. 8　　　　　　C. 14　　　　　　D. 15

解　由方差计算公式以及 X,Y 的独立性，得
$$D(XY)=E[(XY)^2]-[E(XY)]^2=E(X^2Y^2)-[E(X)\cdot E(Y)]^2$$
$$=E(X^2)\cdot E(Y^2)-[E(X)\cdot E(Y)]^2=3\times 5-1=14.$$

故应选 C.

[90] 设随机变量 X,Y 不相关，且 $E(X)=2, E(Y)=1, D(X)=3$，则 $E[X(X+Y-2)]=$（　　）.

A. -3　　　　B. 3　　　　C. -5　　　　D. 5

解　因为 X,Y 不相关，所以
$$\mathrm{Cov}(X,Y)=E(XY)-E(X)\cdot E(Y)=0,$$
即 $E(XY)=E(X)\cdot E(Y)$，则
$$E[X(X+Y-2)]=E(X^2+XY-2X)=E(X^2)+E(XY)-2E(X)$$
$$=\{D(X)+[E(X)]^2\}+E(X)\cdot E(Y)-2E(X)=5.$$

故应选 D.

[91] 设随机变量 X 和 Y 的的相关系数为 0.5，且 $E(X)=E(Y)=0, E(X^2)=E(Y^2)=2$，则 $E(X+Y)^2=$ _____ .

解　**方法一**　由已知条件 $E(X)=E(Y)=0, E(X^2)=E(Y^2)=2$，得到
$$D(X)=E(X^2)-[E(X)]^2=2.$$

同理 $D(Y) = 2$. 所以
$$\text{Cov}(X,Y) = \rho_{XY}\sqrt{D(X)}\sqrt{D(Y)} = 0.5 \times 2 = 1.$$
因此
$$E(X+Y)^2 = D(X+Y) + [E(X+Y)]^2 = D(X+Y) + [E(X) + E(Y)]^2.$$
由 $E(X), E(Y) = 0$, 得
$$E(X+Y)^2 = D(X+Y) = D(X) + D(Y) + 2\text{Cov}(X,Y) = 2 + 2 + 2 \times 1 = 6.$$

方法二 $E(X+Y)^2 = E(X^2) + 2E(XY) + E(Y^2) = 4 + 2[\text{Cov}(X,Y) + E(X) \cdot E(Y)]$
$$= 4 + 2\rho_{XY}\sqrt{D(X)}\sqrt{D(Y)} = 4 + 2 \times 0.5 \times 2 = 6.$$

故应填 6.

[92] 设随机变量 $X \sim N(\mu, \sigma^2)$, $Y \sim N(\mu, \sigma^2)$, 且设 X, Y 相互独立, 试求 $Z_1 = \alpha X + \beta Y$ 和 $Z_2 = \alpha X - \beta Y$ 的相关系数(其中 α, β 是不为零的常数).

解 由于 $X, Y \sim N(\mu, \sigma^2)$, 可得
$$E(X) = E(Y) = \mu, \quad D(X) = D(Y) = \sigma^2.$$
Z_1 和 Z_2 的相关系数 $\rho_{Z_1 Z_2} = \dfrac{\text{Cov}(Z_1, Z_2)}{\sqrt{D(Z_1)} \cdot \sqrt{D(Z_2)}} = \dfrac{E(Z_1 Z_2) - E(Z_1) \cdot E(Z_2)}{\sqrt{D(Z_1)} \cdot \sqrt{D(Z_2)}}.$

由于
$$E(Z_1) = E(\alpha X + \beta Y) = \alpha E(X) + \beta E(Y) = (\alpha + \beta)\mu,$$
$$E(Z_2) = E(\alpha X - \beta Y) = \alpha E(X) - \beta E(Y) = (\alpha - \beta)\mu,$$
$$E(Z_1 Z_2) = E(\alpha X + \beta Y)(\alpha X - \beta Y) = E(\alpha^2 X^2 - \beta^2 Y^2) = \alpha^2 E(X^2) - \beta^2 E(Y^2)$$
$$= (\alpha^2 - \beta^2)(\sigma^2 + \mu^2),$$
$$D(Z_1) = D(\alpha X + \beta Y) = \alpha^2 D(X) + \beta^2 D(Y) = (\alpha^2 + \beta^2)\sigma^2,$$
$$D(Z_2) = D(\alpha X - \beta Y) = (\alpha^2 + \beta^2)\sigma^2,$$
于是
$$\rho_{Z_1 Z_2} = \dfrac{(\alpha^2 - \beta^2)(\sigma^2 + \mu^2) - (\alpha + \beta)\mu(\alpha - \beta)\mu}{\sqrt{(\alpha^2 + \beta^2)\sigma^2} \cdot \sqrt{(\alpha^2 + \beta^2)\sigma^2}} = \dfrac{(\alpha^2 - \beta^2)\sigma^2}{(\alpha^2 + \beta^2)\sigma^2} = \dfrac{\alpha^2 - \beta^2}{\alpha^2 + \beta^2}.$$

思路拓展

因为 X 与 Y 相互独立, 所以利用性质求 $\text{Cov}(Z_1, Z_2)$ 更加简便.
$$\text{Cov}(Z_1, Z_2) = \text{Cov}(\alpha X + \beta Y, \alpha X - \beta Y) = \alpha^2 \text{Cov}(X, X) - \beta^2 \text{Cov}(Y, Y)$$
$$= \alpha^2 D(X) - \beta^2 D(Y) = (\alpha^2 - \beta^2)\sigma^2.$$

举一反三

[93] 将长度为 1 m 的木棒随机地截成两段, 则两段长度的相关系数为(   ).

A. 1   B. $\dfrac{1}{2}$ C. $-\dfrac{1}{2}$ D. -1

解析见答案册第 66 页

[94] 已知三个随机变量 X, Y, Z 中,$E(X) = E(Y) = 1, E(Z) = -1, D(X) = D(Y) = D(Z) = 1, \rho_{XY} = 0, \rho_{XZ} = \dfrac{1}{2}, \rho_{YZ} = -\dfrac{1}{2}$,设 $W = X + Y + Z$,求 $E(W), D(W)$.

[95] 设 $W = (aX + 3Y)^2$,$E(X) = E(Y) = 0, D(X) = 4, D(Y) = 16, \rho_{XY} = -0.5$,求常数 a 使 $E(W)$ 为最小,并求 $E(W)$ 的最小值.

[96] 设 X, Y 是随机变量,且有 $E(X) = 3, E(Y) = 1, D(X) = 4, D(Y) = 9$,令 $Z = 5X - Y + 15$,分别在下列三种情况下求 $E(Z)$ 和 $D(Z)$.

(1) X, Y 相互独立;
(2) X, Y 不相关;
(3) X 与 Y 的相关系数为 0.25.

[97] 设随机变量 X_1, X_2 的概率密度分别为

$$f_1(x) = \begin{cases} 2e^{-2x}, & x > 0, \\ 0, & x \leqslant 0, \end{cases} \quad f_2(x) = \begin{cases} 4e^{-4x}, & x > 0, \\ 0, & x \leqslant 0. \end{cases}$$

(1) 求 $E(X_1 + X_2), E(2X_1 - 3X_2^2)$;
(2) 设 X_1, X_2 相互独立,求 $E(X_1 X_2)$.

[98] 若有 n 把看上去样子相同的钥匙,其中只有一把能打开门上的锁,用它们去试开门上的锁. 设取到每只钥匙是等可能的,若每把钥匙试开一次后除去,试用下面两种方法求试开次数 X 的期望:

(1) 写出 X 的分布律;

(2) 不写出 X 的分布律.

题型 4　关于重要分布的数字特征

原型题

[99] 设随机变量 $X \sim N(0,4)$,随机变量 $Y \sim B\left(3, \dfrac{1}{3}\right)$,且 X,Y 不相关,则 $D(X-3Y+1) = (\quad)$.

A. 2　　　　　B. 4　　　　　C. 6　　　　　D. 10

解　$D(X-3Y+1) = D(X-3Y) = D(X) + 9D(Y) = 4 + 9 \times 3 \times \dfrac{1}{3} \times \dfrac{2}{3} = 10$.

故应选 D.

[100] 设二维随机变量 (X,Y) 服从正态分布 $N(0,0;1,1;\rho)$,其中 $\rho \in (-1,1)$. 若 a,b 为满足 $a^2+b^2=1$ 的任意实数,则 $D(aX+bY)$ 的最大值为 ( ).

A. 1　　　　　B. 2　　　　　C. $1+|\rho|$　　　　　D. $1+\rho^2$

解　$D(aX+bY) = a^2 D(X) + b^2 D(Y) + 2ab\rho = a^2 + b^2 + 2ab\rho$

$$= 1 + 2a\sqrt{1-a^2}\,\rho = f(a).$$

令 $f'(a) = 0$,可得 $a = b = \pm\dfrac{1}{\sqrt{2}}$,所以 $D(aX+bY)$ 最大值为 $1+|\rho|$.

故应选 C.

[101] 设随机变量 X 服从参数为 1 的泊松分布,则 $E(|X-EX|) = (\quad)$.

A. $\dfrac{1}{e}$　　　　B. $\dfrac{1}{2}$　　　　C. $\dfrac{2}{e}$　　　　D. 1

解　由题可知 $E(X) = 1$,所以 $|X-EX| = \begin{cases} 1, & X=0, \\ X-1, & X=1,2,\cdots, \end{cases}$ 故

$$E(|X-EX|) = 1 \cdot P\{X=0\} + \sum_{k=1}^{\infty}(k-1)P\{X=k\}$$

$$= \frac{1}{e} + \sum_{k=0}^{\infty}(k-1)P\{X=k\} - (0-1)P\{X=0\}$$

$$= \frac{1}{e} + E(X-1) - (0-1)\frac{1}{e} = \frac{2}{e}.$$

故应选 C.

[102] 设随机变量 X 的分布函数为 $F(x) = 0.3\Phi(x) + 0.7\Phi\left(\frac{x-1}{2}\right)$,其中 $\Phi(x)$ 为标准正态分布函数,则 $E(X) = ($).

A. 0　　　　　B. 0.3　　　　　C. 0.7　　　　　D. 1

解　因为 $F(x) = 0.3\Phi(x) + 0.7\Phi\left(\frac{x-1}{2}\right)$,所以

$$F'(x) = 0.3\Phi'(x) + \frac{0.7}{2}\Phi'\left(\frac{x-1}{2}\right) = 0.3\frac{1}{\sqrt{2\pi}}e^{-\frac{x^2}{2}} + 0.7\frac{1}{2\sqrt{2\pi}}e^{-\frac{(x-1)^2}{2\times 2^2}}.$$

$\frac{1}{\sqrt{2\pi}}e^{-\frac{x^2}{2}}$ 是 $N(0,1)$ 的密度函数,故其随机变量的期望为 0;$\frac{1}{2\sqrt{2\pi}}e^{-\frac{(x-1)^2}{2\times 2^2}}$ 是 $N(1,2^2)$ 的密度函数,故其随机变量的期望为 1.

所以

$$E(X) = \int_{-\infty}^{+\infty} xF'(x)\mathrm{d}x = 0.3\times 0 + 0.7\times 1 = 0.7.$$

故应选 C.

[103]　设随机变量 X 的概率密度为

$$f(x) = \begin{cases} \frac{1}{2}\cos\frac{x}{2}, & 0 \leqslant x < \pi, \\ 0, & \text{其他}, \end{cases}$$

对 X 独立地重复观察 4 次,用 Y 表示观察值大于 $\frac{\pi}{3}$ 的次数,求 Y^2 的数学期望.

解　**方法一**　由于 $P\left\{X > \frac{\pi}{3}\right\} = \int_{\frac{\pi}{3}}^{\pi}\frac{1}{2}\cos\frac{x}{2}\mathrm{d}x = \frac{1}{2}$,$Y \sim B\left(4, \frac{1}{2}\right)$,因此

$$E(Y) = 4\times\frac{1}{2} = 2, \quad D(Y) = 4\times\frac{1}{2}\times\left(1-\frac{1}{2}\right) = 1.$$

故

$$E(Y^2) = D(Y) + [E(Y)]^2 = 1 + 2^2 = 5.$$

方法二　由于 $P\left\{X > \frac{\pi}{3}\right\} = \int_{\frac{\pi}{3}}^{\pi}\frac{1}{2}\cos\frac{x}{2}\mathrm{d}x = \frac{1}{2}$,$Y \sim B\left(4, \frac{1}{2}\right)$,故 Y 的概率分布为

Y	0	1	2	3	4
P	$\frac{1}{16}$	$\frac{4}{16}$	$\frac{6}{16}$	$\frac{4}{16}$	$\frac{1}{16}$

所以

$$E(Y^2) = \frac{1}{16}(0\times 1 + 1\times 4 + 2^2\times 6 + 3^2\times 4 + 4^2\times 1) = 5.$$

> 举一反三　　　　　　　　　　　　　　　　　　　　　解析见答案册第 68 页

[104]　设随机变量 $X \sim U(0,3)$，随机变量 Y 服从参数为 2 的泊松分布，且 X 与 Y 的协方差为 -1，则 $D(2X-Y+1) =$ (　　).

　　A. 1　　　　　　　B. 5　　　　　　　C. 9　　　　　　　D. 12

[105]　设随机变量 (X,Y) 服从二维正态分布 $N(0,0;1,4;-\frac{1}{2})$，则下列随机变量中服从标准正态分布且与 X 独立的是(　　).

　　A. $\frac{\sqrt{5}}{5}(X+Y)$　　B. $\frac{\sqrt{5}}{5}(X-Y)$　　C. $\frac{\sqrt{3}}{3}(X+Y)$　　D. $\frac{\sqrt{3}}{3}(X-Y)$

[106]　已知 (X,Y) 服从二维正态分布 $N(0,0;1^2,2^2;\frac{1}{2})$. 若 $Z = aX+Y$ 与 Y 独立，则 a 等于(　　).

　　A. 2　　　　　　　B. -2　　　　　　C. 4　　　　　　　D. -4

[107]　设随机变量 X 服从参数为 1 的泊松分布，则 $P\{X = E(X^2)\} =$ ＿＿＿＿．

[108]　设 X 表示 10 次独立重复射击命中目标的次数，每次射中目标的概率为 0.4，则 X^2 的数学期望 $E(X^2) =$ ＿＿＿＿．

[109]　设 $X \sim P(16)$，$Y \sim E(2)$，$\rho_{XY} = -0.5$，则 $\mathrm{Cov}(X, Y+1) =$ ＿＿＿＿，$E(Y^2+XY) =$ ＿＿＿＿，$D(X-2Y) =$ ＿＿＿＿．

[110]　设两个随机变量 X,Y 相互独立，且都服从均值为 0，方差为 $\frac{1}{2}$ 的正态分布，求随机变量 $|X-Y|$ 的期望与方差.

[111] 设随机变量 X 与 Y 相互独立,且都服从参数为 1 的指数分布. 记
$$U = \max\{X,Y\}, \quad V = \min\{X,Y\}.$$
(1) 求 V 的概率密度 $f_V(v)$;
(2) 求 $E(U+V)$.

题型 5　数字特征应用题

原型题

[112] 设某企业生产线上产品合格率为 0.96,不合格产品中只有 $\dfrac{3}{4}$ 产品可进行再加工,且再加工的合格率为 0.8,其余均为废品. 每件合格品获利 80 元,每件废品亏损 20 元,为保证该企业每天平均利润不低于 2 万元,问企业每天至少生产多少产品?

解　方法一　设每天至少生产 x 件产品. 则合格产品为
$$0.96x + (1-0.96)x \cdot \frac{3}{4} \cdot 0.8 = 0.984x,$$
废品为 $x - 0.984x = 0.016x$,由题意知
$$80 \times 0.984x - 20 \times 0.016x \geqslant 2 \times 10^4,$$
解得 $x \geqslant 255.10$.

因为 x 为整数,所以 $x = 256$.

方法二　进行再加工后,产品的合格率
$$p = 0.96 + 0.04 \times 0.75 \times 0.8 = 0.984.$$
记 X 为 n 件产品中的合格产品数,$T(n)$ 为 n 件产品的利润,则
$$X \sim B(n,p),$$
$$E(X) = np = 0.984n,$$
$$T(n) = 80X - 20(n-X),$$
$$E[T(n)] = 80E(X) - 20n + 20E(X) = 100E(X) - 20n = 78.4n.$$
要 $ET(n) \geqslant 20\,000$,则 $n \geqslant 256$,即该企业每天至少应生产 256 件产品.

[113] 一商店经销某种商品,每周进货的数量 X 与顾客对该种商品的需求量 Y 是相互独立的随机变量,且都服从区间 $[10,20]$ 上的均匀分布.商店每售出一单位商品可得利润 1 000 元;若需求量超过了进货量,商店可从其他商店调剂供应,这时每单位商品获得利润 500 元.试计算此商店经销该种商品每周所得利润的期望值.

解 设 Z 表示商店每周所得的利润,则
$$Z = \begin{cases} 1\,000Y, & Y \leqslant X, \\ 1\,000X + 500(Y-X) = 500(X+Y), & Y > X. \end{cases}$$

由于 X 与 Y 的联合概率密度为

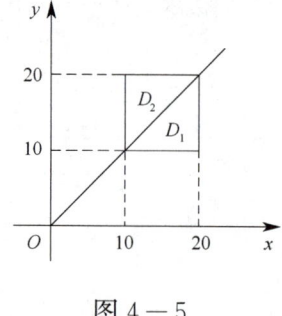

图 4—5

$$\varphi(x,y) = \begin{cases} \dfrac{1}{100}, & 10 \leqslant x \leqslant 20, 10 \leqslant y \leqslant 20, \\ 0, & \text{其他}, \end{cases}$$

因此
$$E(Z) = \iint_{D_1} 1\,000y \times \frac{1}{100} \mathrm{d}x\mathrm{d}y + \iint_{D_2} 500(x+y) \times \frac{1}{100} \mathrm{d}x\mathrm{d}y$$
$$= 10\int_{10}^{20} \mathrm{d}y \int_{y}^{20} y\,\mathrm{d}x + 5\int_{10}^{20} \mathrm{d}y \int_{10}^{y} (x+y)\,\mathrm{d}x$$
$$= 10\int_{10}^{20} y(20-y)\,\mathrm{d}y + 5\int_{10}^{20} \left(\frac{3}{2}y^2 - 10y - 50\right)\mathrm{d}y$$
$$= \frac{20\,000}{3} + 5 \times 1\,500 \approx 14\,166.67(\text{元}).$$

[114] 一工厂生产的某种设备的寿命 X(年)服从指数分布,概率密度为
$$f(x) = \begin{cases} \dfrac{1}{4}\mathrm{e}^{-\frac{x}{4}}, & x > 0, \\ 0, & x \leqslant 0. \end{cases}$$

工厂规定,出售的设备若在一年之内损坏可予以调换.若工厂售出一台设备赢利 100 元,调换一台设备厂方需花费 300 元.试求厂方出售一台设备净赢利的数学期望.

解 出售的设备在售出一年之内调换的概率为
$$p_1 = P\{X \leqslant 1\} = \int_0^1 f(x)\mathrm{d}x = \int_0^1 \frac{1}{4}\mathrm{e}^{-\frac{x}{4}}\mathrm{d}x = 1 - \mathrm{e}^{-\frac{1}{4}},$$

不需调换的概率为 $p_2 = 1 - p_1 = \mathrm{e}^{-\frac{1}{4}}$.

记 Y 为工厂出售一台设备的净赢利,则 Y 的分布律为

Y	100	$-300+100$
P	$\mathrm{e}^{-\frac{1}{4}}$	$1-\mathrm{e}^{-\frac{1}{4}}$

从而,厂方出售一台设备净赢利的数学期望
$$E(Y) = 100\mathrm{e}^{-\frac{1}{4}} - 200(1-\mathrm{e}^{-\frac{1}{4}}) = 33.64.$$

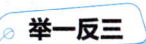

[115] 已知甲、乙两箱中装有同种产品,其中甲箱中装有 3 件合格品和 3 件次品,乙箱中仅装有 3 件合格品. 从甲箱中任取 3 件产品放入乙箱后,求:

(1) 乙箱中次品件数 X 的数学期望;

(2) 从乙箱中任取一件产品是次品的概率.

[116] 假设由自动线加工的某种零件的内径 X(毫米)服从正态分布 $N(\mu,1)$,内径小于 10 或大于 12 的为不合格品,其余为合格品. 销售每件合格品获利,销售每件不合格品亏损. 已知销售利润 T(元)与销售零件的内径 X 有如下:

$$T = \begin{cases} -1, & \text{若 } X < 10, \\ 20, & \text{若 } 10 \leqslant X \leqslant 12, \\ -5, & \text{若 } X > 12, \end{cases}$$

问平均内径 μ 取何值时,销售一个零件的平均利润最大?

[117] 两台同样的自动记录仪,每台无故障工作的时间服从参数为 5 的指数分布. 首先开动其中一台,当其发生故障时停用而另一台自动开动,试求两台记录仪无故障工作的总时间 T 的概率密度 $f(t)$,数学期望和方差.

[118] 某保险公司规定,如果投保人在一年内发生所投保的事件,保险公司会赔偿投保人 a 元. 若投保人在一年内发生所投保的事件的概率为 p, 为使保险公司的平均收益达到 a 的 10%, 问该公司应该要求投保人缴多少保险费?

题型 6　独立与不相关

原型题

[119]　若 $X \sim N(0,1)$, 且 $Y = X^2$, 问 X 与 Y 是否不相关?是否相互独立?

解　因为 $X \sim N(0,1)$, 密度函数 $f(x) = \dfrac{1}{\sqrt{2\pi}} e^{-\frac{x^2}{2}}$ 为偶函数, 所以 $E(X) = E(X^3) = 0$. 于是由

$$\mathrm{Cov}(X, Y) = E(XY) - E(X)E(Y) = E(X^3) - E(X)E(X^2) = 0,$$

得 $\rho_{XY} = \dfrac{\mathrm{Cov}(X, Y)}{\sqrt{D(X)}\sqrt{D(Y)}} = 0$.

这说明 X 与 Y 是不相关的, 但 $Y = X^2$, 显然, X 与 Y 是不相互独立的.

[120]　设随机变量 X_1 与 X_2 相互独立, 且 $X_1 \sim B(1, p), X_2 \sim B(2, p)$, 其中 $0 < p < 1$, 令 $Y_1 = 2X_1 + X_2, Y_2 = X_1 - X_2$.

问 Y_1 与 Y_2 是否不相关? 问 Y_1 与 Y_2 是否相互独立? 并说明理由.

解　由 X_1 与 X_2 相互独立及 $X_1 \sim B(1, p), X_2 \sim B(2, p)$, 可知

$$\mathrm{Cov}(X_1, X_2) = 0, \quad D(X_1) = p(1-p), \quad D(X_2) = 2p(1-p).$$

由于

$$\mathrm{Cov}(Y_1, Y_2) = \mathrm{Cov}(2X_1 + X_2, X_1 - X_2) = 2D(X_1) - D(X_2)$$
$$= 2p(1-p) - 2p(1-p) = 0,$$

故 $\rho_{Y_1 Y_2} = \dfrac{\mathrm{Cov}(Y_1, Y_2)}{\sqrt{D(Y_1)}\sqrt{D(Y_2)}} = 0$, 即 Y_1 与 Y_2 不相关.

由于

$\{Y_1 = 0\} = \{2X_1 + X_2 = 0\} = \{X_1 = 0, X_2 = 0\}$,

$\{Y_2 = 0\} = \{X_1 - X_2 = 0\} = \{X_1 = 0, X_2 = 0\} \bigcup \{X_1 = 1, X_2 = 1\}$,

且 $\{Y_1 = 0\} \subset \{Y_2 = 0\}, P\{Y_2 = 0\} < 1$,故

$$P\{Y_1 = 0, Y_2 = 0\} = P\{Y_1 = 0\},$$

$$P\{Y_1 = 0\} \cdot P\{Y_2 = 0\} < \{Y_1 = 0\}.$$

从而有 $P\{Y_1 = 0, Y_2 = 0\} \neq P\{Y_1 = 0\} \cdot P\{Y_2 = 0\}$,即 Y_1 与 Y_2 不相互独立.

[121] 设 A, B 是二随机事件,

$$X = \begin{cases} 1, & \text{若 } A \text{ 出现}, \\ -1, & \text{若 } A \text{ 不出现}, \end{cases} \quad Y = \begin{cases} 1, & \text{若 } B \text{ 出现}, \\ -1, & \text{若 } B \text{ 不出现}, \end{cases}$$

试证明随机变量 X 和 Y 不相关的充分必要条件是 A 与 B 相互独立.

证 记 $P(A) = p_1, P(B) = p_2, P(AB) = p_{12}$,由数学期望的定义,可得

$$E(X) = P(A) - P(\overline{A}) = 2p_1 - 1,$$

$$E(Y) = 2p_2 - 1.$$

现在求 $E(XY)$. 由于 XY 只有两个可能值 1 和 -1,可见

$$P\{XY = 1\} = P(AB) + P(\overline{A}\,\overline{B}) = 2p_{12} - p_1 - p_2 + 1,$$

$$P\{XY = -1\} = 1 - P\{XY = 1\} = p_1 + p_2 - 2p_{12},$$

$$E(XY) = P\{XY = 1\} - P\{XY = -1\} = 4p_{12} - 2p_1 - 2p_2 + 1,$$

从而

$$\text{Cov}(X, Y) = E(XY) - E(X) \cdot E(Y) = 4p_{12} - 4p_1 p_2.$$

因此,$\text{Cov}(X, Y) = 0$ 当且仅当 $p_{12} = p_1 p_2$,即 X 和 Y 不相关当且仅当事件 A 与 B 相互独立.

举一反三

[122] 若 $X \sim U(0, 1), Y = X^2$,问 X 与 Y 是否不相关?是否独立?

[123] 设二维随机变量(X,Y)的密度函数为
$$f(x,y) = \frac{1}{2}[\varphi_1(x,y) + \varphi_2(x,y)],$$
其中$\varphi_1(x,y)$和$\varphi_2(x,y)$都是二维正态密度函数,且它们对应的二维随机变量的相关系数分别为$\frac{1}{3}$和$-\frac{1}{3}$,它们的边缘密度函数所对应的随机变量的数学期望都是零,方差都是1.

(1) 求随机变量X和Y的密度函数$f_1(x)$和$f_2(y)$,及X和Y的相关系数ρ(可以直接利用二维正态密度的性质).

(2) 问X和Y是否独立?为什么?

[124] 设二维随机变量(X,Y)的概率密度为
$$f(x,y) = \begin{cases} \dfrac{1}{\pi}, & x^2 + y^2 \leqslant 1, \\ 0, & \text{其他}, \end{cases}$$
试验证X和Y是不相关的,但X和Y不是相互独立的.

[125] 对于任意二事件A和B,$0 < P(A) < 1$,$0 < P(B) < 1$,
$$\rho = \frac{P(AB) - P(A)P(B)}{\sqrt{P(A)P(B)P(\bar{A})P(\bar{B})}}$$
称做事件A和B的相关系数.

(1) 证明事件A和B独立的充分必要条件是其相关系数等于零;

(2) 利用随机变量相关系数的基本性质,证明$|\rho| \leqslant 1$.

第五章 大数定律与中心极限定理

刷题散点图

在学习概率论与数理统计时,制作刷题散点图是一种高效的学习方法. 用笔在题号上标记:做对的画"√",做错的画"×". 完成后,观察题号的分布情况:错题集中的区域是薄弱点,需重点二刷、三刷;错题分散则说明基础不牢,要全面巩固.

通过散点图,能快速定位问题,精准复习,提升学习效率.

原型题	1	2	5	8	9		12	13	14	22	23
	10	15	16	17	18		24	25	26	27	28
	19	20	21				29	30	31	32	33
举一反三	3	4	6	7	11		34	35	36	37	38

核心归纳

1. 切比雪夫不等式

假设随机变量 X 具有数学期望 $E(X)$ 及方差 $D(X)$，则对任意的 $\varepsilon > 0$，有

$$P\{|X-E(X)| \geqslant \varepsilon\} \leqslant \frac{D(X)}{\varepsilon^2}.$$

或者有时候也可以写成

$$P\{|X-E(X)| < \varepsilon\} \geqslant 1 - \frac{D(X)}{\varepsilon^2}.$$

2. 大数定律

(1) 切比雪夫大数定律

如果随机变量序列 $\{X_n\}$ 相互独立，各随机变量的期望和方差都有限，而且方差有公共上界，即 $D(X_i) \leqslant l$, $i=1,2,\cdots$，其中 l 是与 i 无关的常数，则对任意的 $\varepsilon > 0$，有

$$\lim_{n \to \infty} P\left\{\left|\frac{1}{n}\sum_{i=1}^{n}X_i - \frac{1}{n}\sum_{i=1}^{n}E(X)_i\right| < \varepsilon\right\} = 1.$$

切比雪夫大数定律的特例：设随机变量 $X_1, X_2, \cdots, X_n, \cdots$ 相互独立，且 $E(X_i) = \mu$，$D(X_i) = \sigma^2$ $(i=1,2,\cdots)$，则对任意的 $\varepsilon > 0$，总有

$$\lim_{n \to \infty} P\left\{\left|\frac{1}{n}\sum_{i=1}^{n}X_i - \mu\right| < \varepsilon\right\} = 1.$$

该定律说明：在定律的条件下，当 n 充分大时，n 个独立随机变量的平均数的离散程度很小。

(2) 伯努利大数定律

如果 u_n 是 n 次独立重复试验中事件 A 发生的次数，p 是事件 A 在每次试验中发生的概率，则对任意给定的 $\varepsilon > 0$，有

$$\lim_{n \to \infty} P\left\{\left|\frac{u_n}{n} - p\right| < \varepsilon\right\} = 1.$$

该定律说明：在试验条件不改变的情况下，将试验重复进行多次，则随机事件的频率在它发生的概率附近摆动。

(3) 辛钦大数定律

如果 $\{X_n\}$ 是相互独立同分布的随机变量序列，其数学期望 $E(X_i) = \mu$，$i=1,2,\cdots$，则对任意给定的 $\varepsilon > 0$，有

$$\lim_{n \to \infty} P\left\{\left|\frac{1}{n}\sum_{i=1}^{n}X_i - \mu\right| < \varepsilon\right\} = 1.$$

该定律说明：对独立同分布的随机变量序列，只要验证数学期望是否存在，就可判定其是否服从大数定律。

3. 中心极限定理

(1) 列维－林德伯格定理（独立同分布的中心极限定理）

设随机变量 $X_1, X_2, \cdots, X_n, \cdots$ 独立同分布，且 $E(X_i) = \mu$，$D(X_i) = \sigma^2 < +\infty$ $(i=1,2,\cdots)$，则对任意实数 x，有

$$\lim_{n\to\infty} P\left\{\frac{\sum_{i=1}^{n} X_i - n\mu}{\sqrt{n}\sigma} \leqslant x\right\} = \int_{-\infty}^{x} \frac{1}{\sqrt{2\pi}} e^{-\frac{t^2}{2}} dt = \Phi(x).$$

(2) 棣莫弗－拉普拉斯定理

设随机变量 $Y_1, Y_2, \cdots$ 服从参数为 n, p 的二项分布，则对于任何实数 x，有

$$\lim_{n\to\infty} P\left\{\frac{Y_n - np}{\sqrt{npq}} \leqslant x\right\} = \int_{-\infty}^{x} \frac{1}{\sqrt{2\pi}} e^{-\frac{t^2}{2}} dt = \Phi(x),$$

其中 $q = 1 - p$.

重点题型

题型 1 利用切比雪夫不等式估计概率

原型题

[1] 设随机变量 $X_1, X_2, \cdots, X_n$ 独立同分布，且 X_i 的 4 阶矩存在. 设 $\mu_k = E(X_i^k)$ $(k = 1, 2, 3, 4)$，则由切比雪夫不等式，对 $\forall \varepsilon > 0$，有 $P\left\{\left|\frac{1}{n}\sum_{i=1}^{n} X_i^2 - \mu_2\right| \geqslant \varepsilon\right\} \leqslant (\quad)$.

A. $\dfrac{\mu_4 - \mu_2^2}{n\varepsilon^2}$ B. $\dfrac{\mu_4 - \mu_2^2}{\sqrt{n}\varepsilon^2}$ C. $\dfrac{\mu_2 - \mu_1^2}{n\varepsilon^2}$ D. $\dfrac{\mu_2 - \mu_1^2}{\sqrt{n}\varepsilon^2}$

解 记 $X = \frac{1}{n}\sum_{i=1}^{n} X_i^2$，则 $E(X) = \frac{1}{n}\sum_{i=1}^{n} E(X_i^2) = \frac{1}{n}\sum_{i=1}^{n} \mu_2 = \mu_2$，$D(X) = \frac{1}{n^2}\sum_{i=1}^{n} D(X_i^2)$

$= \frac{1}{n^2}\sum_{i=1}^{n} \{E(X_i^4) - [E(X_i^2)]^2\} = \frac{\mu_4 - \mu_2^2}{n}$. 故

$$P\left\{\left|\frac{1}{n}\sum_{i=1}^{n} X_i^2 - \mu_2\right| \geqslant \varepsilon\right\} = P\{|X - E(X)| \geqslant \varepsilon\} \leqslant \frac{D(X)}{\varepsilon^2} = \frac{\mu_4 - \mu_2^2}{n\varepsilon^2}.$$

故应选 A.

[2] 已知正常男性成人血液中，每一毫升白细胞数平均是 7 300，均方差是 700，利用切比雪夫不等式估计每毫升含白细胞数在 5 200～9 400 之间的概率 p.

解 假设正常男性成人血液中每毫升白细胞数为 X，依题设 $E(X) = 7\,300$，$D(X) = 700^2$，于是

$$P\{5\,200 < X < 9\,400\} = P\{|X - 7\,300| < 2\,100\} \geqslant 1 - \frac{700^2}{2\,100^2} = \frac{8}{9},$$

即每毫升含白细胞数在 5 200～9 400 之间的概率不低于 $\frac{8}{9}$.

> **方法总结**
>
> 此类题型的求解方法比较单一,在随机变量 X 的期望 $E(X)$ 和方差 $D(X)$ 已知的情况下,直接应用切比雪夫不等式即可;若 $E(X)$ 和 $D(X)$ 未知,根据题意并结合数学期望和方差的性质计算出 $E(X)$ 和 $D(X)$,然后再套用切比雪夫不等式.

举一反三 解析见答案册第 73 页

[3] 设随机变量 X 和 Y 的数学期望分别为 -2 和 2,方差分别为 1 和 4,而相关系数为 -0.5,则根据切比雪夫不等式 $P\{|X+Y|\geqslant 6\}\leqslant$ _____.

[4] 设随机变量 $X\sim B(n,p)$,试用切比雪夫不等式证明
$$P\{|X-np|\geqslant\sqrt{n}\}\leqslant\frac{1}{4}.$$

题型 2 关于大数定律

原型题

[5] 设随机变量序列 $X_1,X_2,\cdots,X_n,\cdots$ 独立同分布且 X_i 的概率密度为
$$f(x)=\begin{cases}1-|x|,&|x|<1,\\0,&\text{其他},\end{cases}$$
则当 $n\to\infty$ 时,$\frac{1}{n}\sum_{i=1}^{n}X_i^2$ 依概率收敛于( ).

A. $\frac{1}{8}$ B. $\frac{1}{6}$ C. $\frac{1}{3}$ D. $\frac{1}{2}$

解 随机变量序列 $X_1^2,X_2^2,\cdots,X_n^2,\cdots$ 也独立同分布.
$$E(X_i^2)=\int_{-\infty}^{+\infty}x^2 f(x)\mathrm{d}x=2\int_0^1 x^2(1-x)\mathrm{d}x=2\left(\frac{1}{3}x^3-\frac{1}{4}x^4\right)\Big|_0^1=\frac{1}{6},$$
根据辛钦大数定律,$\frac{1}{n}\sum_{i=1}^{n}X_i^2$ 依概率收敛于 $E(X_i^2)=\frac{1}{6}$.

故应选 B.

举一反三 解析见答案册第 73 页

[6] 设 μ_n 为 n 次独立重复射击中的命中次数,0.3 是每次射击的命中率,则对任意的

$\varepsilon > 0, \lim_{n\to\infty} P\{|\frac{\mu_n}{n} - 0.3| > \varepsilon\} = ($).

A. 0.3 B. 0.5 C. 0 D. 1

[7] 设总体 X 服从参数为 2 的指数分布，$X_1, X_2, \cdots, X_n$ 为来自总体的简单随机样本，则当 $n \to \infty$ 时，$Y_n = \frac{1}{n} \sum_{i=1}^{n} X_i^2$ 依概率收敛于 _____．

题型 3 与中心极限定理有关的题目

原型题

[8] 设 $X_1, X_2, \cdots, X_n, \cdots$ 为独立同分布的随机变量序列，且均服从参数为 $\lambda(\lambda > 1)$ 的指数分布，记 $\Phi(x)$ 为标准正态分布函数，则( )．

A. $\lim_{n\to\infty} P\left\{\dfrac{\sum_{i=1}^{n} X_i - n\lambda}{\lambda\sqrt{n}} \leqslant x\right\} = \Phi(x)$ B. $\lim_{n\to\infty} P\left\{\dfrac{\sum_{i=1}^{n} X_i - n\lambda}{\sqrt{n\lambda}} \leqslant x\right\} = \Phi(x)$

C. $\lim_{n\to\infty} P\left\{\dfrac{\lambda \sum_{i=1}^{n} X_i - n}{\sqrt{n}} \leqslant x\right\} = \Phi(x)$ D. $\lim_{n\to\infty} P\left\{\dfrac{\sum_{i=1}^{n} X_i - \lambda}{\sqrt{n\lambda}} \leqslant x\right\} = \Phi(x)$

解 根据题意知，该随机变量序列满足列维-林德伯格中心极限定理．因为

$$E\left(\sum_{i=1}^{n} X_i\right) = \sum_{i=1}^{n} E(X_i) = \frac{n}{\lambda}, \quad D\left(\sum_{i=1}^{n} X_i\right) = \sum_{i=1}^{n} D(X_i) = \frac{n}{\lambda^2},$$

所以

$$\frac{\sum_{i=1}^{n} X_i - \frac{n}{\lambda}}{\sqrt{\frac{n}{\lambda^2}}} = \frac{\lambda \sum_{i=1}^{n} X_i - n}{\sqrt{n}}$$

的极限分布为标准正态分布．

故应选 C．

[9] 一生产线生产的产品成箱包装，每箱的重量是随机的．假设每箱平均重 50 千克，标准差为 5 千克，若用最大载重量为 5 吨的汽车承运，试利用中心极限定理说明每辆车最多可以装多少箱，才能保障不超载的概率大于 0.977（$\Phi(2) = 0.977$，其中的 $\Phi(x)$ 是标准正态分布函数）．

解 设 $X_i = $ "装运的第 i 箱的重量（千克）"，$i = 1, 2, \cdots, n$．n 为箱数．根据题意，$X_1, X_2, \cdots, X_n$ 独立同分布，而 n 箱的总重量可记为 $U_n = \sum_{i=1}^{n} X_i$．因为 $E(X_i) = 50, \sqrt{D(X_i)} = 5$，所以

$$E(U_n) = \sum_{i=1}^{n} E(X_i) = 50n, \quad \sqrt{D(U_n)} = \sqrt{\sum_{i=1}^{n} D(X_i)} = 5\sqrt{n}.$$

那么，由列维-林德伯格中心极限定理知，U_n 近似服从于 $N(50n, 25n)$．而所求的箱数 n 取决于条件

$$P\{U_n \leqslant 5\,000\} = P\left\{\frac{U_n - 50n}{5\sqrt{n}} \leqslant \frac{5\,000 - 50n}{5\sqrt{n}}\right\} \approx \Phi\left(\frac{1\,000 - 10n}{\sqrt{n}}\right) > 0.977 = \Phi(2),$$

所以 $\dfrac{1\,000 - 10n}{\sqrt{n}} > 2$,即 $n < 98.019\,9$. 亦即每辆车最多可以装 98 箱.

[10] 某单位设置一电话总机,共有 200 个电话分机,设每个电话分机有 5% 的时间要使用外线通话,假设每个分机是否使用外线通话是相互独立的. 问总机要多少外线才能以 90% 的概率保证每个分机要使用外线时可供使用.

解 设同时使用外线的分机的台数为 X,则 $X \sim B(n, p)$,其中 $n = 200$,$p = 0.05$,$np = 10$,$\sqrt{np(1-p)} = 3.08$.

又设该单位安装 N 条外线,依题意,求 $P\{X \leqslant N\} \geqslant 0.9$ 的最小 N. 由棣莫弗-拉普拉斯中心极限定理,得

$$P\{X \leqslant N\} = P\left\{\frac{X - np}{\sqrt{np(1-p)}} \leqslant \frac{N - np}{\sqrt{np(1-p)}}\right\} \approx \Phi\left(\frac{N - 10}{3.08}\right).$$

查标准正态分布表,可知 $\Phi(1.28) = 0.9$,故 N 应满足

$$\frac{N - 10}{3.08} \geqslant 1.28, \text{即 } N \geqslant 10 + 1.28 \times 3.08 = 13.94.$$

取 $N = 14$,即至少要安装 14 条外线.

方法总结

中心极限定理常用来解决概率的近似计算问题,使用方法如下:

(1) 列维-林德伯格定理用于随机变量之和或均值的概率的近似计算.

定理表明,当 n 充分大时,相互独立服从同一分布且存在有限期望与方差的随机变量之和近似服从正态分布,该定理实质上提供了计算独立同分布的随机变量之和的概率的近似方法. 若 $X_1, X_2, \cdots, X_n$ 独立同分布且 $E(X_i) = \mu$,$D(X_i) = \sigma^2$,$i = 1, 2, \cdots, n$,则 $S_n = \sum_{i=1}^{n} X_i$ 近似服从 $N(n\mu, n\sigma^2)$. 因此当 n 比较大时,求 $P\{a \leqslant S_n \leqslant b\}$ 需首先将 S_n 标准化,也就是说

$$P\{a \leqslant S_n \leqslant b\} = \left\{\frac{a - n\mu}{\sigma\sqrt{n}} \leqslant \frac{S_n - n\mu}{\sigma\sqrt{n}} \leqslant \frac{b - n\mu}{\sigma\sqrt{n}}\right\} \approx \Phi\left(\frac{b - n\mu}{\sigma\sqrt{n}}\right) - \Phi\left(\frac{a - n\mu}{\sigma\sqrt{n}}\right),$$

其中 $\Phi(x)$ 是标准正态分布函数.

定理的另一种形式为:当 n 充分大时,$\overline{X} = \dfrac{1}{n} \sum_{i=1}^{n} X_i$ 近似服从 $N\left(\mu, \dfrac{\sigma^2}{n}\right)$,该形式可近似计算关于均值的概率.

(2) 棣莫弗-拉普拉斯定理用于二项分布的近似计算.

定理表明:设 $X \sim B(n, p)$,则当 n 充分大时,X 近似服从 $N(np, np(1-p))$.

举一反三

解析见答案册第 73 页

[11] 设随机变量 $X_1, X_2, \cdots, X_n$ 相互独立,$S_n = X_1 + X_2 + \cdots + X_n$,则根据列维－林德伯格中心极限定理,当 n 充分大时,S_n 近似服从正态分布,只要 $X_1, X_2, \cdots, X_n$ ( ).

A. 有相同的数学期望   B. 有相同的方差

C. 服从同一指数分布   D. 服从同一离散型分布

[12] 有一批建筑房屋用的木柱,其中 80% 的长度不小于 3 m,现在这批木柱中随机地取出 100 根,问其中至少有 30 根短于 3 m 的概率是多少?

[13] 测量某物体的长度时,由于存在测量误差,每次测得的长度只能是近似值. 现进行多次测量,然后取这些测量值的平均值作为实际长度的估计值,假定 n 个测量值 $X_1, X_2, \cdots, X_n$ 是独立同分布的随机变量,具有共同的期望 μ(即实际长度)及方差 $\sigma^2 = 1$,试问要以 95% 的把握可以确信其估计值精确到 ± 0.2 以内,必须测量多少次?

[14] 假设 $X_1, X_2, \cdots, X_n$ 是来自总体 X 的简单随机样本,已知 $E(X^k) = a_k (k = 1, 2, 3, 4)$,并且 $a_4 - a_2^2 > 0$. 证明当 n 充分大时,随机变量 $Z_n = \dfrac{1}{n} \sum_{i=1}^{n} X_i^2$ 近似服从正态分布,并指出其分布参数.

题型 4 综合提高题型

原型题

[15] 设 $X_1, X_2, \cdots, X_n$ 为来自总体 X 的简单随机样本,其中 $P\{X=0\} = P\{X=1\} = \frac{1}{2}$,$\Phi(x)$ 表示标准正态分布函数,则利用中心极限定理可得 $P\left\{\sum_{i=1}^{100} X_i \leqslant 55\right\}$ 的近似值为( ).

A. $1-\Phi(1)$ B. $\Phi(1)$ C. $1-\Phi(0.2)$ D. $\Phi(0.2)$

解 由题意有

X	0	1
P	$\frac{1}{2}$	$\frac{1}{2}$

$E(X) = \frac{1}{2}, D(X) = \frac{1}{4}$,$X_i$ 独立同分布. 根据中心极限定理,$\sum_{i=1}^{100} X_i$ 近似服从正态分布 $N\left(100 \times \frac{1}{2}, 100 \times \frac{1}{4}\right)$,即 $N(50, 25)$. 从而

$$P\left\{\sum_{i=1}^{100} X_i \leqslant 55\right\} = P\left\{\frac{\sum_{i=1}^{100} X_i - 50}{\sqrt{25}} \leqslant \frac{55-50}{\sqrt{25}}\right\} \approx \Phi\left(\frac{55-50}{\sqrt{25}}\right) = \Phi(1).$$

故应选 B.

[16] 设随机变量 $X_1, X_2, \cdots, X_n, \cdots$ 相互独立,且 X_i 都服从参数为 $\frac{1}{2}$ 的指数分布,则当 n 充分大时,随机变量 $Z_n = \frac{1}{n}\sum_{i=1}^{n} X_i$ 的概率分布近似服从( ).

A. $N(2, 4)$ B. $N\left(2, \frac{4}{n}\right)$ C. $N\left(\frac{1}{2}, \frac{1}{4n}\right)$ D. $N(2n, 4n)$

解 因为 $X_i \sim E\left(\frac{1}{2}\right)$,所以 $E(X_i) = 2, D(X_i) = 4$.

由中心极限定理,$\sum_{i=1}^{n} X_i$ 近似服从 $N(2n, 4n)$,或者 $\frac{1}{n}\sum_{i=1}^{n} X_i$ 近似服从 $N\left(2, \frac{4}{n}\right)$(当 n 充分大时).

故应选 B.

[17] 假设随机变量 $X_1, X_2, \cdots, X_n, \cdots$ 独立同分布,且 $E(X_n) = 0$,则 $\lim_{n \to \infty} P\left\{\sum_{i=1}^{n} X_i < n\right\} = ($).

A. 0   B. $\frac{1}{4}$ C. $\frac{1}{2}$ D. 1

解 由此题条件及所求概率,考虑用辛钦大数定律.

对 $\forall \varepsilon > 0, \lim_{n \to \infty} P\left\{\left|\frac{1}{n}\sum_{i=1}^{n} X_i - EX_n\right| < \varepsilon\right\} = 1.$

因为 $E(X_n) = 0$,取 $\varepsilon = 1$,则

$$\lim_{n \to \infty} P\left\{\left|\sum_{i=1}^{n} X_i\right| < n\right\} = 1.$$

又

$$\left\{\left|\sum_{i=1}^{n} X_i\right| < n\right\} \subset \left\{\sum_{i=1}^{n} X_i < n\right\},$$

所以 $\lim\limits_{n \to \infty}\left\{\sum\limits_{i=1}^{n} X_i < n\right\} = 1$.

故应选 D.

[18] 设 $X \sim U[-1, b]$,若由切比雪夫不等式有 $P\{|X-1| < \varepsilon\} \geqslant \dfrac{2}{3}$,则 $b = $ _____, $\varepsilon = $ _____.

解 因为 $E(X) = \dfrac{b-1}{2}$,$D(X) = \dfrac{(b+1)^2}{12}$,所以 $\dfrac{b-1}{2} = 1$,$1 - \dfrac{\frac{(b+1)^2}{12}}{\varepsilon^2} = \dfrac{2}{3}$,则 $b = 3$,$\varepsilon = 2$.

故应填 3,2.

[19] 一加法器同时收到 20 个噪声电压 $V_i(i=1,\cdots,20)$. 设它们相互独立且都服从 $(0,10)$ 上的均匀分布,则 $P\left\{\sum\limits_{i=1}^{20} V_i > 105\right\} = $ _____.

解 因为 $E(V_i) = 5$,$D(V_i) = \dfrac{100}{12}$,由中心极限定理可知 $\sum\limits_{i=1}^{20} V_i$ 近似服从 $N\left(100, \dfrac{500}{3}\right)$,所以

$$P\left\{\sum_{i=1}^{20} V_i > 105\right\} \approx 1 - \Phi\left[\dfrac{105-100}{\sqrt{\dfrac{500}{3}}}\right] = 1 - \Phi(0.39) = 0.3483.$$

故应填 0.348 3.

[20] 某一复杂的系统由 100 个相互独立起作用的部件所组成,在整个系统运行期间每个部件损坏的概率均为 0.1. 为了使整个系统起作用,必须至少有 85 个部件正常工作,求使得整个系统起作用的概率.

解 设 X 为正常工作的部件数,则 $X \sim B(100, 0.9)$.

由中心极限定理,X 近似服从 $N(90, 9)$,则

$$P\{X > 85\} = 1 - P\{X \leqslant 85\} \approx 1 - \Phi\left(\dfrac{85 - np}{\sqrt{npq}}\right) = 1 - \Phi\left(\dfrac{-5}{3}\right) = \Phi\left(\dfrac{5}{3}\right)$$
$$= \Phi(1.67) = 0.9525.$$

[21] 某种小汽车氧化氮的排放量的数学期望为 0.9 g/km,标准差为 1.9 g/km. 某公司有这种汽车 100 辆,以 $\overline{X}$ 表示这些车辆的氧化氮排放量的算数平均. 问当 L 为何值时,$\overline{X} > L$ 的概率不超过 0.01.

解 设以 $X_i(i=1,2,\cdots,100)$ 表示第 i 辆小汽车氧化氮的排放量,则

$$\overline{X} = \frac{1}{100}\sum_{i=1}^{100} X_i.$$

由已知条件 $E(X_i) = 0.9, D(X_i) = 1.9^2$ 得

$$E(\overline{X}) = 0.9, \quad D(\overline{X}) = \frac{1.9^2}{100}.$$

各辆汽车氧化氮的排放量相互独立,故可认为近似地有

$$\overline{X} \sim N\left(0.9, \frac{1.9^2}{100}\right).$$

需要计算的是满足 $P\{\overline{X} > L\} \leqslant 0.01$ 的最小值 L.
由中心极限定理

$$P\{\overline{X} > L\} = P\left\{\frac{\overline{X} - 0.9}{0.19} > \frac{L - 0.9}{0.19}\right\} \leqslant 0.01,$$

L 应为满足 $1 - \Phi\left(\frac{L - 0.9}{0.19}\right) \leqslant 0.01$ 的最小值,

$$\Phi\left(\frac{L - 0.9}{0.19}\right) \geqslant 0.99 = \Phi(2.33), \text{ 即 } \frac{L - 0.9}{0.19} \geqslant 2.33,$$

故 $L \geqslant 0.9 + 0.19 \times 2.33 = 1.3427$,应取 $L = 1.3427 \text{ g/km}$.

举一反三   解析见答案册第 74 页

[22] 设 $\Phi(x)$ 为标准正态分布函数,

$$X_i = \begin{cases} 0, & A \text{ 不发生} \\ 1, & A \text{ 发生} \end{cases} \quad (i = 1, 2, \cdots, 100),$$

且 $P(A) = 0.8, X_1, X_2, \cdots, X_{100}$ 相互独立. 令 $Y = \sum_{i=1}^{100} X_i$,则由中心极限定理知 Y 的分布函数 $F(y)$ 近似于(   ).

A. $\Phi(y)$ B. $\Phi\left(\frac{y - 80}{4}\right)$

C. $\Phi(16y + 8)$ D. $\Phi(4y + 80)$

[23] 设 $X_1, X_2, \cdots, X_n$ 是独立同分布随机变量序列,具有相同的数学期望和方差 $E(X_i) = 0, D(X_i) = 1$,则当 n 充分大时,随机变量 $Z_n = \frac{1}{\sqrt{n}}\sum_{i=1}^{n} X_i$ 近似服从(   ).

A. $N(0, n)$ B. $N\left(0, \frac{1}{\sqrt{n}}\right)$ C. $N\left(0, \frac{1}{n}\right)$ D. $N(0, 1)$

[24] 设相互独立的随机变量序列 $X_1, X_2, \cdots X_n, \cdots$ 服从相同的概率分布,且 $E(X_i) = \mu, D(X_i) = \sigma^2$. 记 $\overline{X}_n = \frac{1}{n}\sum_{i=1}^{n} X_i$, $\Phi(x)$ 为标准正态分布函数,则 $\lim_{n \to \infty} P\left\{|\overline{X}_n - \mu| \leqslant \frac{\sigma}{\sqrt{n}}\right\} =$ (   ).

A. $\Phi(1)$ B. $1 - \Phi(1)$ C. $2\Phi(1) - 1$ D. $2\Phi(1)$

[25] 设随机变量 X 的概率密度为 $f(x) = \begin{cases} \frac{1}{2}x^2 e^{-x}, & x > 0 \\ 0, & x \leqslant 0, \end{cases}$ 试用切比雪夫不等式

估计概率 $P\{1<X<5\}>$ _____.

[26] 某市有 50 个无线寻呼台,每个寻呼台在每分钟内收到的电话呼叫次数服从参数 $\lambda=0.05$ 的泊松分布,则该市在某时刻一分钟内的呼叫次数的总和大于 3 次的概率是 _____.

[27] 设电站供电网有 10 000 盏电灯,夜晚时每盏灯开灯的概率均为 0.7,假定所有电灯的开或关是相互独立的,试用切比雪夫不等式估计夜晚同时开着的灯数在 6 800 到 7 200 盏之间的概率.

[28] 某种电子器件的寿命(小时)具有数学期望 μ(未知),方差 $\sigma^2=400$. 为了估计 μ,随机地取 n 只这种器件,在时刻 $t=0$ 投入测试(设测试是相互独立的)直至失效,测得其寿命为 $X_1,X_2,\cdots,X_n$,以 $\overline{X}=\dfrac{1}{n}\sum\limits_{k=1}^{n}X_k$ 作为 μ 的估计. 为了使 $P\{|\overline{X}-\mu|<1\}\geqslant 0.95$,问 n 至少为多少?

[29] 一公寓有 200 户住户,一户住户拥有汽车辆数 X 的分布律为

X	0	1	2
p_k	0.1	0.6	0.3

问需要多少车位,才能使每辆汽车都具有一个车位的概率至少为 0.95.

[30] 某个计算机系统有 120 个终端,每个终端有 10% 的时间要与主机交换数据,如果同一时刻有超过 20 台的终端要与主机交换数据,系统将发生数据传送堵塞. 假定各终端工作是相互独立的,问系统发生堵塞现象的概率是多少?

[31] 某商店出售某种贵重商品. 根据经验,该商品每周销售量服从参数为 $\lambda = 1$ 的泊松分布,假定各周的销售量是相互独立的,用中心极限定理计算该商店一年内(52 周)售出该商品件数在 50 件到 70 件之间的概率(用 $\Phi(x)$ 表示).

[32] 某药厂断言,该厂生产的某种药品对于医治一种血液病的治愈率为 0.8. 医院任意抽查 100 个服用此药品的病人,若其中多于 75 人治愈,就接受此断言,否则就拒绝此断言.
(1) 若实际上此药品对该病治愈率是 0.8,求接受此断言的概率;
(2) 若实际上此药品对该病治愈率是 0.7,求接受此断言的概率.

[33] 一工人修理一台机器需两个阶段,第一阶段所需时间(小时)服从均值为 0.2 的指数分布,第二阶段服从均值为 0.3 的指数分布,且与第一阶段独立. 现有 20 台机器需要修理,求他在 8 小时内完成的概率.

[34]　在一家保险公司里有 10 000 人参加保险,每人每年付 12 元保险费.在一年内一个人死亡的概率为 0.006,死亡后家属可向保险公司领取 1 000 元.试求:

(1) 保险公司亏本的概率;

(2) 保险公司一年的利润不少于 60 000 元的概率.

[35]　设总体 X 的概率密度函数为
$$f(x)=\begin{cases}|x|, & |x|<1,\\ 0, & |x|\geq 1,\end{cases}$$
$(X_1,X_2,\cdots,X_{50})$ 为总体的样本,求 $P\{|\overline{X}|>0.02\}$ 的近似值.

[36]　随机地选取两组学生,每组 80 人,分别在两个实验室里测量某种化合物的 pH 值.各人测量的结果是随机变量,它们相互独立,且服从同一分布,其数学期望为 5,方差为 0.3,以 $\overline{X},\overline{Y}$ 分别表示第一组和第二组所得结果的算数平均.求:

(1) $P\{4.9<\overline{X}<5.1\}$;

(2) $P\{-0.1<\overline{X}-\overline{Y}<0.1\}$.

[37] 现有一大批种子,其中良种占 $\frac{1}{6}$,现从中任取 6 000 粒.试分别(1)用切比雪夫不等式估计;(2)用中心极限定理计算:这 6 000 粒中良种所占的比例与 $\frac{1}{6}$ 之差的绝对值不超过 0.01 的概率.

[38] 假设某种化学产品在任一批次中所含特定杂质的量为随机变量 X,其数学期望为 4(g),标准差为 1.5(g),各批次之间相互独立.
(1) 随机检查 50 批次,求杂质的平均值 $\overline{X}$ 在 3.5(g) 到 3.8(g) 之间的概率.
(2) 随机检查 100 批次,求杂质的总量 T 不超过 425(g) 的概率.

第六章　数理统计基本概念

刷题散点图

在学习概率论与数理统计时,制作刷题散点图是一种高效的学习方法.用笔在题号上标记:做对的画"√",做错的画"×".完成后,观察题号的分布情况:错题集中的区域是薄弱点,需重点二刷、三刷;错题分散则说明基础不牢,要全面巩固.

通过散点图,能快速定位问题,精准复习,提升学习效率.

原型题	1	2	3	4	11		26	29	30	39	40
	12	13	19	20	21		41	42	43	44	45
	27	28	31	32	33		46	47	48	49	50
	34	35	36	37	38		51	52	53	54	55
举一反三	5	6	7	8	9		56				
	10	14	15	16	17						
	18	22	23	24	25						

核心归纳

1. 总体

研究对象的某个性能指标的全体称为**总体**，通常用一随机变量 X 代表.

2. 个体

总体中每一个研究对象称为**个体**.

3. 样本

从总体中取 n 个个体，称作来自总体的容量为 n 的**样本**.

n 个相互独立，而且与总体 X 同分布的随机变量 $X_1, X_2, \cdots, X_n$，简称**随机样本**，也常以随机向量 $(X_1, X_2, \cdots, X_n)$ 表示. 它们的一组观察值 $x_1, x_2, \cdots, x_n$ 称为**样本值**.

4. 统计量

不含未知参数的样本函数 $g(X_1, X_2, \cdots, X_n)$ 为**统计量**.

常见统计量

$$\overline{X} = \frac{1}{n}\sum_{i=1}^{n} X_i \text{ 为样本均值,}$$

$$S^2 = \frac{1}{n-1}\sum_{i=1}^{n}(X_i - \overline{X})^2 \text{ 为样本方差,}$$

$$S = \sqrt{S^2} \text{ 称为样本标准差,}$$

$$A_k = \frac{1}{n}\sum_{i=1}^{n} X_i^k \text{ 为 } k \text{ 阶样本原点矩,}$$

$$B_k = \frac{1}{n}\sum_{i=1}^{n}(X_i - \overline{X})^k \text{ 为 } k \text{ 阶样本中心矩,}$$

其中 $B_2 = S_n^2 = \frac{1}{n}\sum_{i=1}^{n}(X_i - \overline{X})^2 = \frac{n-1}{n}S^2$.

5. 经验分布函数

从总体 X 中抽取一个容量为 n 的样本，将其观察值 $(x_1, x_2, \cdots, x_n)$ 按大小顺序，重新排列如下

$$x_1^* \leqslant x_2^* \leqslant \cdots \leqslant x_n^*.$$

对于任意的实数 x，定义函数

$$F_n(x) = \begin{cases} 0, & x < x_1^*, \\ \dfrac{k}{n}, & x_k^* \leqslant x < x_{k+1}^*, \quad k = 1, 2, \cdots, n-1, \\ 1, & x_n^* \leqslant x, \end{cases}$$

称 $F_n(x)$ 为总体 X 由 $x_1, x_2, \cdots, x_n$ 所决定的**样本分布函数**或**经验分布函数**.

6. χ^2 分布

(1) 定义：设随机变量 $X_1, \cdots, X_n$ 相互独立同分布 $N(0,1)$，若 $\chi^2 = \sum_{i=1}^{n} X_i^2$，则称随机变量 χ^2 为服从自由变度为 n 的 χ^2 分布. 记作 $\chi^2 \sim \chi^2(n)$.

(2) 性质：①$E(\chi^2) = n, D(\chi^2) = 2n$；

② 设 $X \sim \chi^2(m), Y \sim \chi^2(n)$，且 X 与 Y 相互独立，则
$$X + Y \sim \chi^2(m+n).$$

(3) 上 α 分位点：对于给定的正数 $\alpha(0 < \alpha < 1)$，称满足条件
$$P\{\chi^2 > \chi_\alpha^2(n)\} = \alpha$$
的点 $\chi_\alpha^2(n)$ 称为 χ^2 分布的**上 α 分位点**.

7. t 分布

(1) 定义：设随机变量 X 与 Y 相互独立，$X \sim N(0,1), Y \sim \chi^2(n)$，若 $t = \dfrac{X}{\sqrt{\dfrac{Y}{n}}}$，则称随机变量 t 为服从自由度为 n 的 t **分布**，记作 $t \sim t(n)$.

(2) 性质：①$E(t) = 0, D(t) = \dfrac{n}{n-2}$ $(n > 2)$；

② $\lim\limits_{n \to \infty} \varphi(x) = \dfrac{1}{\sqrt{2\pi}} e^{-\frac{x^2}{2}}$，故 n 足够大时，t 分布近似于 $N(0,1)$；

③ 若 $t \sim t(n)$，则 $t^2 \sim F(1,n)$.

(3) 上 α 分位点：满足
$$P\{t > t_\alpha(n)\} = \alpha \quad (0 < \alpha < 1)$$
的点 $t_\alpha(n)$ 称为 t 分布的**上 α 分位点**. 其中 $t_{1-\alpha}(n) = -t_\alpha(n)$.

8. F 分布

(1) 定义：设随机变量 X 与 Y 相互独立，$X \sim \chi^2(m), Y \sim \chi^2(n)$，若 $F = \dfrac{\dfrac{X}{m}}{\dfrac{Y}{n}}$，则称随机变量 F 为服从自由度为 m,n 的 F **分布**，记作 $F \sim F(m,n)$.

(2) 性质：① 若 $X \sim F(m,n)$，则
$$E(X) = \dfrac{n}{n-2} \quad (n > 2),$$
$$D(X) = \dfrac{n^2(2m+2n-4)}{m(n-2)^2(n-4)} \quad (n > 4);$$

② 若 $X \sim F(m,n)$，则 $\dfrac{1}{X} \sim F(n,m)$；

(3) 上 α 分位点：满足
$$P\{F > F_\alpha(m,n)\} = \alpha \quad (0 < \alpha < 1)$$
的点 $F_\alpha(m,n)$ 称为 F 分布的**上 α 分位点**，且 $F_{1-\alpha}(m,n) = \dfrac{1}{F_\alpha(n,m)}$.

9. 正态总体的常用结论

(1) 若总体 X 服从正态分布 $N(\mu, \sigma^2)$，$X_1, \cdots, X_n$ 是其样本，$\overline{X}$ 和 S^2 分别为样本均值和方差，则

①$\overline{X} \sim N\left(\mu, \dfrac{\sigma^2}{n}\right)$ 或 $\dfrac{\overline{X} - \mu}{\sigma}\sqrt{n} \sim N(0,1)$；

② $\dfrac{(n-1)S^2}{\sigma^2} \sim \chi^2(n-1)$；

③ $\dfrac{\overline{X}-\mu}{S}\sqrt{n} \sim t(n-1)$；

④ $\overline{X}$ 与 S^2 相互独立.

(2) 若 $X_1, X_2, \cdots, X_n$ 和 $Y_1, Y_2, \cdots, Y_m$ 分别表示取自两个正态总体 $N(\mu_1, \sigma_1^2)$ 和 $N(\mu_2, \sigma_2^2)$ 的简单随机样本，$\overline{X}, \overline{Y}$ 和 S_1^2, S_2^2 分别表示其样本均值和方差，则有

① $\dfrac{\dfrac{S_1^2}{\sigma_1^2}}{\dfrac{S_2^2}{\sigma_2^2}} \sim F(n-1, m-1)$；

② $\sqrt{\dfrac{mn(n+m-2)}{n+m}} \dfrac{(\overline{X}-\overline{Y})-(\mu_1-\mu_2)}{\sqrt{(n-1)S_1^2+(m-1)S_2^2}} \sim t(n+m-2)$（当 $\sigma_1^2 = \sigma_2^2$ 时）.

重点题型

题型1 判断抽样分布

原型题

[1] 设随机变量 X 和 Y 都服从标准正态分布，则（　　）.

A. $X+Y$ 服从正态分布
B. X^2+Y^2 服从 χ^2 分布
C. X^2 和 Y^2 都服从 χ^2 分布
D. $\dfrac{X^2}{Y^2}$ 服从 F 分布

分析 利用正态分布的性质和 χ^2 分布的表达式判断.

解 因为 X 与 Y 是否相互独立不确定，故 $X+Y$ 不一定服从正态分布. 同理 X^2+Y^2 不一定服从 χ^2 分布，$\dfrac{X^2}{Y^2}$ 服从 F 分布也不确定. 而 $X^2 \sim \chi^2(1), Y^2 \sim \chi^2(1)$.

故应选 C.

[2] 设 X_1, X_2, X_3, X_4 为来自总体 $X \sim N(1, \sigma^2)$ 的简单随机样本，则统计量 $\dfrac{X_1-X_2}{|X_3+X_4-2|}$ 的分布为（　　）.

A. $N(0,1)$ B. $t(1)$ C. $\chi^2(1)$ D. $F(1,1)$

解 $\dfrac{X_1-X_2}{|X_3+X_4-2|} = \dfrac{\dfrac{X_1-X_2}{\sqrt{2}\,\sigma}}{\sqrt{\left(\dfrac{X_3+X_4-2}{\sqrt{2}\,\sigma}\right)^2}}$，

因为 $\dfrac{X_1-X_2}{\sqrt{2}\,\sigma} \sim N(0,1), \dfrac{X_3+X_4-2}{\sqrt{2}\,\sigma} \sim N(0,1), \left(\dfrac{X_3+X_4-2}{\sqrt{2}\,\sigma}\right)^2 \sim \chi^2(1)$，所以

$$\frac{X_1-X_2}{|X_3+X_4-2|} = \frac{\dfrac{X_1-X_2}{\sqrt{2}\,\sigma}}{\sqrt{\left(\dfrac{X_3+X_4-2}{\sqrt{2}\sigma}\right)^2}} \sim t(1).$$

故应选 B.

[3] 设随机变量 $X \sim t(n)$ $(n>1)$, $Y = \dfrac{1}{X^2}$, 则( ).

A. $Y \sim \chi^2(n)$
B. $Y \sim \chi^2(n-1)$
C. $Y \sim F(n,1)$
D. $Y \sim F(1,n)$

解 **方法一** 利用 t 分布和 F 分布的性质求解.

因为 $X \sim t(n)$, 由 t 分布性质可得 $X^2 \sim F(1,n)$.

又根据 F 分布的性质

$$\frac{1}{X^2} \sim F(n,1),$$

故 $Y = \dfrac{1}{X^2} \sim F(n,1)$, 答案为 C.

方法二 利用 t 分布和 F 分布的定义求解.

因为 $X \sim t(n)$, 所以 X 具有如下结构:

$$X = \frac{U}{\sqrt{\dfrac{V}{n}}},$$

其中 $U \sim N(0,1)$, $V \sim \chi^2(n)$, 且 U 与 V 相互独立. 从而

$$X^2 = \frac{U^2}{\dfrac{V}{n}}, \quad 即 \frac{1}{X^2} = \frac{\dfrac{V}{n}}{U^2}.$$

$U^2 \sim \chi^2(1)$, 且 U^2 与 V 也相互独立, 由定义

$$\frac{1}{X^2} = \frac{\dfrac{V}{n}}{\dfrac{U^2}{1}} \sim F(n,1).$$

故应选 C.

[4] 设 $X_1, X_2, \cdots, X_n$ 为来自总体 $N(\mu_1, \sigma^2)$ 的简单随机样本, $Y_1, Y_2, \cdots, Y_m$ 为来自总体 $N(\mu_2, 2\sigma^2)$ 的简单随机样本, 且两样本相互独立, 记

$$\overline{X} = \frac{1}{n}\sum_{i=1}^{n} X_i, \qquad \overline{Y} = \frac{1}{m}\sum_{i=1}^{m} Y_i,$$

$$S_1^2 = \frac{1}{n-1}\sum_{i=1}^{n}(X_i-\overline{X})^2, \quad S_2^2 = \frac{1}{m-1}\sum_{i=1}^{m}(Y_i-\overline{Y})^2,$$

则( ).

A. $\dfrac{S_1^2}{S_2^2} \sim F(n,m)$
B. $\dfrac{S_1^2}{S_2^2} \sim F(n-1,m-1)$
C. $\dfrac{2S_1^2}{S_2^2} \sim F(n,m)$
D. $\dfrac{2S_1^2}{S_2^2} \sim F(n-1,m-1)$

解 $X_1, X_2, \cdots, X_n$ 的样本方差 $S_1^2 = \dfrac{1}{n-1}\sum_{i=1}^{n}(X_i - \overline{X})^2$, $Y_1, Y_2, \cdots, Y_n$ 的样本方差 $S_2^2 = \dfrac{1}{m-1}\sum_{i=1}^{m}(Y_i - \overline{Y})^2$.

故 $\dfrac{(n-1)S_1^2}{\sigma^2} \sim \chi^2(n-1)$, $\dfrac{(m-1)S_2^2}{2\sigma^2} \sim \chi^2(m-1)$, 两个样本相互独立.

所以 $\dfrac{\dfrac{(n-1)S_1^2}{\sigma^2}/(n-1)}{\dfrac{(m-1)S_2^2}{2\sigma^2}/(m-1)} = \dfrac{\dfrac{S_1^2}{\sigma^2}}{\dfrac{S_2^2}{2\sigma^2}} = \dfrac{2S_1^2}{S_2^2} \sim F(n-1, m-1)$.

故应选 D.

> **方法总结**
>
> 判断统计量服从什么抽样分布是本章的重点题型之一. 要做到判断准确, 必须首先将 χ^2 分布, t 分布, F 分布的定义及性质熟记, 其次正态总体下的抽样分布结论要掌握.

举一反三　　解析见答案册第 78 页

[5] 设 X_1, X_2, X_3, X_4 是来自正态总体 $N(0, 2^2)$ 的简单随机样本,
$$X = a(X_1 - 2X_2)^2 + b(3X_3 - 4X_4)^2,$$
则当 $a = \underline{\qquad}$, $b = \underline{\qquad}$ 时, 统计量 X 服从 χ^2 分布, 其自由度为 $\underline{\qquad}$.

[6] 设 $X_1, X_2, \cdots, X_5$ 是取自正态分布 $N(0, \sigma^2)$ 的一个简单随机样本, 若 $\dfrac{a(X_1 + X_2)}{\sqrt{X_3^2 + X_4^2 + X_5^2}}$ 服从 t 分布, 则 $a = \underline{\qquad}$.

[7] 设总体 X 服从正态分布 $N(0, 2^2)$, 而 $X_1, X_2, \cdots, X_{15}$ 是来自总体 X 的简单随机样本, 则随机变量
$$Y = \dfrac{X_1^2 + \cdots + X_{10}^2}{2(X_{11}^2 + \cdots + X_{15}^2)}$$
服从 $\underline{\qquad}$ 分布, 参数为 $\underline{\qquad}$.

[8] 已知 (X, Y) 的概率密度为 $f(x, y) = \dfrac{1}{12\pi} e^{-\frac{1}{72}\left(9x^2 + 4y^2 - 8y + 4\right)}$, 求 $\dfrac{9X^2}{4(Y-1)^2}$ 服从什么分布?

[9] 设 $X_1, X_2, \cdots, X_n$ 是来自总体 $X \sim N(\mu, \sigma^2)$ 的一个样本,样本均值和方差分别为 $\overline{X}$ 和 S^2, X_{n+1} 为对 X 的又一独立观测值,求统计量 $Y = \dfrac{X_{n+1} - \overline{X}}{S} \sqrt{\dfrac{n}{n+1}}$ 的分布.

[10] 设 $X_1, X_2, \cdots, X_9$ 是总体 X 的一个简单随机样本,X 服从正态分布 $N(\mu, \sigma^2)$, $Y_1 = \dfrac{1}{6}(X_1 + X_2 + \cdots + X_6)$, $Y_2 = \dfrac{1}{3}(X_7 + X_8 + X_9)$, $S^2 = \dfrac{1}{2}\sum_{i=7}^{9}(X_i - Y_2)^2$, $T = \dfrac{\sqrt{2}(Y_1 - Y_2)}{S}$. 证明 $T \sim t(2)$.

题型 2 利用抽样分布求概率

原型题

[11] 设随机变量 $X \sim t(n)$, $Y \sim F(1, n)$, 给定 $\alpha(0 < \alpha < 0.5)$, 常数 c 满足 $P\{X > c\} = \alpha$, 则 $P\{Y > c^2\} = (\quad)$.

A. α B. $1 - \alpha$ C. 2α D. $1 - 2\alpha$

解 $X \sim t(n)$, $Y \sim F(1, n)$, 则 $X^2 \sim F(1, n)$ 与 Y 同分布. 因此

$$P\{Y > c^2\} = P\{X^2 > c^2\} = P\{X > c\} + P\{X < -c\} = 2P\{X > c\} = 2\alpha,$$

故应选 C.

思路拓展

不同分布之间的关系也是考研中的常考题型. 本题考查的便是 t 分布和 F 分布之间的关系.

若 $X \sim t(n)$, 则 $X^2 \sim F(1, n)$.

另外,本题也用到了 t 分布的对称性,即 $P\{X > c\} = P\{X < -c\} = \alpha$. 如图 6-1 所示.

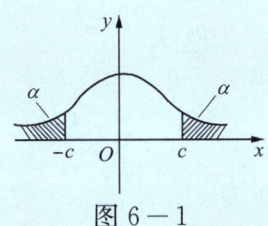

图 6-1

[12] 设 $X \sim N(0, 0.3^2)$, $(X_1, X_2, \cdots, X_{10})$ 是取自 X 的一个样本,求
$$P\left\{\sum_{i=1}^{10} X_i^2 > 1.44\right\}.$$

解 由 $X_i \sim N(0, 0.3^2)$ 知
$$\frac{X_i}{0.3} \sim N(0,1),\ i=1,2,\cdots,10,$$

故
$$\sum_{i=1}^{10}\left(\frac{X_i}{0.3}\right)^2 = \frac{1}{0.09}\cdot\sum_{i=1}^{10} X_i^2 \sim \chi^2(10),$$

$$P\left\{\sum_{i=1}^{10} X_i^2 > 1.44\right\} = P\left\{\frac{1}{0.09}\sum_{i=1}^{10} X_i^2 > \frac{1.44}{0.09}\right\}$$

$$= P\left\{\frac{1}{0.09}\sum_{i=1}^{10} X_i^2 > 16\right\} = 0.1.$$

[13] 在总体 $N(12,4)$ 中随机抽一容量为 5 的样本 X_1, X_2, X_3, X_4, X_5. 求:
(1) 样本均值与总体均值之差的绝对值大于 1 的概率.
(2) 概率 $P\{\max(X_1, X_2, X_3, X_4, X_5) > 15\}$.
(3) 概率 $P\{\min(X_1, X_2, X_3, X_4, X_5) < 10\}$.

解 (1) 因 $\overline{X} \sim N(12, \frac{4}{5})$,所以
$$P\{|\overline{X} - 12| > 1\} = P\left\{\left|\frac{\overline{X}-12}{\sqrt{\frac{4}{5}}}\right| > \frac{\sqrt{5}}{2}\right\}$$

$$= 2 - 2\Phi\left(\frac{\sqrt{5}}{2}\right) = 2\times[1 - \Phi(1.12)]$$

$$= 2\times(1 - 0.8686) = 0.2628;$$

(2) $P\{\max(X_1, X_2, X_3, X_4, X_5) > 15\}$
$$= 1 - P\{X_1 \leqslant 15, X_2 \leqslant 15, X_3 \leqslant 15, X_4 \leqslant 15, X_5 \leqslant 15\}$$
$$= 1 - \prod_{i=1}^{5} P\{X_i \leqslant 15\} = 1 - \prod_{i=1}^{5} P\left\{\frac{X_i - 12}{2} \leqslant \frac{15-12}{2}\right\}$$
$$= 1 - [\Phi(1.5)]^5 = 1 - (0.9332)^5 = 0.2923;$$

(3) $P\{\min(X_1, X_2, X_3, X_4, X_5) < 10\}$
$$= 1 - P\{X_1 \geqslant 10, X_2 \geqslant 10, X_3 \geqslant 10, X_4 \geqslant 10, X_5 \geqslant 10\}$$
$$= 1 - \prod_{i=1}^{5} P\{X_i \geqslant 10\} = 1 - \prod_{i=1}^{5} P\left\{\frac{X_i-12}{2} \geqslant \frac{10-12}{2}\right\}$$
$$= 1 - [1 - \Phi(-1)]^5 = 1 - [\Phi(1)]^5$$
$$= 1 - (0.8413)^5 = 0.5785.$$

> **思路拓展**
>
> 本题(2),(3)也可利用第三章的公式:
> $M = \max(X_1, X_2, X_3, X_4, X_5)$ 的分布函数为 $F_M(z) = [F(z)]^5$.
> $N = \min(X_1, X_2, X_3, X_4, X_5)$ 的分布函数为 $F_N(z) = 1 - [1-F(z)]^5$.
> 故(2) $P\{M > 15\} = 1 - F_M(15)$.
> (3) $P\{N < 10\} = F_N(10)$.

举一反三

解析见答案册第 80 页

[14] 设 $X \sim F(n,n)$, $p_1 = P\{X \geq 1\}$, $p_2 = P\{X \leq 1\}$, 则( ).

A. $p_1 < p_2$ B. $p_1 = p_2$ C. $p_1 > p_2$ D. p_1、p_2 无法比较

[15] 设 $X_1, X_2, \cdots, X_{16}$ 是总体 $N(\mu, \sigma^2)$ 的样本, $\bar{X}$ 是样本均值, S^2 是样本方差, 若 $P\{\bar{X} > \mu + aS\} = 0.95$, 则 $a = $ _____.

[16] 从正态总体 $N(3.4, 6^2)$ 中抽取容量为 n 的样本, 如果要求其样本均值位于区间 $(1.4, 5.4)$ 内的概率不小于 0.95, 问样本容量 n 至少应取多大?

[17] 设在总体 $N(\mu, \sigma^2)$ 中抽取一个容量为 16 的样本, 求 $P\left\{\dfrac{S^2}{\sigma^2} \leq 1.664\right\}$.

[18] 设 $F \sim F(m,n)$, 证明: $F_{1-\alpha}(m,n) = \dfrac{1}{F_\alpha(n,m)}$.

题型 3 统计量求数字特征

原型题

[19] 设总体 X 服从参数 $\lambda(\lambda>0)$ 的泊松分布,$X_1,X_2,\cdots,X_n(n\geqslant 2)$ 为来自总体的简单随机样本,则对于统计量 $T_1=\dfrac{1}{n}\sum\limits_{i=1}^{n}X_i, T_2=\dfrac{1}{n-1}\sum\limits_{i=1}^{n-1}X_i+\dfrac{1}{n}X_n$ 有( ).

A. $E(T_1)>E(T_2),D(T_1)>D(T_2)$
B. $E(T_1)>E(T_2),D(T_1)<D(T_2)$
C. $E(T_1)<E(T_2),D(T_1)>D(T_2)$
D. $E(T_1)<E(T_2),D(T_1)<D(T_2)$

解 由 $X_1,\cdots,X_n \sim P(\lambda)$ 知
$$E(X_i)=\lambda,\ D(X_i)=\lambda,\ i=1,2,\cdots,n,$$
从而
$$E(T_1)=E\left(\dfrac{1}{n}\sum_{i=1}^{n}X_i\right)=\lambda,$$
$$E(T_2)=\dfrac{1}{n-1}\sum_{i=1}^{n-1}E(X_i)+\dfrac{1}{n}E(X_n)=\lambda+\dfrac{\lambda}{n}.$$
故 $E(T_1)<E(T_2)$,
$$D(T_1)=\dfrac{1}{n^2}D\left(\sum_{i=1}^{n}X_i\right)=\dfrac{n\lambda}{n^2}=\dfrac{\lambda}{n},$$
$$D(T_2)=\dfrac{1}{(n-1)^2}\sum_{i=1}^{n-1}D(X_i)+\dfrac{1}{n^2}D(X_n)=\dfrac{\lambda}{n-1}+\dfrac{\lambda}{n^2}>\dfrac{\lambda}{n}=D(T_1).$$
故应选 D.

[20] 设 $X_1,X_2,\cdots,X_m$ 为来自二项分布总体 $B(n,p)$ 的简单随机样本,$\overline{X}$ 和 S^2 分别为样本均值和样本方差. 记统计量 $T=\overline{X}-S^2$,则 $E(T)=$ _____.

解 因为 $X\sim B(n,p)$,则 $E(X)=np, D(X)=np(1-p)$. 所以
$$E(T)=E(\overline{X}-S^2)=E(\overline{X})-E(S^2)=E(X)-D(X)=np-np(1-p)=np^2.$$
故应填 np^2.

[21] 设总体 X 服从正态分布 $N(\mu,\sigma^2)(\sigma>0)$. 从该总体中抽取简单随机样本 $X_1, X_2,\cdots,X_{2n}(n\geqslant 2)$,其样本均值为 $\overline{X}=\dfrac{1}{2n}\sum\limits_{i=1}^{2n}X_i$. 试求统计量
$$Y=\sum_{i=1}^{n}(X_i+X_{n+i}-2\overline{X})^2$$
的数学期望 $E(Y)$.

解 方法一 由已知条件 $X_1,X_2,\cdots,X_{2n}$ 均服从 $N(\mu,\sigma^2)$ 且相互独立,所以 $(X_1+X_{n+1}),(X_2+X_{n+2}),\cdots,(X_n+X_{2n})$ 相互独立且服从 $N(2\mu,2\sigma^2)$,故 $(X_1+X_{n+1}),(X_2+X_{n+2}),\cdots,(X_n+X_{2n})$ 可作为来自总体 $N(2\mu,2\sigma^2)$ 的样本. 其样本均值为
$$\dfrac{1}{n}\sum_{i=1}^{n}(X_i+X_{n+i})=\dfrac{1}{n}\sum_{i=1}^{2n}X_i=2\overline{X},$$

其样本方差为
$$\frac{1}{n-1}\sum_{i=1}^{n}(X_i+X_{n+i}-2\overline{X})^2 = \frac{1}{n-1}Y.$$

因为 $E(S^2) = \sigma^2$,则
$$E\left(\frac{1}{n-1}Y\right) = 2\sigma^2.$$

故 $E(Y) = 2(n-1)\sigma^2$.

方法二 记 $\overline{X}' = \frac{1}{n}\sum_{i=1}^{n}X_i$,$\overline{X}'' = \frac{1}{n}\sum_{i=1}^{n}X_{n+i}$,显然有 $2\overline{X} = \overline{X}' + \overline{X}''$.因此

$$\begin{aligned}
E(Y) &= E\Big[\sum_{i=1}^{n}(X_i+X_{n+i}-2\overline{X})^2\Big]\\
&= E\Big\{\sum_{i=1}^{n}\big[(X_i-\overline{X}')+(X_{n+i}-\overline{X}'')\big]^2\Big\}\\
&= E\Big\{\sum_{i=1}^{n}\big[(X_i-\overline{X}')^2 + 2(X_i-\overline{X}')(X_{n+i}-\overline{X}'') + (X_{n+i}-\overline{X}'')^2\big]\Big\}\\
&= E\Big[\sum_{i=1}^{n}(X_i-\overline{X}')^2\Big] + 0 + E\Big[\sum_{i=1}^{n}(X_{n+i}-\overline{X}'')^2\Big]\\
&= (n-1)\sigma^2 + (n-1)\sigma^2 = 2(n-1)\sigma^2.
\end{aligned}$$

方法三
$$\begin{aligned}
Y &= \sum_{i=1}^{n}(X_i+X_{n+i}-2\overline{X})^2\\
&= \sum_{i=1}^{n}(X_i^2 + X_{n+i}^2 + 2X_iX_{n+i} - 4\overline{X}X_i - 4\overline{X}X_{n+i} + 4\overline{X}^2)\\
&= \sum_{i=1}^{2n}X_i^2 + 2\sum_{i=1}^{n}X_iX_{n+i} - 4\overline{X}\sum_{i=1}^{2n}X_i + 4n\overline{X}^2\\
&= \sum_{i=1}^{2n}X_i^2 + 2\sum_{i=1}^{n}X_iX_{n+i} - 4n\overline{X}^2.
\end{aligned}$$

又由 $D(\overline{X}) = E(\overline{X}^2) - [E(\overline{X})]^2$ 可得,$E(\overline{X}^2) = \frac{\sigma^2}{2n} + \mu^2$.

同理 $E(X_i^2) = \mu^2 + \sigma^2$.

因此
$$\begin{aligned}
E(Y) &= \sum_{i=1}^{2n}E(X_i^2) + 2\sum_{i=1}^{n}E(X_i)E(X_{n+i}) - 4nE(\overline{X}^2)\\
&= 2n(\sigma^2+\mu^2) + 2n\mu^2 - 4n\left(\frac{\sigma^2}{2n}+\mu^2\right) = 2(n-1)\sigma^2.
\end{aligned}$$

方法总结

统计量求期望、方差等数字特征是数理统计中的基本题型.另外在后面的有关估计量的无偏性及有效性内容当中也会用到此类计算.统计量求数字特征时经常用到以下公式,需熟记:

$$E(\overline{X}) = E(X) \text{ (或 } \mu \text{)},$$
$$D(\overline{X}) = \frac{D(X)}{n} \text{ (或 } \frac{\sigma^2}{n} \text{)},$$
$$E(S^2) = D(X) \text{ (或 } \sigma^2 \text{)}.$$

举一反三

解析见答案册第 81 页

[22] 设 $X_1, X_2, \cdots, X_n$ 是取自 $N(0, \sigma^2)$ 的简单样本,$\overline{X}_k = \dfrac{1}{k}\sum\limits_{i=1}^{k} X_i$, $1 \leqslant k \leqslant n$,则 $\mathrm{Cov}(\overline{X}_k, \overline{X}_{k+1}) = ($ $)$.

A. σ^2 　　　　　B. $\dfrac{\sigma^2}{k}$ 　　　　　C. $\dfrac{\sigma^2}{k+1}$ 　　　　　D. $\dfrac{\sigma^2}{k(k+1)}$

[23] 设 $X_1, X_2, \cdots, X_n$ 为来自总体 $N(\mu, \sigma^2)$ 的简单随机样本,记统计量 $T = \dfrac{1}{n}\sum\limits_{i=1}^{n} X_i^2$,则 $E(T) = $ _____.

[24] 设总体 X 的概率密度为 $f(x) = \dfrac{1}{2}\mathrm{e}^{-|x|}$ $(-\infty < x < +\infty)$,$X_1, X_2, \cdots, X_n$ 为总体 X 的简单随机样本,其样本方差为 S^2,则 $E(S^2) = $ _____.

[25] 设总体 X 服从正态分布 $N(\mu, \sigma^2)$,$X_1, X_2, \cdots, X_n$ 为其样本,$\overline{X}$ 为样本均值,S^2 为样本方差. 试求:

(1) $\overline{X}$ 的数学期望与方差.

(2) S^2 的数学期望.

[26] 设 $X_1, X_2, \cdots, X_n$ 是来自总体 $N(\mu, \sigma^2)$ 的样本,记 $Y = \dfrac{1}{n}\sum\limits_{i=1}^{n} |X_i - \mu|$,试证:

$$E(Y) = \sqrt{\dfrac{2}{\pi}}\sigma, \quad D(Y) = \left(1 - \dfrac{2}{\pi}\right)\dfrac{\sigma^2}{n}.$$

题型 4　关于样本、统计量和经验分布函数

原型题

[27] 设总体 X 服从 $(0, \theta)$ 上的均匀分布,$\theta > 0$ 是未知参数,$X_1, \cdots, X_n$ 是总体 X 的一组样本,记 $X_{(1)} = \min\{X_1, \cdots, X_n\}$ 和 $X_{(n)} = \max\{X_1, \cdots, X_n\}$ 分别是 $X_1, \cdots, X_n$ 的最小顺

序统计量和最大顺序统计量,求 $X_{(1)}$ 和 $X_{(n)}$ 的概率密度函数 $f_{X_{(1)}}(x)$ 和 $f_{X_{(n)}}(x)$.

解 因总体 X 的密度函数和分布函数分别为

$$f(x) = \begin{cases} \dfrac{1}{\theta}, & x \in (0,\theta), \\ 0, & \text{其它}, \end{cases} \qquad F(x) = \begin{cases} 0, & x < 0, \\ \dfrac{x}{\theta}, & 0 \leqslant x < \theta, \\ 1, & x \geqslant \theta. \end{cases}$$

所以 $f_{X_{(1)}}(x) = n[1-F(x)]^{n-1}f(x) = \begin{cases} \dfrac{n}{\theta}\left(1-\dfrac{x}{\theta}\right)^{n-1}, & x \in (0,\theta), \\ 0, & \text{其它}, \end{cases}$

$$f_{X_{(n)}}(x) = n[F(x)]^{n-1}f(x) = \begin{cases} \dfrac{nx^{n-1}}{\theta^n}, & 0 < x < \theta, \\ 0, & \text{其它}. \end{cases}$$

[28] 设对总体 X 得到一个容量为 10 的样本,样本值分别为

4.5, 2, 1, 1.5, 3.5, 4.5, 6.5, 5, 3.5, 4,

分别计算样本均值、样本方差和经验分布函数.

解 因为 $\overline{X} = \dfrac{1}{n}\sum_{i=1}^{n}X_i$,所以 $\overline{x} = \dfrac{1}{10}\sum_{i=1}^{10}x_i = 3.6$.

因为 $S^2 = \dfrac{1}{n-1}\sum_{i=1}^{n}(X_i - \overline{X})^2$,所以

$$s^2 = \dfrac{1}{9}\sum_{i=1}^{10}(x_i - \overline{x})^2 \quad \text{或} \quad \dfrac{1}{9}\left(\sum_{i=1}^{10}x_i^2 - 10\overline{x}^2\right) = 2.88.$$

将 10 个样本值由小到大排序为

$$1 < 1.5 < 2 < 3.5 = 3.5 < 4 < 4.5 = 4.5 < 5 < 6.5,$$

故其经验分布函数为

$$F_n(x) = \begin{cases} 0, & x < 1, \\ \dfrac{1}{10}, & 1 \leqslant x < 1.5, \\ \dfrac{2}{10}, & 1.5 \leqslant x < 2, \\ \dfrac{3}{10}, & 2 \leqslant x < 3.5, \\ \dfrac{5}{10}, & 3.5 \leqslant x < 4, \\ \dfrac{6}{10}, & 4 \leqslant x < 4.5, \\ \dfrac{8}{10}, & 4.5 \leqslant x < 5, \\ \dfrac{9}{10}, & 5 \leqslant x < 6.5, \\ 1, & x \geqslant 6.5. \end{cases}$$

举一反三

解析见答案册第 82 页

[29] 设总体 $X \sim N(\mu, \sigma^2)$,其中 μ 和 σ^2 都是未知参数,随机变量 $X_1, X_2, \cdots, X_n$ 是来自总体的样本.

(1) 写出样本 $(X_1, X_2, \cdots, X_n)$ 的样本空间和联合分布密度;

(2) 指出下列样本函数哪些是统计量,哪些不是统计量.

$$T_1 = \frac{1}{n-1} \sum_{i=1}^{n} X_i, \qquad T_2 = X_n - E(X_1),$$

$$T_3 = 2X_2 + X_3, \qquad T_4 = \max(X_1, X_2, \cdots, X_n),$$

$$T_5 = \frac{X_1 - \mu}{\sigma}, \qquad T_6 = \sum_{i=1}^{n} \left(\frac{X_i}{\sigma}\right)^2.$$

[30] 设总体服从泊松分布 $P(\lambda)$,$X_1, X_2, \cdots, X_n$ 是一样本.

(1) 写出 $X_1, X_2, \cdots, X_n$ 的概率分布;

(2) 计算 $E(\overline{X}), D(\overline{X})$ 和 $E(S^2)$;

(3) 设总体的容量为 10 的一组样本观察值为 $(1,2,4,3,3,4,5,6,4,8)$,试计算样本均值、样本方差和经验分布函数.

题型 5 综合提高题型

原型题

[31] 设 $X_1, X_2, \cdots, X_n (n \geq 2)$ 为来自总体 $N(\mu, 1)$ 的简单随机样本,记 $\overline{X} = \frac{1}{n} \sum_{i=1}^{n} X_i$,则下列结论中不正确的是(   ).

A. $\sum_{i=1}^{n} (X_i - \mu)^2$ 服从 χ^2 分布   B. $2(X_n - X_1)^2$ 服从 χ^2 分布

C. $\sum_{i=1}^{n} (X_i - \overline{X})^2$ 服从 χ^2 分布   D. $n(\overline{X} - \mu)^2$ 服从 χ^2 分布

解 $X_i - \mu \sim N(0,1)$,则 $\sum_{i=1}^{n} (X_i - \mu)^2 \sim \chi^2(n)$,故 A 正确;

$$\sum_{i=1}^{n}(X_i-\overline{X})^2=(n-1)S^2\sim\chi^2(n-1),故\text{ C 正确};$$

$$\overline{X}\sim N\left(\mu,\frac{1}{n}\right),则\frac{\overline{X}-\mu}{\frac{1}{\sqrt{n}}}\sim N(0,1),故\;n(\overline{X}-\mu)^2\sim\chi^2(1),故\text{ D 正确};$$

$$X_n-X_1\sim N(0,2),故\frac{X_n-X_1}{\sqrt{2}}\sim N(0,1),则\frac{(X_n-X_1)^2}{2}\sim\chi^2(1),故\text{ B 不正确}.$$

故应选 B.

[32] 设 $X_1,X_2,\cdots,X_n(n\geqslant 2)$ 为来自总体 $N(0,1)$ 的简单随机样本,$\overline{X}$ 为样本均值,S^2 为样本方差,则( ).

A. $n\overline{X}\sim N(0,1)$ B. $nS^2\sim\chi^2(n)$

C. $\dfrac{(n-1)\overline{X}}{S}\sim t(n-1)$ D. $\dfrac{(n-1)X_1^2}{\sum\limits_{i=2}^{n}X_i^2}\sim F(1,n-1)$

解 因为 $X_1,X_2,\cdots,X_n$ 为总体 $N(0,1)$ 的简单随机样本,所以

$$\overline{X}\sim N\left(0,\frac{1}{n}\right),\quad \sqrt{n}\,\overline{X}\sim N(0,n),$$

$$(n-1)S^2=\sum_{i=1}^{n}(X_i-\overline{X})^2\sim\chi^2(n-1),$$

$$\frac{\overline{X}}{\frac{S}{\sqrt{n}}}=\frac{\sqrt{n}\,\overline{X}}{S}\sim t(n-1),$$

故 A、B、C 不正确.

而

$$X_1^2\sim\chi^2(1),\quad \sum_{i=2}^{n}X_i^2\sim\chi^2(n-1),$$

$$\frac{X_1^2}{\dfrac{\sum\limits_{i=2}^{n}X_i^2}{n-1}}=\frac{(n-1)X_1^2}{\sum\limits_{i=2}^{n}X_i^2}\sim F(1,n-1).$$

故应选 D.

[33] 设总体 X 服从正态分布 $N(\mu_1,\sigma^2)$,总体 Y 服从正态分布 $N(\mu_2,\sigma^2)$,$X_1,X_2,\cdots,X_{n_1}$ 和 $Y_1,Y_2,\cdots,Y_{n_2}$ 分别是来自总体 X 和 Y 的简单随机样本,则

$$E\left[\frac{\sum\limits_{i=1}^{n_1}(X_i-\overline{X})^2+\sum\limits_{j=1}^{n_2}(Y_j-\overline{Y})^2}{n_1+n_2-2}\right]=\underline{\qquad}.$$

解 因为 S^2 是 σ^2 的无偏估计,即 $E(S^2)=\sigma^2$. 所以

$$E\left[\frac{1}{n_1-1}\sum_{i=1}^{n_1}(X_i-\overline{X})^2\right]=\sigma^2,\quad E\left[\frac{1}{n_2-1}\sum_{j=1}^{n_2}(Y_j-\overline{Y})^2\right]=\sigma^2.$$

故

$$E\left[\frac{\sum_{i=1}^{n_1}(X_i-\overline{X})^2+\sum_{j=1}^{n_2}(Y_j-\overline{Y})^2}{n_1+n_2-2}\right]=\sigma^2.$$

故应填 σ^2.

[34] 设随机变量 X 和 Y 相互独立,且都服从正态分布 $N(0,3^2)$,而 $X_1,\cdots,X_9$ 和 $Y_1,\cdots,Y_9$ 分别是来自总体 X 和 Y 的简单随机样本,则统计量 $U=\dfrac{X_1+X_2+\cdots+X_9}{\sqrt{Y_1^2+Y_2^2+\cdots+Y_9^2}}$ 服从 _____ 分布,参数为 _____.

分析 $X_1,\cdots,X_9$ 相互独立且与 X 同分布,所以 $\dfrac{1}{9}(X_1+\cdots+X_9)\sim N(0,1)$,同理 $\dfrac{1}{9}(Y_1^2+\cdots+Y_9^2)\sim\chi^2(9)$.

解 因为 $X_i\sim N(0,3^2)\ (i=1,\cdots,9)$,所以 $X_1+X_2+\cdots+X_9\sim N(0,9^2)$,则

$$\frac{X_1+X_2+\cdots+X_9}{9}\sim N(0,1).$$

因为 $Y_i\sim N(0,3^2)$,所以 $\dfrac{Y_i}{3}\sim N(0,1)$,则

$$\frac{1}{9}(Y_1^2+Y_2^2+\cdots+Y_9^2)\sim\chi^2(9).$$

由 t 分布的定义可知

$$\frac{X_1+X_2+\cdots+X_9}{\sqrt{Y_1^2+Y_2^2+\cdots+Y_9^2}}=\frac{\dfrac{1}{9}(X_1+X_2+\cdots+X_9)}{\dfrac{1}{9}\sqrt{Y_1^2+Y_2^2+\cdots+Y_9^2}}\sim t(9).$$

故应填 $t,9$.

[35] 在天平上重复称量一重为 a 的物品,假设各次称量结果相互独立且同服从正态分布 $N(a,0.2^2)$. 若以 $\overline{X}_n$ 表示 n 次称量结果的算术平均值,则为使 $P\{|\overline{X}_n-a|<0.1\}\geqslant 0.95$,$n$ 的最小值应不小于自然数 _____.

解 设 $X_1,X_2,\cdots,X_n$ 为相互独立的随机变量,且 $X_i\sim N(a,0.2^2)$,则

$$\overline{X}_n=\frac{1}{n}\sum_{i=1}^{n}X_i\sim N\left(a,\frac{0.2^2}{n}\right),$$

有

$$U=\frac{\overline{X}_n-a}{\dfrac{0.2}{\sqrt{n}}}\sim N(0,1),\quad P\{|U|<1.96\}\geqslant 0.95,$$

于是有

$$P\{|\overline{X}_n-a|<0.1\}=P\left\{\frac{\sqrt{n}\,|\overline{X}-a|}{0.2}<\frac{\sqrt{n}}{2}\right\}\geqslant 0.95,$$

得 $\dfrac{\sqrt{n}}{2}\geqslant 1.96$,即 $n\geqslant 15.3664$. 则有 n 的最小值应不小于 16.

故应填 16.

[36] 设 $X_1, X_2, \cdots, X_8$ 为 $N(0, 0.2^2)$ 的一个样本,求 a,使 $P\{\sum_{i=1}^{8} X_i^2 < a\} = 0.95$.

解 由 $X_1, X_2, \cdots, X_8$ 独立同服从 $N(0, 0.2^2)$,知

$$\sum_{i=1}^{8} \left(\frac{X_i}{0.2}\right)^2 = \frac{1}{0.2^2} \sum_{i=1}^{8} X_i^2 \sim \chi^2(8),$$

因此

$$P\{\sum_{i=1}^{8} X_i^2 < a\} = P\left\{\frac{1}{0.2^2} \sum_{i=1}^{8} X_i^2 < \frac{a}{0.2^2}\right\}$$

$$= P\left\{\chi^2(8) < \frac{a}{0.04}\right\} = 0.95,$$

即 $P\left\{\chi^2(8) > \frac{a}{0.04}\right\} = 0.05.$

故 $\frac{a}{0.04} = \chi^2_{0.05}(8) = 15.507$,得 $a = 0.04 \times 15.507 = 0.62028.$

[37] 设总体 X 的概率密度为 $f(x;\theta) = \begin{cases} \frac{3x^2}{\theta^3}, & 0 < x < \theta, \\ 0, & 其他, \end{cases}$ 其中参数 $\theta \in (0, +\infty)$ 未知,X_1, X_2, X_3 是来自总体 X 的简单随机样本. 令 $T = \max(X_1, X_2, X_3)$.

(1) 求 T 的概率密度;
(2) 确定 a,使得 $E(aT) = \theta$.

解 (1) $F(x) = \int_{-\infty}^{x} f(t) dt = \begin{cases} 0, & x < 0, \\ \frac{x^3}{\theta^3}, & 0 \leqslant x < \theta, \\ 1, & x \geqslant \theta. \end{cases}$

$$F_T(t) = P\{\max(X_1, X_2, X_3) \leqslant t\} = P\{X_1 \leqslant t, X_2 \leqslant t, X_3 \leqslant t\}$$

$$= P\{X_1 \leqslant t\} P\{X_2 \leqslant t\} P\{X_3 \leqslant t\}$$

$$= [P\{X_1 \leqslant t\}]^3 = [F(t)]^3 = \begin{cases} 0, & t < 0, \\ \frac{t^9}{\theta^9}, & 0 \leqslant t < \theta, \\ 1, & t \geqslant \theta. \end{cases}$$

因此,可得概率密度函数 $f_T(t) = \begin{cases} \frac{9t^8}{\theta^9}, & 0 < t < \theta, \\ 0, & 其他. \end{cases}$

(2) $E(aT) = aE(T) = a\int_0^\theta t \frac{9t^8}{\theta^9} dt = \frac{9}{10} a\theta$,如果 $E(aT) = \theta$,可得 $a = \frac{10}{9}$.

[38] 设在总体 $N(\mu, \sigma^2)$ 中抽取一容量为 16 的样本. 这里 μ, σ^2 均为未知.

(1) 求 $P\left\{\frac{S^2}{\sigma^2} \leqslant 2.041\right\}$,其中 S^2 为样本方差;
(2) 求 $D(S^2)$.

解 (1) 由样本来自总体 $N(\mu, \sigma^2)$ 知,$\frac{(16-1)S^2}{\sigma^2} \sim \chi^2(16-1)$. 从而

$$P\left\{\frac{S^2}{\sigma^2} \leqslant 2.041\right\} = P\left\{\frac{15S^2}{\sigma^2} \leqslant 15 \times 2.041\right\}$$

$$= 1 - P\left\{\frac{15S^2}{\sigma^2} > 30.615\right\} = 1 - P\{\chi^2(15) > 30.615\}$$

$$= 1 - 0.01 = 0.99;$$

(2) 由 $(n-1)\dfrac{S^2}{\sigma^2} \sim \chi^2(n-1)$,有 $D\left[(n-1)\dfrac{S^2}{\sigma^2}\right] = 2(n-1)$,即 $\dfrac{(n-1)^2}{\sigma^4}D(S^2) = 2(n-1)$,从而 $D(S^2) = \dfrac{2\sigma^4}{n-1}$.

当 $n = 16$ 时,$D(S^2) = \dfrac{2}{15}\sigma^4$.

举一反三 解析见答案册第 83 页

[39] 设 $X_1, X_2, \cdots, X_n$ 是来自正态总体 $N(\mu, \sigma^2)$ 的简单随机样本,$\overline{X}$ 是样本均值,记

$$S_1^2 = \frac{1}{n-1}\sum_{i=1}^{n}(X_i - \overline{X})^2, \quad S_2^2 = \frac{1}{n}\sum_{i=1}^{n}(X_i - \overline{X})^2,$$

$$S_3^2 = \frac{1}{n-1}\sum_{i=1}^{n}(X_i - \mu)^2, \quad S_4^2 = \frac{1}{n}\sum_{i=1}^{n}(X_i - \mu)^2,$$

则服从自由度为 $n-1$ 的 t 分布的随机变量是( ).

A. $t = \dfrac{\overline{X} - \mu}{\dfrac{S_1}{\sqrt{n-1}}}$ B. $t = \dfrac{\overline{X} - \mu}{\dfrac{S_2}{\sqrt{n-1}}}$ C. $t = \dfrac{\overline{X} - \mu}{\dfrac{S_3}{\sqrt{n}}}$ D. $t = \dfrac{\overline{X} - \mu}{\dfrac{S_4}{\sqrt{n}}}$

[40] 设总体 X 服从正态分布 $N(0, \sigma^2)$(σ^2 已知),$X_1, \cdots, X_n$ 是取自总体 X 的简单随机样本,S^2 为样本方差,则( ).

A. $\sum\limits_{i=1}^{n} X_i^2 \sim \chi^2(n)$
B. $\left(\dfrac{X_i}{\sigma}\right)^2 + \dfrac{(n-1)S^2}{\sigma^2} \sim \chi^2(n)$

C. $\dfrac{1}{n}\sum\limits_{i=1}^{n}\left(\dfrac{X_i}{\sigma}\right)^2 + \dfrac{(n-1)S^2}{\sigma^2} \sim \chi^2(n)$
D. $\dfrac{1}{n}\left(\sum\limits_{i=1}^{n}\dfrac{X_i}{\sigma}\right)^2 + \dfrac{(n-1)S^2}{\sigma^2} \sim \chi^2(n)$

[41] 设总体 $X \sim B(m, \theta)$,$X_1, X_2, \cdots, X_n$ 为来自该总体的简单随机样本,$\overline{X}$ 为样本均值,则 $E\left[\sum\limits_{i=1}^{n}(X_i - \overline{X})^2\right] = ($).

A. $(m-1)n\theta(1-\theta)$ B. $m(n-1)\theta(1-\theta)$

C. $(m-1)(n-1)\theta(1-\theta)$ D. $mn\theta(1-\theta)$

[42] 设 X_1, X_2, X_3 为来自正态总体 $N(0, \sigma^2)$ 的简单随机样本,则统计量 $S = \dfrac{X_3 + X_2}{\sqrt{2}|X_1|}$ 服从的分布是( ).

A. $F(1,1)$ B. $F(2,1)$ C. $t(1)$ D. $t(2)$

[43] 下列关于上侧 α 分位数的表述正确的是( ).

A. $u_{1-\alpha} = 1 - u_\alpha$ B. $\chi^2_{1-\alpha}(n) = -\chi^2_\alpha(n)$

C. $t_{1-\alpha} = -t_\alpha$ D. $F_{1-\alpha}(m, n) = \dfrac{1}{F_\alpha(m, n)}$

[44] 设 $X_1, X_2, \cdots, X_{16}$ 是来自总体 $N(0,1)$ 的一个样本,设 $Z = X_1^2 + X_2^2 + \cdots + X_8^2$, $Y = X_9^2 + X_{10}^2 + \cdots + X_{16}^2$,则 $\dfrac{Z}{Y} \sim ($).

A. $N(0,1)$ B. $t(16)$ C. $\chi^2(16)$ D. $F(8,8)$

[45] 设 $X_1, X_2, \cdots, X_{10}$ 是来自标准正态总体的一组简单随机样本,
$$Y = \frac{1}{2}\sum_{i=1}^{10} X_i^2 + \sum_{i=1}^{5} X_{2i-1} X_{2i},$$
则 $E(Y) = $ _____,Y 服从_____分布,参数是_____.

[46] 设总体 $X \sim N(\mu, 2^2)$,$X_1, X_2, \cdots, X_n$ 为取自总体的一个样本,$\overline{X}$ 为样本均值,要使 $E(\overline{X} - \mu)^2 \leqslant 0.1$ 成立,则样本容量 n 至少应取_____.

[47] 设总体 $X \sim B(1,p)$,$X_1, X_2, \cdots, X_n$ 为来自 X 的样本,则 $P\left\{\overline{X} = \dfrac{k}{n}\right\} = $ _____,$k = 1, 2, \cdots, n$.

[48] 在总体 $N(52, 6.3^2)$ 中随机抽一容量为 36 的样本,求样本均值 $\overline{X}$ 落在 50.8 到 53.8 之间的概率.

[49] 求总体 $N(20, 3)$ 的容量分别为 10, 15 的两独立样本均值差的绝对值大于 0.3 的概率.

[50] 某公司生产瓶装洗洁精,规定每瓶装 500 毫升,但是在实际灌装的过程中,总会出现一定的误差,误差要求控制在一定范围内. 假定灌装量的方差 $\sigma^2 = 1$,如果每箱装 25 瓶这样的洗洁精,试问 25 瓶洗洁精的平均灌装量和标准值 500 毫升相差不超过 0.3 毫升的概率是多少?

[51] 设正态总体 $X \sim N(\mu_1, \sigma^2)$，$Y \sim N(\mu_2, \sigma^2)$，且 X, Y 相互独立，$X_1, X_2, \cdots, X_5$ 及 $Y_1, Y_2, \cdots, Y_9$ 分别是来自 X, Y 的样本，而 S_1^2 和 S_2^2 分别是两个样本的方差.

(1) 指出 $\dfrac{S_1^2}{S_2^2}$ 服从什么分布？

(2) 若 $P\left\{\dfrac{S_1^2}{S_2^2} > \lambda\right\} = 0.90$，求 λ.

[52] 设总体 $X \sim B(1, p)$，$X_1, X_2, \cdots, X_n$ 是来自 X 的样本.
(1) 求 $(X_1, X_2, \cdots, X_n)$ 的分布律；
(2) 求 $\sum\limits_{i=1}^{n} X_i$ 的分布律；
(3) 求 $E(\overline{X}), D(\overline{X}), E(S^2)$.

[53] 设 $X_1, X_2, \cdots, X_m$ 和 $Y_1, Y_2, \cdots, Y_n$ 分别是从正态总体 $X \sim N(\mu_1, \sigma^2)$ 和正态总体 $Y \sim N(\mu_2, \sigma^2)$ 中抽取的两个独立样本. $\overline{X}$ 和 $\overline{Y}$ 分别表示 X 和 Y 的样本均值，S_1^2 和 S_2^2 分别表示 X 和 Y 的修正的样本方差，a 和 b 是两个非零实数. 试求

$$Z = \dfrac{a(\overline{X} - \mu_1) + b(\overline{Y} - \mu_2)}{\sqrt{\dfrac{(m-1)S_1^2 + (n-1)S_2^2}{m+n-2}} \sqrt{\dfrac{a^2}{m} + \dfrac{b^2}{n}}}$$

的概率分布.

[54] 设 $X_1, X_2, \cdots, X_n (n > 2)$ 为来自总体 $N(0, \sigma^2)$ 的简单随机样本,其样本均值为 $\overline{X}$. 记 $Y_i = X_i - \overline{X}$, $i = 1, 2, \cdots, n$.

(1) 求 Y_i 的方差 DY_i, $i = 1, 2, \cdots, n$;

(2) 求 Y_1 与 Y_n 的协方差 $\text{Cov}(Y_1, Y_n)$;

(3) 若 $c(Y_1 + Y_n)^2$ 是 σ^2 的无偏估计量,求常数 c.

[55] 设 X_1, X_2, X_3, X_4 是来自总体 $N(0, 2^2)$ 的样本.

(1) 求常数 C,使 $Y = C[(X_1 - X_2)^2 + (X_3 + X_4)^2]$ 服从 χ^2 分布,并指出自由度是多少?

(2) 证明 $Z = \dfrac{(X_1 - X_2)^2}{(X_3 + X_4)^2}$ 服从 $F(1, 1)$.

[56] 设 $X_1, X_2, \cdots, X_n$ 是来自总体 X 的样本,总体 X 的分布函数为 $F(x)$,密度函数为 $f(x)$. 记 $Y = \max(X_1, X_2, \cdots, X_n)$, $Z = \min(X_1, X_2, \cdots, X_n)$,试求 Y, Z 的密度函数及 (Y, Z) 的联合密度函数.

第七章 参数估计

刷题散点图

在学习概率论与数理统计时,制作刷题散点图是一种高效的学习方法. 用笔在题号上标记:做对的画"√",做错的画"×". 完成后,观察题号的分布情况:错题集中的区域是薄弱点,需重点二刷、三刷;错题分散则说明基础不牢,要全面巩固.

通过散点图,能快速定位问题,精准复习,提升学习效率.

1. 点估计

核心归纳

1. 点估计

设 θ 是总体 X 的未知参数,用统计量 $\hat{\theta}=\hat{\theta}(X_1,X_2,\cdots,X_n)$ 来估计 θ,称 $\hat{\theta}$ 为 θ 的**估计量**. 对于样本的一组观察值 $x_1,x_2,\cdots,x_n$,代入 $\hat{\theta}$ 的表达式中所得的具体数值称为 θ 的**估计值**. 这样的方法称为参数的**点估计**.

2. 矩估计

用样本矩去估计相应总体矩,或者用样本矩的函数去估计总体矩的同一函数的估计方法就是**矩估计**.

设总体 X 的概率分布含有 m 个未知参数 $\theta_1,\theta_2,\cdots,\theta_m$,假定总体的 k 阶原点矩存在,记 $\mu_k=E(X^k)\ (k=1,2,\cdots,m)$,$A_k=\dfrac{1}{n}\sum\limits_{i=1}^{n}X_i^k$ 为样本 k 阶矩,令

$$\mu_k(\theta_1,\theta_2,\cdots,\theta_m)=A_k\quad(k=1,2,\cdots,m),$$

则此方程组的解 $(\hat{\theta}_1,\hat{\theta}_2,\cdots,\hat{\theta}_m)$ 称为参数 $(\theta_1,\theta_2,\cdots,\theta_m)$ 的**矩估计量**. 矩估计量的观察值称为**矩估计值**.

3. 最大似然估计(极大似然估计)

(1) 设总体 X 的概率分布为 $p(x;\theta)$(当 X 为连续型时,其为概率密度函数,当 X 为离散型时,其为分布律),$\theta=(\theta_1,\cdots,\theta_m)$ 为未知参数,$x_1,\cdots,x_n$ 为样本观察值.

$$L(x_1,\cdots,x_n,\theta)=\prod_{i=1}^{n}p(x_i;\theta)=L(\theta),$$

称为 θ 的**似然函数**.

(2) 对给定的 $x_1,\cdots,x_n$,使似然函数达到最大值的 $\hat{\theta}(x_1,\cdots,x_n)$ 称为 θ 的**最大似然估计值**,相应地 $\hat{\theta}(X_1,\cdots,X_n)$ 称为 θ 的**最大似然估计量**.

(3) 最大似然估计的常用求解方法. 由于 $\ln L(\theta)$ 与 $L(\theta)$ 有相同的最大值点,若 $L(\theta)$ 可导,则可由方程组

$$\frac{\partial \ln L(\theta_1,\theta_2,\cdots,\theta_m)}{\partial \theta_i}=0\quad(i=1,2,\cdots,m),$$

求出 θ_i 的最大似然估计量. 需注意的是这一方法并不都是有效的,对于有些似然函数,其驻点或导数不存在,这时应考虑其他方法求似然函数的最大值点.

4. 估计量的评选标准

(1) **无偏性**

设 $X_1,X_2,\cdots,X_n$ 为来自总体 X 的样本,$\hat{\theta}$ 为 θ 的一个估计量,如果 $E(\hat{\theta})=\theta$ 成立,则称估计量 $\hat{\theta}$ 为参数 θ 的**无偏估计**.

(2) 有效性

设 $\hat{\theta}_1$、$\hat{\theta}_2$ 都为参数 θ 的无偏估计量,若 $D(\hat{\theta}_1) \leqslant D(\hat{\theta}_2)$,则称 $\hat{\theta}_1$ 比 $\hat{\theta}_2$ 有效.

特别地,若对于 θ 的任一无偏估计 $\hat{\theta}$,有

$$D(\hat{\theta}_1) \leqslant D(\hat{\theta})$$

则称 $\hat{\theta}_1$ 是 θ 的**最小方差无偏估计**(**最佳无偏估计**).

(3) 一致性

设 $\hat{\theta}$ 为未知参数 θ 的估计量,若对任意给定的 $\varepsilon > 0$,都有

$$\lim_{n \to \infty} P\{|\hat{\theta} - \theta| < \varepsilon\} = 1,$$

即 $\hat{\theta}$ 依概率收敛于参数 θ,则 $\hat{\theta}$ 称为 θ 的**一致估计**或**相合估计**.

重点题型

题型 1 求矩估计

原型题

[1] 设总体 X 的概率密度函数为

$$f(x;\theta) = \begin{cases} \theta x^{\theta-1}, & 0 < x < 1, \\ 0, & \text{其他} \end{cases} \quad (\theta > 0),$$

求未知参数 θ 的矩估计量.

分析 根据求矩估计量的求解步骤,先求出 X 的数学期望,得到参数 θ 与期望的关系,然后由样本均值替换总体期望,即是 θ 的矩估计.

解 $E(X) = \int_{-\infty}^{+\infty} x \cdot f(x;\theta) \mathrm{d}x = \int_0^1 x \theta x^{\theta-1} \mathrm{d}x = \dfrac{\theta}{\theta+1}$,

令 $E(X) = \overline{X}$,则 $\hat{\theta} = \dfrac{\overline{X}}{1-\overline{X}}$,其中 $\overline{X} = \dfrac{1}{n}\sum_{i=1}^{n} X_i$,则 $\hat{\theta}$ 即为参数 θ 的矩估计.

[2] 设总体 X 在 (a,b) 上服从均匀分布,a,b 未知,$X_1, X_2, \cdots, X_n$ 为总体 X 的简单样本,试求 a,b 的矩估计量.

解 **方法一** 由 $E(X) = \dfrac{a+b}{2}, E(X^2) = D(X) + E^2(X) = \dfrac{(b-a)^2}{12} + \left(\dfrac{a+b}{2}\right)^2$,

得方程组

$$\begin{cases} \dfrac{a+b}{2} = \overline{X}, \\ \dfrac{(b-a)^2}{12} + \left(\dfrac{a+b}{2}\right)^2 = \dfrac{1}{n}\sum_{i=1}^{n} X_i^2, \end{cases}$$

解此方程组,得到矩估计量

$$\hat{a} = \overline{X} - \sqrt{\dfrac{3}{n}\sum_{i=1}^{n}(X_i - \overline{X})^2}, \quad \hat{b} = \overline{X} + \sqrt{\dfrac{3}{n}\sum_{i=1}^{n}(X_i - \overline{X})^2}.$$

方法二 由 $E(X) = \dfrac{a+b}{2}, D(X) = \dfrac{(b-a)^2}{12}$,得方程组

$$\begin{cases} \dfrac{a+b}{2} = \overline{X}, \\ \dfrac{(b-a)^2}{12} = B_2 = \dfrac{1}{n}\sum_{i=1}^{n}(X_i - \overline{X})^2, \end{cases}$$

解此方程组,得到矩估计量

$$\hat{a} = \overline{X} - \sqrt{3B_2}, \quad \hat{b} = \overline{X} + \sqrt{3B_2}.$$

思路拓展

因为需要估计两个参数 a,b,所以应该构造两个方程.
(1) 求出期望 $E(X)$ 用 $\overline{X}$ 代替.
(2) 求出 $E(X^2)$ 用 $\dfrac{1}{n}\sum_{i=1}^{n}X_i^2$ 代替,也可以求出 $D(X)$ 用 $B_2 = \dfrac{1}{n}\sum_{i=1}^{n}(X_i - \overline{X})^2$ 代替.

举一反三 解析见答案册第 88 页

[3] 设总体 X 的概率密度为

$$f(x;\theta) = \begin{cases} e^{-(x-\theta)}, & 若 x \geqslant \theta, \\ 0, & 若 x < \theta, \end{cases}$$

而 $X_1, X_2, \cdots, X_n$ 是来自总体 X 的简单随机样本,则未知参数 θ 的矩估计量为_____.

[4] 设总体 $X \sim U(0,\theta)$,θ 未知,$X_1, X_2, \cdots, X_n$ 为总体 X 的简单样本,求 θ 的矩估计量.

[5] 设总体 X 的分布律为 $P\{X = x\} = (1-p)^{x-1}p$,$x = 1, 2, \cdots$,$(X_1, X_2, \cdots, X_n)$ 是来自总体 X 的样本,试求 p 的矩估计量.

题型 2　求最大似然估计

原型题

[6] 设总体 X 的概率密度为

$$f(x;\lambda) = \begin{cases} \lambda\alpha x^{\alpha-1}e^{-\lambda x^{\alpha}}, & \text{若 } x > 0, \\ 0, & \text{若 } x \leqslant 0, \end{cases}$$

其中 $\lambda > 0$ 是未知参数，$\alpha > 0$ 是已知常数. 根据来自总体 X 的简单随机样本 $X_1, X_2, \cdots, X_n$，求 λ 的最大似然估计量 $\hat{\lambda}$.

分析　求最大似然估计关键是要确定似然函数.

解　由已知条件可得似然函数为

$$L(x_1, x_2, \cdots, x_n; \lambda) = \prod_{i=1}^{n} f(x_i;\lambda) = (\lambda\alpha)^n e^{-\lambda\sum_{i=1}^{n}x_i^{\alpha}} \prod_{i=1}^{n} x_i^{\alpha-1}.$$

当 $x_i > 0$ 时，$L > 0$，且有

$$\ln L = n\ln(\lambda\alpha) + \ln\prod_{i=1}^{n} x_i^{\alpha-1} - \lambda\sum_{i=1}^{n} x_i^{\alpha}.$$

根据对数似然方程

$$\frac{d\ln L}{d\lambda} = \frac{n}{\lambda} - \sum_{i=1}^{n} x_i^{\alpha} = 0,$$

解得 λ 的最大似然估计 $\hat{\lambda} = \dfrac{n}{\sum_{i=1}^{n} x_i^{\alpha}}$.

故 λ 的最大似然估计量为 $\hat{\lambda} = \dfrac{n}{\sum_{i=1}^{n} X_i^{\alpha}}$.

[7] 设某种元件的使用寿命 X 的概率密度为

$$f(x;\theta) = \begin{cases} 2e^{-2(x-\theta)}, & x > \theta, \\ 0, & x \leqslant \theta, \end{cases}$$

其中 $\theta > 0$ 为未知参数. 又设 $x_1, x_2, \cdots, x_n$ 是 X 的一组样本观测值，求参数 θ 的最大似然估计值.

分析　多数情况下，最大似然估计值可以由似然函数的驻点求得，但是在有些情况下，似然函数的驻点不存在，此时，可以通过参数的取值范围求最大似然估计.

解　由题意知，似然函数为

$$L(\theta) = L(x_1, x_2, \cdots, x_n; \theta) = \begin{cases} 2^n e^{-2\sum_{i=1}^{n}(x_i-\theta)}, & x_i > \theta \ (i = 1, 2, \cdots, n), \\ 0, & \text{其他}. \end{cases}$$

当 $x_i > 0$ 时，$L(\theta) > 0$，两边取对数，得

$$\ln L(\theta) = n\ln 2 - 2\sum_{i=1}^{n}(x_i - \theta).$$

因为 $\dfrac{d\ln L(\theta)}{d\theta} = 2n > 0$，所以 $L(\theta)$ 单调增加.

由于 θ 要满足 $\theta < x_i (i=1,2,\cdots,n)$，因此当 θ 取 $x_1,x_2,\cdots,x_n$ 中的最小值时，$L(\theta)$ 取最大值.

故 θ 的最大似然估计值为 $\hat{\theta} = \min(x_1,x_2,\cdots,x_n)$.

[8] 设总体 X 的概率分布为

X	0	1	2	3
P	θ^2	$2\theta(1-\theta)$	θ^2	$1-2\theta$

其中 $\theta(0 < \theta < \frac{1}{2})$ 是未知参数. 利用总体 X 的如下样本值

$$3, 1, 3, 0, 3, 1, 2, 3$$

求 θ 的矩估计值和最大似然估计值.

分析 矩估计用基本求解方法即可. 对于最大似然估计，若似然函数出现多个驻点应该根据题意选择.

解 由离散型随机变量的期望公式
$E(X) = 0 \times \theta^2 + 1 \times 2\theta(1-\theta) + 2 \times \theta^2 + 3 \times (1-2\theta) = 2\theta - 2\theta^2 + 2\theta^2 + 3 - 6\theta = 3 - 4\theta.$

令 $E(X) = \overline{X}$，而由样本观测值可得

$$\overline{X} = \frac{1}{8}(3+1+3+0+3+1+2+3) = \frac{1}{8} \times 16 = 2,$$

所以 θ 的矩估计值为

$$\hat{\theta} = \frac{1}{4}(3 - \overline{X}) = \frac{1}{4}(3-2) = \frac{1}{4}.$$

根据题意，似然函数为

$$L(\theta) = 4\theta^6(1-\theta)^2(1-2\theta)^4,$$

两边取对数可得

$$\ln L(\theta) = \ln 4 + 6\ln\theta + 2\ln(1-\theta) + 4\ln(1-2\theta),$$

$$\frac{d\ln L(\theta)}{d\theta} = \frac{6}{\theta} - \frac{2}{1-\theta} - \frac{8}{1-2\theta} = \frac{24\theta^2 - 28\theta + 6}{\theta(1-\theta)(1-2\theta)}.$$

令 $\frac{d\ln L(\theta)}{d\theta} = 0$，得 $12\theta^2 - 14\theta + 3 = 0$，解之得 $\theta = \frac{7-\sqrt{13}}{12}$ 或 $\frac{7+\sqrt{13}}{12}$.

因为已知 $0 < \theta < \frac{1}{2}$，故 $\theta = \frac{7-\sqrt{13}}{12}$.

因此 θ 的最大似然估计值为 $\hat{\theta} = \frac{7-\sqrt{13}}{12}$.

[9] 设总体 X 服从几何分布 $P\{X=k\} = p(1-p)^{k-1}, k=1,2,\cdots$. 又 $x_1,x_2,\cdots,x_n$ 是来自 X 的样本值，则 p 与 $E(X)$ 的最大似然估计分别为多少？

解 $L(p) = p^n (1-p)^{\sum\limits_{i=1}^{n} x_i - n}$,

令 $\frac{d\ln L}{dp} = 0$，解得 $p = \dfrac{n}{\sum\limits_{i=1}^{n} x_i} = \dfrac{1}{\overline{x}}$，故 $\hat{p} = \dfrac{1}{\overline{x}}$ 即为 p 的最大似然估计.

而 $E(X) = \dfrac{1}{p}$,故由最大似然估计不变性知,$E\hat{X} = \dfrac{1}{\hat{p}} = \bar{x}$ 为 $E(X)$ 的最大似然估计.

> **方法总结**
>
> 求最大似然估计的一般步骤为:
> (1) 构造似然函数;
> (2) 求似然函数的最大值点,此即所求最大似然估计.
> 求最大似然估计的三种情形:
> (1) 解似然方程(组);
> (2) 利用定义 $L(\hat{\theta}) = \max L(\theta)$;
> (3) 按照最大似然的不变性.
> 最大似然估计的不变性:
> 如果 $\hat{\theta}$ 是 θ 的最大似然估计,则对 θ 的任一函数 $g(\theta)$,其最大似然估计为 $g(\hat{\theta})$.

举一反三   解析见答案册第 88 页

[10] 设总体 X 的概率密度为
$$f(x) = \begin{cases} (\theta+1)(x-5)^\theta, & 5 < x < 6, \\ 0, & \text{其他}, \end{cases}$$
其中 $\theta > 0$ 是未知参数. $X_1, X_2, \cdots, X_n$ 是总体 X 的简单样本,求 θ 的最大似然估计量.

[11] 设总体 X 的概率密度为
$$f(x;\theta) = \begin{cases} \theta, & 0 < x < 1, \\ 1-\theta, & 1 \leqslant x < 2, \\ 0, & \text{其他}, \end{cases}$$
其中 θ 是未知参数 $(0 < \theta < 1)$. $X_1, X_2, \cdots, X_n$ 为来自总体 X 的简单随机样本,记 N 为样本值 $x_1, x_2, \cdots, x_n$ 中小于 1 的个数. 求:
(1) θ 的矩估计;
(2) θ 的最大似然估计.

[12] 设 $X \sim N(\mu,\sigma^2)$,μ,σ^2 未知,$X_1,X_2,\cdots,X_n$ 为来自总体的一组样本,求参数 μ,σ^2 的最大似然估计量.

[13] 设总体 X 在 $[a,b]$ 上服从均匀分布,a,b 未知,$x_1,x_2,\cdots,x_n$ 是一个样本值.试求 a,b 的最大似然估计.

[14] (1) 设 $X_1,X_2,\cdots,X_n$ 是来自概率密度为
$$f(x;\theta)=\begin{cases}\theta x^{\theta-1}, & 0<x<1,\\ 0, & \text{其他}\end{cases}$$
的总体样本,θ 未知,求 $U=\mathrm{e}^{-\frac{1}{\theta}}$ 的最大似然估计值;

(2) 设 $X_1,X_2,\cdots,X_n$ 是来自正态总体 $N(\mu,1)$ 的样本,μ 未知,求 $\theta=P\{X>2\}$ 的最大似然估计值.

题型 3　估计量的评选标准

> 原型题

[15] 已知总体 X 的期望 $E(X)=0$,方差 $D(X)=\sigma^2$.$X_1,\cdots,X_n$ 为其简单样本,均值为 $\overline{X}$,方差为 S^2,则 σ^2 的无偏估计量为(　　).

A. $n\overline{X}^2+S^2$
B. $\dfrac{1}{2}n\overline{X}^2+\dfrac{1}{2}S^2$
C. $\dfrac{1}{3}n\overline{X}^2+S^2$
D. $\dfrac{1}{4}n\overline{X}^2+\dfrac{1}{4}S^2$

解 因为

$$E(\overline{X}) = E(X) = 0, \quad E(\overline{X}^2) = D(\overline{X}) + [E(\overline{X})]^2, \quad D(\overline{X}) = \frac{\sigma^2}{n}, \quad E(S^2) = \sigma^2,$$

所以

$$E(n\overline{X}^2 + S^2) = n \cdot \frac{\sigma^2}{n} + \sigma^2 = 2\sigma^2.$$

故 $E\left(\frac{1}{2}n\overline{X}^2 + \frac{1}{2}S^2\right) = \sigma^2$，则 $\frac{1}{2}n\overline{X}^2 + \frac{1}{2}S^2$ 为 σ^2 无偏估计.

故应选 B.

[16] 设 $X_1, X_2, \cdots, X_n$ 是取自总体的样本，为了估计总体方差 σ^2，我们利用统计量

$$\hat{\sigma}^2 = K \sum_{i=1}^{n-1} (X_{i+1} - X_i)^2,$$

则 $K = $ _____ 时，$\hat{\sigma}^2$ 是 σ^2 的无偏估计量.

解 由题意 $E(\hat{\sigma}^2) = \sigma^2$.

因为

$$E(X_{i+1} - X_i)^2 = D(X_{i+1} - X_i) + [E(X_{i+1} - X_i)]^2$$
$$= [D(X_{i+1}) + D(X_i)] + [E(X_{i+1}) - E(X_i)]^2 = (\sigma^2 + \sigma^2) + 0 = 2\sigma^2,$$

所以

$$E(\hat{\sigma}^2) = K \sum_{i=1}^{n-1} E(X_{i+1} - X_i)^2 = K \sum_{i=1}^{n-1} 2\sigma^2 = 2K(n-1)\sigma^2.$$

故 $K = \dfrac{1}{2(n-1)}$.

故应填 $\dfrac{1}{2(n-1)}$.

[17] 设总体 $X \sim N(\mu, \sigma^2)$，$X_1, X_2, \cdots, X_n$ 为来自总体 X 的样本. 当用 $2\overline{X} - X_1$，$\overline{X}$ 及 $\frac{1}{2}X_1 + \frac{2}{3}X_2 - \frac{1}{6}X_3$ 作为 μ 的估计时，最有效的是哪个估计量？

分析 先验证估计量是否是无偏估计量，再根据有效性的定义判断有效性.

解 由无偏性的定义

$$E(2\overline{X} - X_1) = 2E(\overline{X}) - E(X_1) = 2\mu - \mu = \mu,$$

$$E(\overline{X}) = \mu,$$

$$E\left(\frac{1}{2}X_1 + \frac{2}{3}X_2 - \frac{1}{6}X_3\right) = \frac{1}{2}\mu + \frac{2}{3}\mu - \frac{1}{6}\mu = \mu,$$

可知 $2\overline{X} - X_1$，$\overline{X}$ 与 $\frac{1}{2}X_1 + \frac{2}{3}X_2 - \frac{1}{6}X_3$ 均是 μ 的无偏估计量.

$$D(2\overline{X} - X_1) = D\left(\frac{2}{n}\sum_{i=1}^n X_i - X_1\right) = D\left[\left(\frac{2}{n} - 1\right)X_1 + \frac{2}{n}\sum_{i=2}^n X_i\right]$$

$$= \left(\frac{2-n}{n}\right)^2 D(X_1) + \left(\frac{2}{n}\right)^2 \sum_{i=2}^n D(X_i)$$

$$= \frac{1}{n^2}[(2-n)^2 \sigma^2 + 4(n-1)\sigma^2] = \sigma^2,$$

$$D(\overline{X}) = \frac{\sigma^2}{n},$$

$$D\left(\frac{1}{2}X_1 + \frac{2}{3}X_2 - \frac{1}{6}X_3\right) = \left[\frac{1}{4}D(X_1) + \frac{4}{9}D(X_2) + \frac{1}{36}D(X_3)\right] = \frac{13}{18}\sigma^2.$$

经过比较可知 $D(\overline{X})$ 最小,因此 $\overline{X}$ 是最有效的估计量.

[18] 设总体 X 的样本是 $X_1, X_2, \cdots, X_n$,试证明:

(1) $\sum_{i=1}^{n} a_i X_i (a_i > 0, i = 1, 2, \cdots, n, \sum_{i=1}^{n} a_i = 1)$ 是 $E(X)$ 的无偏估计量;

(2) 在 $E(X)$ 的所有形如 $\sum_{i=1}^{n} a_i X_i$ 的无偏估计量中,$\overline{X}$ 为最有效的估计.

分析 证明估计量的有效性时,需要证明不等式成立,因此采用 Cauchy-Schwarz 公式是很有效的方法.

证 (1) 根据无偏性估计的定义有

$$E\left(\sum_{i=1}^{n} a_i X_i\right) = \sum_{i=1}^{n} a_i E(X_i) = E(X) \sum_{i=1}^{n} a_i = E(X),$$

故 $\sum_{i=1}^{n} a_i X_i$ 是 $E(X)$ 的无偏估计量;

(2) 由样本均值的性质可知

$$E(\overline{X}) = \frac{1}{n} E\left(\sum_{i=1}^{n} X_i\right) = E(X),$$

因此 $\overline{X}$ 也是 $E(X)$ 的无偏估计量.

Cauchy-Schwarz 不等式

$$\left(\sum_{i=1}^{n} x_i y_i\right)^2 \leqslant \left(\sum_{i=1}^{n} x_i^2\right)\left(\sum_{i=1}^{n} y_i^2\right).$$

令 $x_i = a_i, y_i = 1$,则

$$\left(\sum_{i=1}^{n} a_i\right)^2 = 1 \leqslant n \sum_{i=1}^{n} a_i^2.$$

故

$$D(\overline{X}) = \frac{1}{n} D(X) = \frac{1}{n} D(X) \left(\sum_{i=1}^{n} a_i\right)^2$$

$$\leqslant D(X) \left(\sum_{i=1}^{n} a_i^2\right) = \sum_{i=1}^{n} D(a_i X_i) = D\left(\sum_{i=1}^{n} a_i X_i\right).$$

证毕.

思路拓展

本题也可以用导数知识求 $\sum_{i=1}^{n} a_i^2$ 的最小值,从而得出结论. 另外本题的结论可以记住并当作定理应用.

[19] 设 $X_1, X_2, \cdots, X_n$ 是取自正态总体 $N(\mu, \sigma^2)$ 的样本,证明 S^2 是 σ^2 的一致估计.

证 **方法一** 由大数定律

$$\lim_{n\to\infty} P\left\{\left|\frac{1}{n}\sum_{i=1}^{n}X_i - \mu\right| < \varepsilon\right\} = 1,$$

所以 $\overline{X}$ 是 μ 的一致估计.

同理,因 $X_1^2, X_2^2, \cdots, X_n^2$ 也独立同分布,故 $\frac{1}{n}\sum_{i=1}^{n}X_i^2$ 是 $E(X^2)$ 的一致估计.

$$S^2 = \frac{1}{n-1}\sum_{i=1}^{n}(X_i - \overline{X})^2 = \frac{n}{n-1}\left(\frac{1}{n}\sum_{i=1}^{n}X_i^2 - \overline{X}^2\right),$$

故当 $n \to \infty$ 时,

$$\frac{n}{n-1} \to 1, \quad \frac{1}{n}\sum_{i=1}^{n}X_i^2 \xrightarrow{P} E(X^2), \quad \overline{X}^2 \xrightarrow{P} \mu^2,$$

即 $S^2 \xrightarrow{P} E(X^2) - \mu^2 = \sigma^2$. 故 S^2 是 σ^2 的一致估计.

方法二 因为 $E(S^2) = \sigma^2, D(S^2) = \dfrac{2\sigma^4}{n-1}$,所以

$$\lim_{n\to\infty} E(S^2) = \sigma^2, \quad \lim_{n\to\infty} D(S^2) = \lim_{n\to\infty} \frac{2\sigma^4}{n-1} = 0.$$

由定理可知,S^2 是 σ^2 的一致估计.

思路拓展

相合性的证明一般有两种方法:
方法一 利用定义证明,往往需要结合大数定律;
方法二 利用定理证明,结论如下:
设 $\hat{\theta}_n$ 是 θ 的一个估计量,若

$$\lim_{n\to\infty} E(\hat{\theta}_n) = \theta, \quad \lim_{n\to\infty} D(\hat{\theta}_n) = 0,$$

则 $\hat{\theta}_n$ 是 θ 的相合估计.

举一反三   解析见答案册第 90 页

[20] 设 (X_1, X_2, X_3) 是来自总体 X 的一个简单样本,则在下列 $E(X)$ 的估计量中,最有效的估计量是(   ).

A. $\dfrac{1}{4}(X_1 + 2X_2 + X_3)$ B. $\dfrac{1}{3}(X_1 + X_2 + X_3)$

C. $\dfrac{1}{5}(X_1 + 3X_2 + X_3)$ D. $\dfrac{1}{5}(2X_1 + 2X_2 + X_3)$

[21] 已知总体 X 的概率密度为

$$f(x) = \begin{cases} \dfrac{1}{\theta}e^{-\frac{x}{\theta}}, & x > 0, \\ 0, & x \leqslant 0, \end{cases}$$

其中未知参数 $\theta > 0$. 设 $X_1, X_2, \cdots, X_n$ 为取自总体 X 的一个样本,

(1) 求 θ 的最大似然估计量;

(2) 试问该估计量是否为无偏估计量?说明理由.

[22] 设总体 X 的概率密度为

$$f(x;\theta)=\begin{cases} \dfrac{1}{2\theta}, & 0<x<\theta, \\ \dfrac{1}{2(1-\theta)}, & \theta\leqslant x<1, \\ 0, & 其他, \end{cases}$$

其中参数 $\theta(0<\theta<1)$ 未知. $X_1,X_2,\cdots,X_n$ 是来自总体 X 的简单随机样本,$\overline{X}$ 是样本均值.

(1) 求参数 θ 的矩估计量 $\hat{\theta}$;

(2) 判断 $4\overline{X}^2$ 是否为 θ^2 的无偏估计量,并说明理由.

[23] 已知总体 X 的概率密度为 $f(x)=\begin{cases}\dfrac{x}{\theta}\mathrm{e}^{-\frac{x^2}{2\theta}}, & x>0, \\ 0, & x\leqslant 0\end{cases}$ ($\theta>0$ 为未知参数),

$X_1,X_2,\cdots,X_n$ 为总体 X 的简单样本,求 θ 的最大似然估计量,并讨论该估计量是否为 θ 的无偏估计量?

[24] 设样本 $X_1,X_2,\cdots,X_n$ 来自于参数为 λ 的泊松分布.

试证明 $\overline{X}$ 与 $S^2=\dfrac{1}{n-1}\sum_{i=1}^{n}(X_i-\overline{X})^2$ 都是 λ 的无偏估计,且对任一 a 值,$0\leqslant a\leqslant 1$,统计量 $a\overline{X}+(1-a)S^2$ 也是 λ 的无偏估计.

2. 区间估计

核心归纳

1. 区间估计

设 θ 为总体的未知参数，$\hat{\theta}_1$ 和 $\hat{\theta}_2$ 均为估计量，若对于给定的 $\alpha(0<\alpha<1)$，满足 $P\{\hat{\theta}_1 \leqslant \theta \leqslant \hat{\theta}_2\} = 1-\alpha$，则称 $(\hat{\theta}_1, \hat{\theta}_2)$ 为 θ 的置信度为 $1-\alpha$ 的**置信区间**. 通过构造一个置信区间对未知参数进行估计的方法称为**区间估计**.

2. 单个正态总体的区间估计

设 $X_1, X_2, \cdots, X_n$ 为来自 $N(\mu, \sigma^2)$ 的样本，则

(1) 当 σ^2 已知时，μ 的置信度为 $1-\alpha$ 的置信区间为

$$\left(\overline{X} - \frac{\sigma}{\sqrt{n}} u_{\frac{\alpha}{2}}, \quad \overline{X} + \frac{\sigma}{\sqrt{n}} u_{\frac{\alpha}{2}}\right).$$

(2) 当 σ^2 未知时，μ 的置信度为 $1-\alpha$ 的置信区间为

$$\left(\overline{X} - \frac{S}{\sqrt{n}} t_{\frac{\alpha}{2}}(n-1), \quad \overline{X} + \frac{S}{\sqrt{n}} t_{\frac{\alpha}{2}}(n-1)\right).$$

(3) 当 μ 已知时，σ^2 的置信度为 $1-\alpha$ 的置信区间为

$$\left(\frac{\sum_{i=1}^{n}(X_i-\mu)^2}{\chi^2_{\frac{\alpha}{2}}(n)}, \quad \frac{\sum_{i=1}^{n}(X_i-\mu)^2}{\chi^2_{1-\frac{\alpha}{2}}(n)}\right).$$

(4) 当 μ 未知时，σ^2 的置信度为 $1-\alpha$ 的置信区间为

$$\left(\frac{(n-1)S^2}{\chi^2_{\frac{\alpha}{2}}(n-1)}, \quad \frac{(n-1)S^2}{\chi^2_{1-\frac{\alpha}{2}}(n-1)}\right).$$

3. 双正态总体的区间估计

设 $X \sim N(\mu_1, \sigma_1^2)$，$X_1, X_2, \cdots, X_{n_1}$ 为其样本，$Y \sim N(\mu_2, \sigma_2^2)$，$Y_1, Y_2, \cdots, Y_{n_2}$ 为其样本，且 X 与 Y 独立.

(1) σ_1^2, σ_2^2 已知，$\mu_1 - \mu_2$ 的 $1-\alpha$ 置信区间为

$$\left(\overline{X} - \overline{Y} - u_{\frac{\alpha}{2}} \sqrt{\frac{\sigma_1^2}{n_1} + \frac{\sigma_2^2}{n_2}}, \quad \overline{X} - \overline{Y} + u_{\frac{\alpha}{2}} \sqrt{\frac{\sigma_1^2}{n_1} + \frac{\sigma_2^2}{n_2}}\right).$$

(2) $\sigma_1^2 = \sigma_2^2 = \sigma^2$ 未知，$\mu_1 - \mu_2$ 的 $1-\alpha$ 置信区间为

$$\left(\overline{X} - \overline{Y} - t_{\frac{\alpha}{2}} S_w \sqrt{\frac{1}{n_1} + \frac{1}{n_2}}, \quad \overline{X} - \overline{Y} + t_{\frac{\alpha}{2}} S_w \sqrt{\frac{1}{n_1} + \frac{1}{n_2}}\right),$$

其中 $S_w^2 = \dfrac{(n_1-1)S_1^2 + (n_2-1)S_2^2}{n_1+n_2-2}$，$t$ 分布为 $t(n_1+n_2-2)$.

(3) μ_1, μ_2 已知，$\dfrac{\sigma_1^2}{\sigma_2^2}$ 的 $1-\alpha$ 置信区间为

$$\left(\dfrac{\dfrac{1}{n_1}\sum\limits_{i=1}^{n_1}(X_i-\mu_1)^2}{\dfrac{1}{n_2}\sum\limits_{j=1}^{n_2}(Y_j-\mu_2)^2}F_{1-\frac{\alpha}{2}}(n_2,n_1),\quad \dfrac{\dfrac{1}{n_1}\sum\limits_{i=1}^{n_1}(X_i-\mu_1)^2}{\dfrac{1}{n_2}\sum\limits_{j=1}^{n_2}(Y_j-\mu_2)^2}F_{\frac{\alpha}{2}}(n_2,n_1)\right).$$

(4) μ_1,μ_2 未知,$\dfrac{\sigma_1^2}{\sigma_2^2}$ 的 $1-\alpha$ 置信区间为

$$\left(\dfrac{S_1^2}{S_2^2}F_{1-\frac{\alpha}{2}}(n_2-1,n_1-1),\quad \dfrac{S_1^2}{S_2^2}F_{\frac{\alpha}{2}}(n_2-1,n_1-1)\right).$$

4. 单侧置信区间

设 θ 为总体的未知参数,对于给定值 $\alpha(0<\alpha<1)$,若 $P\{\theta\geqslant\underline{\theta}\}=1-\alpha$,则称 $(\underline{\theta},+\infty)$ 为 θ 的满足置信度 $1-\alpha$ 的**单侧置信区间**,$\underline{\theta}$ 称为**单侧置信下限**. 若 $P\{\theta\leqslant\overline{\theta}\}=1-\alpha$,则称 $(-\infty,\overline{\theta})$ 为 θ 的满足置信度 $1-\alpha$ 的**单侧置信区间**,$\overline{\theta}$ 称为**单侧置信上限**.

例如,对于正态分布 $N(\mu,\sigma^2)$,σ^2 未知,可得 μ 的置信水平为 $1-\alpha$ 的单侧置信区间为

(1) $\left(-\infty,\ \overline{X}+t_\alpha(n-1)\dfrac{S}{\sqrt{n}}\right)$,单侧置信上限为 $\overline{\mu}=\overline{X}+t_\alpha(n-1)\dfrac{S}{\sqrt{n}}$.

(2) $\left(\overline{X}-t_\alpha(n-1)\dfrac{S}{\sqrt{n}},\ +\infty\right)$,单侧置信下限为 $\underline{\mu}=\overline{X}-t_\alpha(n-1)\dfrac{S}{\sqrt{n}}$.

只需将双侧置信区间的上下限中的 "$\dfrac{\alpha}{2}$" 改成 "α",就得到相应的单侧置信上下限了.

重点题型

题型 1 正态总体参数 μ 的区间估计

原型题

[25] 设一批零件的长度服从正态分布 $N(\mu,\sigma^2)$,其中 μ,σ^2 均未知,现从中随机抽取 16 个零件,测得样本均值 $\overline{x}=20(\text{cm})$,样本标准差 $s=1(\text{cm})$. 则 μ 的置信度为 0.90 的置信区间是 (   ).

A. $\left(20-\dfrac{1}{4}t_{0.05}(16),\quad 20+\dfrac{1}{4}t_{0.05}(16)\right)$

B. $\left(20-\dfrac{1}{4}t_{0.1}(16),\quad 20+\dfrac{1}{4}t_{0.1}(16)\right)$

C. $\left(20-\dfrac{1}{4}t_{0.05}(15),\quad 20+\dfrac{1}{4}t_{0.05}(15)\right)$

D. $\left(20-\dfrac{1}{4}t_{0.1}(15),\quad 20+\dfrac{1}{4}t_{0.1}(15)\right)$

解 经过分析本题属于在方差未知情况下求一个正态总体期望的置信区间,其公式为

$$\left(\overline{X}-\dfrac{S}{\sqrt{n}}t_{\frac{\alpha}{2}}(n-1),\quad \overline{X}+\dfrac{S}{\sqrt{n}}t_{\frac{\alpha}{2}}(n-1)\right).$$

根据题意 $\bar{x} = 20, s = 1, n = 16, \dfrac{\alpha}{2} = 0.05$,代入公式.

故应选 C.

[26] 设由来自正态总体 $X \sim N(\mu, 0.9^2)$ 容量为 9 的简单随机样本,得样本均值 $\bar{X} = 5$,则未知参数 μ 的置信度为 0.95 的置信区间是_____.

分析 本题是一个正态总体在方差已知的情况下求期望值 μ 置信区间的问题,由公式

$$\left(\bar{X} - \dfrac{\sigma}{\sqrt{n}} u_{\frac{\alpha}{2}}, \quad \bar{X} + \dfrac{\sigma}{\sqrt{n}} u_{\frac{\alpha}{2}}\right)$$

求解该置信区间.

解 由置信度 $1 - \alpha = 0.95$ 可得 $\alpha = 0.05$.

查 $N(0,1)$ 分布表得到 $u_{0.025} = 1.96$.

代入 $\bar{X} = 5, n = 9, \sigma = 0.9$ 得

$$\left(5 - \dfrac{0.9}{\sqrt{9}} \times 1.96, \quad 5 + \dfrac{0.9}{\sqrt{9}} \times 1.96\right),$$

因此,参数 μ 置信度 0.95 的置信区间为 $(4.412, 5.588)$.

故应填 $(4.412, 5.588)$.

[27] 设有甲、乙两种安眠药,随机变量 X, Y 分别表示患者服用甲、乙药后睡眠时间的延长数,并假设 $X \sim N(\mu_1, \sigma^2), Y \sim N(\mu_2, \sigma^2)$. 为比较两种药品的疗效,随机地从服用甲药的患者中选取 10 人,从服用乙药的患者中选取 10 人,分别测得睡眠延长时间的均值与方差:$\bar{X} = 2.33, S_1^2 = (1.9)^2; \bar{Y} = 0.75, S_2^2 = (28.9)^2$. 试求方差未知情况下 $\mu_1 - \mu_2$ 的 95% 置信区间.

解 两正态总体的方差未知但相等,小样本,取

$$T = \dfrac{(\bar{X} - \bar{Y}) - (\mu_1 - \mu_2)}{S_w \sqrt{\dfrac{1}{n_1} + \dfrac{1}{n_2}}} \sim t(n_1 + n_2 - 2) \quad (\text{这里 } n_1 = n_2 = 10),$$

$$P\{|T| < t_{\frac{\alpha}{2}}(18)\} = 1 - \alpha \quad (\alpha = 0.05).$$

查得 $t_{0.025}(18) = 2.101$. 于是算得置信下限、上限分别为

$$(\bar{x} - \bar{y}) - t_{0.025}(18) \cdot S_w \sqrt{\dfrac{1}{n_1} + \dfrac{1}{n_2}}$$

$$= (2.33 - 0.75) - 2.101 \times \sqrt{\dfrac{36.1 + 28.9}{18}} \times \sqrt{\dfrac{2}{10}}$$

$$= 1.58 - 1.78 = -0.20,$$

$$(\bar{x} - \bar{y}) + t_{0.025}(18) \cdot S_w \sqrt{\dfrac{1}{n_1} + \dfrac{1}{n_2}} = 1.58 + 1.78 = 3.36.$$

从而得 $\mu_1 - \mu_2$ 的 95% 置信区间为 $(-0.20, 3.36)$.

方法总结

求未知参数的置信区间是区间估计的基本内容,常用方法如下:

(1) 一般方法

① 寻求一个样本 $X_1, X_2, \cdots, X_n$ 的函数(枢轴变量)
$$W = W(X_1, X_2, \cdots, X_n; \theta),$$
它包含待估参数 θ,而不含其他未知参数,并且 W 的分布已知且不依赖于任何未知参数(当然不依赖于待估参数 θ);

② 对于给定的置信水平 $1-\alpha$,定出两个常数 a, b,使
$$P\{a < W(X_1, X_2, \cdots, X_n; \theta) < b\} = 1 - \alpha;$$

③ 若能从 $a < W(X_1, X_2, \cdots, X_n; \theta) < b$ 得到等价的不等式 $\underline{\theta} < \theta < \overline{\theta}$,其中
$$\underline{\theta} = \underline{\theta}(X_1, X_2, \cdots, X_n), \quad \overline{\theta} = \overline{\theta}(X_1, X_2, \cdots, X_n)$$
都是统计量,那么 $(\underline{\theta}, \overline{\theta})$ 就是 θ 的一个置信水平为 $1-\alpha$ 的置信区间.

函数 $W(X_1, X_2, \cdots, X_n; \theta)$ 的构造,通常可以从 θ 的点估计着手考虑. 常用的正态总体参数的置信区间可以用上述步骤推得.

(2) 正态总体参数的置信区间

利用一般方法推出了参数的置信区间公式,针对具体题目,可以分清类型,代入公式计算.

举一反三

[28] 设总体 $X \sim N(\mu, \sigma^2)$,已知 σ^2. 则样本容量 n 至少为 _____ 时,才能保证 μ 的置信度 $1-\alpha$ 的置信区间长度不大于 d.

[29] 从总体 $X_1 \sim N(\mu_1, 25)$ 中取出一容量为 $n_1 = 10$ 的样本,其样本均值 $\overline{X}_1 = 19.8$;从总体 $X_2 \sim N(\mu_2, 36)$ 中取出容量为 $n_2 = 12$ 的样本,其样本均值 $\overline{X}_2 = 24.0$. 已知两个样本之间相互独立,求 $\mu_1 - \mu_2$ 的 0.90 置信区间.

[30] 为比较 A,B 两种型号步枪子弹的枪口速度,随机地取 A 型子弹 10 发,B 型子弹 20 发,得到两种子弹枪口速度的平均值和标准差分别为

$$\overline{x_1} = 500(\text{m/s}), \overline{x_2} = 496(\text{m/s}), s_1 = 1.1(\text{m/s}), s_2 = 1.2(\text{m/s}).$$

假设两总体都服从正态分布,且方差相等,求两总体均值差 $\mu_1 - \mu_2$ 的置信度为 0.95 的置信区间.

[31] 从一批电子元件中随机地抽取 10 只作寿命试验,其寿命(小时)如下:

1 498, 1 499, 1 501, 1 503, 1 500, 1 499, 1 499, 1 498, 1 500, 1 503.

设寿命服从正态分布,试求其平均寿命的 95% 置信下限.

题型 2　正态总体参数 σ^2 的区间估计

原型题

[32] 若在某学校中,随机抽取 25 名同学测量身高数据,假设所测身高近似服从正态分布,算得平均高为 170 cm,标准差为 12 cm,试求该班学生身高标准差 σ 的 0.95 置信区间.

分析　根据题意分析,本题属于正态总体 μ 未知,求方差 σ^2 的区间估计,其置信区间公式为

$$\left(\frac{(n-1)S^2}{\chi^2_{\frac{\alpha}{2}}(n-1)}, \ \frac{(n-1)S^2}{\chi^2_{1-\frac{\alpha}{2}}(n-1)} \right).$$

解　取统计量

$$\chi^2 = \frac{(n-1)S^2}{\sigma^2} \sim \chi^2(n-1).$$

$$P\{\chi^2 > \chi^2_{\frac{\alpha}{2}}(n-1)\} = P\{\chi^2 < \chi^2_{1-\frac{\alpha}{2}}(n-1)\} = \frac{\alpha}{2}.$$

经过查 χ^2 分布表,得

$$\chi^2_{1-\frac{\alpha}{2}}(n-1) = \chi^2_{0.975}(24) = 12.401,$$

$$\chi^2_{\frac{\alpha}{2}}(n-1) = \chi^2_{0.025}(24) = 39.364.$$

因此,参数 σ^2 的置信度为 $1-\alpha = 0.95$ 的置信区间为

$$\left(\frac{(n-1)S^2}{\chi^2_{\frac{\alpha}{2}}(n-1)}, \frac{(n-1)S^2}{\chi^2_{1-\frac{\alpha}{2}}(n-1)}\right) = (87.80, 278.69).$$

故 σ 的 0.95 的置信区间为 $(\sqrt{87.80}, \sqrt{278.69}) \approx (9.34, 16.69)$.

[33] 两个正态总体 $N(\mu_1, \sigma_1^2)$、$N(\mu_2, \sigma_2^2)$ 的参数均未知,分别从两个总体中抽取容量为 25 和 15 的两个独立样本,测得样本方差分别为 6.38, 5.15,求 $\frac{\sigma_1^2}{\sigma_2^2}$ 的置信区间($\alpha = 0.10$).

解 $n_1 = 25, S_1^2 = 6.38, n_2 = 15, S_2^2 = 5.15, \alpha = 0.10, \frac{\alpha}{2} = 0.05$,

查 F 分布表得

$$F_{0.05}(24,14) = 2.35, \quad F_{0.05}(14,24) = 2.13,$$

而 $\frac{S_1^2}{S_2^2} = \frac{6.38}{5.15} \approx 1.24$.

由置信区间公式得 $\frac{\sigma_1^2}{\sigma_2^2}$ 的 90% 置信区间为

$$\left(\frac{S_1^2}{S_2^2}F_{0.95}(14,24), \frac{S_1^2}{S_2^2}F_{0.05}(14,24)\right) = (0.528, 2.641).$$

举一反三 解析见答案册第 92 页

[34] 设总体 $X \sim N(\mu, \sigma^2)$,$X_1, X_2, \cdots, X_n$ 为其简单样本,μ 为未知参数,则 σ^2 的置信度为 $1-\alpha$ 的置信区间为(　　).

A. $\left(\dfrac{\sum_{i=1}^{n}(X_i-\mu)^2}{\chi^2_{\frac{\alpha}{2}}(n)}, \dfrac{\sum_{i=1}^{n}(X_i-\mu)^2}{\chi^2_{1-\frac{\alpha}{2}}(n)}\right)$ 　　B. $\left(\dfrac{\sum_{i=1}^{n}(X_i-\overline{X})^2}{\chi^2_{\frac{\alpha}{2}}(n-1)}, \dfrac{\sum_{i=1}^{n}(X_i-\overline{X})^2}{\chi^2_{1-\frac{\alpha}{2}}(n-1)}\right)$

C. $\left(\dfrac{(n-1)S^2}{\chi^2_{\alpha}(n-1)}, \dfrac{(n-1)S^2}{\chi^2_{1-\alpha}(n-1)}\right)$ 　　D. $\left(\dfrac{(n-1)S^2}{\chi^2_{\frac{\alpha}{2}}(n)}, \dfrac{(n-1)S^2}{\chi^2_{1-\frac{\alpha}{2}}(n)}\right)$

[35] 冷抽铜丝的折断力服从正态分布.从一批铜丝中任取 10 根,测试折断力,得数据(kg)如下:

578, 572, 570, 568, 572, 570, 570, 596, 584, 572,

求方差 σ^2 和标准差 σ 的 90% 的置信区间.

[36] 设 $X_1, X_2, \cdots, X_n$ 是来自分布 $N(\mu, \sigma^2)$ 的样本，μ 已知，σ 未知．

(1) 验证 $\sum_{i=1}^{n} \frac{(X_i - \mu)^2}{\sigma^2} \sim \chi^2(n)$．利用这一结果构造 σ^2 的置信水平为 $1-\alpha$ 的置信区间；

(2) 设 $\mu = 6.5$，且有样本值 $7.5, 2.0, 12.1, 8.8, 9.4, 7.3, 1.9, 2.8, 7.0, 7.3$．试求 σ 的置信水平为 0.95 的置信区间．

3. 综合提高题型

重点题型

题型 1 关于点估计

原型题

[37] 设总体 X 的概率分布为 $P\{X=1\} = \frac{1-\theta}{2}, P\{X=2\} = P\{X=3\} = \frac{1+\theta}{4}$，利用来自总体的样本值 $1, 3, 2, 2, 1, 3, 1, 2$，可得 θ 的最大似然估计值为（　　）．

A. $\frac{1}{4}$ B. $\frac{3}{8}$ C. $\frac{1}{2}$ D. $\frac{5}{8}$

解　由题意有

X	1	2	3
P	$\frac{1-\theta}{2}$	$\frac{1+\theta}{4}$	$\frac{1+\theta}{4}$

X 的样本值为 $1, 3, 2, 2, 1, 3, 1, 2$，则

$$L = \left(\frac{1-\theta}{2}\right)^3 \left(\frac{1+\theta}{4}\right)^5,$$

取对数，得

$$\ln L = 3\ln(1-\theta) + 5\ln(1+\theta) - 3\ln 2 - 5\ln 4,$$

令 $\frac{d\ln L}{d\theta} = -\frac{3}{1-\theta} + \frac{5}{1+\theta} = 0$，得 $-3(1+\theta) + 5(1-\theta) = 0$，$8\theta - 2 = 0$，解得 $\theta = \frac{1}{4}$．

故应选 A.

[38] 设 $(X_1,Y_1),(X_2,Y_2),\cdots,(X_n,Y_n)$ 为来自总体 $N(\mu_1,\mu_2;\sigma_1^2,\sigma_2^2;\rho)$ 的简单随机样本，令 $\theta=\mu_1-\mu_2$，$\overline{X}=\dfrac{1}{n}\sum_{i=1}^{n}X_i$，$\overline{Y}=\dfrac{1}{n}\sum_{i=1}^{n}Y_i$，$\hat{\theta}=\overline{X}-\overline{Y}$，则（　　）.

A. $\hat{\theta}$ 是 θ 的无偏估计，$D(\hat{\theta})=\dfrac{\sigma_1^2+\sigma_2^2}{n}$

B. $\hat{\theta}$ 不是 θ 的无偏估计，$D(\hat{\theta})=\dfrac{\sigma_1^2+\sigma_2^2}{n}$

C. $\hat{\theta}$ 是 θ 的无偏估计，$D(\hat{\theta})=\dfrac{\sigma_1^2+\sigma_2^2-2\rho\sigma_1\sigma_2}{n}$

D. $\hat{\theta}$ 不是 θ 的无偏估计，$D(\hat{\theta})=\dfrac{\sigma_1^2+\sigma_2^2-2\rho\sigma_1\sigma_2}{n}$

解 因为 $E(\hat{\theta})=E(\overline{X}-\overline{Y})=E(\overline{X})-E(\overline{Y})=\mu_1-\mu_2=\theta$，所以 $\hat{\theta}$ 是 θ 的无偏估计.

$$D(\hat{\theta})=D(\overline{X}-\overline{Y})=D(\overline{X})+D(\overline{Y})-2\operatorname{Cov}(\overline{X},\overline{Y})$$
$$=\dfrac{\sigma_1^2}{n}+\dfrac{\sigma_2^2}{n}-2\operatorname{Cov}\Big(\dfrac{1}{n}\sum_{i=1}^{n}X_i,\dfrac{1}{n}\sum_{i=1}^{n}Y_i\Big)$$
$$=\dfrac{\sigma_1^2}{n}+\dfrac{\sigma_2^2}{n}-\dfrac{2}{n}\operatorname{Cov}(X_i,Y_i)=\dfrac{\sigma_1^2}{n}+\dfrac{\sigma_2^2}{n}-\dfrac{2}{n}\rho\sigma_1\sigma_2$$
$$=\dfrac{\sigma_1^2+\sigma_2^2-2\rho\sigma_1\sigma_2}{n}.$$

故应选 C.

[39] 设 X_1,X_2 为来自总体 $N(\mu,\sigma^2)$ 的简单随机样本，其中 $\sigma(\sigma>0)$ 是未知参数，若 $\hat{\sigma}=a\,|X_1-X_2|$ 为 σ 的无偏估计，则 $a=$（　　）.

A. $\dfrac{\sqrt{\pi}}{2}$　　　　B. $\dfrac{\sqrt{2\pi}}{2}$　　　　C. $\sqrt{\pi}$　　　　D. $\sqrt{2\pi}$

解 由题可知 $X_1-X_2\sim N(0,2\sigma^2)$. 令 $Y=X_1-X_2$，则 Y 的概率密度为

$$f(y)=\dfrac{1}{\sqrt{2\pi}\sqrt{2}\sigma}e^{-\frac{y^2}{2\cdot 2\sigma^2}}.$$

$$E(|Y|)=\int_{-\infty}^{+\infty}|y|\dfrac{1}{\sqrt{2\pi}\sqrt{2}\sigma}e^{-\frac{y^2}{2\cdot 2\sigma^2}}\mathrm{d}y=\dfrac{2}{\sqrt{2\pi}\sqrt{2}\sigma}\int_{0}^{+\infty}ye^{-\frac{y^2}{4\sigma^2}}\mathrm{d}y=\dfrac{2\sigma}{\sqrt{\pi}},$$

$$E(a\,|X_1-X_2|)=aE(|Y|)=a\dfrac{2\sigma}{\sqrt{\pi}}.$$

由 $\hat{\sigma}=a\,|X_1-X_2|$ 为 σ 的无偏估计，有 $E(\hat{\sigma})=\sigma$，得 $a=\dfrac{\sqrt{\pi}}{2}$.

故应选 A.

[40] 某工程师为了解一台天平的精度，用该天平对一物体的质量做 n 次测量，该物体的质量 μ 是已知的，设 n 次测量结果 $X_1,X_2,\cdots,X_n$ 相互独立且均服从正态分布 $N(\mu,\sigma^2)$. 该工程师记录的是 n 次测量的绝对误差 $Z_i=|X_i-\mu|\,(i=1,2,\cdots,n)$，利用 $Z_1,Z_2,\cdots,Z_n$ 估计 σ.

(1) 求 Z_1 的概率密度；

(2) 利用一阶矩求 σ 的矩估计量；

(3) 求 σ 的最大似然估计量.

解 (1) Z_1 的分布函数为

$$F(z) = P\{Z_1 \leqslant z\} = P\{|X_1 - \mu| \leqslant z\} = \begin{cases} 2\Phi\left(\dfrac{z}{\sigma}\right) - 1, & z \geqslant 0, \\ 0, & z < 0, \end{cases}$$

所以 Z_1 的概率密度为

$$f(z) = \begin{cases} \dfrac{2}{\sqrt{2\pi}\sigma} e^{-\frac{z^2}{2\sigma^2}}, & z \geqslant 0, \\ 0, & z < 0. \end{cases}$$

(2) $E(Z_1) = \displaystyle\int_{-\infty}^{+\infty} z f(z) \mathrm{d}z = \dfrac{2}{\sqrt{2\pi}\sigma} \int_{-\infty}^{+\infty} z e^{-\frac{z^2}{2\sigma^2}} \mathrm{d}z = \dfrac{2}{\sqrt{2\pi}}\sigma$.

$\sigma = \dfrac{\sqrt{2\pi}}{2} E(Z_1)$，令 $\overline{Z} = \dfrac{1}{n}\sum\limits_{i=1}^{n} Z_i$，得 σ 的矩估计量为 $\hat{\sigma} = \dfrac{\sqrt{2\pi}}{2}\overline{Z}$;

(3) 记 $z_1, z_2, \cdots, z_n$ 为样本 $Z_1, Z_2, \cdots, Z_n$ 的观测值，则似然函数为

$$L(\sigma) = \prod_{i=1}^{n} f(z_i) = \left(\dfrac{2}{\sqrt{2\pi}}\right)^n \sigma^{-n} e^{-\frac{1}{2\sigma^2}\sum\limits_{i=1}^{n} z_i^2},$$

对似然函数求对数

$$\ln L(\sigma) = n\ln \dfrac{2}{\sqrt{2\pi}} - n\ln \sigma - \dfrac{1}{2\sigma^2}\sum_{i=1}^{n} z_i^2.$$

令 $\dfrac{\mathrm{d}\ln L(\sigma)}{\mathrm{d}\sigma} = -\dfrac{n}{\sigma} + \dfrac{1}{\sigma^3}\sum\limits_{i=1}^{n} z_i^2 = 0$，得 σ 的最大似然估计值为 $\hat{\sigma} = \sqrt{\dfrac{1}{n}\sum\limits_{i=1}^{n} z_i^2}$.

所以 σ 的最大似然估计量为 $\hat{\sigma} = \sqrt{\dfrac{1}{n}\sum\limits_{i=1}^{n} Z_i^2}$.

[41] 设随机变量 X 的分布函数为

$$F(x; \alpha, \beta) = \begin{cases} 1 - \left(\dfrac{\alpha}{x}\right)^{\beta}, & x > \alpha, \\ 0, & x \leqslant \alpha, \end{cases}$$

其中参数 $\alpha > 0, \beta > 1$，设 $X_1, X_2, \cdots, X_n$ 为来自总体 X 的简单随机样本.

(1) 当 $\alpha = 1$ 时，求未知参数 β 的矩估计量；

(2) 当 $\alpha = 1$ 时，求未知参数 β 的最大似然估计量；

(3) 当 $\beta = 2$ 时，求未知参数 α 的最大似然估计量.

解 (1) 由已知 X 的分布函数可得其概率密度为

$$f(x; \alpha, \beta) = \begin{cases} \dfrac{\beta \alpha^{\beta}}{x^{\beta+1}}, & x > \alpha, \\ 0, & x \leqslant \alpha. \end{cases}$$

当 $\alpha = 1$ 时，X 的概率密度为

$$f(x; \beta) = \begin{cases} \dfrac{\beta}{x^{\beta+1}}, & x > 1, \\ 0, & x \leqslant 1. \end{cases}$$

$$E(X) = \int_{-\infty}^{+\infty} xf(x;\beta)\mathrm{d}x = \int_{1}^{+\infty} \frac{\beta}{x^\beta}\mathrm{d}x = \frac{\beta}{\beta-1},$$

令 $\dfrac{\beta}{\beta-1} = \overline{X}$,解得 $\beta = \dfrac{\overline{X}}{\overline{X}-1}$.

所以 β 的矩估计量为 $\hat{\beta} = \dfrac{\overline{X}}{\overline{X}-1}$,其中 $\overline{X} = \dfrac{1}{n}\sum\limits_{i=1}^{n}X_i$;

(2) 对于总体 X 的样本值 $x_1, x_2, \cdots, x_n$,似然函数为

$$L(\beta) = \begin{cases} \dfrac{\beta^n}{(x_1 x_2 \cdots x_n)^{\beta+1}}, & x_i > 1 \ (i=1,2,\cdots,n), \\ 0, & \text{其他}. \end{cases}$$

当 $x_i > 1$ 时,两边取对数得

$$\ln L(\beta) = n\ln \beta - (\beta+1)\sum_{i=1}^{n}\ln x_i,$$

求导得

$$\frac{\mathrm{d}\ln L(\beta)}{\mathrm{d}\beta} = \frac{n}{\beta} - \sum_{i=1}^{n}\ln x_i,$$

令 $\dfrac{\mathrm{d}\ln L(\beta)}{\mathrm{d}\beta} = 0$,解之得 $\beta = \dfrac{n}{\sum\limits_{i=1}^{n}\ln x_i}$.

故 β 的最大似然估计量为 $\hat{\beta} = \dfrac{n}{\sum\limits_{i=1}^{n}\ln X_i}$;

(3) 当 $\beta = 2$ 时,X 的概率密度为

$$f(x;\alpha) = \begin{cases} \dfrac{2\alpha^2}{x^3}, & x > \alpha, \\ 0, & x \leqslant \alpha. \end{cases}$$

对于总体 X 的样本值 $x_1, x_2, \cdots, x_n$,其似然函数为

$$L(\alpha) = \begin{cases} \dfrac{2^n \alpha^{2n}}{(x_1 x_2 \cdots x_n)^3}, & x_i > \alpha \ (i=1,2,\cdots,n), \\ 0, & \text{其他}, \end{cases}$$

取对数得

$$\ln L(\alpha) = n\ln 2 + 2n\ln \alpha - 3\sum_{i=1}^{n}\ln x_i,$$

求导得

$$\frac{\mathrm{d}\ln L(\alpha)}{\mathrm{d}\alpha} = \frac{2n}{\alpha} > 0,$$

所以 $L(\alpha)$ 单调递增.

当 $x_i > \alpha \ (i=1,2,\cdots,n)$ 时,α 越大,$L(\alpha)$ 就越大,因此 α 的最大似然估计值为

$$\hat{\alpha} = \min(x_1, x_2, \cdots, x_n).$$

故 α 的最大似然估计量为 $\hat{\alpha} = \min(X_1, X_2, \cdots, X_n)$.

[42] 设随机变量 X 与 Y 相互独立且分别服从正态分布 $N(\mu, \sigma^2)$ 与 $N(\mu, 2\sigma^2)$,其中

σ 是未知参数且 $\sigma > 0$，记 $Z = X - Y$.

(1) 求 Z 的概率密度 $f(z)$；

(2) 设 $Z_1, Z_2, \cdots, Z_n$ 为来自总体 Z 的简单随机样本，求 σ^2 的最大似然估计量 $\hat{\sigma}^2$；

(3) 证明 $\hat{\sigma}^2$ 为 σ^2 的无偏估计量.

解 (1) 因为 X 与 Y 相互独立且分别服从正态分布 $N(\mu, \sigma^2)$ 与 $N(\mu, 2\sigma^2)$，则 $Z = X - Y$ 服从正态分布 $N(0, 3\sigma^2)$，故 Z 的概率密度为

$$f(z) = \frac{1}{\sqrt{6\pi}\sigma} e^{-\frac{z^2}{6\sigma^2}}, -\infty < z < +\infty;$$

(2) 设 $z_1, z_2, \cdots, z_n$ 是样本 $Z_1, Z_2, \cdots, Z_n$ 所对应的一个样本值，则似然函数为

$$L(\sigma^2) = \prod_{i=1}^n f(z_i) = \frac{1}{(\sqrt{6\pi})^n (\sigma^2)^{\frac{n}{2}}} e^{-\frac{\sum_{i=1}^n z_i^2}{6\sigma^2}},$$

$$\ln L(\sigma^2) = -\frac{n}{2}\ln(6\pi) - \frac{n}{2}\ln\sigma^2 - \frac{1}{6\sigma^2}\sum_{i=1}^n z_i^2,$$

令 $\dfrac{\mathrm{d}\ln L(\sigma^2)}{\mathrm{d}(\sigma^2)} = \dfrac{1}{6\sigma^4}\sum_{i=1}^n z_i^2 - \dfrac{n}{2\sigma^2} = 0$，得 $\sigma^2 = \dfrac{1}{3n}\sum_{i=1}^n z_i^2$.

故 σ^2 的最大似然估计量为 $\hat{\sigma}^2 = \dfrac{1}{3n}\sum_{i=1}^n Z_i^2$；

(3) 因为

$$E(\hat{\sigma}^2) = E\Big(\frac{1}{3n}\sum_{i=1}^n Z_i^2\Big) = \frac{1}{3n}E\Big(\sum_{i=1}^n Z_i^2\Big) = \frac{1}{3}E(Z^2) = \frac{1}{3}D(Z) = \sigma^2,$$

所以 $\hat{\sigma}^2$ 为 σ^2 的无偏估计量.

[43] 设某种元件的使用寿命 T 的分布函数为

$$F(t) = \begin{cases} 1 - e^{-(\frac{t}{\theta})^m}, & t \geq 0, \\ 0, & \text{其他}, \end{cases}$$

其中 θ, m 为参数且大于零.

(1) 求概率 $P\{T > t\}$ 与 $P\{T > s + t \mid T > s\}$，其中 $s > 0, t > 0$；

(2) 任取 n 个这种元件做寿命试验，测得它们的寿命分别为 $t_1, t_2, \cdots, t_n$，若 m 已知，求 θ 的最大似然估计值 $\hat{\theta}$.

解
$$f(t) = F'(t) = \begin{cases} m\Big(\frac{t}{\theta}\Big)^{m-1} \cdot \frac{1}{\theta} e^{-(\frac{t}{\theta})^m}, & t \geq 0, \\ 0, & t < 0. \end{cases}$$

(1) $P\{T > t\} = 1 - F(t) = e^{-(\frac{t}{\theta})^m}, t > 0.$

$$P\{T > s + t \mid T > s\} = \frac{P\{T > s + t, T > s\}}{P\{T > s\}}$$

$$= \frac{P\{T > s + t\}}{P\{T > s\}} = \frac{e^{-(\frac{s+t}{\theta})^m}}{e^{-(\frac{s}{\theta})^m}}$$

$$= e^{-(\frac{s+t}{\theta})^m + (\frac{s}{\theta})^m};$$

(2) 给定 $t_1, t_2, \cdots, t_n$,似然函数为

$$L(\theta) = \prod_{i=1}^{n} f(t_i) = \prod_{i=1}^{n} m\left(\frac{t_i}{\theta}\right)^{m-1} \frac{1}{\theta} e^{-\left(\frac{t_i}{\theta}\right)^m} = m^n \prod_{i=1}^{n} \frac{t_i^{m-1}}{\theta^m} e^{-\left(\frac{t_i}{\theta}\right)^m},$$

取对数,得

$$\ln L(\theta) = n\ln m + \sum_{i=1}^{n}(m-1)\ln t_i - mn\ln\theta - \sum_{i=1}^{n}\frac{t_i^m}{\theta^m},$$

令 $\dfrac{\mathrm{d}\ln(\theta)}{\mathrm{d}\theta} = -mn\dfrac{1}{\theta} - \sum_{i=1}^{n}\dfrac{(-m)t_i^m}{\theta^{m+1}} = 0$,得 $-\dfrac{n}{\theta} + \sum_{i=1}^{n}\dfrac{t_i^m}{\theta^{m+1}} = 0$,解得 $\theta^m = \dfrac{1}{n}\sum_{i=1}^{n}t_i^m$,不难验证其为最大值点.

故最大似然估计值 $\hat{\theta} = \sqrt[m]{\dfrac{1}{n}\sum_{i=1}^{n}t_i^m}$.

[44] 设 $X_1, X_2, \cdots, X_n$ 是来自均值为 θ 的指数分布总体 X 的简单随机样本,$Y_1, Y_2, \cdots, Y_m$ 是来自均值为 2θ 的指数分布总体 Y 的简单随机样本,两个样本相互独立,其中 $\theta(\theta > 0)$ 为未知参数.利用样本 $X_1, X_2, \cdots, X_n$ 和 $Y_1, Y_2, \cdots, Y_m$.

(1) 求 θ 的最大似然估计量 $\hat{\theta}$;

(2) 求 $D(\hat{\theta})$.

解 (1) 易知 $X \sim E\left(\dfrac{1}{\theta}\right), Y \sim E\left(\dfrac{1}{2\theta}\right)$,从而

$$f_X(x) = \begin{cases} \dfrac{1}{\theta}e^{-\frac{x}{\theta}}, & x > 0, \\ 0, & x \leqslant 0, \end{cases} \quad f_Y(y) = \begin{cases} \dfrac{1}{2\theta}e^{-\frac{y}{2\theta}}, & y > 0, \\ 0, & y \leqslant 0. \end{cases}$$

设 $x_1, x_2, \cdots, x_n, y_1, y_2, \cdots, y_m$ 为样本 $X_1, X_2, \cdots, X_n, Y_1, Y_2, \cdots, Y_m$ 的观测值,且样本相互独立,则似然函数为

$$L(\theta) = \begin{cases} \dfrac{1}{2^m \theta^{n+m}} e^{\frac{2\sum_{i=1}^{n} x_i + \sum_{j=1}^{m} y_j}{2\theta}}, & x_i, y_j > 0 (i=1,2,\cdots,n; j=1,2,\cdots,m), \\ 0, & 其他. \end{cases}$$

$$\ln L(\theta) = -m\ln 2 - (n+m)\ln\theta - \frac{2\sum_{i=1}^{n} x_i + \sum_{j=1}^{m} y_j}{2\theta},$$

令 $\dfrac{\mathrm{d}\ln L(\theta)}{\mathrm{d}\theta} = -\dfrac{n+m}{\theta} + \dfrac{2\sum_{i=1}^{n} x_i + \sum_{j=1}^{m} y_j}{2\theta^2} = 0$,解得 $\hat{\theta} = \dfrac{2\sum_{i=1}^{n} x_i + \sum_{j=1}^{m} y_j}{2(n+m)}$.

故 θ 的最大似然估计量为 $\hat{\theta} = \dfrac{2\sum_{i=1}^{n} X_i + \sum_{j=1}^{m} Y_j}{2(n+m)}$;

(2) 由于 $X \sim E\left(\dfrac{1}{\theta}\right), Y \sim E\left(\dfrac{1}{2\theta}\right)$,则 $D(X) = \theta^2, D(Y) = 4\theta^2$,故

$$D(\hat{\theta}) = \dfrac{1}{4(n+m)^2} D\left(2\sum_{i=1}^{n} X_i + \sum_{j=1}^{m} Y_j\right) = \dfrac{1}{4(n+m)^2}(4n \cdot \theta^2 + m \cdot 4\theta^2) = \dfrac{\theta^2}{n+m}.$$

[45] 设总体 $X \sim U(\theta, 2\theta)$，其中 $\theta > 0$ 是未知参数，$X_1, X_2, \cdots, X_n$ 为取自该总体的样本，证明 $\hat{\theta} = \dfrac{2}{3}\overline{X}$ 是 θ 的无偏估计和相合估计.

证 $E(\hat{\theta}) = \dfrac{2}{3}E(\overline{X}) = \dfrac{2}{3}E(X) = \dfrac{2}{3} \cdot \dfrac{\theta + 2\theta}{2} = \theta$,

故 $\hat{\theta}$ 是 θ 的无偏估计.

$$D(\hat{\theta}) = \dfrac{4}{9}D(\overline{X}) = \dfrac{4}{9} \cdot \dfrac{D(X)}{n} = \dfrac{4}{9n} \cdot \dfrac{\theta^2}{12} = \dfrac{\theta^2}{27n},$$

当 $n \to \infty$ 时，$D(\hat{\theta}) \to 0$，故 $\hat{\theta}$ 是 θ 的相合估计.

举一反三 解析见答案册第 93 页

[46] 设总体 X 的概率密度为

$$f(x;\theta) = \begin{cases} \dfrac{2x}{3\theta^2}, & \theta < x < 2\theta, \\ 0, & \text{其他}, \end{cases}$$

其中 θ 是未知参数，$X_1, X_2, \cdots, X_n$ 为来自总体 X 的简单随机样本. 若 $c\sum\limits_{i=1}^{n} X_i^2$ 是 θ^2 的无偏估计，则 $c = \underline{\qquad}$.

[47] 设总体 X 的概率密度为

$$f(x) = \begin{cases} \dfrac{6x}{\theta^3}(\theta - x), & 0 < x < \theta, \\ 0, & \text{其他}, \end{cases}$$

$X_1, X_2, \cdots, X_n$ 是取自总体 X 的简单随机样本.

(1) 求 θ 的矩估计量 $\hat{\theta}$；

(2) 求 $\hat{\theta}$ 的方差 $D(\hat{\theta})$.

[48] 设 $X_1, X_2, \cdots, X_n$ 为总体的一个样本,求下列各总体的密度函数或分布律中的未知参数的矩估计量和最大似然估计量.

(1) $f(x) = \begin{cases} \theta c^\theta x^{-(\theta+1)}, & x > c, \\ 0, & 其他, \end{cases}$ 其中 $c > 0$ 为已知,$\theta > 1$,θ 为未知参数.

(2) $f(x) = \begin{cases} \sqrt{\theta} x^{\sqrt{\theta}-1}, & 0 \leqslant x \leqslant 1, \\ 0, & 其他, \end{cases}$ 其中 $\theta > 0$,θ 为未知参数.

(3) $P\{X = x\} = C_m^x p^x (1-p)^{m-x}$,$x = 0, 1, 2, \cdots, m$,$0 < p < 1$,$p$ 为未知参数.

[49] 设总体 X 的概率密度为

$$f(x;\theta) = \begin{cases} \dfrac{\theta^2}{x^3} e^{-\frac{\theta}{x}}, & x > 0, \\ 0, & 其他, \end{cases}$$

其中 θ 为未知参数且大于零,$X_1, X_2, \cdots, X_n$ 为来自总体 X 的简单随机样本.

(1) 求 θ 的矩估计量;

(2) 求 θ 的最大似然估计量.

[50] 设总体 X 的概率密度为

$$f(x) = \begin{cases} \lambda^2 x e^{-\lambda x}, & x > 0, \\ 0, & 其他, \end{cases}$$

其中参数 $\lambda (\lambda > 0)$ 未知,$X_1, X_2, \cdots, X_n$ 是来自总体 X 的简单随机样本.

(1) 求参数 λ 的矩估计量;

(2) 求参数 λ 的最大似然估计量.

[51] 设总体 X 服从 $[0,\theta]$ 上的均匀分布,θ 未知$(\theta>0)$,X_1,X_2,X_3 是取自 X 的一个样本.

(1) 试证 $\hat{\theta}_1 = \dfrac{4}{3}\max\limits_{1\leqslant i\leqslant 3}X_i$,$\hat{\theta}_2 = 4\min\limits_{1\leqslant i\leqslant 3}X_i$ 都是 θ 的无偏估计;

(2) 上述两个估计中哪个更有效?

[52] 设总体 X 的概率分布为

X	1	2	3
P	$1-\theta$	$\theta-\theta^2$	θ^2

其中参数 $\theta\in(0,1)$ 未知. 以 N_i 表示来自总体 X 的简单随机样本(样本容量为 n)中等于 i 的个数$(i=1,2,3)$,试求常数 a_1,a_2,a_3,使 $T=\sum\limits_{i=1}^{3}a_iN_i$ 为 θ 的无偏估计量,并求 T 的方差.

[53] 设 X_1,X_2,X_3,X_4 是来自均值为 θ 的指数分布总体的样本,其中 θ 未知. 设有估计量

$$T_1 = \dfrac{1}{6}(X_1+X_2)+\dfrac{1}{3}(X_3+X_4),\quad T_2 = \dfrac{X_1+2X_2+3X_3+4X_4}{5},$$

$$T_3 = \dfrac{X_1+X_2+X_3+X_4}{4}.$$

(1) 指出 T_1,T_2,T_3 中哪几个是 θ 的无偏估计量;

(2) 指出在上述 θ 的无偏估计中哪一个较为有效.

[54] 设总体 X 的均值为 μ，统计量 $\hat{\mu}_1$ 和 $\hat{\mu}_2$ 是参数 μ 的两个无偏估计量，它们的方差分别为 σ_1^2, σ_2^2，相关系数为 ρ. 试确定常数 $c_1 > 0, c_2 > 0, c_1 + c_2 = 1$，使得 $c_1 \hat{\mu}_1 + c_2 \hat{\mu}_2$ 有最小方差.

[55] 设总体 X 的概率密度为
$$f(x;\sigma) = \frac{1}{2\sigma} e^{-\frac{|x|}{\sigma}}, -\infty < x < +\infty,$$
其中 $\sigma \in (0, +\infty)$ 为未知参数，$X_1, X_2, \cdots, X_n$ 为来自总体 X 的简单随机样本. 求 σ 的最大似然估计量 $\hat{\sigma}$，并讨论 $\hat{\sigma}$ 是否为 σ 的无偏估计.

[56] 设总体 X 的概率密度为
$$f(x, \sigma^2) = \begin{cases} \dfrac{A}{\sigma} e^{-\frac{(x-\mu)^2}{2\sigma^2}}, & x \geqslant \mu, \\ 0, & x < \mu, \end{cases}$$
其中 μ 是已知参数，$\sigma > 0$ 是未知参数，A 是常数，$X_1, X_2, \cdots, X_n$ 是来自总体 X 的简单随机样本.
(1) 求 A；
(2) 求 σ^2 的最大似然估计.

[57] 设总体 X 的概率密度为
$$f(x) = \begin{cases} 2e^{-2(x-\theta)}, & x > \theta, \\ 0, & x \leq \theta, \end{cases}$$
其中 $\theta > 0$ 是未知参数. 从总体中抽取简单随机样本 $X_1, X_2, \cdots, X_n$, 记 $\hat{\theta} = \min(X_1, X_2, \cdots, X_n)$.

(1) 求总体 X 的分布函数 $F(x)$;

(2) 求统计量 $\hat{\theta}$ 的分布函数 $F_{\hat{\theta}}(x)$;

(3) 如果用 $\hat{\theta}$ 作为 θ 的估计量, 讨论它是否具有无偏性.

[58] 设某种电子器件的寿命(小时) T 服从双参数的指数分布, 其概率密度为
$$f(t) = \begin{cases} \dfrac{1}{\theta} e^{-\frac{t-c}{\theta}}, & t \geq c, \\ 0, & \text{其他}, \end{cases}$$
其中 $c, \theta (c, \theta > 0)$ 为未知参数. 自一批这种器件中随机地取 n 件进行寿命试验, 设它们的失效时间依次为 $x_1 \leq x_2 \leq \cdots \leq x_n$.

(1) 求 θ 与 c 的最大似然估计;

(2) 求 θ 与 c 的矩估计.

[59] 设总体 X 的概率密度为
$$f(x) = \begin{cases} \dfrac{1}{1-\theta}, & \theta \leq x \leq 1, \\ 0, & \text{其他}, \end{cases}$$
其中 θ 为未知参数, $X_1, X_2, \cdots, X_n$ 为来自该总体的简单随机样本.

(1) 求 θ 的矩估计量;

(2) 求 θ 的最大似然估计量.

[60] 设 $X_1, X_2, \cdots, X_n$ 为来自总体 $N(\mu_0, \sigma^2)$ 的简单随机样本,其中 μ_0 已知,$\sigma^2 > 0$ 未知,$\bar{X}$ 为样本均值,S^2 为样本方差.

(1) 求 σ^2 的最大似然估计 $\hat{\sigma}^2$;

(2) 求 $E(\hat{\sigma}^2), D(\hat{\sigma}^2)$.

[61] 设总体 X 的分布函数为

$$F(x) = \begin{cases} 1 - e^{-\frac{x^2}{\theta}}, & x \geqslant 0, \\ 0, & x < 0, \end{cases}$$

其中未知参数 $\theta > 0$,$X_1, X_2, \cdots, X_n$ 为来自总体 X 的简单随机样本.

(1) 求 $E(X), E(X^2)$;

(2) 求 θ 的最大似然估计量 $\hat{\theta}_n$;

(3) 是否存在实数 a,使得对任意的 $\varepsilon > 0$,都有 $\lim\limits_{n \to \infty} P\{|\hat{\theta}_n - a| \geqslant \varepsilon\} = 0$.

[62] 设总体 X 服从 $[0, \theta]$ 上的均匀分布,其中 $\theta \in (0, +\infty)$ 为未知参数,$X_1, X_2, \cdots, X_n$ 是来自总体 X 的简单随机样本,记 $X_{(n)} = \max\{X_1, X_2, \cdots, X_n\}$,$T_c = cX_{(n)}$.

(1) 求 c,使得 T_c 是 θ 的无偏估计;

(2) 记 $h(c) = E(T_c - \theta)^2$,求 c 使得 $h(c)$ 最小.

[63] 设 $X_1, X_2, \cdots, X_n$ 是总体为 $N(\mu, \sigma^2)$ 的简单随机样本,记

$$\overline{X} = \frac{1}{n}\sum_{i=1}^{n} X_i, \quad S^2 = \frac{1}{n-1}\sum_{i=1}^{n}(X_i - \overline{X})^2, \quad T = \overline{X}^2 - \frac{1}{n}S^2.$$

(1) 证明 T 是 μ^2 的无偏估计量;
(2) 当 $\mu = 0, \sigma = 1$ 时,求 $D(T)$.

题型 2　关于区间估计

原型题

[64] 设 $X \sim N(\mu, \sigma^2)$, σ^2 已知,若样本容量 n 和置信度 $1-\alpha$ 均不变,则对于不同的样本观测值,μ 的置信区间长度(　　).

A. 变长　　　　　　B. 变短　　　　　　C. 保持不变　　　　　　D. 不能确定

解　μ 的置信区间是

$$\left(\overline{X} - u_{\frac{\alpha}{2}}\frac{\sigma}{\sqrt{n}}, \quad \overline{X} + u_{\frac{\alpha}{2}}\frac{\sigma}{\sqrt{n}}\right).$$

因为 n 和 $1-\alpha$ 不变,所以长度 $l = 2u_{\frac{\alpha}{2}}\frac{\sigma}{\sqrt{n}}$ 保持不变.

故应选 C.

[65] 设 $x_1, x_2, \cdots, x_n$ 为来自总体 $N(\mu, \sigma^2)$ 的简单随机样本,样本均值 $\overline{x} = 9.5$,参数 μ 的置信度为 0.95 的双侧置信区间的置信上限为 10.8,则 μ 的置信度为 0.95 的双侧置信区间为_____.

解　设 $X \sim N(\mu, \sigma^2)$,其中 σ^2 未知,则 μ 的置信区间为

$$\left(\overline{x} - t_{\frac{\alpha}{2}}(n-1)\frac{S}{\sqrt{n}}, \quad \overline{x} + t_{\frac{\alpha}{2}}(n-1)\frac{S}{\sqrt{n}}\right).$$

已知 $\overline{x} = 9.5$,置信上限为 10.8,则 $t_{\frac{\alpha}{2}}(n-1)\frac{S}{\sqrt{n}} = 1.3$,置信下限为 8.2.

故应填 $(8.2, 10.8)$.

[66] 设总体 $X \sim N(\mu, 8)$, $(X_1, \cdots, X_{36})$ 为其简单随机样本,若 $(\overline{X}-1, \overline{X}+1)$ 作为 μ 的置信区间,则置信度为_____.

解　本题属于已知 σ^2,估计 μ 的类型.

μ 的满足置信度为 $1-\alpha$ 的置信区间应为

$$\left(\overline{X} - u_{\frac{\alpha}{2}}\frac{\sigma}{\sqrt{n}}, \quad \overline{X} + u_{\frac{\alpha}{2}}\frac{\sigma}{\sqrt{n}}\right).$$

由题意，$u_{\frac{\alpha}{2}}\frac{\sigma}{\sqrt{n}}=1$，且 $\sigma=\sqrt{8}$，$n=36$.

故 $u_{\frac{\alpha}{2}}=2.12$，查表可得置信度 $1-\alpha=0.966$.

故应填 0.966.

[67] 设总体 $X\sim N(\mu,\sigma^2)$，$x_1,x_2,\cdots,x_{15}$ 是其一组样本值，已知

$$\sum_{i=1}^{15}x_i=8.7,\qquad \sum_{i=1}^{15}x_i^2=25.05,$$

求置信水平为 0.95 的 μ 和 σ^2 的置信区间.

解 $\overline{x}=\dfrac{1}{15}\sum_{i=1}^{15}x_i=\dfrac{1}{15}\times 8.7=0.58$，

$$S^2=\frac{1}{14}\sum_{i=1}^{15}(x_i-\overline{x})^2=\frac{1}{14}\Big(\sum_{i=1}^{15}x_i^2-15\overline{x}^2\Big)=1.429.$$

查表得 $t_{\frac{\alpha}{2}}(n-1)=t_{0.025}(14)=2.1448$，$\chi^2_{1-\frac{\alpha}{2}}(n-1)=\chi^2_{0.975}(14)=5.629$，$\chi^2_{\frac{\alpha}{2}}(n-1)=\chi^2_{0.025}(14)=26.119$.

代入公式可得置信区间为

$$\mu:\Big(\overline{X}\pm t_{\frac{\alpha}{2}}(n-1)\frac{S}{\sqrt{n}}\Big)=(-0.082,1.242),$$

$$\sigma^2:\Big(\frac{(n-1)S^2}{\chi^2_{\frac{\alpha}{2}}(n-1)},\ \frac{(n-1)S^2}{\chi^2_{1-\frac{\alpha}{2}}(n-1)}\Big)=(0.766,3.554).$$

[68] 随机地从 A 批导线中抽取 4 根，又从 B 批导线中抽取 5 根，测得电阻(Ω)为

A 批导线：0.143，　0.142，　0.143，　0.137

B 批导线：0.140，　0.142，　0.136，　0.138，　0.140

设测定数据分别来自分布 $N(\mu_1,\sigma^2)$，$N(\mu_2,\sigma^2)$，且两样本相互独立，μ_1,μ_2,σ^2 均为未知，试求 $\mu_1-\mu_2$ 的置信度为 0.95 的置信区间.

解 $\mu_1-\mu_2$ 的置信区间为

$$\Big(\overline{X}-\overline{Y}-t_{\frac{\alpha}{2}}(n_1+n_2-2)S_w\sqrt{\frac{1}{n_1}+\frac{1}{n_2}},\ \overline{X}-\overline{Y}+t_{\frac{\alpha}{2}}(n_1+n_2-2)S_w\sqrt{\frac{1}{n_1}+\frac{1}{n_2}}\Big).$$

$$\overline{X}=\frac{1}{4}\sum_{i=1}^{4}X_i=\frac{1}{4}(0.143+\cdots+0.137)=0.1413,$$

$$\overline{Y}=\frac{1}{5}(0.140+\cdots+0.140)=0.1392,$$

$n_1=4$，$n_2=5$，$n_1+n_2-2=7$；$1-\alpha=0.95$，$\alpha=0.05$，$\dfrac{\alpha}{2}=0.025$.

查表得 $t_{\frac{\alpha}{2}}(7)=2.3646$，

$$s_w^2=\frac{(n_1-1)s_1^2+(n_2-1)s_2^2}{n_1+n_2-2}=6.509\times 10^{-6},\quad s_w=\sqrt{6.509\times 10^{-6}}=2.551\times 10^{-3}.$$

将这些值代入上区间得 $(-0.002,0.006)$.

[69] 假如 $0.50,1.25,0.80,2.00$ 是来自总体 X 的简单随机样本值，已知 $Y=\ln X$ 服从正态分布 $N(\mu,1)$.

(1) 求 X 的数学期望 $E(X)$(记 $E(X)$ 为 b)；

(2) 求 μ 的置信度为 0.95 的置信区间;

(3) 利用上述结果求 b 的置信度为 0.95 的置信区间.

分析　本题是一个正态总体方差已知求期望值 μ 的置信区间问题. 在 μ 的置信区间解得的情况下,利用 b 的表达式中含有 μ 这一特点,代入 μ 的置信区间即可得 b 的置信区间.

解　(1) 由题意知 Y 的概率密度为

$$f(y) = \frac{1}{\sqrt{2\pi}} e^{-\frac{(y-\mu)^2}{2}}.$$

又由 $Y = \ln X$, 得 $X = e^Y$, 故

$$b = E(X) = E(e^Y) = \int_{-\infty}^{+\infty} \frac{1}{\sqrt{2\pi}} e^y e^{-\frac{(y-\mu)^2}{2}} dy$$

$$= e^{\mu + \frac{1}{2}} \int_{-\infty}^{+\infty} \frac{1}{\sqrt{2\pi}} e^{-\frac{1}{2}[y-(\mu+1)]^2} dy = e^{\mu + \frac{1}{2}};$$

(2) 经过分析, μ 的置信区间公式为 $\left(\overline{Y} - \frac{\sigma}{\sqrt{n}} u_{\frac{\alpha}{2}}, \overline{Y} + \frac{\sigma}{\sqrt{n}} u_{\frac{\alpha}{2}}\right)$.

由 $1 - \alpha = 0.95$, 查表得 $u_{\frac{\alpha}{2}} = 1.96$.

代入 $\sigma = 1, n = 4, \overline{y} = \frac{1}{4}(\ln 0.5 + \ln 1.25 + \ln 0.8 + \ln 2) = 0$, 得

$$\left(-\frac{1}{2} \times 1.96, \frac{1}{2} \times 1.96\right).$$

故 μ 的置信度为 0.95 的置信区间为 $(-0.98, 0.98)$;

(3) 由 (1) 可知, $b = E(X) = e^{\mu + \frac{1}{2}}$, 又由 (2) 知, μ 的置信区间为 $(-0.98, 0.98)$.

因为 e^x 为严格增函数, 所以 b 的置信区间为 $(e^{-0.98 + \frac{1}{2}}, e^{0.98 + \frac{1}{2}})$, 即为 $(e^{-0.48}, e^{1.48})$.

举一反三　解析见答案册第 100 页

[70] 从长期生产实践知道,某厂生产的 100W 灯泡的使用寿命 $X \sim N(\mu, 100^2)$(单位:h),现从某一批灯泡中抽取 5 只,测得使用寿命如下:

1 455, 1 502, 1 370, 1 610, 1 430,

试求这批灯泡平均使用寿命 μ 的置信区间 (α 分别为 0.1 和 0.05).

[71]　随机地取某种炮弹 9 发做实验,得炮口速度的样本标准差 $s=11(\text{m/s})$,设炮口速度服从正态分布,求这种炮弹的炮口速度的标准差 σ 的置信度为 0.95 的置信区间.

[72]　设某种清漆的 9 个样品,其干燥时间(单位:h) 分别为
　　　　6.0,　5.7,　5.8,　6.5,　7.0,　6.3,　5.6,　6.1,　5.0,
设干燥时间总体服从正态分布 $N(\mu,\sigma^2)$,求 μ 的置信度为 0.95 的置信区间.
　(1) 若由以往经验知 $\sigma=0.6$(小时);
　(2) 若 σ 为未知.

[73]　研究两种固体燃料火箭推进器的燃烧率,设两者都服从正态分布,并且已知燃烧率的标准差均近似地为 0.05 cm/s. 取样本容量为 $n_1=n_2=20$,得燃烧率的样本均值分别为 $\overline{x}_1=18$ cm/s, $\overline{x}_2=24$ cm/s,求两燃烧率总体均值差 $\mu_1-\mu_2$ 的置信度为 0.99 的置信区间.

[74]　设两位化验员 A,B 独立地对某种聚合物含氯量用相同的方法各作 10 次测定,其测定值的样本方差依次为 $S_A^2=0.5419, S_B^2=0.6065$. 设 σ_A^2, σ_B^2 分别为 A,B 所测定的测定值总体的方差,设总体均为正态分布,求方差比 $\dfrac{\sigma_A^2}{\sigma_B^2}$ 的置信度为 0.95 的置信区间.

[75]　为研究某种汽车轮胎的磨损特性,随机地选择 16 只轮胎,每只轮胎行驶到磨坏为止,记录所行驶路径(公里)如下:

41 250, 40 187, 43 175, 41 010, 39 265, 41 872, 42 654, 41 287,

38 970, 40 200, 42 550, 41 095, 40 680, 43 500, 39 775, 40 400.

假设这些数据来自正态总体 $N(\mu,\sigma^2)$,其中 μ,σ^2 未知,试求 μ 的置信度为 0.95 的单侧置信下限.

[76]　从正态总体 $N(\mu,6^2)$ 中抽取容量为 n 的样本.若保证 μ 的 95% 的置信区间的长度不大于 2,问 n 至少应取多大？

[77]　生产一个零件所需时间(单位:s) $X \sim N(\mu,\sigma^2)$,观察 25 个零件的生产时间,得 $\bar{x}=5.5, s=1.73$,试求 μ 和 σ^2 的置信度为 0.95 的置信区间.

[78]　已知灯泡寿命 X(单位:h)服从正态分布,从中随机抽取 5 只作寿命试验,测得寿命为 1 050, 1 100, 1 120, 1 250, 1 280,求灯泡寿命均值的单侧置信下限与寿命方差的单侧置信上限($\alpha=0.05$).

[79]　假定到某地旅游的一个游客的消费额 X 服从正态分布 $N(\mu,\sigma^2)$,且 $\sigma=500$,μ 未知.要对平均消费额 μ 进行估计,使这个估计的绝对误差小于 50 元,且置信度不小于 0.95,问至少需要随机调查多少个游客？

第八章 假设检验

刷题散点图

在学习概率论与数理统计时,制作刷题散点图是一种高效的学习方法.用笔在题号上标记:做对的画"√",做错的画"×".完成后,观察题号的分布情况:错题集中的区域是薄弱点,需重点二刷、三刷;错题分散则说明基础不牢,要全面巩固.

通过散点图,能快速定位问题,精准复习,提升学习效率.

1. 假设检验基本概念

核心归纳

1. 假设检验
对总体的分布类型或分布中的某些未知参数作出假设,然后抽取样本并选择一个合适的检验统计量,利用检验统计量的观察值和预先给定的误差 α,对所作假设成立与否作出定性判断,这种统计推断称为**假设检验**.若总体分布已知,只对分布中未知参数提出假设并作检验,这种检验称为**参数检验**.

2. 假设检验基本思想
小概率原理是指概率很小的事件在试验中发生的频率也很小,因此小概率事件在一次试验中不可能发生.

当对问题提出待检假设 H_0,并要检验其是否可信时,先假定 H_0 正确.在这个假定下,经过一次抽样,若小概率事件发生了,则拒绝 H_0;否则,若小概率事件未发生,则接受 H_0.

3. 假设检验基本概念
在显著性水平 α 下,检验假设.

$$H_0: \mu = \mu_0, \quad H_1: \mu \neq \mu_0.$$

H_0 称为**原假设**或**零假设**. H_1 称为**备择假设**.

当检验统计量取某个区域 C 中的值时,拒绝原假设 H_0,则称区域 C 为**拒绝域**(或**否定域**).

4. 假设检验过程
(1) 提出原假设和备择假设;

(2) 选取检验统计量;

(3) 确定拒绝原假设的域;

(4) 计算检验统计量的观察值并作出判断.

5. 两类错误
人们作出判断的依据是一个样本,样本是随机的,因而人们进行假设检验判断 H_0 可信与否时,不免发生误判而犯两类错误.

第一类错误: H_0 为真,而检验结果将其否定,这称为**"弃真"错误**;

第二类错误: H_0 不真,而检验结果将其接受,这称为**"取伪"错误**.

分别记犯第一、二类错误的概率为 α, β,即

$$\alpha = P\{拒绝 H_0 \mid H_0 为真\}, \beta = P\{接受 H_0 \mid H_0 不真\}.$$

当样本容量 n 固定时, α 越小, β 就越大.一般采取的原则是:固定 α,通过增加样本容量 n 降低 β.

重点题型

题型 关于两类错误

原型题

[1] 假设检验第一类错误概率为 α,第二类错误概率为 β,下列说法错误的是( ).

A. $\alpha + \beta = 1$　　　　　　　　　　B. $\alpha = P\{拒绝\ H_0 \mid H_0\ 为真\}$

C. α 即为检验水平　　　　　　　D. $\beta = P\{接受\ H_0 \mid H_0\ 不真\}$

解　$\alpha = P\{拒绝\ H_0 \mid H_0\ 为真\}$,$\beta = P\{接受\ H_0 \mid H_0\ 不真\}$,两者不是对立事件. 故应选 A.

[2]　设总体 X 服从正态分布 $N(\mu, 1)$,$X_1, X_2, \cdots, X_9$ 是该总体的样本. 对于假设 $H_0: \mu = 2$,$H_1: \mu > 2$,已知拒绝域是 $\{\overline{X} > 2.6\}$,则犯第一类错误的概率为_____.

解　犯第一类错误的概率

$$\alpha = P\{拒绝\ H_0 \mid H_0\ 为真\}$$

$$= P\{\overline{X} > 2.6 \mid \mu = 2\} = P\left\{\frac{\overline{X} - \mu}{\frac{\sigma}{\sqrt{n}}} > \frac{2.6 - \mu}{\frac{\sigma}{\sqrt{n}}} \,\bigg|\, \mu = 2\right\}$$

$$= P\left\{\frac{\overline{X} - 2}{\frac{1}{3}} > \frac{2.6 - 2}{\frac{1}{3}}\right\} = 1 - \Phi(1.8) = 0.036.$$

故应填 0.036.

[3]　假设 $X_1, X_2, \cdots, X_{36}$ 是来自正态总体 $N(\mu, 0.04)$ 的简单随机样本,其中 μ 为未知参数,记 $\overline{X} = \frac{1}{36}\sum_{i=1}^{36} X_i$. 现对检验问题 $H_0: \mu = 0.5$,$H_1: \mu = \mu_1 > 0.5$,取检验否定域 $D = \{(x_1, x_2, \cdots, x_{36}): \overline{X} > C\}$,检验显著性水平 $\alpha = 0.05$. 计算:

(1) C;

(2) 若 $\alpha = 0.05$,$\mu_1 = 0.65$,犯第二类错误的概率是多少?

解　(1) 若 H_0 成立,即 $\mu = 0.5$,那么总体 $X \sim N(0.5, 0.04)$,$\overline{X} \sim N\left(0.5, \frac{1}{900}\right)$.

根据题意知

$$\alpha = P\{拒绝\ H_0 \mid H_0\ 为真\} = P\{\overline{X} > C\} = 1 - P\{\overline{X} \leqslant C\}$$

$$= 1 - P\left\{\frac{\overline{X} - 0.5}{\frac{1}{30}} \leqslant \frac{C - 0.5}{\frac{1}{30}}\right\} = 1 - \Phi(30C - 15) = 0.05.$$

那么 $\Phi(30C - 15) = 0.95$,查表得 $30C - 15 = 1.645$,即 $C = 0.5548$;

(2) 若 H_1 成立,即 $\mu = \mu_1 = 0.65$,那么总体 $X \sim N(0.65, 0.04)$, $\overline{X} \sim N(0.65, \dfrac{1}{900})$.

根据题意知

$$\beta = P\{\text{接受 } H_0 \mid H_0 \text{ 不真}\} = P\{\overline{X} < C\}$$

$$= P\left\{\dfrac{\overline{X} - 0.65}{\dfrac{1}{30}} < \dfrac{C - 0.65}{\dfrac{1}{30}}\right\} = \Phi(30 \times (0.5548 - 0.65))$$

$$= \Phi(-2.855) = 1 - \Phi(2.86) = 1 - 0.9979 = 0.0021.$$

举一反三

解析见答案册第 103 页

[4] 对假设检验,显著性水平 $\alpha = 0.05$,其意义是(   ).

A. 原假设不成立,经过检验而被拒绝的概率

B. 原假设成立,经过检验而被拒绝的概率

C. 原假设不成立,经过检验不能拒绝的概率

D. 原假设成立,经过检验不能拒绝的概率

[5] 在假设检验中,记 H_1 为备择假设,则称(   ) 为犯第一类错误.

A. H_1 真,接受 H_1 B. H_1 不真,接受 H_1

C. H_1 真,拒绝 H_1 D. H_1 不真,拒绝 H_1

[6] 设 α, β 分别是第一、第二类错误的概率,且 H_0, H_1 分别为原假设和备择假设,则 $P\{\text{拒绝} H_0 \mid H_0 \text{ 不真}\} = $ _____ .

2. 正态总体参数的假设检验

核心归纳

1. 一个正态总体的假设检验

设 $X \sim N(\mu, \sigma^2)$, $(X_1, X_2, \cdots, X_n)$ 为其样本,

(1) σ^2 已知,检验假设 $H_0: \mu = \mu_0, H_1: \mu \neq \mu_0$.

检验步骤为:

① 提出待检假设 $H_0: \mu = \mu_0$ (μ_0 已知);

② 选取样本 $(X_1, X_2, \cdots, X_n)$ 的统计量 $U = \dfrac{\overline{X} - \mu_0}{\dfrac{\sigma_0}{\sqrt{n}}}$ (σ_0 已知),在 H_0 成立时, $U \sim N(0,1)$;

③ 对给定的显著性水平 α,查表确定临界值 $u_{\frac{\alpha}{2}}$,使得 $P\{|U| > u_{\frac{\alpha}{2}}\} = \alpha$,计算检验统计

量 U 的观察值并与临界值 $u_{\frac{\alpha}{2}}$ 比较;

④作出判断:若 $|U|>u_{\frac{\alpha}{2}}$,则拒绝 H_0;若 $|U|<u_{\frac{\alpha}{2}}$,则接受 H_0.

(2) σ^2 未知,检验假设 $H_0:\mu=\mu_0, H_1:\mu\neq\mu_0$.

选取统计量 $T=\dfrac{\overline{X}-\mu_0}{\dfrac{S}{\sqrt{n}}}$,其中 $S^2=\dfrac{1}{n-1}\sum_{i=1}^n(X_i-\overline{X})^2$,当 H_0 为真时,$T\sim t(n-1)$.

拒绝域为 $|T|>t_{\frac{\alpha}{2}}(n-1)$.

(3) μ 未知,检验假设 $H_0:\sigma^2=\sigma_0^2, H_1:\sigma^2\neq\sigma_0^2$.

选取统计量 $\chi^2=\dfrac{(n-1)S^2}{\sigma_0^2}$. 当 H_0 为真时,$\chi^2\sim\chi^2(n-1)$. 拒绝域为 $\chi^2>\chi^2_{\frac{\alpha}{2}}(n-1)$ 或 $\chi^2<\chi^2_{1-\frac{\alpha}{2}}(n-1)$.

2. 两个正态总体的假设检验

设 $X\sim N(\mu_1,\sigma_1^2), Y\sim N(\mu_2,\sigma_2^2)$,$(X_1,X_2,\cdots,X_{n_1})$ 和 $(Y_1,Y_2,\cdots,Y_{n_2})$ 分别是来自总体 X 和 Y 的样本,$\overline{X},S_1^2$ 和 $\overline{Y},S_2^2$ 是相应的样本均值和方差.

(1) σ_1^2,σ_2^2 已知,检验假设 $H_0:\mu_1=\mu_2, H_1:\mu_1\neq\mu_2$.

选取统计量 $U=\dfrac{\overline{X}-\overline{Y}}{\sqrt{\dfrac{\sigma_1^2}{n_1}+\dfrac{\sigma_2^2}{n_2}}}\sim N(0,1)$. 拒绝域为 $|U|>u_{\frac{\alpha}{2}}$.

(2) σ_1^2,σ_2^2 未知,检验假设 $H_0:\mu_1=\mu_2, H_1:\mu_1\neq\mu_2$. 常见的三种特殊情形:

① n_1, n_2 较大时

选取统计量 $U=\dfrac{\overline{X}-\overline{Y}}{\sqrt{\dfrac{S_1^2}{n_1}+\dfrac{S_2^2}{n_2}}}\stackrel{\text{近似}}{\sim} N(0,1)$. 拒绝域为 $|U|>u_{\frac{\alpha}{2}}$.

② $\sigma_1^2=\sigma_2^2$ 时

选取统计量 $T=\dfrac{\overline{X}-\overline{Y}}{\sqrt{\dfrac{(n_1-1)S_1^2+(n_2-1)S_2^2}{n_1+n_2-2}}\sqrt{\dfrac{1}{n_1}+\dfrac{1}{n_2}}}$,当 H_0 为真时,$T\sim t(n_1+n_2-2)$.

显著性水平为 α 的拒绝域为 $|T|>t_{\frac{\alpha}{2}}(n_1+n_2-2)$.

③ $\sigma_1^2\neq\sigma_2^2$,但 $n_1=n_2$(配对问题)

令 $D_i=X_i-Y_i(i=1,2,\cdots,n)$,则 $D_i\sim N(\mu_D,\sigma_D^2)$,其中 $\mu_D=\mu_1-\mu_2, \sigma_D^2=\sigma_1^2+\sigma_2^2$(未知).

此时检验假设等价于 $H_0:\mu_D=0, H_1:\mu_D\neq 0$.

选取统计量 $T=\dfrac{\overline{D}-\mu_D}{\dfrac{S_D}{\sqrt{n}}}\sim t(n-1)$. 拒绝域为 $|T|>t_{\frac{\alpha}{2}}(n-1)$.

(3) μ_1,μ_2 未知,检验假设 $H_0:\sigma_1^2=\sigma_2^2, H_1:\sigma_1^2\neq\sigma_2^2$.

选取统计量 $F=\dfrac{S_1^2}{S_2^2}$,当 H_0 为真时 $F\sim F(n_1-1,n_2-1)$.

显著性水平为 α 的拒绝域为 $F > F_{\frac{\alpha}{2}}(n_1-1, n_2-1)$ 或 $F < F_{1-\frac{\alpha}{2}}(n_1-1, n_2-1)$.

3. 单侧检验

在假设检验中，如果只关心总体参数是否偏大或偏小，此时可将拒绝域确定在某一侧，这种检验称为**单侧检验**. 单侧检验可由双侧检验修改转化而得到. 常用基本类型举例：

(1) σ^2 已知，检验假设 $H_0:\mu \leqslant \mu_0, H_1:\mu > \mu_0$（有时也写成 $H_0:\mu = \mu_0, H_1:\mu > \mu_0$）

选取统计量 $U = \dfrac{\overline{X} - \mu_0}{\dfrac{\sigma}{\sqrt{n}}}$. 拒绝域为 $U > u_\alpha$.

(2) σ^2 已知，检验假设 $H_0:\mu \geqslant \mu_0, H_1:\mu < \mu_0$.

选取统计量 $U = \dfrac{\overline{X} - \mu_0}{\dfrac{\sigma}{\sqrt{n}}}$. 拒绝域为 $U < -u_\alpha$.

(3) σ^2 未知，检验假设 $H_0:\mu \leqslant \mu_0, H_1:\mu > \mu_0$.

选取统计量 $T = \dfrac{\overline{X} - \mu_0}{\dfrac{S}{\sqrt{n}}}$. 拒绝域为 $T > t_\alpha(n-1)$.

(4) σ^2 未知，检验假设 $H_0:\mu \geqslant \mu_0, H_1:\mu < \mu_0$.

选取统计量 $T = \dfrac{\overline{X} - \mu_0}{\dfrac{S}{\sqrt{n}}}$. 拒绝域为 $T < -t_\alpha(n-1)$.

(5) μ 未知，检验假设 $H_0:\sigma^2 \leqslant \sigma_0^2, H_1:\sigma^2 > \sigma_0^2$.

选取统计量 $\chi^2 = \dfrac{(n-1)S^2}{\sigma_0^2}$. 拒绝域为 $\chi^2 > \chi_\alpha^2(n-1)$.

(6) μ 未知，检验假设 $H_0:\sigma^2 \geqslant \sigma_0^2, H_1:\sigma^2 < \sigma_0^2$.

选取统计量 $\chi^2 = \dfrac{(n-1)S^2}{\sigma_0^2}$. 拒绝域为 $\chi^2 < \chi_{1-\alpha}^2(n-1)$.

其他类型可仿照上述类型得到解决.

重点题型

题型 1　正态总体均值的检验

原型题

[7] 设 $X_1, X_2, \cdots, X_n$ 是取自正态总体 $N(\mu, 2)$ 的简单随机样本，记 $\overline{X} = \dfrac{1}{n}\sum\limits_{i=1}^{n} X_i$，$u_\alpha$ 表示标准正态分布的上侧 α 分位数. 假设检验问题：$H_0:\mu \leqslant 1, H_1:\mu > 1$ 的显著性水平为 α 的检验的拒绝域为（　　）.

A. $\left\{(X_1, X_2, \cdots, X_n) \mid \overline{X} > 1 + \dfrac{2}{n} u_\alpha\right\}$ B. $\left\{(X_1, X_2, \cdots, X_n) \mid \overline{X} > 1 + \dfrac{\sqrt{2}}{n} u_\alpha\right\}$

C. $\left\{(X_1, X_2, \cdots, X_n) \mid \overline{X} > 1 + \dfrac{2}{\sqrt{n}} u_\alpha\right\}$ D. $\left\{(X_1, X_2, \cdots, X_n) \mid \overline{X} > 1 + \sqrt{\dfrac{2}{n}} u_\alpha\right\}$

解 该检验问题的拒绝域为

$$\left\{\dfrac{\overline{X}-\mu_0}{\sigma_0/\sqrt{n}} > u_\alpha\right\} = \left\{\dfrac{\overline{X}-1}{\sqrt{2}/\sqrt{n}} > u_\alpha\right\} = \left\{\overline{X} > 1 + \sqrt{\dfrac{2}{n}} u_\alpha\right\}.$$

故应选 D.

[8] 设某次考试的考生成绩服从正态分布,从中随机地抽取 36 位考生的成绩,算得平均成绩为 66.5 分,标准差为 15 分.问在显著性水平 0.05 下,是否可以认为这次考试全体考生的平均成绩为 70 分?并给出检验过程.

解 设该次考试的考生成绩为 X,则 $X \sim N(\mu, \sigma^2)$,且 σ^2 未知.
根据题意建立假设 $H_0: \mu = 70$, $H_1: \mu \neq 70$,选取检验统计量

$$T = \dfrac{\overline{X} - \mu_0}{\dfrac{S}{\sqrt{n}}},$$

当 H_0 成立时,有 $T = \dfrac{\overline{X} - 70}{S}\sqrt{36} \sim t(35)$.

计算 $\overline{X} = 66.5$, $S = 15$,从而 $t = \dfrac{66.5 - 70}{15}\sqrt{36} = -1.4$.

查表可得 $t_{0.025}(35) = 2.0301$. 因为 $|t| = 1.4 < 2.0301$,所以接受 H_0.
故在显著性水平 0.05 下可以认为这次考试全体考生的平均成绩为 70 分.

[9] 甲、乙两种方法生产同一种药品,成品得率方差分别为 $\sigma_1^2 = 0.46$, $\sigma_2^2 = 0.37$. 现测得甲方法生产的药品得率的 25 个数据, $\overline{X} = 3.81$;乙方法生产的药品得率的 30 个数据, $\overline{Y} = 3.56$. 设得率服从正态分布.问甲、乙两种方法的平均得率是否有显著差异?($\alpha = 0.05$)

解 根据题意,建立检验假设 $H_0: \mu_1 = \mu_2$, $H_1: \mu_1 \neq \mu_2$.
由于方差已知,故在 H_0 成立时,选取统计量

$$U = \dfrac{\overline{X} - \overline{Y}}{\sqrt{\dfrac{\sigma_1^2}{n_1} + \dfrac{\sigma_2^2}{n_2}}} \sim N(0, 1).$$

$\alpha = 0.05$,查表得 $u_{0.025} = 1.96$.

计算 $|u| = \left|\dfrac{3.81 - 3.56}{\sqrt{\dfrac{0.46}{25} + \dfrac{0.37}{30}}}\right| = 1.426 < 1.96.$

因此接受 H_0,即认为两种方法的平均得率没有显著差异.

举一反三

[10] 已知某炼铁厂铁水含碳量服从正态分布 $N(4.55, 0.108^2)$,现在测定了 9 种铁

水,其平均含碳量为 4.61.若估计方差没有变化,可否认为现在生产的铁水平均含碳量仍为 4.55($\alpha = 0.05$)?

[11]   要求一种元件使用寿命不得低于 1 000 h,生产者从一批这种元件中随机抽取 25 件,测量其寿命的平均值为 950 h.已知该种元件寿命服从标准差为 $\sigma = 100$ h 的正态分布,试在显著水平 $\alpha = 0.05$ 下确定这批元件是否合格?设总体均值为 μ,即需检验假设 H_0: $\mu \geqslant 1\,000, H_1:\mu < 1\,000$.

[12]   下面列出的是某厂随机选取的 20 只部件的装配时间(分):

9.8   10.4   10.6   9.6   9.7   9.9   10.9   11.1   9.6   10.2
10.3   9.6   9.9   11.2   10.6   9.8   10.5   10.1   10.5   9.7

设装配时间的总体服从正态分布 $N(\mu,\sigma^2)$,μ,σ^2 均未知,是否可以认为装配时间的均值显著大于 10($\alpha = 0.05$)?

[13]   某烟厂生产甲、乙两种香烟,独立地随机抽取容量大小相同的烟叶标本,测量尼古丁含量的毫克数.一实验室分别做了 6 次测定,数据记录如下:

| 甲 | 25 | 28 | 23 | 26 | 29 | 22 |
| 乙 | 28 | 23 | 30 | 25 | 21 | 27 |

假定尼古丁含量服从正态分布且具有相同的方差,试问在显著性水平 $\alpha = 0.05$ 下,这两种香烟的尼古丁含量有无显著差异?

题型 2　正态总体方差的检验

原型题

[14] 设维尼纶纤度在正常条件下服从正态分布 $N(\mu, 0.048^2)$，某日抽取 5 根纤维，测其纤度为 1.32，1.55，1.36，1.40，1.44，问这一天纤度总体方差是否正常？$(\alpha = 0.05)$

解 根据题意，建立检验假设 $H_0:\sigma^2 = \sigma_0^2 = 0.048^2$，$H_1:\sigma^2 \neq \sigma_0^2$.

由于 μ 未知，故在 H_0 成立条件下选取统计量如下

$$\chi^2 = \frac{(n-1)S^2}{\sigma_0^2} \sim \chi^2(n-1).$$

$\alpha = 0.05$，自由度为 $n-1 = 5-1 = 4$. 查 χ^2 分布表得 $\chi^2_{0.025}(4) = 11.1$，$\chi^2_{0.975}(4) = 0.484$，

其中 $(n-1)S^2 = \sum_{i=1}^{n}(X_i - \overline{X})^2 = \sum_{i=1}^{5} X_i^2 - 5\overline{X}^2 = 0.031\,42$，则

$$\frac{(n-1)S^2}{\sigma_0^2} = \frac{0.031\,42}{0.048^2} \approx 13.64 > \chi^2_{0.025}(4).$$

因此拒绝 H_0，即认为这一天纤度方差有显著变化.

[15] 某一橡胶配方中，原用氧化锌 5 克，现减为 1 克，若分别用两种配方做一批试验. 5 克配方测 9 个橡胶伸长率，其样本方差为 $s_1^2 = 63.86$. 1 克配方测 10 个橡胶伸长率，其样本方差为 $s_2^2 = 236.8$. 设橡胶伸长率遵从正态分布，问两种配方伸长率的总体标准差有无显著差异？$(\alpha = 0.10, \alpha = 0.05)$.

解 设 X, Y 分别为 5 克配方，1 克配方的橡胶伸长率，
$$X \sim N(\mu_1, \sigma_1^2), \quad Y \sim N(\mu_2, \sigma_2^2), \quad n_1 = 9, \quad n_2 = 10.$$

假设 $H_0:\sigma_1^2 = \sigma_2^2$，$H_1:\sigma_1^2 \neq \sigma_2^2$. 应选取检验统计量为 $F = \dfrac{S_1^2}{S_2^2}$.

当 H_0 成立时，F 服从自由度为 (n_1-1, n_2-1) 的 F 分布，查 $F(8,9)$ 分布表得

$\alpha = 0.10$ 时，$F_{\frac{0.10}{2}}(8,9) = 3.23$，$F_{1-\frac{0.10}{2}}(8,9) = 0.295$，

$\alpha = 0.05$ 时，$F_{\frac{0.05}{2}}(8,9) = 4.10$，$F_{1-\frac{0.05}{2}}(8,9) = 0.229\,4$，

因此

当 $\alpha = 0.10$ 时，否定域为 $F \geq 3.23$ 或 $F \leq 0.295$，

当 $\alpha = 0.05$ 时，否定域为 $F \geq 4.10$ 或 $F \leq 0.229\,4$.

由题设条件，计算得 $F = 0.269\,7$，故 $\alpha = 0.10$ 时，否定 H_0；$\alpha = 0.05$ 时，不能否定 H_0.

举一反三

[16] 设 $X_1, X_2, \cdots, X_n$ 是取自正态总体 $N(\mu, \sigma^2)$ 的一个样本，检验假设 $H_0:\sigma^2 = \sigma_0^2$，$H_1:\sigma^2 \neq \sigma_0^2$，则选取的统计量及分布为（　　）.

A. $\dfrac{\sum_{i=1}^{n}(X_i-\mu)^2}{\sigma_0^2} \sim \chi^2(n)$ B. $\dfrac{\sum_{i=1}^{n}(X_i-\mu)^2}{\sigma_0^2} \sim \chi^2(n-1)$

C. $\dfrac{\sum_{i=1}^{n}(X_i-\overline{X})^2}{\sigma_0^2} \sim \chi^2(n-1)$ D. $\dfrac{(n-1)S^2}{\sigma_0^2} \sim \chi^2(n)$

[17] 一种混杂的小麦品种,株高的标准差为 $\sigma_0 = 14$ cm,经提纯后随机抽取 10 株,它们的株高(cm)为

90 105 101 95 100 100 101 105 93 97

考虑提纯后群体是否比原群体整齐?取显著性水平 $\alpha = 0.01$,并设小麦株高服从 $N(\mu, \sigma^2)$.

[18] 为比较不同季节出生的女婴体重的方差,从某年 12 月和 6 月出生的女婴中分别随机地选取 6 名及 10 名,测其体重(单位:g)如下表所示

12 月 X	3 520 2 960 2 560 2 960 3 260 3 960
6 月 Y	3 220 3 220 3 760 3 000 2 920 3 740 3 060 3 080 2 940 3 060

假定冬、夏新生女婴体重分别服从正态分布 $N(\mu_1, \sigma_1^2), N(\mu_2, \sigma_2^2)$,试在显著性水平 $\alpha = 0.05$ 下,检验假设 $H_0: \sigma_1^2 \leqslant \sigma_2^2, H_1: \sigma_1^2 > \sigma_2^2$.

题型 3 配对问题

原型题

[19] 为了试验两种不同谷物的种子的优劣,选取了 10 块土质不同的土地,并将每块土地分为面积相同的两部分,分别种植 A,B 两种种子,设在每块土地的两部分人工管理等条件完全一样,下面给出各块土地上的单位面积产量.

土地编号	1	2	3	4	5	6	7	8	9	10
种子 $A(x_i)$	23	35	29	42	39	29	37	34	35	28
种子 $B(y_i)$	26	39	35	40	38	24	36	27	41	27

设 $D_i = X_i - Y_i (i=1,2,\cdots,10)$ 是来自正态总体 $N(\mu_D, \sigma_D^2)$ 的样本,μ_D, σ_D^2 均未知,问以这

两种种子种植的谷物产量是否有显著的差异(取 $\alpha = 0.05$)?

解 设 $D = X - Y \sim N(\mu_D, \sigma_D^2)$, $D_i = X_i - Y_i$.

检验假设 $H_0: \mu_D = 0$, $H_1: \mu_D \neq 0$.

该检验的拒绝域为 $|t| = \left|\dfrac{\overline{D} - 0}{\frac{S}{\sqrt{n}}}\right| \geq t_{\frac{\alpha}{2}}(n-1)$, 此处 $\alpha = 0.05, \dfrac{\alpha}{2} = 0.025, n = 10$.

查表知 $t_{\frac{\alpha}{2}}(n-1) = 2.2622$, 计算得 $\overline{d} = -0.2, s^2 = 19.822, s = 4.45$.

于是 $|t| = \left|\dfrac{-0.2 - 0}{\frac{4.45}{\sqrt{10}}}\right| = 0.1424 < 2.2622$.

因为 t 没落在拒绝域, 所以接受 H_0, 即认为两种种子种植的谷物产量没有显著差异.

举一反三 解析见答案册第 104 页

[20] 为了比较用来做鞋子后跟的两种材料的质量, 选取了 15 个男子(他们的生活条件各不相同), 每个人穿一双新鞋, 其中一只是以材料 A 做后跟, 另一只以材料 B 做后跟, 其厚度均为 10 mm, 过了一个月再测量厚度, 得到数据如下:

男子	1	2	3	4	5	6	7	8	9	10	11	12	13	14	15
材料 $A(x_i)$	6.6	7.0	8.3	8.2	5.2	9.3	7.9	8.5	7.8	7.5	6.1	8.9	6.1	9.4	9.1
材料 $B(y_i)$	7.4	5.4	8.8	8.0	6.8	9.1	6.3	7.5	7.0	6.5	4.4	7.7	4.2	9.4	9.1

设 $D_i = X_i - Y_i (i = 1, 2, \cdots, 15)$ 是来自正态总体 $N(\mu_D, \sigma_D^2)$ 的样本, μ_D, σ_D^2 均未知, 问是否可以认为用材料 A 制作的后跟比用材料 B 制作的耐穿($\alpha = 0.05$)?

3. 综合提高题型

重点题型

题型 1 正态总体参数的假设检验

原型题

[21] 设总体 $X \sim N(\mu, \sigma^2)$, 现对 μ 进行假设检验, 如在显著性水平 $\alpha = 0.05$ 下接受

了 $H_0: \mu = \mu_0$,则在显著性水平 $\alpha = 0.01$ 下( ).

A. 接受 H_0 　　　　　　　　　　　B. 拒绝 H_0

C. 可能接受,可能拒绝 H_0 　　　　D. 第一类错误概率变大

解 无论 σ^2 已知或未知,即无论选取 U 统计量还是 T 统计量,当 α 变小时,拒绝域更小,在原显著性水平下能接受 H_0,现在也能接受.

故应选 A.

[22] 已知总体 $X \sim N(\mu, \sigma^2)$,其中 μ 是未知参数,$X_1, X_2, \cdots, X_{16}$ 是其样本,$\overline{X}$ 为样本均值.如果对检验 $H_0: \mu = \mu_0$,取拒绝域 $\{|\overline{X} - \mu_0| > k\}$,则 $k = $ _____ ($\alpha = 0.05$).

解 $P\{|\overline{X} - \mu_0| > k\} = 0.05$,则

$$P\left\{\left|\frac{\overline{X} - \mu_0}{\frac{\sigma}{\sqrt{n}}}\right| > k \cdot \frac{\sqrt{n}}{\sigma}\right\} = 0.05,$$

即 $k \cdot \dfrac{4}{\sigma} = u_{0.025} = 1.96$,从而 $k = 0.49\sigma$.

故应填 0.49σ.

[23] 某批矿砂的 5 个样品中镍含量,经测定为(%)　3.24　3.27　3.24　3.26　3.24.设测定值总体服从正态分布,但参数均未知,问在 $\alpha = 0.01$ 下能否接受假设:这批矿砂的镍含量的均值为 3.25.

解 按题意需检验 $H_0: \mu = 3.25$,$H_1: \mu \neq 3.25$.

此题 σ^2 未知,此检验问题的拒绝域为

$$|t| = \left|\frac{\overline{x} - 3.25}{\frac{s}{\sqrt{n}}}\right| \geqslant t_{\frac{\alpha}{2}}(n-1).$$

这里 $n = 5$,$\alpha = 0.01$,$\dfrac{\alpha}{2} = 0.005$,查表得 $t_{\frac{\alpha}{2}}(n-1) = 4.6041$.

计算得 $\overline{x} = 3.252$,$s^2 = 170 \times 10^{-6}$,$s = 0.013$,

$$|t| = \left|\frac{3.252 - 3.25}{\frac{0.013}{\sqrt{5}}}\right| = 0.343 < 4.6041.$$

因为 t 不落在拒绝域内,所以接受 H_0,即认为这批矿砂的镍含量的均值为 3.25.

[24] 某种导线,要求其电阻的标准差不得超过 0.005(单位:Ω).今在生产的一批导线中取样品 9 根,测得 $s = 0.007(\Omega)$.设总体为正态分布,参数均未知,问在显著性水平 $\alpha = 0.05$ 下能否认为这批导线的标准差显著地偏大?

解 需检验的假设为 $H_0: \sigma \leqslant 0.005$,$H_1: \sigma > 0.005$.

该检验的拒绝域为

$$\chi^2 = \frac{(n-1)S^2}{\sigma_0^2} \geqslant \chi_\alpha^2(n-1).$$

这里 $\alpha = 0.05, n = 9$,查表得 $\chi_\alpha^2(n-1) = 15.507$,

$$\chi^2 = \frac{8 \times 0.007^2}{0.005^2} = 15.68 > 15.507.$$

因 χ^2 落在拒绝域内,故拒绝 H_0. 即认为在水平 $\alpha = 0.05$ 下这批导线的标准差显著偏大.

[25] 某地区某年高考后随机抽得 15 名男生、12 名女生的物理考试成绩如下:

男生:49 48 47 53 51 43 39 57 56 46 42 44 55 44 40
女生:46 40 47 51 43 36 43 38 48 54 48 34

设男生、女生的物理考试成绩均服从正态分布,且方差相同,从这 27 名学生的成绩能说明这个地区男女生的物理考试成绩不相上下吗?($\alpha = 0.05$)

解 设男生、女生物理考试的成绩分别为 $X \sim N(\mu_1, \sigma^2)$ 与 $Y \sim N(\mu_2, \sigma^2)$,则根据题意需检验 $H_0: \mu_1 = \mu_2, H_1: \mu_1 \neq \mu_2$.

在 H_0 为真时,检验统计量为

$$T = \frac{\overline{X} - \overline{Y}}{S_w \sqrt{\frac{1}{n_1} + \frac{1}{n_2}}} \sim t(n_1 + n_2 - 2),$$

其中 $S_w^2 = \frac{(n_1-1)S_1^2 + (n_2-1)S_2^2}{n_1 + n_2 - 2}$.

当 $\alpha = 0.05$ 时,拒绝域为 $|T| > t_{\frac{\alpha}{2}}(n_1 + n_2 - 2) = t_{0.025}(25) = 2.06$.

由题设数据算出 $\overline{x} = 47.6, \overline{y} = 44, (n_1-1)s_1^2 = \sum_{i=1}^{15}(x_i - \overline{x})^2 = 469.6, (n_2-1)s_2^2 = \sum_{i=1}^{12}(y_i - \overline{y})^2 = 412, s_w = \sqrt{\frac{1}{25}(469.6 + 412)} = 5.94$.

由此

$$t = \frac{\overline{x} - \overline{y}}{S_w \sqrt{\frac{1}{n_1} + \frac{1}{n_2}}} = \frac{47.6 - 44}{5.94\sqrt{\frac{1}{15} + \frac{1}{12}}} = 1.566.$$

因为 $|t| = 1.566 < 2.06$,从而接受原假设 H_0,即认为这一地区男女生的物理考试成绩不相上下.

[26] 有两台机器生产金属部件. 分别在两台机器所生产的部件中各取一容量 $n_1 = 60, n_2 = 40$ 的样本,测得部件重量(kg)的样本方差分别为 $s_1^2 = 15.46, s_2^2 = 9.66$. 设两样本相互独立. 两总体分别服从 $N(\mu_1, \sigma_1^2), N(\mu_2, \sigma_2^2)$ 分布,$\mu_i, \sigma_i^2 (i=1,2)$ 均未知,试在水平 $\alpha = 0.05$ 下检验假设 $H_0: \sigma_1^2 \leq \sigma_2^2, H_1: \sigma_1^2 > \sigma_2^2$.

解 检验假设 $H_0: \sigma_1^2 \leq \sigma_2^2, H_1: \sigma_1^2 > \sigma_2^2$.

由于两总体均服从正态分布,又 $\mu_1, \sigma_1^2, \mu_2, \sigma_2^2$ 未知,H_0 为真时检验统计量

$$F = \frac{S_1^2}{S_2^2} \sim F(n_1 - 1, n_2 - 1).$$

拒绝域为

$$F \geqslant F_\alpha(n_1-1, n_2-1).$$

$n_1 = 60, n_2 = 40, F_\alpha(n_1-1, n_2-1) = F_{0.05}(59, 39) = 1.64.$

计算得 $F = \dfrac{15.46}{9.66} = 1.60.$

因为 $F = 1.60 < 1.64$,所以接受 H_0,可以认为 $\sigma_1^2 \leqslant \sigma_2^2.$

[27] 两种小麦从播种到抽穗所需的天数如下:

x	101	100	99	99	98	100	98	99	99	99
y	100	98	100	99	98	99	98	98	99	100

设两样本依次来自总体 $N(\mu_1, \sigma_1^2), N(\mu_2, \sigma_2^2), \mu_i, \sigma_i^2 (i=1,2)$ 均未知,两样本相互独立.

(1) 试检验假设 $H_0: \sigma_1^2 = \sigma_2^2, H_1: \sigma_1^2 \neq \sigma_2^2$ (取 $\alpha = 0.05$);

(2) 若能接受 H_0,接着检验假设 $H_0': \mu_1 = \mu_2, H_1': \mu_1 \neq \mu_2$ (取 $\alpha = 0.05$).

解 本题需检验

(1) $H_0: \sigma_1^2 = \sigma_2^2, H_1: \sigma_1^2 \neq \sigma_2^2 (\alpha = 0.05)$;

(2) $H_0': \mu_1 = \mu_2, H_1': \mu_1 \neq \mu_2 (\alpha = 0.05).$

令 $n_1 = 10, n_2 = 10, \overline{x}_1 = 99.2, s_1^2 = 0.84, \overline{x}_2 = 98.9, s_2^2 = 0.77.$

(1) $\dfrac{s_1^2}{s_2^2} = 1.09$,而 $F_{0.025}(9,9) = 4.03, F_{0.975}(9,9) = \dfrac{1}{4.03},$

$$\dfrac{1}{4.03} < 1.09 < 4.03.$$

故接受 H_0,认为两者方差相等;

(2) $s_w^2 = \dfrac{9 \times 0.84 + 9 \times 0.77}{18} = 0.805,$

$$|t| = \dfrac{99.2 - 98.9}{\sqrt{0.805}\left(\sqrt{\dfrac{1}{10} + \dfrac{1}{10}}\right)} = 0.748 < t_{0.025}(18) = 2.1009.$$

故接受 H_0',认为所需天数相同.

举一反三

解析见答案册第 105 页

[28] 设总体 $X \sim N(\mu_1, \sigma_1^2), Y \sim N(\mu_2, \sigma_2^2)$,检验假设 $H_0: \sigma_1^2 = \sigma_2^2, H_1: \sigma_1^2 \neq \sigma_2^2, \alpha = 0.10.$ 从 X, Y 分别抽取容量为 $n_1 = 12, n_2 = 10$ 的样本,算得 $S_1^2 = 118.4, S_2^2 = 31.93$,则正确的检验为(   ).

A. 用 t 检验法,拒绝 H_0 　　　　　　B. 用 t 检验法,接受 H_0

C. 用 F 检验法,拒绝 H_0 　　　　　　D. 用 F 检验法,接受 H_0

[29] 设 $X_1, X_2, \cdots, X_n$ 是来自总体 $N(\mu, \sigma^2)$ 的简单随机样本,其中参数 μ 和 σ^2 未知,记

$$\overline{X} = \dfrac{1}{n}\sum_{i=1}^{n} X_i, \quad Q^2 = \sum_{i=1}^{n}(X_i - \overline{X})^2,$$

则假设 $H_0:\mu=0$ 的 t 检验使用统计量_____.

[30] 设总体 $X\sim N(\mu,8)$,$X_1,\cdots,X_n$ 是其样本,如果在 $\alpha=0.05$ 水平上检验 $H_0:\mu=\mu_0$,$H_1:\mu\neq\mu_0$,其拒绝域为 $|\overline{X}-\mu_0|\geqslant 1.96$,则样本容量 $n=$ _____.

[31] 某厂生产小型马达,说明书上写着:在正常负载下平均消耗电流不超过 0.8 安培.随机测试了 16 台马达,平均消耗电流为 0.92 安培,标准差为 0.32 安培.设马达所消耗的电流服从正态分布,取显著性水平为 $\alpha=0.05$,问根据此样本能否怀疑厂方的断言?

[32] 按规定,100 g 罐头番茄汁中的平均维生素 C 含量不得少于 21 mg/g.现从工厂的产品中抽取 17 个罐头,其 100 g 番茄汁中,测得维生素 C 含量(mg/g) 记录如下:
16　25　21　20　23　21　19　15　13　23　17　20　29　18　22　16　22
设维生素含量服从正态分布 $N(\mu,\sigma^2)$,μ,σ^2 均未知,问这批罐头是否符合要求(取显著性水平 $\alpha=0.05$).

[33] 测定某种溶液中的水份,它的 10 个测定值给出 $s=0.037\%$.设测定值总体为正态分布,σ^2 为总体方差,σ^2 未知,试在显著性水平 $\alpha=0.05$ 下检验假设 $H_0:\sigma\geqslant 0.04\%$,$H_1:\sigma<0.04\%$.

[34] 某厂用自动包装机包装猫粮,今在某天生产的猫粮中随机抽取 10 袋,测得它们的重量(单位:g) 如下:
　　　495　510　505　489　503　502　512　497　506　492
设包装机包装出的猫粮重量服从正态分布 $X\sim N(\mu,\sigma^2)$,若(1) 已知 $\mu=500$;(2) μ 未知,分别检验各袋重量的标准差是否为 $\sigma_0=5(g)$?($\alpha=0.05$)

[35] 两台车床加工同种零件,分别从两台车床加工的零件中抽取 6 个和 9 个测量其厚度,并计算得 $s_1^2 = 0.345, s_2^2 = 0.375$. 假定零件厚度服从正态分布,试比较两台车床加工精度有无显著差异 $(\alpha = 0.10)$.

[36] 货车从甲地到乙地有 A 和 B 两条行车路线,行车时间分别服从 $N(\mu_i, \sigma_i^2), i = 1, 2$. 现在让一位司机每条路各跑 50 次,记录其行车时间(min),在线路 A 上有 $\bar{x} = 95, s_X = 20$;在线路 B 上有 $\bar{y} = 76, s_Y = 15$. 问两条路线行车时间的方差是否一样,均值是否一样?$(\alpha = 0.05)$

[37] 随机地选 8 个人,分别测量了他们在早晨起床时和晚上就寝时的身高(cm),得到以下的数据

序号	1	2	3	4	5	6	7	8
早上(x_i)	172	168	180	181	160	163	165	177
晚上(y_i)	172	167	177	179	159	161	166	175

设各对数据的差 $D_i = X_i - Y_i (i = 1, 2, \cdots, 8)$ 是来自正态总体 $N(\mu_D, \sigma_D^2)$ 的样本,μ_D,σ_D^2 均未知,问是否可以认为早晨的身高比晚上的身高要高(取 $\alpha = 0.05$)?

[38] 在 20 世纪 70 年代后期人们发现,在酿造啤酒时,在麦芽干燥过程中形成致癌物质亚硝基二甲胺(NDMA),到了 20 世纪 80 年代初期开发了一种新的麦芽干燥过程.下面给出在新老两种过程中形成的 NDMA 含量(以 10 亿份中的份数计).

老过程	6	4	5	5	6	5	5	6	4	6	7	4
新过程	2	1	2	2	1	0	3	2	1	0	1	3

设两样本分别来自正态总体,两总体方差相等,两样本独立,分别以 μ_1,μ_2 记对应于老、

新过程的总体的均值,试检验假设(取 $\alpha=0.05$) $H_0:\mu_1-\mu_2\leqslant 2$, $H_1:\mu_1-\mu_2>2$.

题型 2 关于两类错误和拒绝域的题目

原型题

[39] 设 $X_1,X_2,\cdots,X_{16}$ 是来自总体 $N(\mu,4)$ 的简单随机样本,考虑假设检验问题 $H_0:\mu\leqslant 10, H_1:\mu>10$. 若该检验问题的拒绝域为 $W=\{\overline{X}\geqslant 11\}$,则 $\mu=11.5$ 时,该检验犯第二类错误的概率为(   ).

A. $1-\Phi(0.5)$ B. $1-\Phi(1)$ C. $1-\Phi(1.5)$ D. $1-\Phi(2)$

解 犯第二类错误的概率

$\beta=P\{$接受 $H_0\mid H_0$ 不真$\}=P\{$接受 $H_0\mid H_1$ 为真$\}=P\{\overline{X}<11\mid \mu=11.5\}$.

由于 $\mu=11.5$,此时 $\overline{X}\sim N\left(11.5,\dfrac{1}{4}\right)$,故

$$\beta=P\{\overline{X}<11\}=\Phi\left(\dfrac{11-11.5}{\frac{1}{2}}\right)=\Phi(-1)=1-\Phi(1).$$

故应选 B.

[40] 设总体 $X\sim N(\mu,\sigma^2)$,$x_1,x_2,\cdots,x_n$ 是取自总体 X 的简单随机样本,据此样本检验假设 $H_0:\mu=\mu_0,H_1:\mu\neq\mu_0$,则(   ).

A. 如果在检验水平 $\alpha=0.05$ 下拒绝 H_0,那么在检验水平 $\alpha=0.01$ 下必拒绝 H_0

B. 如果在检验水平 $\alpha=0.05$ 下拒绝 H_0,那么在检验水平 $\alpha=0.01$ 下必接受 H_0

C. 如果在检验水平 $\alpha=0.05$ 下接受 H_0,那么在检验水平 $\alpha=0.01$ 下必拒绝 H_0

D. 如果在检验水平 $\alpha=0.05$ 下接受 H_0,那么在检验水平 $\alpha=0.01$ 下必接受 H_0

解 因为检验水平从 0.05 变为 0.01,导致拒绝域变小,从而接受域变大,在 $\alpha=0.05$ 下接受 H_0,那么在 $\alpha=0.01$ 下必接受 H_0.

故应选 D.

[41] 设总体 $X\sim N(\mu,2^2)$,$X_1,\cdots,X_{16}$ 是一组样本值,已知假设 $H_0:\mu=0$, $H_1:\mu\neq 0$ 在显著性水平 α 下的拒绝域是 $|\overline{X}|>1.29$,问此检验的显著性水平 α 的值是多少?犯第一类错误的概率是多少?

解 σ^2 已知检验 μ,应选统计量 $U=\dfrac{\overline{X}-\mu}{\frac{\sigma}{\sqrt{n}}}\sim N(0,1)$,拒绝域为 $|U|>u_{\frac{\alpha}{2}}$.

$$\left|\frac{\overline{X}-0}{\frac{2}{\sqrt{16}}}\right|>u_{\frac{\alpha}{2}},即\,|\,\overline{X}\,|>\frac{u_{\frac{\alpha}{2}}}{2}.$$

由题意知 $u_{\frac{\alpha}{2}}=2\times1.29=2.58$,则 $\Phi(2.58)=1-\frac{\alpha}{2}=0.995$,故 $\alpha=0.01$.

犯第一类错误的概率即 $\alpha=0.01$.

举一反三　　　　　　　　　　　　　　　　　　　　　　解析见答案册第 107 页

[42] 假设总体 $X\sim N(\mu,\sigma_0^2)$,其中 σ_0^2 已知,检验假设 $H_0:\mu=\mu_0$,$H_1:\mu>\mu_0$.如果取 H_0 的拒绝域为 $\{(x_1,\cdots,x_n):\overline{X}>c\}$,其中 $\overline{X}$ 为样本均值,那么对固定的样本容量 n,犯第一类错误的概率 α(　　).

A. 随 c 的增大而减小　　　　　　　　B. 随 c 的增大而增大

C. 随 c 的增大保持不变　　　　　　　D. 随 c 的增大增减性不定

[43] 设总体 $X\sim N(\mu,16)$,X_1,X_2,X_3,X_4 为其样本,检验假设 $H_0:\mu=5$,$H_1:\mu\neq5$,$\alpha=0.05$,则 $\overline{X}$ 的接受域为_____.若 $\mu=6$,犯第二类错误的概率 $\beta=$ _____.

[44] 设总体 $X\sim N(\mu,\sigma^2)$,σ^2 已知,$X_1,X_2,\cdots,X_n$ 为其样本,对假设检验 $H_0:\mu=\mu_0$,$H_1:\mu=\mu_1(\mu_1>\mu_0)$,已知拒绝域为

$$\left\{\frac{\overline{X}-\mu_0}{\frac{\sigma}{\sqrt{n}}}>1.64\right\}\quad(\alpha=0.05),$$

求犯第二类错误的概率 β(用 $\Phi(x)$ 表示).

[45] 设需要对某一正态总体的均值进行假设检验

$$H_0:\mu\geqslant15,\;H_1:\mu<15.$$

已知 $\sigma^2=2.5$,取 $\alpha=0.05$.若要求当 H_1 中的 $\mu\leqslant13$ 时,犯第二类错误的概率不超过 $\beta=0.05$,求所需的样本容量.

[46] 电池在货架上滞留的时间不能太长,给出某商店随机选取的 8 只电池的货架滞留时间(天): 108　124　124　106　138　163　159　134. 设数据来自总体 $N(\mu,\sigma^2)$,μ,σ^2 未知.

(1) 试检验假设 $H_0:\mu\leqslant125$,$H_1:\mu>125$,取 $\alpha=0.05$;

(2) 若要求在上述 H_1 中 $\frac{(\mu-125)}{\sigma}\geqslant1.4$ 时,犯第二类错误的概率不超过 $\beta=0.1$,求所需的样本容量.

吉米多维奇

概率论与数理统计习题精选精解（第二版）课程版

答案解析

山东科学技术出版社
·济南·

目 录

第一章　随机事件与概率 …………………………………………… 1

1. 随机事件及其运算 ………………………………………………… 1
2. 随机事件的概率 …………………………………………………… 1
3. 概率基本运算法则 ………………………………………………… 3
4. 全概率公式与贝叶斯公式 ………………………………………… 4
5. 独立性 ……………………………………………………………… 5
6. 综合提高题型 ……………………………………………………… 8

第二章　随机变量及其分布 ………………………………………… 13

1. 随机变量与分布函数 ……………………………………………… 13
2. 离散型随机变量及其分布 ………………………………………… 14
3. 连续型随机变量及其分布 ………………………………………… 17
4. 随机变量函数的分布 ……………………………………………… 19
5. 综合提高题型 ……………………………………………………… 22

第三章　多维随机变量及其分布 …………………………………… 29

1. 二维随机变量及其分布 …………………………………………… 29
2. 边缘分布 …………………………………………………………… 31
3. 条件分布 …………………………………………………………… 32
4. 随机变量的独立性 ………………………………………………… 34
5. 多维随机变量函数的分布 ………………………………………… 36
6. 综合提高题型 ……………………………………………………… 40

第四章　随机变量的数字特征 ……………………………………… 52

1. 数学期望 …………………………………………………………… 52

2. 方差 ·· 55

　　3. 协方差与相关系数 ··· 58

　　4. 综合提高题型 ·· 61

第五章　大数定律与中心极限定理 ·· 73

第六章　数理统计基本概念 ·· 78

第七章　参数估计 ·· 88

　　1. 点估计 ·· 88

　　2. 区间估计 ··· 91

　　3. 综合提高题型 ·· 93

第八章　假设检验 ··· 103

　　1. 假设检验基本概念 ··· 103

　　2. 正态总体参数的假设检验 ··· 103

　　3. 综合提高题型 ·· 105

答案解析

第一章 随机事件与概率

1. 随机事件及其运算

[3] C

解 $\{T_{(1)} \geqslant t_0\}$ 表示四个温控器显示温度均不低于 t_0；

$\{T_{(2)} \geqslant t_0\}$ 表示至少三个温控器显示温度不低于 t_0；

$\{T_{(3)} \geqslant t_0\}$ 表示至少二个温控器显示温度不低于 t_0；

$\{T_{(4)} \geqslant t_0\}$ 表示至少一个温控器显示温度不低于 t_0.

[4] $A\overline{B}\overline{C} \cup \overline{A}B\overline{C} \cup \overline{A}\overline{B}C$.

解 A,B,C 仅有一个发生可表示为 $A\overline{B}\overline{C} \cup \overline{A}B\overline{C} \cup \overline{A}\overline{B}C$.

[8] C

解 A 与 B 对立 $\Leftrightarrow A \cup B = \Omega$ 且 $AB = \varnothing \Leftrightarrow \overline{A} \cup \overline{B} = \Omega$ 且 $\overline{A}\,\overline{B} = \varnothing$，由此不难判定 C 正确.

[9] D

解 根据题干的信息，$A \cup B = B \Leftrightarrow A \subset B \Leftrightarrow \overline{B} \subset \overline{A} \Leftrightarrow A\overline{B} = \varnothing$，所以选项 D 不正确.

[10] 解 (1) 表明 A 包含于 B，即 $A \subset B$；

(2) 表明 B 包含于 A，即 $B \subset A$；

(3) 表明 A 包含于 BC，即 $A \subset BC$；

(4) 表明 $B \cup C$ 包含于 A，即 $B \cup C \subset A$.

2. 随机事件的概率

[15] 解 (1),(2),(3) 有同一样本空间且所含元素个数为 C_{10}^3.

(1) 记 $A = $ "最小号码为 5"，A 的有利事件数为 C_5^2，故 $P(A) = \dfrac{C_5^2}{C_{10}^3} = \dfrac{1}{12}$；

(2) 记 $B = $ "最大号码为 5"，则 B 的有利事件数为 C_4^2，故 $P(B) = \dfrac{C_4^2}{C_{10}^3} = \dfrac{1}{20}$；

(3) 记 $C = $ "中间号码为 5"，则利用乘法原理，C 的有利事件数为 $C_4^1 \cdot C_5^1$，故

$$P(C) = \dfrac{C_4^1 \cdot C_5^1}{C_{10}^3} = \dfrac{1}{6}.$$

[16] 解 一枚骰子掷两次，其基本事件总数为 36. 令 $A_i(i=1,2)$ 分别表示"方程有实根"和"方程有重根"，则

$$A_1 = \{B^2 - 4C \geqslant 0\} = \left\{C \leqslant \dfrac{B^2}{4}\right\}, \quad A_2 = \{B^2 - 4C = 0\} = \left\{C = \dfrac{B^2}{4}\right\}.$$

B	1	2	3	4	5	6
A_1 的基本事件个数	0	1	2	4	6	6
A_2 的基本事件个数	0	1	0	1	0	0

由此易知 A_1 的基本事件个数为

$$0+1+2+4+6+6=19,$$

则由古典型概率计算公式得

$$p=P(A_1)=\frac{19}{36}.$$

A_2 的基本事件个数为

$$0+1+0+1+0+0=2,$$

由古典型概率计算公式得

$$q=P(A_2)=\frac{2}{36}=\frac{1}{18}.$$

[17] **解** **方法一** 因为要构成四位数,故首位不是零,而能被 5 整除,则末位数是 0 或 5.

$$P(A)=\frac{A_9^3+(A_9^3-A_8^2)}{A_{10}^4-A_9^3}=\frac{17}{81}.$$

方法二 利用乘法原理

$$P(A)=\frac{9\cdot 8\cdot 7+8\cdot 8\cdot 7}{9\cdot 9\cdot 8\cdot 7}=\frac{17}{81}.$$

[18] **解** 把 3 个球放入 4 只杯子中共有 4^3 种方法.

记 A = "杯中球的最大个数为 1". 事件 A 即为从 4 只杯中选出 3 只,然后将 3 个球放到 3 只杯中去,每只杯中一个球,则 A 所含的样本点数为 $C_4^3\cdot A_3^3=24$,则

$$P(A)=\frac{24}{4^3}=\frac{3}{8}.$$

记 B = "杯中球的最大个数为 2". 事件 B 即为从 4 只杯中选出 1 只,再从 3 个球中选中 2 个放到杯中,剩余 1 球放到另外 3 只杯中的某一个中,则 B 所含的样本点数为 $C_4^1\cdot C_3^2\cdot C_3^1=36$,则

$$P(C)=\frac{36}{4^3}=\frac{9}{16}.$$

记 C = "杯中球的最大个数为 3". 类似地,C 所含的样本点数为 $C_4^1\cdot C_3^3=4$,则

$$P(C)=\frac{4}{4^3}=\frac{1}{16}.$$

[19] **解** (1) 记 A 为"第一卷出现在两边",则 A 中样本点数为 2,故 $P(A)=\dfrac{2}{5}$.

(2) 记 B 为"第一卷及第五卷出现在两边",则 B 中样本点数为 2,而(2),(3),(4)中样本空间中所含样本点数都为 $5\cdot 4=20$,故 $P(B)=\dfrac{1}{10}$.

(3) 记 C 为"第一卷或第五卷出现在两边",则 C 中样本点数为 $2\cdot 4+2\cdot 4-2=14$,故 $P(C)=\dfrac{7}{10}$.

(4) 记 D 为"第一卷或第五卷不出现在两边",则 D 中样本点数为 $3\cdot 4+3\cdot 4-3\cdot 2=18$,故 $P(D)=\dfrac{9}{10}$.

另外,也可以利用 B 与 D 的互逆性,$P(D)=1-P(B)=\dfrac{9}{10}$.

[22] $\dfrac{17}{25}$.

解 这是一个几何概率问题,以 x,y 表示 $(0,1)$ 中随机地取得两个数,则点 (x,y) 的全体是如图所示的正方形,事件 $\{$两数之和小于 $\dfrac{6}{5}\}$ 发生的充要条件为 $(x+y)<\dfrac{6}{5}$,即落在图中阴影部分的点 (x,y) 的全体. 根据几何概率的定义,所求的概率即为图中阴影部分面积与边长为 1 的正方形面积之比,即

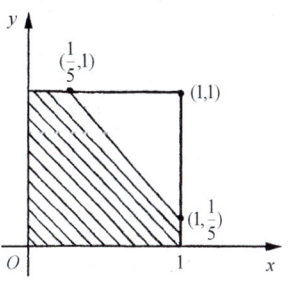

$$P\left\{x+y<\dfrac{6}{5}\right\} = 1 - \dfrac{1}{2}\cdot\left(\dfrac{4}{5}\right)^{2} = \dfrac{17}{25}.$$

[23] $\dfrac{1}{4}$.

解 设折得的三段长度为 x,y 和 $l-x-y$,那么,样本空间 $\Omega=\{(x,y)\mid 0\leqslant x\leqslant l, 0\leqslant y\leqslant l, 0\leqslant x+y\leqslant l\}$,而随机事件 A:"三段构成三角形"相应的子区域 G 应满足"两边之和大于第三边"的原则,从而

$$\begin{cases} l-x-y<x+y, \\ x<(l-x-y)+y, \\ y<(l-x-y)+x, \end{cases}$$

即 $G=\left\{(x,y)\mid 0<x<\dfrac{l}{2}, 0<y<\dfrac{l}{2}, \dfrac{l}{2}<x+y<l\right\}$.

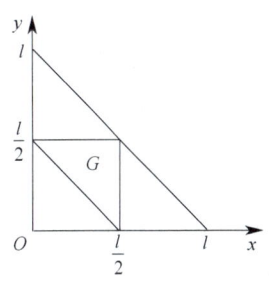

从图中可以得到相应的几何概率: $P(A)=\dfrac{1}{4}$.

3. 概率基本运算法则

[27] 0.3.

解 因为 $A\overline{B}=A(\Omega-B)=A-AB$,所以
$$P(A\overline{B})=P(A-AB)=P(A)-P(AB)=P(A\cup B)-P(B)=0.6-0.3=0.3.$$

[28] 0.6.

解 先求 $\overline{AB}$ 的对立事件 AB 发生的概率 $P(AB)$.

由题意
$$P(A-B)=P(A-AB)=P(A)-P(AB)=0.3,$$
则
$$P(AB)=P(A)-0.3=0.7-0.3=0.4,$$
那么
$$P(\overline{AB})=1-P(AB)=1-0.4=0.6.$$

[29] **解** A,B,C 中恰好有一个事件发生可以表示为 $A\overline{BC}\cup\overline{A}B\overline{C}\cup\overline{AB}C$.

$P(A\overline{BC})+P(\overline{A}B\overline{C})+P(\overline{AB}C)=[P(A)-P(AB)-P(AC)+P(ABC)]+[P(B)-P(AB)-P(BC)+P(ABC)]+[P(C)-P(AC)-P(BC)+P(ABC)]=\left[\dfrac{1}{4}-0-\dfrac{1}{12}+0\right]+\left[\dfrac{1}{4}-0-\dfrac{1}{12}+0\right]+\left[\dfrac{1}{4}-\dfrac{1}{12}-\dfrac{1}{12}+0\right]=\dfrac{5}{12}$

[30] 解　由题意,样本空间所含的样本点数为 C_{10}^4. 用 A 表示"4 只鞋子中至少有 2 只配成一对",则 $\bar{A}$ 表示"4 只鞋子中没有 2 只配成一双", $\bar{A}$ 的样本点数为 $C_5^4 \cdot 2^4$ (先从 5 双鞋中任取 4 双,再从每双中任取一只). $P(\bar{A}) = \dfrac{C_5^4 \cdot 2^4}{C_{10}^4} = \dfrac{8}{21}$,从而 $P(A) = 1 - \dfrac{8}{21} = \dfrac{13}{21}$.

[31] 解　(1) $P(A\bar{B}) = P(A(S-B)) = P(A-AB) = P(A) - P(AB) = \dfrac{1}{2}$.

(2) $P(A\bar{B}) = P(A(S-B)) = P(A-AB) = P(A) - P(AB) = \dfrac{1}{2} - \dfrac{1}{8} = \dfrac{3}{8}$.

[35]　$\dfrac{2}{3}$.

解　设 $A_i = \{$取到 i 等品$\}$, $i=1,2,3$,则根据题意知,
$$P(A_1) = 0.6, \quad P(A_2) = 0.3, \quad P(A_3) = 0.1.$$
由条件概率公式易知,
$$P(A_1 \mid \bar{A}_3) = \dfrac{P(A_1 \bar{A}_3)}{P(\bar{A}_3)} = \dfrac{P(A_1)}{1-P(A_3)} = \dfrac{0.6}{0.9} = \dfrac{2}{3}.$$

[36] 解　由于 $A = AB \cup A\bar{B}$,且 $(AB) \cap (A\bar{B}) = \varnothing$,从而 $P(A) = P(AB) + P(A\bar{B})$. 故 $P(AB) = P(A) - P(A\bar{B}) = 0.7 - 0.5 = 0.2$.
又 $P(A \cup \bar{B}) = P(A) + P(\bar{B}) - P(A\bar{B}) = 0.7 + 0.6 - 0.5 = 0.8$,故
$$P(B \mid A \cup \bar{B}) = \dfrac{P[B \cap (A \cup \bar{B})]}{P(A \cup \bar{B})} = \dfrac{P(AB)}{P(A \cup \bar{B})} = \dfrac{0.2}{0.8} = 0.25.$$

[37] 解　设 A 表示"集成电路能用到 2 000 h", B 表示"集成电路能用到 3 000 h",由于 $B \subset A$,因此 $P(AB) = P(B) = 0.85$.
由条件概率的定义 $P(B \mid A) = \dfrac{P(AB)}{P(A)} = \dfrac{0.85}{0.92} = 0.923\,9$.

[40]　$\dfrac{8}{15}$.

解　令 A 表示事件"经过两次交换球后,甲袋中白球数目不变",
　　B 表示事件"从甲袋中取出并放入乙袋的是白球",
　　C 表示事件"从乙袋中取出并放入甲袋的是白球",
那么 $A = BC + \bar{B}\bar{C}$,则
$$P(A) = P(BC + \bar{B}\bar{C}) = P(BC) + P(\bar{B}\bar{C}) = P(B)P(C \mid B) + P(\bar{B})P(\bar{C} \mid \bar{B})$$
$$= \dfrac{3}{9} \times \dfrac{6}{10} + \dfrac{6}{9} \times \dfrac{5}{10} = \dfrac{8}{15}.$$

[41] 解　设 A_i 表示第 i 次取得正品,其中 $i=1,2,3$.
由题意,所求概率应为 $P(A_1 A_2 \bar{A}_3)$,根据乘法公式,
$$P(A_1 A_2 \bar{A}_3) = P(A_1)P(A_2 \mid A_1)P(\bar{A}_3 \mid A_1 A_2)$$
$$= \dfrac{90}{100} \cdot \dfrac{89}{99} \cdot \dfrac{10}{98} = 0.082\,6.$$

4. 全概率公式与贝叶斯公式

[44] $\dfrac{1}{6}$.

解 设 A 表示事件{第一次抽取的是正品},B 表示事件{第二次抽取的是次品},则

$$P(A) = \frac{5}{6}, \quad P(\overline{A}) = \frac{1}{6},$$

$$P(B \mid A) = \frac{2}{11}, \quad P(B \mid \overline{A}) = \frac{1}{11}.$$

由全概率公式知

$$P(B) = P(A)P(B \mid A) + P(\overline{A})P(B \mid \overline{A}) = \frac{5}{6} \cdot \frac{2}{11} + \frac{1}{6} \cdot \frac{1}{11} = \frac{1}{6}.$$

[45] 解 (1) 设 $A=$"从乙袋中取到白球",$B=$"从甲袋中取出的是白球",那么 $A = BA + \overline{B}A$,则

$$P(A) = P(B)P(A \mid B) + P(\overline{B})P(A \mid \overline{B}) = \frac{n}{m+n} \cdot \frac{N+1}{N+M+1} + \frac{m}{m+n} \cdot \frac{N}{M+N+1}.$$

(2) 设 $A=$"从第二个盒中取得白球",$B_i=$"从第一个盒中取出两球恰有 i 个白球",$i=0,1,2$,则

$$P(A) = P(B_0)P(A \mid B_0) + P(B_1)P(A \mid B_1) + P(B_2)P(A \mid B_2)$$

$$= \frac{C_5^2}{C_9^2} \cdot \frac{5}{11} + \frac{C_5^1 C_4^1}{C_9^2} \cdot \frac{6}{11} + \frac{C_4^2}{C_9^2} \cdot \frac{7}{11} = \frac{53}{99}.$$

[48] 解 设 B_1,B_2 分别表示发报台发出信号"A"及"B",A_1,A_2 分别表示收报台收到信号"A"及"B". 则

$$P(B_1) = \frac{2}{3}, \quad P(B_2) = \frac{1}{3},$$

$$P(A_1 \mid B_1) = 0.98, \quad P(A_2 \mid B_1) = 0.02,$$

$$P(A_1 \mid B_2) = 0.01, \quad P(A_2 \mid B_2) = 0.99.$$

从而

$$P(B_1 \mid A_1) = \frac{P(B_1) \cdot P(A_1 \mid B_1)}{P(B_1)P(A_1 \mid B_1) + P(B_2)P(A_1 \mid B_2)} = \frac{\frac{2}{3} \times 0.98}{\frac{2}{3} \times 0.98 + \frac{1}{3} \times 0.01} = \frac{196}{197}.$$

[49] 解 令 $A_1=\{乘火车\}, A_2=\{乘轮船\}, A_3=\{乘汽车\}, A_4=\{乘飞机\}, B=\{迟到\}$. 按题意有

$$P(A_1) = \frac{3}{10}, \quad P(A_2) = \frac{1}{5}, \quad P(A_3) = \frac{1}{10}, \quad P(A_4) = \frac{2}{5},$$

$$P(B \mid A_1) = \frac{1}{4}, \quad P(B \mid A_2) = \frac{1}{3}, \quad P(B \mid A_3) = \frac{1}{12}, \quad P(B \mid A_4) = 0.$$

(1) 由全概率公式,有

$$P(B) = \sum_{i=1}^{4} P(A_i)P(B \mid A_i) = \frac{3}{10} \times \frac{1}{4} + \frac{1}{5} \times \frac{1}{3} + \frac{1}{10} \times \frac{1}{12} + \frac{2}{5} \times 0 = \frac{3}{20};$$

(2) 由贝叶斯公式 $P(A_i \mid B) = \dfrac{P(A_i)P(B \mid A_i)}{\sum\limits_{j=1}^{4} P(A_j)P(B \mid A_j)}$ $(i=1,2,3,4)$,得到

$$P(A_1 \mid B) = \frac{1}{2}, \quad P(A_2 \mid B) = \frac{4}{9}, \quad P(A_3 \mid B) = \frac{1}{18}, \quad P(A_4 \mid B) = 0.$$

由上述计算结果可以推断出此人乘火车来的可能性最大.

[50] 解 令 A 表示事件"顾客买下所查看的一箱玻璃杯",B_i 表示事件"箱中恰有 i 件残次品",$i=0,1,2$.

5

根据题意
$$P(B_0) = 0.8, \quad P(B_1) = P(B_2) = 0.1,$$
$$P(A \mid B_0) = 1, \quad P(A \mid B_1) = \frac{C_{19}^4}{C_{20}^4} = \frac{4}{5}, \quad P(A \mid B_2) = \frac{C_{18}^4}{C_{20}^4} = \frac{12}{19}.$$

(1) 由全概率公式
$$\alpha = P(A) = \sum_{i=0}^{2} P(A \mid B_i) P(B_i) = 0.8 \times 1 + 0.1 \times \frac{4}{5} + 0.1 \times \frac{12}{19} = 0.94;$$

(2) 由贝叶斯公式
$$\beta = P(B_0 \mid A) = \frac{P(A \mid B_0) P(B_0)}{P(A)} = \frac{1 \times 0.8}{0.94} \approx 0.85.$$

5. 独立性

[54] A

分析 两两独立和相互独立是两个容易混淆的概念,相互独立则两两独立,反之不真. 若 A,B,C 是两两独立的三个事件,则还需满足条件 $P(ABC) = P(A)P(B)P(C)$ 才相互独立.

解 由题意,$P(ABC) = P(A)P(B)P(C) = P(A)P(BC)$,即当 A 与 BC 独立时,A,B,C 相互独立.

[55] C

解
$$P((A \cup B)C) = P(AC \cup BC) = P(AC) + P(BC) - P(ABC)$$
$$= P(A)P(C) + P(B)P(C) - P(ABC),$$
$$P(A \cup B)P(C) = [P(A) + P(B) - P(AB)]P(C)$$
$$= P(A)P(C) + P(B)P(C) - P(AB)P(C),$$

$A \cup B$ 与 C 相互独立 $\Leftrightarrow P(AB)P(C) = P(ABC) \Leftrightarrow P[(A \cup B)C] = P(A \cup B)P(C)$,
即 $A \cup B$ 与 C 相互独立的充要条件是 AB 与 C 相互独立.

[56] **证** 因为 $AB \subset A$,故若 $P(A) = 0$,则 $0 \leqslant P(AB) \leqslant P(A) = 0$,从而
$$P(AB) = 0 = P(B) \cdot 0 = P(B)P(A),$$
由独立性定义,A 与 B 相互独立.

[60] $\dfrac{2}{3}$.

解 只需计算 $P(\overline{A})$,注意到 A,B 相互独立,$P(A\overline{B}) = P(\overline{A}B), P(\overline{A}\,\overline{B}) = \dfrac{1}{9}$,显然 $P(A) = P(AB) + P(A\overline{B}) = P(AB) + P(\overline{A}B) = P(B)$,那么 $P(\overline{A}) = P(\overline{B})$. 又 $\overline{A}$ 与 $\overline{B}$ 相互独立,则
$$\frac{1}{9} = P(\overline{A}\,\overline{B}) = P(\overline{A})P(\overline{B}) = [P(\overline{A})]^2,$$
故 $P(\overline{A}) = \dfrac{1}{3}, P(A) = \dfrac{2}{3}$.

思路拓展

本题也可直接使用独立的性质,$\overline{A}$ 与 $\overline{B}$,A 与 $\overline{B}$,$\overline{A}$ 与 B 都独立,则得到
$$P(\overline{A}\,\overline{B}) = P(\overline{A})P(\overline{B}),$$
$$P(A\overline{B}) = P(A)P(\overline{B}),$$
$$P(\overline{A}B) = P(\overline{A})P(B),$$
方法更加简便.

[61] 解 $P(A \cup B) = P(A) + P(B) - P(AB) = P(A) + P(B) - P(A)P(B)$,即
$\frac{2}{3} = P(A) + \frac{1}{2} - \frac{1}{2}P(A)$,得 $P(A) = \frac{1}{3}$.

[62] 解 设 A_i 表示第 i 个零件是不合格品,则
$$P(A_i) = p_i = \frac{1}{i+1} \quad (i = 1, 2, 3),$$
$$P\{X = 2\} = P(A_1 A_2 \overline{A_3} + A_1 \overline{A_2} A_3 + \overline{A_1} A_2 A_3)$$
$$= P(A_1) P(A_2) P(\overline{A_3}) + P(A_1) P(\overline{A_2}) P(A_3) + P(\overline{A_1}) P(A_2) P(A_3)$$
$$= \frac{1}{2}(1 - \frac{1}{3})(1 - \frac{1}{4}) + \frac{1}{2} \cdot \frac{1}{3}(1 - \frac{1}{4}) + \frac{1}{2}(1 - \frac{1}{3})\frac{1}{4} = \frac{11}{24}.$$

[63] 解 设 A_i="第 i 道工序出次品",$i = 1, 2, 3, 4$,A="零件为次品",则 $A = A_1 \cup A_2 \cup A_3 \cup A_4$.
由题设,A_1, A_2, A_3, A_4 相互独立,故 $\overline{A_1}, \overline{A_2}, \overline{A_3}, \overline{A_4}$ 也相互独立,从而
$$P(A) = P(A_1 \cup A_2 \cup A_3 \cup A_4) = 1 - P(\overline{A_1 \cup A_2 \cup A_3 \cup A_4})$$
$$= 1 - P(\overline{A_1} \overline{A_2} \overline{A_3} \overline{A_4}) = 1 - P(\overline{A_1}) P(\overline{A_2}) P(\overline{A_3}) P(\overline{A_4})$$
$$= 1 - 0.98 \times 0.97 \times 0.95 \times 0.97 = 0.124.$$

[67] C
解 设 A="第 4 次射击恰好第二次命中目标",则 A 表示共射击 4 次,其中前 3 次只有 1 次击中目标,且第 4 次击中目标. 因此
$$P(A) = [C_3^1 p(1-p)^2] \cdot p = 3p^2(1-p)^2$$

[68] 解 本题可视为三重伯努利试验,利用二项概率公式可得
(1) $p_3(3) = 0.8^3 = 0.512$;
(2) $p_3(2) = C_3^2 \cdot 0.8^2 \cdot 0.2 = 0.384$;
(3) $p_3(3) + p_3(2) = 0.896$.

[69] 解 设 $A = \{$仪器需进一步调试$\}$,$B = \{$仪器能出厂$\}$,则
$$P(B) = P(\overline{A} + AB) = P(\overline{A}) + P(AB)$$
$$= 1 - P(A) + P(A)P(A | B) = 0.94.$$
由二项概率公式可知:
(1) $\alpha = 0.94^n$;
(2) $\beta = C_n^2 \cdot 0.94^{n-2} \cdot 0.06^2$;
(3) $\theta = 1 - C_n^1 \cdot 0.94^{n-1} \cdot 0.06 - 0.94^n$.

[70] 解 采用三局两胜制. 设 A_1="甲净胜二局",A_2="前两局甲、乙各胜一局,第三局甲胜",A="甲胜",则 $A = A_1 + A_2$,而
$$P(A_1) = 0.6^2 = 0.36,$$
$$P(A_2) = (0.6^2 \times 0.4) \times 2 = 0.288.$$
所以,有
$$P(A) = P(A_1 + A_2) = P(A_1) + P(A_2) \quad (A_1 \text{ 与 } A_2 \text{ 互斥})$$
$$= 0.36 + 0.288 = 0.648;$$
采用五局三胜制. 设 B="甲胜",B_1="前三局甲胜",B_2="前三局甲胜两局,乙胜一局,第四局甲胜",B_3="前四局中甲、乙各胜两局,第五局甲胜",则 B_1, B_2, B_3 互不相容,且 $B = B_1 + B_2 + B_3$,由题设知
$$P(B_1) = 0.6^3 = 0.216,$$
$$P(B_2) = C_3^2 \times 0.6^2 \times 0.4 \times 0.6 = 0.259,$$

$$P(B_3) = C_4^2 \times 0.6^2 \times 0.4^2 \times 0.6 = 0.207.$$

所以，甲胜的概率为

$$P(B) = P(B_1 + B_2 + B_3) = P(B_1) + P(B_2) + P(B_3)$$
$$= 0.216 + 0.259 + 0.207 = 0.682.$$

由于 $P(B) = 0.682 > P(A) = 0.648$，也就是说，采用五局三胜制时甲胜的概率，要大于采用三局两胜制时甲胜的概率. 所以，采用五局三胜制时对甲更有利.

6. 综合提高题型

[75] C

解 因为 $P(A \mid B) = 1$，故 $\dfrac{P(AB)}{P(B)} = 1$，即 $P(AB) = P(B)$. 则

$$P(A \cup B) = P(A) + P(B) - P(AB) = P(A).$$

[76] B

解 $P((A+B) \mid C) = \dfrac{P(AC + BC)}{P(C)} = \dfrac{P(AC) + P(BC)}{P(C)} = P(A \mid C) + P(B \mid C).$

[77] B

解 因为 $A \subset B, 0 < P(B) \leqslant 1$，所以 $A = AB$，那么

$$P(A) = P(AB) = P(B)P(A \mid B) \leqslant P(A \mid B).$$

[78] A

解 因为 $P(A \mid B) > P(A \mid \overline{B})$

$$\Leftrightarrow \dfrac{P(AB)}{P(B)} > \dfrac{P(A\overline{B})}{P(\overline{B})} = \dfrac{P(A) - P(AB)}{1 - P(B)}$$

$$\Leftrightarrow P(AB) > P(A)P(B).$$

$$P(B \mid A) > P(B \mid \overline{A})$$

$$\Leftrightarrow \dfrac{P(AB)}{P(A)} > \dfrac{P(\overline{A}B)}{P(\overline{A})} = \dfrac{P(B) - P(AB)}{1 - P(A)}$$

$$\Leftrightarrow P(AB) > P(A)P(B).$$

所以 $P(A \mid B) > P(A \mid \overline{B})$ 的充分必要条件是 $P(B \mid A) > P(B \mid \overline{A})$.

[79] C

解 因为 A_1, A_2 互不相容，所以 $P(A_1 A_2) = 0$. 故 $P(A_1 A_2 \mid B) = \dfrac{P(A_1 A_2 B)}{P(B)} = 0$;

$P(A_1 \cup A_2 \mid B) = P(A_1 \mid B) + P(A_2 \mid B) - P(A_1 A_2 \mid B) = P(A_1 \mid B) + P(A_2 \mid B)$;

$P(\overline{A_1} \overline{A_2} \mid B) = P(\overline{A_1 \cup A_2} \mid B) = 1 - P(A_1 \cup A_2 \mid B) = 1 - P(A_1 \mid B) - P(A_2 \mid B) \neq 1$;

$P(\overline{A_1} \cup \overline{A_2} \mid B) = P(\overline{A_1 A_2} \mid B) = 1 - P(A_1 A_2 \mid B) = 1 - 0 = 1.$

[83] $\dfrac{5}{8}$.

解 由题意知，$P(AB) = 0, P(AC) = 0, P(BC) = P(B)P(C) = \dfrac{1}{9}$，由条件概率公式，得

$$P[(B \cup C) \mid (A \cup B \cup C)] = \dfrac{P[(B \cup C) \cap (A \cup B \cup C)]}{P(A \cup B \cup C)} = \dfrac{P(B \cup C)}{P(A \cup B \cup C)}$$

$$= \dfrac{P(B) + P(C) - P(BC)}{P(A) + P(B) + P(C) - P(AB) - P(BC) - P(AC) + P(ABC)}$$

$$= \frac{P(B)+P(C)-P(BC)}{P(A)+P(B)+P(C)-P(BC)} = \frac{\frac{1}{3}+\frac{1}{3}-\frac{1}{9}}{\frac{1}{3}+\frac{1}{3}+\frac{1}{3}-\frac{1}{3}\cdot\frac{1}{3}} = \frac{5}{8}.$$

[84] **解** $P(AB) = P(B \mid A) \cdot P(A) = \frac{1}{3} \times \frac{1}{4} = \frac{1}{12}$,

$P(A \mid B) = \frac{P(AB)}{P(B)} = \frac{1}{2}$,则 $P(B) = \frac{1}{6}$.

$$P(A \cup B) = P(A) + P(B) - P(AB) = \frac{1}{6} + \frac{1}{4} - \frac{1}{12} = \frac{1}{3}.$$

[85] **解** $P(A \cup B \cup C) = P(A) + P(B) + P(C) - P(AB) - P(BC) - P(AC) + P(ABC)$

$$= \frac{5}{8} + P(ABC).$$

由 $ABC \subset AB$,已知 $P(AB) = 0$,故 $0 \leqslant P(ABC) \leqslant P(AB) = 0$,得 $P(ABC) = 0$.

所求概率为 $P(A \cup B \cup C) = \frac{5}{8}$.

[86] **解** $P(A \cup B) = P(A) + P(B) - P(AB) = \frac{1}{2} + \frac{1}{3} - \frac{1}{10} = \frac{11}{15}.$

$P(\overline{A}\overline{B}) = P(\overline{A \cup B}) = 1 - P(A \cup B) = \frac{4}{15}.$

$P(A \cup B \cup C) = P(A) + P(B) + P(C) - P(AB) - P(AC) - P(BC) + P(ABC)$

$$= \frac{1}{2} + \frac{1}{3} + \frac{1}{5} - \frac{1}{10} - \frac{1}{15} - \frac{1}{20} + \frac{1}{30} = \frac{17}{20}.$$

$P(\overline{A}\overline{B}\overline{C}) = P(\overline{A \cup B \cup C}) = 1 - P(A \cup B \cup C) = \frac{3}{20}.$

$P(\overline{A}\overline{B}C) = P(\overline{A}\overline{B} - \overline{A}\overline{B}\overline{C}) = P(\overline{A}\overline{B}) - P(\overline{A}\overline{B}\overline{C}) = \frac{4}{15} - \frac{3}{20} = \frac{7}{60}.$

$P(\overline{A}\overline{B} \cup C) = P(\overline{A}\overline{B}) + P(C) - P(\overline{A}\overline{B}C) = \frac{4}{15} + \frac{1}{5} - \frac{7}{60} = \frac{7}{20}.$

[87] **解** $P(A \mid B \cup C) = \frac{P[A(B \cup C)]}{P(B \cup C)} = \frac{P(AB \cup AC)}{P(B \cup C)} = \frac{P(AB) + P(AC) - P(ABC)}{P(B) + P(C) - P(BC)}$

$$= \frac{0.08 + 0.09 - 0.05}{0.23 + 0.37 - 0.13} = 0.255.$$

$P(A \cup B \mid C) = \frac{P[(A \cup B)C]}{P(C)} = \frac{P(AC) + P(BC) - P(ABC)}{P(C)}$

$$= \frac{0.09 + 0.13 - 0.05}{0.37} = 0.459.$$

[93] **解** 设 $A_i = $ "第一次取出 i 个新球", $i = 0,1,2,3$. $B_j = $ "第二次取出 j 个新球", $j = 0,1,2,3$.

由于 A_0, A_1, A_2, A_3 是完备事件组,且

$$P(A_i) = \frac{C_9^i C_3^{3-i}}{C_{12}^3}, \quad P(B_3 \mid A_i) = \frac{C_{9-i}^3}{C_{12}^3} \quad (i = 0,1,2,3).$$

由全概率公式可得

$$P(B_3) = \sum_{i=0}^{3} P(A_i) P(B_3 \mid A_i) = \sum_{i=0}^{3} \left(\frac{C_9^i C_3^{3-i}}{C_{12}^3} \times \frac{C_{9-i}^3}{C_{12}^3} \right) = \frac{441}{3\,025}.$$

由贝叶斯公式得

$$P(A_3 \mid B_3) = \frac{P(A_3) P(B_3 \mid A_3)}{P(B_3)} = 0.238.$$

[94] **解** 设 $A_1 = \{$取出正品$\}$, $A_2 = \{$取出非正品$\}$, $B = \{$使用 n 次均无故障$\}$, 则

$$P(A_1) = \frac{10}{100}, \quad P(A_2) = \frac{90}{100}.$$

按题设应有 $P(A_1 \mid B) \geqslant 0.70$,而

$$P(A_1 \mid B) = \frac{P(A_1)P(B \mid A_1)}{P(A_1)P(B \mid A_1) + P(A_2)P(B \mid A_2)} = \frac{0.1 \times 1}{0.1 \times 1 + 0.9 \times (0.9)^n},$$

所以 $\dfrac{0.1}{0.1 + 0.9^{n+1}} \geqslant 0.7$,得 $n \geqslant 29$.

[95] **解** 设 $A =$ "系统 I 有效",$B =$ "系统 II 有效",则

$$P(A) = 0.92, \quad P(B) = 0.93, \quad P(B \mid \bar{A}) = 0.85.$$

(1) $P(B \mid \bar{A}) = \dfrac{P(\bar{A}B)}{P(\bar{A})} = \dfrac{P(B) - P(AB)}{1 - P(A)}$,则 $P(AB) = 0.862$;

(2) $P(\bar{B}A) = P(A - AB) = P(A) - P(AB) = 0.92 - 0.862 = 0.058$;

(3) $P(A \mid \bar{B}) = \dfrac{P(A\bar{B})}{P(\bar{B})} = \dfrac{0.058}{1 - 0.93} = 0.8286$.

[96] **解** 令 A_i 表示事件"第 i 次取出的是女生表",$i = 1,2$.
B_j 表示事件"报名表来自第 j 个地区的考生",$j = 1,2,3$.
根据题意

$$P(B_1) = \frac{1}{3}, \quad P(B_2) = \frac{1}{3}, \quad P(B_3) = \frac{1}{3},$$

$$P(A_1 \mid B_1) = \frac{3}{10}, \quad P(A_1 \mid B_2) = \frac{7}{15}, \quad P(A_1 \mid B_3) = \frac{5}{25}.$$

(1) 由全概率公式

$$p = P(A_1) = \sum_{i=1}^{3} P(B_i) P(A_1 \mid B_i) = \frac{1}{3} \left(\frac{3}{10} + \frac{7}{15} + \frac{5}{25} \right) = \frac{29}{90};$$

(2) 由条件概率公式

$$q = P(A_1 \mid \bar{A}_2) = \frac{P(A_1 \bar{A}_2)}{P(\bar{A}_2)},$$

只需计算 $P(\bar{A}_2)$ 和 $P(A_1 \bar{A}_2)$,由题意

$$P(\bar{A}_2 \mid B_1) = \frac{7}{10}, \quad P(\bar{A}_2 \mid B_2) = \frac{8}{15}, \quad P(\bar{A}_2 \mid B_3) = \frac{20}{25},$$

$$P(A_1 \bar{A}_2 \mid B_1) = \frac{C_3^1 C_7^1}{A_{10}^2} = \frac{7}{30}, \quad P(A_1 \bar{A}_2 \mid B_2) = \frac{C_7^1 C_8^1}{A_{15}^2} = \frac{8}{30},$$

$$P(A_1 \bar{A}_2 \mid B_3) = \frac{C_5^1 C_{20}^1}{A_{25}^2} = \frac{5}{30},$$

那么 $P(\bar{A}_2) = \sum_{i=1}^{3} P(B_i) P(\bar{A}_i \mid B_i) = \dfrac{1}{3} \left(\dfrac{8}{15} + \dfrac{20}{25} + \dfrac{7}{10} \right) = \dfrac{61}{90}$,

$$P(A_1 \bar{A}_2) = \sum_{i=1}^{3} P(B_i) P(A_1 \bar{A}_2 \mid B_i) = \frac{1}{3} \left(\frac{7}{30} + \frac{8}{30} + \frac{5}{30} \right) = \frac{20}{90},$$

所以 $q = \dfrac{P(A_1 \bar{A}_2)}{P(\bar{A}_2)} = \dfrac{\frac{20}{90}}{\frac{61}{90}} = \dfrac{20}{61}$.

[97] **证** (1) 若 $P(A) > 0$,要证 $P(AB \mid A) \geqslant P(AB \mid A \cup B)$.
上式左边等于 $\dfrac{P(AB)}{P(A)}$,上式右边等于 $\dfrac{P(AB)}{P(A \cup B)}$.
因为 $A \cup B \supset A, P(A \cup B) \geqslant P(A)$,故有 $\dfrac{P(AB)}{P(A)} \geqslant \dfrac{P(AB)}{P(A \cup B)}$,即 $P(AB \mid A) \geqslant P(AB \mid A \cup B)$;

(2) 由 $P(A\mid B)=1$ 得 $\dfrac{P(AB)}{P(B)}=1$,即
$$P(AB)=P(B). \qquad ①$$
$$P(\overline{B}\mid \overline{A})=\dfrac{P(\overline{A}\,\overline{B})}{P(\overline{A})}=\dfrac{P(\overline{A\cup B})}{P(\overline{A})}=\dfrac{1-P(A\cup B)}{1-P(A)}=\dfrac{1-P(A)-P(B)+P(AB)}{1-P(A)}.$$
结合①式得到
$$P(\overline{B}\mid \overline{A})=\dfrac{1-P(A)}{1-P(A)}=1;$$

(3) $P(A\mid C)\geqslant P(B\mid C)$,而 $P(A\mid C)=\dfrac{P(AC)}{P(C)}$,$P(B\mid C)=\dfrac{P(BC)}{P(C)}$,

因此
$$P(AC)\geqslant P(BC). \qquad ②$$
同样由 $P(A\mid \overline{C})\geqslant P(B\mid \overline{C})$ 有
$$P(A\overline{C})\geqslant P(B\overline{C}). \qquad ③$$
由③式可知
$$P[A(S-C)]\geqslant P[B(S-C)],$$
得 $P(A)-P(AC)\geqslant P(B)-P(BC)$,或 $P(A)-P(B)\geqslant P(AC)-P(BC)$.
由②式,得知
$$P(A)-P(B)\geqslant 0,即\ P(A)\geqslant P(B).$$

[101] **解** $P(AC\mid AB\cup C)=\dfrac{P[AC(AB\cup C)]}{P(AB\cup C)}$

$\qquad\qquad\qquad\qquad =\dfrac{P(ABC\cup AC)}{P(AB)+P(C)-P(ABC)}=\dfrac{P(AC)}{P(AB)+P(C)}$

$\qquad\qquad\qquad\qquad =\dfrac{P(A)P(C)}{P(A)P(B)+P(C)}=\dfrac{\frac{1}{2}P(C)}{\frac{1}{4}+P(C)}=\dfrac{1}{4}$,

解得 $P(C)=\dfrac{1}{4}$.

[102] **分析** 一般假定甲、乙二人射击命中与否是相互独立的,问题在于如何表示出事件"甲获胜""乙获胜".若令 A、B 分别表示"甲获胜""乙获胜",A_i,$B_i(i=1,2,\cdots)$ 分别表示"甲第 i 次射击命中""乙第 i 次射击命中",则有
$$A=A_1\cup \overline{A}_1\overline{B}_1A_2\cup \overline{A}_1\overline{B}_1\overline{A}_2\overline{B}_2A_3\cup \cdots,$$
$$B=\overline{A}_1B_1\cup \overline{A}_1\overline{B}_1\overline{A}_2B_2\cup \overline{A}_1\overline{B}_1\overline{A}_2\overline{B}_2\overline{A}_3B_3\cup \cdots.$$
再注意到 A,B 表示式中的诸事件互不相容,剩下的问题是利用加法公式和独立性计算 $P(A)$,$P(B)$.

解 令 A,B 分别表示"甲获胜""乙获胜",A_i,$B_i(i=1,2,\cdots)$ 分别表示"甲第 i 次射击命中""乙第 i 次射击命中",则有
$$A=A_1\cup \overline{A}_1\overline{B}_1A_2\cup \overline{A}_1\overline{B}_1\overline{A}_2\overline{B}_2A_3\cup \cdots,$$
$$B=\overline{A}_1B_1\cup \overline{A}_1\overline{B}_1\overline{A}_2B_2\cup \overline{A}_1\overline{B}_1\overline{A}_2\overline{B}_2\overline{A}_3B_3\cup \cdots,$$
因而
$$P(A)=P(A_1)+P(\overline{A}_1\overline{B}_1A_2)+P(\overline{A}_1\overline{B}_1\overline{A}_2\overline{B}_2A_3)+\cdots$$
$$=P(A_1)+P(\overline{A}_1)P(\overline{B}_1)P(A_2)+P(\overline{A}_1)P(\overline{B}_1)P(\overline{A}_2)P(\overline{B}_2)P(A_3)+\cdots$$

$$= p_1 + (1-p_1)(1-p_2)p_1 + (1-p_1)^2(1-p_2)^2 p_1 + \cdots$$
$$= \frac{p_1}{1-(1-p_1)(1-p_2)} = \frac{p_1}{p_1+p_2-p_1p_2}.$$
$$P(B) = P(\overline{A}_1 B_1) + P(\overline{A}_1 \overline{B}_1 \overline{A}_2 B_2) + P(\overline{A}_1 \overline{B}_1 \overline{A}_2 \overline{B}_2 \overline{A}_3 B_3) + \cdots$$
$$= P(\overline{A}_1)P(B_1) + P(\overline{A}_1)P(\overline{B}_1)P(\overline{A}_2)P(B_2) + P(\overline{A}_1)P(\overline{B}_1)P(\overline{A}_2)P(\overline{B}_2)P(\overline{A}_3)P(B_3) + \cdots$$
$$= (1-p_1)p_2 + (1-p_1)^2(1-p_2)p_2 + (1-p_1)^3(1-p_2)^2 p_2 + \cdots$$
$$= \frac{(1-p_1)p_2}{1-(1-p_1)(1-p_2)} = \frac{(1-p_1)p_2}{p_1+p_2-p_1p_2}.$$

另外,由 A 与 B 互为逆事件,$P(B)=1-P(A)$,也可得到结论.

[103] **解** 甲、乙各投篮 3 次,分别为 3 重伯努利概型.

设 $A_i = \{$甲在 3 次投篮中投入 i 个球$\}, i=0,1,2,3,$
$B_i = \{$乙在 3 次投篮中投入 i 个球$\}, i=0,1,2,3,$
$C = \{$甲、乙两人进球数相等$\},$
$D = \{$甲比乙进球多$\}.$

又知 A_i 与 $B_i (i=0,1,2,3)$ 是独立的,所以
$$P(A_0) = 0.3^3 = 0.027, \quad P(A_1) = C_3^1 \times 0.7 \times 0.3^2 = 0.189,$$
$$P(A_2) = C_3^2 \times 0.7^2 \times 0.3 = 0.441, \quad P(A_3) = 0.7^3 = 0.343.$$

同理可得
$$P(B_0) = 0.008, \quad P(B_1) = 0.096, \quad P(B_2) = 0.384, \quad P(B_3) = 0.512.$$

(1) 因为 $A_0B_0, A_1B_1, A_2B_2, A_3B_3$ 两两互不相容,所以
$$P(C) = P(A_0B_0 + A_1B_1 + A_2B_2 + A_3B_3)$$
$$= P(A_0B_0) + P(A_1B_1) + P(A_2B_2) + P(A_3B_3)$$
$$= P(A_0)P(B_0) + P(A_1)P(B_1) + P(A_2)P(B_2) + P(A_3)P(B_3)$$
$$= 0.36332;$$

(2) $P(D) = P(A_1B_0 + A_2B_0 + A_3B_0 + A_2B_1 + A_3B_1 + A_3B_2)$
$$= P(A_1)P(B_0) + P(A_2)P(B_0) + P(A_3)P(B_0) + P(A_2)P(B_1) + P(A_3)P(B_1) + P(A_3)P(B_2)$$
$$= 0.21476.$$

[104] **解** 以 $A_i (i=1,2,3,4)$ 表示事件"第 i 个元件正常工作",故 $S_1 = A_1A_2 \cup A_3A_4, S_2 = (A_1 \cup A_2)(A_3 \cup A_4)$. 由事件的独立性和概率运算性质有
$$P(S_1) = P(A_1A_2) + P(A_3A_4) - P(A_1A_2A_3A_4)$$
$$= P(A_1)P(A_2) + P(A_3)P(A_4) - P(A_1)P(A_2)P(A_3)P(A_4)$$
$$= p^2(2-p^2).$$
$$P(S_2) = P(A_1 \cup A_2) \cdot P(A_3 \cup A_4)$$
$$= (2p-p^2)^2 = p^2(2-p)^2.$$

利用导数可以证明,当 $0<p<1$ 时,恒有 $(2-p)^2 > (2-p^2)$,因而 S_2 更可靠.

[105] **证** 因 A,B,C 相互独立,故
$$P(AB) = P(A)P(B), \quad P(BC) = P(B)P(C), \quad P(CA) = P(C)P(A),$$
$$P(ABC) = P(A)P(B)P(C),$$

从而

(1) $P[C(AB)] = P(CAB) = P(C)P(A)P(B) = P(C)P(AB),$

这表示 C 与 AB 相互独立；

(2) $P[C(A \cup B)] = P(CA \cup CB) = P(CA) + P(CB) - P(CAB)$
$= P(C)P(A) + P(C)P(B) - P(C)P(A)P(B)$
$= P(C)[P(A) + P(B) - P(AB)] = P(C)P(A \cup B)$,

故 C 与 $A \cup B$ 相互独立.

第二章　随机变量及其分布

1. 随机变量与分布函数

[4]　C

解　A 选项，$F(+\infty) = 0$；B 选项，$F(-\infty) \neq 0$；D 选项，$F(+\infty) \neq 1$；
对于 C 选项满足：
$(1) 0 \leqslant F(x) \leqslant 1, F(-\infty) = 0, F(+\infty) = 1;(2) F'(x) > 0;(3) F(x)$ 连续.

[5]　D

解　由分布函数的性质 $F(+\infty) = 1$,可得
$$F(+\infty) = \lim_{x \to +\infty} F(x) = \lim_{x \to +\infty}(a + be^{-\lambda x}) = a = 1,$$
即 $a = 1$. 由 $F(x)$ 的右连续性,可得
$$\lim_{x \to 0^+} F(x) = \lim_{x \to 0^+}(a + be^{-\lambda x}) = a + b = F(0) = 0,$$
则 $b = -1$.

[6]　解　若 $x < 0$,则 $\{X \leqslant x\}$ 是不可能事件,于是
$$F(x) = P\{X \leqslant x\} = 0;$$
若 $0 \leqslant x \leqslant 2$,由题意,$P\{0 \leqslant X \leqslant x\} = kx^2$,$k$ 是某一常数. 为了确定 k 的值,取 $x = 2$,有 $P\{0 \leqslant X \leqslant 2\} = 2^2 k$,但已知 $P\{0 \leqslant X \leqslant 2\} = 1$,故得 $k = \dfrac{1}{4}$,即 $P\{0 \leqslant X \leqslant x\} = \dfrac{x^2}{4}$,
于是
$$F(x) = P\{X \leqslant x\} = P\{X < 0\} + P\{0 \leqslant X \leqslant x\} = \dfrac{x^2}{4};$$

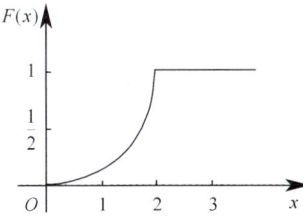

若 $x > 2$,由题意 $\{X \leqslant x\}$ 是必然事件,于是
$$F(x) = P\{X \leqslant x\} = 1.$$
综合上述,即得 X 的分布函数
$$F(x) = \begin{cases} 0, & x < 0, \\ \dfrac{x^2}{4}, & 0 \leqslant x \leqslant 2, \\ 1, & x > 2. \end{cases}$$

它的图形是一条连续曲线如图所示.

[9]　解　(1) $P\left\{\dfrac{1}{2} < X \leqslant \dfrac{3}{2}\right\} = F\left(\dfrac{3}{2}\right) - F\left(\dfrac{1}{2}\right) = \dfrac{3}{4} - \dfrac{1}{6} = \dfrac{7}{12}$；

(2) $P\left\{X > \dfrac{1}{2}\right\} = 1 - P\left\{X \leqslant \dfrac{1}{2}\right\} = 1 - F\left(\dfrac{1}{2}\right) = 1 - \dfrac{1}{6} = \dfrac{5}{6}$；

(3) $P\left\{X > \dfrac{3}{2}\right\} = 1 - F\left(\dfrac{3}{2}\right) = 1 - \dfrac{3}{4} = \dfrac{1}{4}$.

2. 离散型随机变量及其分布

[12] e.

解 **方法一** 由分布律的性质得

$$1 = \sum_{k=0}^{+\infty} \frac{c}{k!} e^{-2} = ce^{-2} \sum_{k=0}^{+\infty} \frac{1^k}{k!} = ce^{-2} e = ce^{-1},$$

解得 $c = e$.

方法二 利用泊松分布 $P(\lambda)$ 的分布律

$$P\{X = k\} = e^{-\lambda} \frac{\lambda^k}{k!}, \quad k = 0, 1, 2, \cdots.$$

可以看出 X 服从参数为 1 的泊松分布,即 $P\{X = k\} = \frac{1}{k!} e^{-1}, k = 0, 1, 2, \cdots$.

故 $c = e$.

[13] $X \sim \begin{bmatrix} -1 & 0 & 1 \\ \frac{1}{6} & \frac{1}{3} & \frac{1}{2} \end{bmatrix}$.

解 记 $X \sim \begin{bmatrix} -1 & 0 & 1 \\ p_1 & p_2 & p_3 \end{bmatrix}$,依题意 $p_1 : p_2 : p_3 = 1 : 2 : 3$ 而

$$p_1 + p_2 + p_3 = 1, 即 \ p_1 + 2p_1 + 3p_1 = 1,$$

故 $p_1 = \frac{1}{6}, p_2 = \frac{1}{3}, p_3 = \frac{1}{2}$,那么 $X \sim \begin{bmatrix} -1 & 0 & 1 \\ \frac{1}{6} & \frac{1}{3} & \frac{1}{2} \end{bmatrix}$.

[16] **分析** X 为离散型随机变量,其全部可能取值是 $0, 1, 2, 3$,再通过概率计算公式求得概率.

解 设 A_i 为汽车在第 i 个路口遇到红灯,$i = 1, 2, 3$. 因为 A_1, A_2, A_3 相互独立,所以

$$P\{X = 0\} = P(A_1) = \frac{1}{2},$$

$$P\{X = 1\} = P(\overline{A_1} A_2) = P(\overline{A_1}) P(A_2) = \frac{1}{2} \times \frac{1}{2} = \frac{1}{2^2},$$

$$P\{X = 2\} = P(\overline{A_1} \overline{A_2} A_3) = P(\overline{A_1}) P(\overline{A_2}) P(A_3) = \frac{1}{2} \times \frac{1}{2} \times \frac{1}{2} = \frac{1}{2^3},$$

$$P\{X = 3\} = P(\overline{A_1} \overline{A_2} \overline{A_3}) = P(\overline{A_1}) P(\overline{A_2}) P(\overline{A_3}) = \frac{1}{2} \times \frac{1}{2} \times \frac{1}{2} = \frac{1}{2^3}.$$

所以 X 的分布律为

X	0	1	2	3
P	$\frac{1}{2}$	$\frac{1}{4}$	$\frac{1}{8}$	$\frac{1}{8}$

[17] **解** 从 5 只球中任取 3 只,有 $C_5^3 = 10$ 种取法,每种取法的概率为 $\frac{1}{10}$. 随机变量的可能值为 $3, 4, 5$.

当 $X = 3$ 时,相当于取出 3 只球的号码为 $\{1, 2, 3\}$,故 $P\{X = 3\} = \frac{1}{10}$.

类似地 $P\{X = 4\} = \frac{3}{10}; P\{X = 5\} = \frac{6}{10}$.

所以 X 的分布律为

X	3	4	5
P	$\frac{1}{10}$	$\frac{3}{10}$	$\frac{6}{10}$

[18] **解** 由题意知,Y 所有可能的取值为 $0,1,2$. 则

$$P\{Y=0\} = \sum_{n=1}^{+\infty} P\{X=3n\} = \sum_{n=1}^{+\infty} \frac{1}{2^{3n}} = \sum_{n=1}^{+\infty} \frac{1}{8^n} = \frac{1}{7};$$

$$P\{Y=1\} = \sum_{n=0}^{+\infty} P\{X=3n+1\} = \sum_{n=0}^{+\infty} \frac{1}{2^{3n+1}} = \frac{1}{2}\sum_{n=0}^{+\infty} \frac{1}{8^n} = \frac{4}{7};$$

$$P\{Y=2\} = \sum_{n=0}^{+\infty} P\{X=3n+2\} = \sum_{n=0}^{+\infty} \frac{1}{2^{3n+2}} = \frac{1}{4}\sum_{n=0}^{+\infty} \frac{1}{8^n} = \frac{2}{7}.$$

因此,Y 的分布律为

Y	0	1	2
P	$\frac{1}{7}$	$\frac{4}{7}$	$\frac{2}{7}$

[21] A

解 由分布函数定义得 $F(3) = P\{X \leqslant 3\} = \frac{1}{4} + \frac{1}{8} + \frac{4}{7} = \frac{53}{56}$.

[22] **解** 由分布函数性质

$F(-\infty) = 0$,可知 $c = 0$, $F(+\infty) = 1$,可知 $e = 1$.

由分布律与分布函数的关系

$$F(-1) = P\{X \leqslant -1\} = P\{X = -1\} = \frac{1}{4},$$

可知 $d = \frac{1}{4}$,

$$F(0) = P\{X \leqslant 0\} = P\{X = -1\} + P\{X = 0\} = \frac{1}{4} + a = \frac{3}{4},$$

可知 $a = \frac{1}{2}$.

由分布律的性质 $\frac{1}{4} + a + b = 1$,可得 $b = \frac{1}{4}$.

[25] B

解 首先根据概率分布的性质求出常数 a 的值,其次确定概率分布的具体形式,然后计算条件概率

$$\sum_{i=1}^{4} P\{X=x_i\} = \frac{1}{a} + \frac{3}{2a} + \frac{5}{4a} + \frac{7}{8a} = \frac{37}{8a} = 1,$$

解得 $a = \frac{37}{8}$,故 $X \sim \begin{bmatrix} -2 & 0 & 2 & \sqrt{5} \\ \frac{8}{37} & \frac{12}{37} & \frac{10}{37} & \frac{7}{37} \end{bmatrix}$.

$$P\{|X| \leqslant 2 \mid X \geqslant 0\} = \frac{P\{|X| \leqslant 2, X \geqslant 0\}}{P\{X \geqslant 0\}} = \frac{P\{X=0\} + P\{X=2\}}{P\{X=0\} + P\{X=2\} + P\{X=\sqrt{5}\}} = \frac{22}{29},$$

[26] **解** 由分布律的规范性可知,$\sum_{i=1}^{\infty} p_i = 1$,则有 $\frac{a}{2} + b + \frac{1}{6} = 1$.

又由 $P\{X^2 = X\} = \frac{1}{2}$,有 $P\{X=0\} + P\{X=1\} = \frac{1}{2}$,即 $b + \frac{1}{6} = \frac{1}{2}$.

解得 $b = \frac{1}{3}$，故 $a = 1$.

[32] $\frac{2}{3}e^{-2}$.

解 由题设，X 的分布律为
$$P\{X=k\} = \frac{\lambda^k}{k!}e^{-\lambda}, \quad k = 0,1,2,\cdots$$

本题的关键为先要求出参数 λ 的值. 由 $P\{X=1\} = P\{X=2\}$ 得
$$\lambda e^{-\lambda} = \frac{\lambda^2}{2}e^{-\lambda}, \text{即 } \lambda^2 - 2\lambda = 0.$$

因为 $\lambda > 0$，得 $\lambda = 2$. 于是
$$P\{X=4\} = \frac{2^4}{4!}e^{-2} = \frac{2}{3}e^{-2}.$$

[33] 解 用 X 表示每分钟收到呼唤的次数，则
$$P\{X=k\} = \frac{4^k}{k!}e^{-4}, \quad k = 0,1,2,\cdots$$

(1) $P\{X=8\} = \frac{4^8}{8!}e^{-4} = 0.0298$；

(2) $P\{X>3\} = \sum_{k=4}^{\infty}\frac{4^k}{k!}e^{-4} = 0.5665.$

[34] 解 设被使用的设备数为 X，则 $X \sim B(5, 0.1)$，故

(1) $P\{X=2\} = C_5^2(0.1)^2(0.9)^3 = 0.0729$；

(2) $P\{X \geqslant 3\} = \sum_{k=3}^{5}C_5^k(0.1)^k(0.9)^{5-k} = 0.00856$；

(3) $P\{X \leqslant 3\} = \sum_{k=0}^{3}C_5^k(0.1)^k(0.9)^{5-k} = 0.99954$；

(4) $P\{X \geqslant 1\} = 1 - C_5^0(0.1)^0(0.9)^5 = 1-(0.9)^5 = 0.40951.$

[35] 解 总共有三个交通岗，每次是否遇到红灯是相互独立的，故 $X \sim B\left(3, \frac{2}{5}\right)$.

因此，X 的分布律为 $P\{X=k\} = C_3^k\left(\frac{2}{5}\right)^k\left(\frac{3}{5}\right)^{3-k}, k=0,1,2,3.$

即

X	0	1	2	3
P	$\frac{27}{125}$	$\frac{54}{125}$	$\frac{36}{125}$	$\frac{8}{125}$

因此，X 的分布函数为 $F(x) = P\{X \leqslant x\} = \begin{cases} 0, & x < 0, \\ \frac{27}{125}, & 0 \leqslant x < 1, \\ \frac{81}{125}, & 1 \leqslant x < 2, \\ \frac{117}{125}, & 2 \leqslant x < 3, \\ 1, & x \geqslant 3. \end{cases}$

[36] 解 设 $A_i = \{$第 i 枚骰子出现 6 点$\}, i = 1,2, P(A_i) = \frac{1}{6}$，且 A_1 与 A_2 相互独立.

再设 $C = \{$每次抛掷出现 6 点$\}$，则

$$P(C) = P(A_1 \cup A_2) = P(A_1) + P(A_2) - P(A_1)P(A_2)$$
$$= \frac{1}{6} + \frac{1}{6} - \frac{1}{6} \times \frac{1}{6} = \frac{11}{36}.$$

故抛掷次数 X 服从参数为 $\frac{11}{36}$ 的几何分布.

3. 连续型随机变量及其分布

[39] D

解 只有 D 中 $f(x)$ 满足概率密度的性质：

(1) $f(x) \geqslant 0$; (2) $\int_{-\infty}^{+\infty} f(x) \mathrm{d}x = 1$.

[40] .

解 $\int_{-\infty}^{+\infty} f(x)\mathrm{d}x = \frac{c}{\sqrt{2}} \mathrm{e}^{\frac{1}{4}} \int_{-\infty}^{+\infty} \mathrm{e}^{-\frac{t^2}{2}} \mathrm{d}t = c \cdot \sqrt{\pi} \mathrm{e}^{\frac{1}{4}} = 1.$

故 $c = \frac{1}{\sqrt{\pi}} \mathrm{e}^{-\frac{1}{4}}$.

[44] A

解 本题中的概率密度是抽象的,只给出了一个已知积分,如果用常规的积分方法求概率较为繁琐,而利用概率密度的几何意义结合图形求概率非常简便.

已知 $f(1+x) = f(1-x)$,可得 $f(x)$ 关于 $x = 1$ 对称,如图所示.

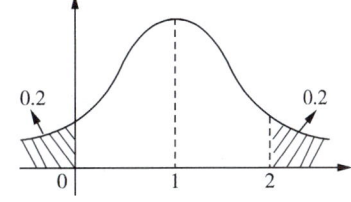

由 $\int_0^2 f(x)\mathrm{d}x = 0.6$,可知 $P\{X < 0\} = 0.2$.

[45] $[1,3]$.

分析 本题中 $f(x)$ 是分段函数,要求 k 的取值范围,对于 k 要分段来讨论,再由已知条件为限制得到 k 的取值范围.

解 当 $k < 1$ 时, $P\{X \geqslant k\} > P\{X \geqslant 1\}$,因为 $P\{X \geqslant 1\} = \frac{2}{9} \times (6-3) = \frac{2}{3}$,所以 $P\{X \geqslant k\} > \frac{2}{3}$;

当 $k > 3$ 时, $P\{X \geqslant k\} < P\{X \geqslant 3\}$,因为 $P\{X \geqslant 3\} = \frac{2}{9} \times (6-3) = \frac{2}{3}$,所以 $P\{X \geqslant k\} < \frac{2}{3}$;

当 $1 \leqslant k \leqslant 3$ 时, $P\{X \geqslant k\} = P\{k \leqslant X < 3\} + P\{X \geqslant 3\} = \frac{2}{3}$. 所以 k 的取值范围为 $[1,3]$.

[46] **解** 每个电子管寿命在 $X \leqslant 150$ 的概率 $P\{X \leqslant 150\} = \int_{100}^{150} \frac{100}{x^2} \mathrm{d}x = -\frac{100}{x}\Big|_{100}^{150} = \frac{1}{3}$;

每个电子管寿命在 $X > 150$ 的概率 $P\{X > 150\} = 1 - \frac{1}{3} = \frac{2}{3}$.

某一无线电器材配有三个这种电子管,150 小时内不需要更换,即三个电子管的寿命都在 150 小时以上. 所以不需要更换的概率 $p = \left(\frac{2}{3}\right)^3 = \frac{8}{27} = 0.296.$

[47] **解** (1) 由于 $F(-\infty) = 0$, $F(+\infty) = 1$,可知

$$\begin{cases} A + B\left(-\dfrac{\pi}{2}\right) = 0, \\ A + B\left(\dfrac{\pi}{2}\right) = 1 \end{cases} \Rightarrow A = \dfrac{1}{2},\ B = \dfrac{1}{\pi}.$$

于是 $F(x) = \dfrac{1}{2} + \dfrac{1}{\pi}\arctan x.$ $(-\infty < x < +\infty);$

(2) $P\{-1 < X < 1\} = F(1) - F(-1) = \left(\dfrac{1}{2} + \dfrac{1}{\pi}\arctan 1\right) - \left[\dfrac{1}{2} + \dfrac{1}{\pi}\arctan(-1)\right]$

$$= \dfrac{1}{2} + \dfrac{1}{\pi} \times \dfrac{\pi}{4} - \dfrac{1}{2} - \dfrac{1}{\pi}\left(-\dfrac{\pi}{4}\right) = \dfrac{1}{2};$$

(3) $f(x) = F'(x) = \left(\dfrac{1}{2} + \dfrac{1}{\pi}\arctan x\right)' = \dfrac{1}{\pi(1+x^2)}$ $(-\infty < x < +\infty).$

[52] **解** 因为 $X \sim E(0.1)$，则 $f(x) = \begin{cases} \dfrac{1}{10}e^{-\frac{x}{10}}, & x > 0 \\ 0, & x \leqslant 0 \end{cases}$, $F(x) = \begin{cases} 1 - e^{-\frac{x}{10}}, & x > 0 \\ 0, & x \leqslant 0 \end{cases}$, 故

(1) $P\{X > 10\} = 1 - F(10)$ $\left(\text{或}\int_{10}^{+\infty} f(x)dx\right) = e^{-1};$

(2) $P\{10 < X < 20\} = F(20) - F(10)$ $\left(\text{或}\int_{10}^{20} f(x)dx\right) = e^{-1} - e^{-2}.$

[53] **解** 设螺栓的长度为 X，则 $X \sim N(10.05, 0.06^2)$，则一螺栓为不合格品的概率为

$$p = 1 - P\{10.05 - 0.12 < X < 10.05 + 0.12\}$$

$$= 1 - \Phi\left(\dfrac{10.17 - 10.05}{0.06}\right) + \Phi\left(\dfrac{10.05 - 0.12 - 10.05}{0.06}\right)$$

$$= 1 - \Phi(2) - \Phi(-2) = 2 - 2\Phi(2) = 0.045\ 5.$$

[54] **解** 若要求 $P\{120 < X \leqslant 200\} \geqslant 0.80$，即求

$$\Phi\left(\dfrac{200-160}{\sigma}\right) - \Phi\left(\dfrac{120-160}{\sigma}\right) = \Phi\left(\dfrac{40}{\sigma}\right) - \Phi\left(-\dfrac{40}{\sigma}\right) = 2\Phi\left(\dfrac{40}{\sigma}\right) - 1 \geqslant 0.80,$$

得 $\Phi\left(\dfrac{40}{\sigma}\right) \geqslant 0.9.$

从而 $\dfrac{40}{\sigma} \geqslant 1.28$，$\sigma \leqslant 31.25$，即允许 σ 最大为 31.25。

[55] **解** 当 $X \sim N(3, 2^2)$ 时，$\dfrac{X-\mu}{\sigma} = \dfrac{X-3}{2} \sim N(0,1).$

(1) $P\{2 < X \leqslant 5\} = P\left\{\dfrac{2-3}{2} < \dfrac{X-3}{2} \leqslant \dfrac{5-3}{2}\right\} = \Phi(1) - \Phi\left(-\dfrac{1}{2}\right)$

$$= \Phi(1) - \left[1 - \Phi\left(\dfrac{1}{2}\right)\right] = 0.841\ 3 - 1 + 0.691\ 5 = 0.532\ 8.$$

$P\{-4 < X \leqslant 10\} = P\left\{\dfrac{-4-3}{2} < \dfrac{X-3}{2} \leqslant \dfrac{10-3}{2}\right\} = \Phi\left(\dfrac{7}{2}\right) - \Phi\left(-\dfrac{7}{2}\right)$

$$= 2\Phi\left(\dfrac{7}{2}\right) - 1 = 0.999\ 6.$$

$P\{|X| > 2\} = P\{X > 2 \text{ 或 } X < -2\} = P\{X > 2\} + P\{X < -2\}$

$$= 1 - P\{X \leqslant 2\} + P\{X < -2\}$$

$$= 1 - P\left\{\dfrac{X-3}{2} \leqslant \dfrac{2-3}{2}\right\} + P\left\{\dfrac{X-3}{2} < \dfrac{-2-3}{2}\right\}$$

$$= 1 - \Phi\left(-\dfrac{1}{2}\right) + \Phi\left(-\dfrac{5}{2}\right) = 0.697\ 7.$$

$P\{X > 3\} = 1 - P\{X \leqslant 3\} = 1 - P\left\{\dfrac{X-3}{2} \leqslant \dfrac{3-3}{2}\right\} = 1 - \Phi(0) = 1 - 0.5 = 0.5;$

(2) 由于 $P\{X>c\} = P\{X \leqslant c\}$，则 $1 - P\{X \leqslant c\} = P\{X \leqslant c\}$. 从而

$$P\{X \leqslant c\} = P\left\{\frac{X-3}{2} \leqslant \frac{c-3}{2}\right\} = \Phi\left(\frac{c-3}{2}\right) = \frac{1}{2}.$$

查表得 $\frac{c-3}{2} = 0$，故 $c = 3$；

(3) $P\{X > d\} = 1 - P\{X \leqslant d\} = 1 - P\left\{\frac{X-3}{2} \leqslant \frac{d-3}{2}\right\} = 1 - \Phi\left(\frac{d-3}{2}\right) \geqslant 0.9$.

故 $\Phi\left(\frac{d-3}{2}\right) \leqslant 0.1$，所以 $\frac{d-3}{2} < 0$，那么 $\Phi\left(\frac{3-d}{2}\right) \geqslant 0.9$.

查标准正态分布表知 $\Phi(1.29) = 0.9015$，取 $\frac{3-d}{2} \geqslant 1.29$，得到 $d \leqslant 0.42$.

4. 随机变量函数的分布

[58] $\dfrac{4^{\frac{k+2}{3}} \mathrm{e}^{-4}}{\left(\frac{k+2}{3}\right)!}$.

解 $P\{Y = k\} = P\{3X - 2 = k\} = P\left\{X = \frac{k+2}{3}\right\} = \dfrac{4^{\frac{k+2}{3}} \mathrm{e}^{-4}}{\left(\frac{k+2}{3}\right)!}$ $(k = 3n-2, n = 0,1,2,\cdots)$.

思路拓展

本题中 X 和 $Y = g(X)$ 均为无限可列的离散型随机变量，对于此类题型只需注意函数关系的转化即可求出分布律.

[59] **解** 列表

X	-2	-1	0	1	3
$Y = 2 - X$	4	3	2	1	-1
$Z = X^2$	4	1	0	1	9
P	0.3	0.2	0.1	0.3	0.1

根据上表可以得出随机变量 Y, Z 的分布律，只是要注意两点. 一是随机变量取值习惯按从小到大排列；二是对于随机变量取同一个值的事件的概率要注意合并，如 $P\{Z = 1\} = P\{X = -1\} + P\{X = 1\} = 0.2 + 0.3 = 0.5$.

(1) Y 的分布律

Y	-1	1	2	3	4
P	0.1	0.3	0.1	0.2	0.3

(2) Z 的分布律

Z	0	1	4	9
P	0.1	0.5	0.3	0.1

[60] 解 直接求 Y 的分布函数 $F_Y(y)$ 较为困难,可先利用 X 与 Y 分布律之间的关系求出 Y 的分布律. 由题意可得 X 的分布律

X	-1	0	1	2
P	$\frac{1}{3}$	$\frac{1}{6}$	$\frac{1}{6}$	$\frac{1}{3}$

则 $Y = \left(\sin\frac{\pi}{6}X\right)^2$ 的分布律为

Y	$\frac{1}{4}$	0	$\frac{1}{4}$	$\frac{3}{4}$
P	$\frac{1}{3}$	$\frac{1}{6}$	$\frac{1}{6}$	$\frac{1}{3}$

即

Y	0	$\frac{1}{4}$	$\frac{3}{4}$
P	$\frac{1}{6}$	$\frac{1}{2}$	$\frac{1}{3}$

故 Y 的分布函数为

$$F_Y(y) = P\{Y \leqslant y\} = \begin{cases} 0, & y < 0, \\ \frac{1}{6}, & 0 \leqslant y < \frac{1}{4}, \\ \frac{2}{3}, & \frac{1}{4} \leqslant y < \frac{3}{4}, \\ 1, & y \geqslant \frac{3}{4}. \end{cases}$$

[63] 解 **方法一** 分段考查 Y 的分布函数.

当 $y \leqslant 1$ 时,$f_X(x) = 0$,$F_Y(y) = 0$;

当 $y > 1$ 时,$F_Y(y) = P\{Y \leqslant y\} = P\{e^X \leqslant y\} = P\{X \leqslant \ln y\} = \int_0^{\ln y} e^{-x} dx = 1 - y^{-1}$.

故 $f_Y(y) = F_Y'(y) = \begin{cases} \frac{1}{y^2}, & y > 1, \\ 0, & y \leqslant 1. \end{cases}$

方法二 因为 $y = e^x$ 在 $(0, +\infty)$ 内是单调的,其反函数 $x = \ln y$ 在 $(1, +\infty)$ 内是可导的,且 $x' = \frac{1}{y} > 0$,所以根据复合函数求导公式有,$f_Y(y) = \frac{1}{y^2}$.

所以 $f_Y(y) = \begin{cases} \frac{1}{y^2}, & y > 1, \\ 0, & y \leqslant 1. \end{cases}$

[64] 解 (1) X 的概率密度为 $f(x) = \frac{1}{\sqrt{2\pi}} e^{-\frac{x^2}{2}}$,$-\infty < x < +\infty$.

因为 $Y = e^X$,故 $Y > 0$,所以当 $y \leqslant 0$ 时,$\{Y \leqslant y\}$ 为不可能事件,

$$F_Y(y) = P\{Y \leqslant y\} = 0,\ f_Y(y) = F_Y'(y) = 0.$$

当 $y > 0$ 时,由 $y = e^x$ 得 $x = \ln y = h(y)$,$h'(y) = \frac{1}{y}$,由定理得 $Y = e^X$ 的概率密度为

$$f_Y(y) = \frac{1}{\sqrt{2\pi}} e^{-\frac{1}{2}(\ln y)^2} \cdot \frac{1}{y};$$

故 $f_Y(y) = \begin{cases} \dfrac{1}{\sqrt{2\pi}\, y} e^{-\frac{1}{2}(\ln y)^2}, & y > 0, \\ 0, & y \leqslant 0, \end{cases}$ 或

$F_Y(y) = P\{Y \leqslant y\} = P\{e^X \leqslant y\} = P\{X \leqslant \ln y\} = \displaystyle\int_{-\infty}^{\ln y} f(x)\,\mathrm{d}x = \int_{-\infty}^{\ln y} \dfrac{1}{\sqrt{2\pi}} e^{-\frac{x^2}{2}}\,\mathrm{d}x$,从而

$$f_Y(y) = F_Y'(y) = \frac{1}{\sqrt{2\pi}} e^{-\frac{(\ln y)^2}{2}} \cdot \frac{1}{y} \quad (y > 0);$$

(2) 由 $Y = 2X^2 + 1$ 知 $Y \geqslant 1$. 故当 $y < 1$ 时,$\{Y \leqslant y\}$ 为不可能事件,所以 $F_Y(y) = P\{Y \leqslant y\} = 0$,从而 $f_Y(y) = 0$;

当 $y \geqslant 1$ 时,

$$F_Y(y) = P\{Y \leqslant y\} = P\{2X^2 + 1 \leqslant y\} = P\left\{-\sqrt{\dfrac{y-1}{2}} \leqslant X \leqslant \sqrt{\dfrac{y-1}{2}}\right\}$$

$$= \int_{-\sqrt{\frac{y-1}{2}}}^{\sqrt{\frac{y-1}{2}}} f(x)\,\mathrm{d}x = \int_{-\sqrt{\frac{y-1}{2}}}^{\sqrt{\frac{y-1}{2}}} \dfrac{1}{\sqrt{2\pi}} e^{-\frac{x^2}{2}}\,\mathrm{d}x,$$

$$f_Y(y) = F_Y'(y) = \frac{1}{\sqrt{2\pi}} e^{-\frac{1}{2} \cdot \frac{y-1}{2}} \times \left(\sqrt{\frac{y-1}{2}}\right)' - \frac{1}{\sqrt{2\pi}} e^{-\frac{1}{2} \cdot \frac{y-1}{2}} \times \left(-\sqrt{\frac{y-1}{2}}\right)'$$

$$= \frac{1}{2\sqrt{\pi(y-1)}} e^{-\frac{y-1}{4}}.$$

故 $f_Y(y) = \begin{cases} \dfrac{1}{2\sqrt{\pi(y-1)}} e^{-\frac{y-1}{4}}, & y > 1, \\ 0, & y \leqslant 1. \end{cases}$

(3) 由 $Y = |X|$ 知 $Y \geqslant 0$. 所以当 $y < 0$ 时,$\{Y \leqslant y\}$ 为不可能事件,$F_Y(y) = P\{Y \leqslant y\} = 0$,故 $f_Y(y) = 0$;

当 $y \geqslant 0$ 时,

$$F_Y(y) = P\{Y \leqslant y\} = P\{|X| \leqslant y\} = P\{-y \leqslant X \leqslant y\} = \int_{-y}^{y} f(x)\,\mathrm{d}x$$

$$= \int_{-y}^{y} \frac{1}{\sqrt{2\pi}} e^{-\frac{x^2}{2}}\,\mathrm{d}x = 2\int_{0}^{y} \frac{1}{\sqrt{2\pi}} e^{-\frac{x^2}{2}}\,\mathrm{d}x,$$

$$f_Y(y) = F_Y'(y) = 2 \frac{1}{\sqrt{2\pi}} e^{-\frac{y^2}{2}}.$$

故 $f_Y(y) = \begin{cases} \sqrt{\dfrac{2}{\pi}} e^{-\frac{y^2}{2}}, & y > 0, \\ 0, & y \leqslant 0. \end{cases}$

思路拓展

本题(1)既可用分布函数法,也可用公式法;(2)、(3) 中 $y = g(x)$ 不是单调函数,故只能用分布函数法.

5. 综合提高题型

[70] D

解 由分布函数与概率密度的关系可以判断,C 不正确.

[71] D

解 连续型随机变量的函数不一定是连续型随机变量,也有可能是离散型随机变量,或者既不离散也不连续的随机变量.

[72] D

解 由二项分布的性质知,应选 D.

思路拓展

设 $X \sim B(n,p)$,则使 $P\{X=k\}$ 达到最大的 k,称为二项分布的最可能值,记为 k_0,且

$$k_0 = \begin{cases} (n+1)p \text{ 和 } (n+1)p-1, & \text{当}(n+1)p \text{ 是整数时,} \\ [(n+1)p], & \text{其他.} \end{cases}$$

[73] B

解 本题是求连续型随机变量函数的概率密度,因为 $Y = g(X)$ 是单调函数,由公式法可知 B 正确.

[74] C

解 $P\{1 < X < 2\} = P\{1^3 < X^3 < 8\} = P\{1 < X^3 \leqslant 8\}$.

因 $X^3 \sim N(1, 7^2)$,故 $P\{1 < X < 2\} = P\left\{0 < \dfrac{X^3-1}{7} \leqslant 1\right\} = \Phi(1) - \Phi(0) = \Phi(1) - 0.5$.

[75] B

解 $Y = X^3$,即有 $y = g(x) = x^3$,它严格单调增加,解得 $x = h(y) = y^{\frac{1}{3}}$,且有 $h'(y) = \dfrac{1}{3} y^{-\frac{2}{3}}$,故 $Y = X^3$ 的概率密度为 $f_Y(y) = \dfrac{1}{3} y^{-\frac{2}{3}} f(y^{\frac{1}{3}}), y \neq 0$.

[76] C

解 $F_Y(2) = P\{Y \leqslant 2\} = P\{X^2 - 1 \leqslant 2\} = P\{-\sqrt{3} \leqslant X \leqslant \sqrt{3}\}$
$= P\{X = 0\} + P\{X = 1\} = 0.7$.

[80] 0.8.

解 $F(1) = P\{X \leqslant 1\} = 0.1 + 0.3 + 0.4 = 0.8$.

[81] **解** (1) 由性质 $\int_{-\infty}^{+\infty} f(x) \mathrm{d}x = \int_0^1 cx \mathrm{d}x = \dfrac{c}{2} = 1$,可得 $c = 2$;

(2) $P\{0.3 < X < 0.7\} = \int_{0.3}^{0.7} f(x) \mathrm{d}x = \int_{0.3}^{0.7} 2x \mathrm{d}x = x^2 \Big|_{0.3}^{0.7} = 0.4$;

(3) 因为 $P\{X > a\} + P\{X < a\} = 1$ $(P\{X=a\}=0)$,而 $P\{X > a\} = P\{X < a\}$,故 $P\{X > a\} = P\{X < a\} = \dfrac{1}{2}$,即 $\int_{-\infty}^a f(x) \mathrm{d}x = \int_0^a 2x \mathrm{d}x = a^2 = \dfrac{1}{2}$,得 $a = \dfrac{1}{\sqrt{2}}$;

(4) $F(x) = \int_{-\infty}^x f(t) \mathrm{d}t = \begin{cases} 0, & x < 0, \\ \int_0^x 2t \mathrm{d}t, & 0 \leqslant x < 1, \\ 1, & x \geqslant 1 \end{cases} = \begin{cases} 0, & x < 0, \\ x^2, & 0 \leqslant x < 1, \\ 1, & x \geqslant 1. \end{cases}$

[82] 解 (1) 因为 $F(+\infty) = \lim\limits_{x \to +\infty}(A + Be^{-2x}) = 1$，因此 $A = 1$.

又因为 $\lim\limits_{x \to 0^+}(A + Be^{-2x}) = F(0) = 0$，所以 $B = -A = -1$；

(2) $P(-1 < X < 1) = F(1) - F(-1) = 1 - e^{-2}$；

(3) $f(x) = F'(x) = \begin{cases} 2e^{-2x}, & x > 0, \\ 0, & x \leqslant 0. \end{cases}$

[83] 解 X 的分布函数为 $F(x) = \int_{-\infty}^{x} f(t)\,dt = \begin{cases} 0, & x < 0, \\ \dfrac{x^2}{4}, & 0 \leqslant x < 2, \\ 1, & x \geqslant 2, \end{cases}$ 则

$$P\left\{F(X) > \frac{1}{3}\right\} = P\left\{\frac{X^2}{4} > \frac{1}{3}\right\} = P\left\{X > \frac{2}{\sqrt{3}}\right\} = 1 - F\left(\frac{2}{\sqrt{3}}\right) = \frac{2}{3}.$$

[89] $F(x) = \begin{cases} 0, & x < -1, \\ \dfrac{1}{3}, & -1 \leqslant x < 0, \\ \dfrac{1}{2}, & 0 \leqslant x < 1, \\ 1, & x \geqslant 1. \end{cases}$

解 当 $x < -1$ 时，$F(x) = P\{X \leqslant x\} = 0$；

当 $-1 \leqslant x < 0$ 时，$F(x) = P\{X \leqslant x\} = \dfrac{1}{3}$；

当 $0 \leqslant x < 1$ 时，$F(x) = P\{X \leqslant x\} = \dfrac{1}{3} + \dfrac{1}{6} = \dfrac{1}{2}$；

当 $x \geqslant 1$ 时，$F(x) = P\{X \leqslant x\} = \dfrac{1}{3} + \dfrac{1}{6} + \dfrac{1}{2} = 1$.

故 $F(x) = \begin{cases} 0, & x < -1, \\ \dfrac{1}{3}, & -1 \leqslant x < 0, \\ \dfrac{1}{2}, & 0 \leqslant x < 1, \\ 1, & x \geqslant 1. \end{cases}$

[90]

Y	0	1	4	9
P	$\dfrac{1}{8}$	$\dfrac{1}{8}$	$\dfrac{7}{12}$	$\dfrac{1}{6}$

解 Y 的分布律可表示为

Y	0	1	4	9
P	$3a$	$\dfrac{1}{12} + a$	$14a$	$4a$

由性质确定 $a = \dfrac{1}{24}$，则 Y 的分布律为

Y	0	1	4	9
P	$\dfrac{1}{8}$	$\dfrac{1}{8}$	$\dfrac{7}{12}$	$\dfrac{1}{6}$

[91] **解** 事件"观测值不大于 0.1",即事件 $\{X \leqslant 0.1\}$ 的概率为

$$p = P\{X \leqslant 0.1\} = \int_{-\infty}^{0.1} f(x)\mathrm{d}x = 2\int_{0}^{0.1} x\mathrm{d}x = 0.01.$$

每次观测所得观测值不大于 0.1 为成功,则 V_n 作为 n 次独立重复试验成功的次数,服从参数为 $(n,0.01)$ 的二项分布

$$P\{V_n = m\} = C_n^m (0.01)^m (0.99)^{n-m} \quad (m = 0,1,2,\cdots,n).$$

[92] **解** 试验进行到第二次成功时为止,所以 X 的取值至少是 2. 由于无论做多少次试验,都无法保证其中必然能够成功两次,可知 X 的取值是没有上限的. 综上,X 所有可能的取值是 $\{2,3,4,\cdots\}$.

下面来计算 $X = k$ 的概率$(k = 2,3,4,\cdots)$.

由题意可知 $X = k$ 意味着前 $k - 1$ 次中恰好成功一次,并且第 k 次是成功的,故

$$P\{X = k\} = C_{k-1}^1 (1-p)^{k-2} p \cdot p = (k-1)(1-p)^{k-2} p^2, k = 2,3,4,\cdots.$$

[93] **解** (1) 当 $x < 1$ 时,$F(x) = \int_{-\infty}^{x} f(t)\mathrm{d}t = 0$;

当 $1 \leqslant x < 2$ 时,$F(x) = \int_{1}^{x} 2\left(1 - \frac{1}{t^2}\right)\mathrm{d}t = 2x + \frac{2}{x} - 4$;

当 $x \geqslant 2$ 时,$F(x) = \int_{-\infty}^{x} f(t)\mathrm{d}t = \int_{1}^{2} 2\left(1 - \frac{1}{x^2}\right)\mathrm{d}x = 1.$

故 X 的分布函数为

$$F(x) = \begin{cases} 0, & x < 1, \\ 2x + \dfrac{2}{x} - 4, & 1 \leqslant x < 2, \\ 1, & x \geqslant 2. \end{cases}$$

(2) 当 $x < 0$ 时,$F(x) = \int_{-\infty}^{x} f(t)\mathrm{d}t = 0$;

当 $0 \leqslant x < 1$ 时,$F(x) = \int_{0}^{x} t\mathrm{d}t = \dfrac{x^2}{2}$;

当 $1 \leqslant x < 2$ 时,$F(x) = \int_{-\infty}^{x} f(t)\mathrm{d}t = \int_{0}^{1} t\mathrm{d}t - \int_{1}^{x}(2-t)\mathrm{d}t = -\dfrac{x^2}{2} + 2x - 1$;

当 $x \geqslant 2$ 时,$F(x) = \int_{-\infty}^{x} f(t)\mathrm{d}t = \int_{0}^{1} x\mathrm{d}x + \int_{1}^{2}(2-x)\mathrm{d}x = 1.$

故 X 的分布函数为

$$F(x) = \begin{cases} 0, & x < 0, \\ \dfrac{x^2}{2}, & 0 \leqslant x < 1, \\ -\dfrac{x^2}{2} + 2x - 1, & 1 \leqslant x < 2, \\ 1, & x \geqslant 2. \end{cases}$$

[94] **解** 由题设知,X 的概率密度为 $f_X(x) = \begin{cases} 1, & 0 < x < 1, \\ 0, & \text{其他}. \end{cases}$

(1) $F_Y(y) = P\{Y \leqslant y\} = P\{e^X \leqslant y\} = P\{X \leqslant \ln y\} = \int_{0}^{\ln y} f_X(x)\mathrm{d}x = \int_{0}^{\ln y} \mathrm{d}x$,

故 $f_Y(y) = F_Y'(y) = \dfrac{1}{y}$,$0 < \ln y < 1$,所以 $f_Y(y) = \begin{cases} \dfrac{1}{y}, & 1 < y < e, \\ 0, & \text{其他}. \end{cases}$

(2) 由 $y = -2\ln x$ 得 $x = h(y) = e^{-\frac{y}{2}}$,$h'(y) = -\dfrac{1}{2} e^{-\frac{y}{2}}$. 由定理得 $Y = -2\ln X$ 的概率密度为

$$f_Y(y) = \begin{cases} \dfrac{1}{2}e^{-\frac{y}{2}}, & y > 0, \\ 0, & y \leqslant 0. \end{cases}$$

或由 $Y = -2\ln X$ 知,Y 的取值必为非负.故当 $y \leqslant 0$ 时,$\{Y \leqslant y\}$ 是不可能事件,所以
$$F_Y(y) = P\{Y \leqslant y\} = 0, \quad f_Y(y) = 0.$$

当 $y > 0$ 时,
$$F_Y(x) = P\{Y \leqslant y\} = P\{-2\ln X \leqslant y\} = P\{\ln X \geqslant -\frac{y}{2}\} = P\{X \geqslant e^{-\frac{y}{2}}\}$$
$$= \int_{e^{-\frac{y}{2}}}^{1} f_X(x)\,dx = \int_{e^{-\frac{y}{2}}}^{1} dx = -\int_{1}^{e^{-\frac{y}{2}}} dx,$$

从而 $f_Y(y) = F_Y'(y) = \dfrac{1}{2}e^{-\frac{y}{2}}$.

故 $f_Y(y) = \begin{cases} \dfrac{1}{2}e^{-\frac{y}{2}}, & y > 0, \\ 0, & y \leqslant 0. \end{cases}$

[95] **解** (1) 因为 $1 \leqslant Y \leqslant 2$,故 $F_Y(y) = P\{Y \leqslant y\}$.

当 $y < 1$ 时,$F_Y(y) = 0$;

当 $y \geqslant 2$ 时,$F_Y(y) = 1$;

当 $1 \leqslant y < 2$ 时,
$$F_Y(y) = P\{Y = 1\} + P\{1 < Y \leqslant y\} = P\{X \geqslant 2\} + P\{1 < X \leqslant y\}$$
$$= \int_{2}^{3} \frac{1}{9}x^2\,dx + \int_{1}^{y} \frac{1}{9}x^2\,dx = \frac{y^3 + 18}{27}.$$

故 $F_Y(y) = \begin{cases} 0, & y < 1, \\ \dfrac{y^3 + 18}{27}, & 1 \leqslant y < 2, \\ 1, & y \geqslant 2. \end{cases}$

(2) $P\{X \leqslant Y\} = P\{X < 2\} = \int_{0}^{2} \dfrac{1}{9}x^2\,dx = \dfrac{8}{27}$.

[96] **分析** 本题是求随机变量的分布函数问题,熟练掌握事件概率与分布函数的关系是关键,首先要求出随机变量在 $(-1,1)$ 上的条件概率.

解 当 $x < -1$ 时,$F(x) = 0$,且 $F(-1) = \dfrac{1}{8}$;

当 $x \geqslant 1$ 时,$F(x) = 1$,且有
$$P\{-1 < X < 1\} = 1 - P\{X = -1\} - P\{X = 1\} = 1 - \frac{1}{4} - \frac{1}{8} = \frac{5}{8};$$

当 $-1 < x < 1$ 时,$F(x) = P\{X \leqslant x\} = P\{X \leqslant -1\} + P\{-1 < X \leqslant x\}$.因为,
$$P\{-1 < X \leqslant x\} = P\{-1 < X \leqslant x, -1 < X < 1\},$$

由条件概率运算得
$$P\{-1 < X \leqslant x\} = P\{-1 < X < 1\}P\{-1 < X \leqslant x \mid -1 < X < 1\} = \frac{5}{8} \cdot \frac{x+1}{2} = \frac{5x+5}{16},$$

故 $F(x) = F(-1) + P\{-1 < X \leqslant x\} = \dfrac{5x+7}{16}$.

从而得 X 的分布函数 $F(x) = \begin{cases} 0, & x < -1, \\ \dfrac{5x+7}{16}, & -1 \leqslant x < 1, \\ 1, & x \geqslant 1. \end{cases}$

[97] **证** X 的分布函数 $F(x) = \begin{cases} 1-e^{-2x}, & x>0, \\ 0, & x \leqslant 0. \end{cases}$ $y = 1-e^{-2x}$ 是单调递增函数,其反函数为 $x = -\dfrac{\ln(1-y)}{2}$.

设 $G(y)$ 是 Y 的分布函数,则

$$G(y) = P\{Y \leqslant y\} = P\{1-e^{-2X} \leqslant y\} = \begin{cases} 0, & y \leqslant 0, \\ P\left\{X \leqslant -\dfrac{1}{2}\ln(1-y)\right\}, & 0<y<1, \\ 1, & y \geqslant 1 \end{cases}$$

$$= \begin{cases} 0, & y \leqslant 0, \\ y, & 0<y<1, \\ 1, & y \geqslant 1. \end{cases}$$

于是,Y 在 $(0,1)$ 上服从均匀分布.

[105] C

解 由标准正态分布密度函数的对称性知

$$1-\alpha = 1 - P\{|X|<x\} = P\{|X| \geqslant x\} = P\{X \geqslant x\} + P\{X \leqslant -x\} = 2P\{X \geqslant x\}.$$

即有 $P\{X \geqslant x\} = \dfrac{1-\alpha}{2}$,则 $x = u_{\frac{1-\alpha}{2}}$.

思路拓展

本题 u_α 相当于上侧分位数,如下图所示.

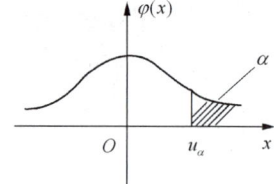 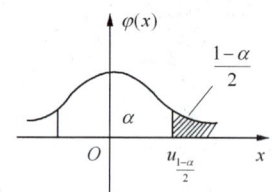

[106] A

解 由 $|\lambda E - A| = \begin{vmatrix} \lambda-2 & -3 & -2 \\ 0 & \lambda+2 & X \\ 0 & -1 & \lambda \end{vmatrix} = (\lambda-2)(\lambda^2+2\lambda+X)$,而其特征值全为实数的概率

$P\{2^2 - 4X \geqslant 0\} = P\{X \leqslant 1\} = 0.5$,可见当 X 服从 $[0,2]$ 上均匀分布时成立.

[107] 4.

解 二次方程 $y^2 + 4y + X = 0$ 无实根,则

$$\Delta = 4^2 - 4X < 0, 即 4 < X.$$

因为 $P\{4<X\} = \dfrac{1}{2}$,所以 $\mu = 4$.

[108] **解** 设次品数为 X,则 $X \sim B(20, 0.1)$,由二项分布的分布律可知:

(1) $P\{X = 3\} = C_{20}^3 \cdot 0.1^3 \cdot 0.9^{17} = 0.19$;

(2) $P\{X \geqslant 3\} = 1 - P\{X=0\} - P\{X=1\} - P\{X=2\}$

$= 1 - 0.9^{20} - C_{20}^1 \cdot 0.1 \cdot 0.9^{19} - C_{20}^2 \cdot 0.1^2 \cdot 0.9^{18}$

$= 0.3231$;

(3) 次品数的最可能值为 $[(n+1)p] = 2$.

[109] **解** 设该商店每月销售某种商品 X 件,月底进货 a 件,当 $X \leqslant a$ 时不会脱销. 根据题意,以 95% 以上的把握保证不脱销可以表示为 $P\{X \leqslant a\} \geqslant 0.95$.

由于 X 服从参数为 $\lambda = 10$ 的泊松分布,上式也可以表示为

$$\sum_{k=0}^{n} \frac{10^k}{k!} e^{-10} \geqslant 0.95.$$

通过查泊松分布表可知

$$\sum_{k=0}^{14} \frac{10^k}{k!} e^{-10} \approx 0.9166 < 0.95,$$

$$\sum_{k=0}^{15} \frac{10^k}{k!} e^{-10} \approx 0.9513 > 0.95.$$

因此,这家商店只要在月底进货该种商品 15 件,就能以 95% 以上的把握保证不脱销.

[110] **解** 设任找的 10 人中患此病的人数为 X,据题意知 X 服从超几何分布,有

$$P\{X=k\} = \frac{C_{50}^k C_{450}^{10-k}}{C_{500}^{10}},\ k=0,1,\cdots,10.$$

因为总数 N 很大,而抽取个数 n 相对较小,故可用二项分布近似代替超几何分布,

$$P\{X=k\} \approx C_{10}^k \left(\frac{50}{500}\right)^k \left(\frac{450}{500}\right)^{10-k} = C_{10}^k \cdot 0.1^k \cdot 0.9^{10-k}.$$

(1) $P\{X=1\} \approx 10 \times 0.1 \times 0.9^9 \approx 0.3874$;

(2) $P\{X \leqslant 1\} = P\{X=0\} + P\{X=1\} \approx 0.9^{10} + 0.3874 \approx 0.7361$;

(3) $P\{X \geqslant 1\} = 1 - P\{X<1\} = 1 - P\{X=0\} = 1 - 0.9^{10} \approx 0.6513$.

[111] **解** 设乘客于 7 点过 X 分钟到达车站,则 $X \sim U[0,30]$,即其概率密度为

$$f(x) = \begin{cases} \dfrac{1}{30}, & 0 \leqslant x \leqslant 30, \\ 0, & \text{其他}. \end{cases}$$

于是,该乘客等候不超过 5 分钟便能乘上汽车的概率为

$$P\{10 \leqslant X \leqslant 15 \text{ 或 } 25 \leqslant X \leqslant 30\} = P\{10 \leqslant X \leqslant 15\} + P\{25 \leqslant X \leqslant 30\}$$

$$= \int_{10}^{15} \frac{1}{30} dx + \int_{25}^{30} \frac{1}{30} dx = \frac{5}{30} + \frac{5}{30} = \frac{1}{3}.$$

[112] **解** 设在 100 次测量中,有 Y 次的测量误差的绝对值大于 19.6,则 $Y \sim B(100, p)$. 其中

$$p = P\{|X| > 19.6\} = 1 - P\{-19.6 \leqslant X \leqslant 19.6\}$$

$$= 1 - [\Phi(1.96) - \Phi(-1.96)] = 2 - 2\Phi(1.96) = 2 - 2 \times 0.975 = 0.05.$$

故

$$\alpha = P\{Y \geqslant 3\} = \sum_{k=3}^{100} C_{100}^k \times 0.05^k \times 0.95^{100-k}.$$

若用泊松近似,则 $\lambda = 100 \times 0.05 = 5$,即 $Y \sim B(100, 0.05)$ 近似于 $P(5)$,故 $\alpha \approx 0.88$.

[113] **解** (1) 由于 T 是非负随机变量,当 $t < 0$ 时,$F(t) = P\{T \leqslant t\} = 0$.

当 $t \geqslant 0$ 时,事件 $\{T > t\}$ 与 $\{N(t) = 0\}$ 等价. 因此,当 $t \geqslant 0$ 时,有

$$F(t) = P\{T \leqslant t\} = 1 - P\{T > t\} = 1 - P\{N(t) = 0\} = 1 - e^{-\lambda t}.$$

于是,T 服从参数为 λ 的指数分布;

(2) $Q = P\{T \geqslant 16 \mid T \geqslant 8\} = \dfrac{P\{T \geqslant 16, T \geqslant 8\}}{P\{T \geqslant 8\}} = \dfrac{P\{T \geqslant 16\}}{P\{T \geqslant 8\}} = \dfrac{e^{-16\lambda}}{e^{-8\lambda}} = e^{-8\lambda}.$

思路拓展

本题第二问也可以利用指数分布的"无记忆性"直接求 Q. 设 X 服从指数分布,则 $P\{X > s+t \mid X > s\} = P\{X > t\}$,由此 $Q = P\{T \geqslant 8\} = e^{-8\lambda}$.

[114] 解 2 500 人中出现意外伤害的情况可以用 2 500 重伯努利试验描述. 设 X 表示 2 500 人中出现意外伤害的人数, 则 $X \sim B(2\,500, 0.002)$.

保险公司每年从这 2 500 人收取的保费为 $2\,500 \times 120 = 300\,000$ 元.

根据前面的分析可知, 只要不多于 10 人出现意外伤害, 保险公司可以至少赚 10 万元. 因此, 保险公司一年获利多于 10 万的概率为

$$P\{X \leqslant 10\} = \sum_{k=0}^{10} C_{2\,500}^{k} 0.002^k 0.998^{2\,500-k}.$$

本题概率计算的和式比较巨大, 二项分布可以用泊松分布 $P(5)$ 进行近似计算, 查泊松分布表得 $P\{X \leqslant 10\} \approx 0.986\,3$.

[115] 解 本题中只知成绩 $X \sim N(\mu, \sigma^2)$, 但不知 μ, σ 的值是多少, 所以必须首先想法求出 μ 和 σ. 根据已知条件有

$$P\{X > 90\} = \frac{12}{526} \approx 0.022\,8,$$

$$P\{X \leqslant 90\} = 1 - P\{X > 90\} \approx 1 - 0.022\,8 = 0.977\,2,$$

故

$$\Phi\left(\frac{90-\mu}{\sigma}\right) = 0.977\,2. \quad \text{①}$$

因为

$$P\{X < 60\} = \frac{83}{526} \approx 0.158\,8,$$

所以

$$\Phi\left(\frac{60-\mu}{\sigma}\right) \approx 0.158\,8. \quad \text{②}$$

由①, ② 联立解出 $\sigma = 10$, $\mu = 70$, 故 $X \sim N(70, 10^2)$.

某人成绩 78 分, 能否被录取, 关键在于录取率. 已知录取率为 $\frac{155}{526} \approx 0.294\,7$. 看是否能被录取, 解法有二.

方法一 看 $P\{X > 78\} = ?$

$$P\{X > 78\} = 1 - P\{X \leqslant 78\} = 1 - P\left\{\frac{X-70}{10} \leqslant \frac{78-70}{10}\right\}$$

$$= 1 - \Phi(0.8) \approx 1 - 0.788\,1 = 0.211\,9.$$

因为 $0.211\,9 < 0.294\,7$(录取率), 所以此人能被录取.

方法二 看录取分数线.

设被录用者的最低分为 x_0, 则

$$P\{X \geqslant x_0\} = 0.294\,7 \text{(录取率)},$$

$$P\{X \leqslant x_0\} = 1 - P\{X > x_0\} \approx 1 - 0.294\,7 = 0.705\,3,$$

而

$$P\{X \leqslant x_0\} = P\left\{\frac{X-70}{10} \leqslant \frac{x_0-70}{10}\right\} = \Phi\left(\frac{x_0-70}{10}\right),$$

故

$$\Phi\left(\frac{x_0-70}{10}\right) = 0.705\,3.$$

反查标准正态分布表得

$$\frac{x_0-70}{10} \approx 0.54,$$

解出 $x_0 = 75$. 某人成绩 78 分,在 75 分以上,所以能被录取.

[116] **证** $P\{X = k\} = pq^{k-1}$. $(k = 1,2,\cdots, q = 1-p)$

$$P\{X = n+k \mid X > n\} = \frac{P\{X = n+k\}}{P\{X > n\}} = \frac{pq^{n+k-1}}{\sum\limits_{k=n+1}^{\infty} pq^{k-1}} = pq^{k-1}.$$

故得证.

第三章 多维随机变量及其分布

1. 二维随机变量及其分布

[3] D

解 $f(x,y)$ 为密度函数 $\Leftrightarrow f(x,y) \geqslant 0$, 且 $\int_{-\infty}^{+\infty}\int_{-\infty}^{+\infty} f(x,y)\mathrm{d}x\mathrm{d}y = 1$.

由此可推得, $1 = a+b$, 且 $ap(x,y) + bg(x,y) \geqslant 0 (\forall x,y \in \mathbf{R})$.

所以选择 D.

对于 $a \geqslant 0, b \geqslant 0$, 由 $p(x,y) \geqslant 0, g(x,y) \geqslant 0$, 得

$$ap(x,y) + bg(x,y) \geqslant 0 \quad (\forall x,y \in \mathbf{R}).$$

如果 $a < 0$(或 $b < 0$), 则对一切 x,y 有

$$bg(x,y) \geqslant (-a)p(x,y) \text{ 或 } ap(x,y) \geqslant (-b)g(x,y),$$

此式未必成立.

[4] **解** 由分布律性质知

$$\frac{1}{3} + \frac{a}{6} + \frac{1}{4} + \frac{1}{4} + a^2 = 1,$$

即 $6a^2 + a - 1 = 0$, $(3a-1)(2a+1) = 0$, 解得 $a = \frac{1}{3}$ 或 $a = -\frac{1}{2}$.

由 $p_{ij} \geqslant 0$ 可舍去 $a = -\frac{1}{2}$, 所以 $a = \frac{1}{3}$.

[6] **解** 由题意知, $X \sim B(3, \frac{1}{2})$, Y 的取值为 1 和 3, 则

$$P\{X = 0, Y = 1\} = P\{X = 1, Y = 3\} = P\{X = 2, Y = 3\} = P\{X = 3, Y = 1\} = 0,$$

$$P\{X = 1, Y = 1\} = P\{X = 1\} = C_3^1 \left(\frac{1}{2}\right)^3 = \frac{3}{8},$$

$$P\{X = 2, Y = 1\} = P\{X = 2\} = C_3^2 \left(\frac{1}{2}\right)^3 = \frac{3}{8},$$

$$P\{X = 3, Y = 3\} = P\{X = 3\} = C_3^3 \left(\frac{1}{2}\right)^3 = \frac{1}{8},$$

$$P\{X = 0, Y = 3\} = P\{X = 0\} = C_3^0 \left(\frac{1}{2}\right)^3 = \frac{1}{8}.$$

因此, (X,Y) 的联合分布律为

X\Y	0	1	2	3
1	0	$\frac{3}{8}$	$\frac{3}{8}$	0
3	$\frac{1}{8}$	0	0	$\frac{1}{8}$

[9] 解 (1) 由 $\int_{-\infty}^{+\infty}\int_{-\infty}^{+\infty} f(x,y)\mathrm{d}x\mathrm{d}y = 1$，可得 $\frac{A}{12} = 1$，故 $A = 12$；

(2) 分情况讨论分布函数 $F(x,y)$.

当 $x > 0, y > 0$ 时，

$$F(x,y) = \int_{-\infty}^{x}\int_{-\infty}^{y} f(x,y)\mathrm{d}x\mathrm{d}y = \int_{0}^{x}\int_{0}^{y} 12\mathrm{e}^{-(3x+4y)}\mathrm{d}x\mathrm{d}y = (1-\mathrm{e}^{-3x})(1-\mathrm{e}^{-4y});$$

当 x,y 属于其他范围时，$f(x,y) = 0$，

$$F(x,y) = \int_{-\infty}^{x}\int_{-\infty}^{y} 0\mathrm{d}x\mathrm{d}y = 0.$$

所以 $F(x,y) = \begin{cases} (1-\mathrm{e}^{-3x})(1-\mathrm{e}^{-4y}), & x > 0, y > 0, \\ 0, & \text{其他}. \end{cases}$

(3) **方法一**　利用概率密度：

$$P\{0 < X \leqslant 1, 0 < Y \leqslant 2\} = \int_{0}^{1}\int_{0}^{2} 12\mathrm{e}^{-(3x+4y)}\mathrm{d}x\mathrm{d}y = \int_{0}^{1}\mathrm{e}^{-3x}\mathrm{d}x\int_{0}^{2} 12\mathrm{e}^{-4y}\mathrm{d}y$$
$$= (1-\mathrm{e}^{-3})(1-\mathrm{e}^{-8}).$$

方法二　利用分布函数：

由 $F(x,y)$ 的性质可知

$$P\{0 < X \leqslant 1, 0 < Y \leqslant 2\} = F(1,2) - F(1,0) - F(0,2) + F(0,0) = (1-\mathrm{e}^{-3})(1-\mathrm{e}^{-8}).$$

思路拓展

在求解二维随机变量在某矩形域的概率时可采用直接计算概率密度函数在矩形域的积分，也可采用分布函数计算，根据具体问题选择不同方法. 注意：非矩形域只能用方法一.

[13] C

解　根据密度函数与概率的关系可知

$$P\{Y \leqslant 1\} = P\{-\infty \leqslant X \leqslant +\infty, Y \leqslant 1\} = \int_{-\infty}^{+\infty}\mathrm{d}x\int_{-\infty}^{1} f(x,y)\mathrm{d}y.$$

[14] 0.75.

解　$F(1,2) = P\{X \leqslant 1, Y \leqslant 2\}$
$= P\{X = 0, Y = 1\} + P\{X = 0, Y = 2\} + P\{X = 1, Y = 1\} + P\{X = 1, Y = 2\}$
$= 0.2 + 0.1 + 0.3 + 0.15 = 0.75.$

[15] 解　由题意知，所求概率为

$$P\{X > 120, Y > 120\} = 1 - P\{(X \leqslant 120) \cup (Y \leqslant 120)\}$$
$$= 1 - P\{X \leqslant 120\} - P\{Y \leqslant 120\} + P\{X \leqslant 120, Y \leqslant 120\}$$
$$= 1 - F(120, +\infty) - F(+\infty, 120) + F(120, 120)$$
$$= 1 - (1-\mathrm{e}^{-1.2}) - (1-\mathrm{e}^{-1.2}) + (1 - 2\mathrm{e}^{-1.2} + \mathrm{e}^{-2.4})$$
$$= \mathrm{e}^{-2.4} = 0.090\ 7.$$

所以，两个元件的寿命都超过 120h 的概率为 0.090 7.

[16] **解** (1) 由联合密度函数的性质得

$$\int_0^1 dy \int_0^2 Axy^2 dx = \frac{2A}{3} = 1.$$

故 $A = \frac{3}{2}$；

(2) $P\{X \leqslant Y\} = \int_0^1 dy \int_0^y \frac{3}{2} xy^2 dx = \frac{3}{20}$；

$P\{X+Y \leqslant 1\} = \int_0^1 dx \int_0^{1-x} \frac{3}{2} xy^2 dy = \frac{1}{2} \int_0^1 x(1-x)^3 dx = \frac{1}{40}.$

2. 边缘分布

[19] **解** (X_1, X_2) 有四个可能值: $(0,0),(0,1),(1,0),(1,1)$.

易见

$$P\{X_1 = 0, X_2 = 0\} = P\{Y \leqslant 1, Y \leqslant 2\} = P\{Y \leqslant 1\} = \frac{1}{3},$$

$$P\{X_1 = 0, X_2 = 1\} = P\{Y \leqslant 1, Y > 2\} = 0,$$

$$P\{X_1 = 1, X_2 = 0\} = P\{Y > 1, Y \leqslant 2\} = P\{1 < Y \leqslant 2\} = \frac{1}{3},$$

$$P\{X_1 = 1, X_2 = 1\} = P\{Y > 1, Y > 2\} = P\{Y > 2\} = \frac{1}{3}.$$

于是，X_1 和 X_2 联合概率分布表如下：

X_2 \ X_1	0	1
0	$\frac{1}{3}$	$\frac{1}{3}$
1	0	$\frac{1}{3}$

由联合分布可求得 X_1, X_2 的边缘分布，合并列表如下：

X_2 \ X_1	0	1	$p_{\cdot j}$
0	$\frac{1}{3}$	$\frac{1}{3}$	$\frac{2}{3}$
1	0	$\frac{1}{3}$	$\frac{1}{3}$
$p_{i\cdot}$	$\frac{1}{3}$	$\frac{2}{3}$	1

[22] **解** 分别运用公式得

$$F_X(x) = F(x, +\infty) = \frac{1}{\pi}\left(\frac{\pi}{2} + \arctan\frac{x}{2}\right) \quad (-\infty < x < +\infty),$$

$$F_Y(y) = F(+\infty, y) = \frac{1}{\pi}\left(\frac{\pi}{2} + \arctan\frac{y}{2}\right) \quad (-\infty < y < +\infty).$$

[24] **解** $f_X(x) = \int_{-\infty}^{+\infty} f(x,y) dy$, $f_Y(y) = \int_{-\infty}^{+\infty} f(x,y) dx.$

关于 X 的边缘概率密度：

当 $x < 0$ 或 $x > 1$ 时，因 $f(x,y) = 0$，所以 $f_X(x) = 0$；

当 $0 \leqslant x \leqslant 1$ 时,
$$f_X(x) = \int_{-\infty}^{+\infty} f(x,y) dy = \int_0^1 \frac{6}{5}(x+y^2) dy = \frac{6}{5}x + \frac{2}{5}.$$

故
$$f_X(x) = \begin{cases} \frac{6}{5}x + \frac{2}{5}, & 0 \leqslant x \leqslant 1, \\ 0, & 其他. \end{cases}$$

同理,关于 Y 的边缘概率密度为
$$f_Y(y) = \begin{cases} \frac{6}{5}y^2 + \frac{3}{5}, & 0 \leqslant y \leqslant 1, \\ 0, & 其他. \end{cases}$$

[27] $\frac{1}{4}$.

解 区域 D 的面积
$$S_D = \int_1^{e^2} \frac{1}{x} dx = \ln x \Big|_1^{e^2} = 2.$$

所以,二维随机变量 (X,Y) 的联合分布密度为
$$f(x,y) = \begin{cases} \frac{1}{2}, & 当(x,y) \in D, \\ 0, & 其他. \end{cases}$$

故 (X,Y) 关于 X 的边缘概率密度
$$f_X(x) = \int_{-\infty}^{+\infty} f(x,y) dy = \int_0^{\frac{1}{x}} \frac{1}{2} dy = \frac{1}{2x}, \quad f_X(x) \Big|_{x=2} = \frac{1}{4}.$$

[28] **解** 设曲线 $y = x$ 与 $y = x^2$ 所围成的区域面积为 S,则
$$S = \int_0^1 (x - x^2) dx = \frac{1}{6}.$$

因此,均匀分布的概率密度函数为
$$f(x,y) = \begin{cases} 6, & 0 \leqslant x^2 \leqslant y \leqslant x \leqslant 1, \\ 0, & 其他. \end{cases}$$

故 $P\{0 < X < \frac{1}{2}, 0 < Y < \frac{1}{2}\} = \int_0^{\frac{1}{2}} dx \int_{x^2}^{x} 6 dy = \int_0^{\frac{1}{2}} 6(x - x^2) dx = \frac{1}{2}.$

3. 条件分布

[30] **解** (1) 由 $P\{XY \neq 0\} = 0.4$,得 $P\{X=1, Y=1\} = 0.4.$
利用联合分布与边缘分布的关系,可知 (X,Y) 的联合分布律

X \ Y	0	1
0	0.3	0.2
1	0.1	0.4

(2) $P\{X=0 \mid Y=0\} = \frac{P\{X=0, Y=0\}}{P\{Y=0\}} = \frac{0.3}{0.4} = \frac{3}{4},$

$$P\{X=1\mid Y=0\} = \frac{P\{X=1,Y=0\}}{P\{Y=0\}} = \frac{0.1}{0.4} = \frac{1}{4}.$$

在 $Y=0$ 的条件下，X 的条件分布律

X	0	1
$P\{X\mid Y=0\}$	$\frac{3}{4}$	$\frac{1}{4}$

$$P\{X=0\mid Y=1\} = \frac{P\{X=0,Y=1\}}{P\{Y=1\}} = \frac{0.2}{0.6} = \frac{1}{3},$$

$$P\{X=1\mid Y=1\} = \frac{P\{X=1,Y=1\}}{P\{Y=1\}} = \frac{0.4}{0.6} = \frac{2}{3},$$

在 $Y=1$ 的条件下，X 的条件分布律

X	0	1
$P\{X\mid Y=1\}$	$\frac{1}{3}$	$\frac{2}{3}$

[33] **解** 先求边缘概率密度：

$$f_X(x) = \int_{-\infty}^{+\infty} f(x,y)\mathrm{d}y$$

$$= \begin{cases} \int_0^x 3x\mathrm{d}y, & 0<x<1, \\ 0, & \text{其他} \end{cases} = \begin{cases} 3x^2, & 0<x<1, \\ 0, & \text{其他}. \end{cases}$$

再求条件概率密度：

当 $0<x<1$ 时，

$$f_{Y\mid X}(y\mid x) = \frac{f(x,y)}{f_X(x)} = \begin{cases} \frac{1}{x}, & 0<y<x, \\ 0, & \text{其他}. \end{cases}$$

当 $x=\frac{1}{4}$ 时，

$$f_{Y\mid X}\left(y\mid \frac{1}{4}\right) = \begin{cases} 4, & 0<y<\frac{1}{4}, \\ 0, & \text{其他}. \end{cases}$$

因此，$P\left\{Y\leqslant \frac{1}{8}\mid X=\frac{1}{4}\right\} = \int_{-\infty}^{\frac{1}{8}} f_{Y\mid X}\left(y\mid \frac{1}{4}\right)\mathrm{d}y = \int_0^{\frac{1}{8}} 4\mathrm{d}y = \frac{1}{2}.$

[34] **解** 由于 (X,Y) 服从均匀分布，易知

$$f(x,y) = \begin{cases} \frac{1}{\pi}, & x^2+y^2\leqslant 1, \\ 0, & \text{其他}. \end{cases}$$

由 $f_X(x) = \int_{-\infty}^{+\infty} f(x,y)\mathrm{d}y$，求得

$$f_X(x) = \begin{cases} \frac{2\sqrt{1-x^2}}{\pi}, & -1\leqslant x\leqslant 1, \\ 0, & \text{其他}. \end{cases}$$

同理可得

$$f_Y(y) = \begin{cases} \dfrac{2\sqrt{1-y^2}}{\pi}, & -1 \leqslant y \leqslant 1, \\ 0, & \text{其他}. \end{cases}$$

当 $-1 < y < 1$ 时,

$$f_{X|Y}(x \mid y) = \dfrac{f(x,y)}{f_Y(y)} = \begin{cases} \dfrac{1}{2\sqrt{1-y^2}}, & -\sqrt{1-y^2} \leqslant x \leqslant \sqrt{1-y^2}, \\ 0, & \text{其他}. \end{cases}$$

当 $-1 < x < 1$ 时,

$$f_{Y|X}(y \mid x) = \dfrac{f(x,y)}{f_X(x)} = \begin{cases} \dfrac{1}{2\sqrt{1-x^2}}, & -\sqrt{1-x^2} \leqslant y \leqslant \sqrt{1-x^2}, \\ 0, & \text{其他}. \end{cases}$$

当 $y = 0$ 时,

$$f_{X|Y}(x \mid 0) = \begin{cases} \dfrac{1}{2}, & -1 \leqslant x \leqslant 1, \\ 0, & \text{其他}. \end{cases}$$

$$P\left\{X > \dfrac{1}{2} \,\Big|\, Y = 0\right\} = \int_{\frac{1}{2}}^{+\infty} f_{X|Y}(x \mid 0)\mathrm{d}x = \int_{\frac{1}{2}}^{1} \dfrac{1}{2}\mathrm{d}x = \dfrac{1}{4}.$$

[35] **解** (1) 由题设得 (X,Y) 的概率密度为

$$f(x,y) = f_X(x)f_{Y|X}(y \mid x) = \begin{cases} \dfrac{9y^2}{x}, & 0 < y < x, 0 < x < 1, \\ 0, & \text{其他}. \end{cases}$$

(2) Y 的边缘概率密度为

$$f_Y(y) = \begin{cases} \displaystyle\int_y^1 \dfrac{9y^2}{x}\mathrm{d}x, & 0 < y < 1, \\ 0, & \text{其他} \end{cases} = \begin{cases} -9y^2 \ln y, & 0 < y < 1, \\ 0, & \text{其他}. \end{cases}$$

(3) $P\{X > 2Y\} = \iint\limits_{x>2y} f(x,y)\mathrm{d}x\mathrm{d}y = \int_0^1 \mathrm{d}x \int_0^{\frac{x}{2}} \dfrac{9y^2}{x}\mathrm{d}y = \dfrac{1}{8}.$

4. 随机变量的独立性

[39] **解** (1) $P\{X+Y=2\} = P\{X=1,Y=1\} + P\{X=0,Y=2\} = 0.4;$

(2) X 的边缘分布律:

X	0	1
P	0.4	0.6

Y 的边缘分布律:

Y	1	2	3
P	0.5	0.3	0.2

因为 $P\{X=0, Y=2\} \neq P\{X=0\}P\{Y=2\}$,所以 X 与 Y 不相互独立.

[40] **解** (1) 由 $F(x,y)$ 易知 X,Y 的边缘分布函数

$$F_X(x) = F(x, +\infty) = \begin{cases} 1 - e^{-0.5x}, & x \geq 0, \\ 0, & x < 0, \end{cases}$$

$$F_Y(y) = F(+\infty, y) = \begin{cases} 1 - e^{-0.5y}, & y \geq 0, \\ 0, & y < 0. \end{cases}$$

若 $x \geq 0, y \geq 0$,有

$$F_X(x) F_Y(y) = (1 - e^{-0.5x})(1 - e^{-0.5y}) = 1 - e^{-0.5x} - e^{-0.5y} + e^{-0.5(x+y)}.$$

当 x, y 为其他情况时,

$$F_X(x) F_Y(y) = 0.$$

所以对任意实数 x, y 都有 $F(x, y) = F_X(x) F_Y(y)$,故 X 与 Y 相互独立;

(2) 由题意可知

$$\alpha = P\{X > 0.1, Y > 0.1\} = P\{X > 0.1\} P\{Y > 0.1\}$$
$$= [1 - F_X(0.1)][1 - F_Y(0.1)] = e^{-0.05} e^{-0.05} = e^{-0.1}.$$

[41] 证 对 X, Y 而言:

$$f_X(x) = \begin{cases} \dfrac{1}{2}, & |x| < 1, \\ 0, & \text{其他}, \end{cases} \quad f_Y(y) = \begin{cases} \dfrac{1}{2}, & |y| < 1, \\ 0, & \text{其他}. \end{cases}$$

因为 $f(x, y) \neq f_X(x) f_Y(y)$,所以 X, Y 不独立;

$$F_U(u) = P\{X^2 \leq u\} = \begin{cases} 0, & u < 0, \\ \sqrt{u}, & 0 \leq u < 1, \\ 1, & u \geq 1, \end{cases}$$

$$F_V(v) = P\{Y^2 \leq v\} = \begin{cases} 0, & v < 0, \\ \sqrt{v}, & 0 \leq v < 1, \\ 1, & v \geq 1. \end{cases}$$

$U = X^2, V = Y^2$ 的联合分布函数为

$$F(u, v) = P\{X^2 \leq u, Y^2 \leq v\} = \begin{cases} 0, & u < 0 \text{ 或 } v < 0, \\ \sqrt{uv}, & 0 \leq u < 1, 0 \leq v < 1, \\ \sqrt{u}, & 0 \leq u < 1, 1 \leq v, \\ \sqrt{v}, & 1 \leq u, 0 \leq v < 1, \\ 1, & 1 \leq u, 1 \leq v. \end{cases}$$

可见,对 $U = X^2, V = Y^2$ 而言,有 $F(u, v) = F_U(u) F_V(v)$,即 X^2 和 Y^2 相互独立.

[45] $\dfrac{1}{9}$.

解 方法一 X 与 Y 具有相同的概率密度

$$f(x) = \begin{cases} \dfrac{1}{3}, & 0 \leq x \leq 3, \\ 0, & \text{其他}, \end{cases}$$

则 $P\{X \leq 1\} = P\{Y \leq 1\} = \dfrac{1}{3}$.

由 X, Y 独立性可知

$$P\{\max\{X, Y\} \leq 1\} = P\{X \leq 1, Y \leq 1\}$$
$$= P\{X \leq 1\} P\{Y \leq 1\} = \dfrac{1}{9}.$$

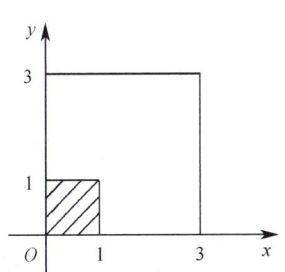

方法二 本题也可运用几何概率计算,如图所示

$$P\{\max\{X,Y\} \leqslant 1\} = P\{X \leqslant 1, Y \leqslant 1\} = \frac{S_{阴影}}{S} = \frac{1}{9}.$$

[46] <u>分析</u> 运用边缘分布公式及随机变量的独立性,题中只有先考察 $j = 1$ 时的情况才可逐次求出其他值.

<u>解</u> 由 $p_{\cdot 1} = \sum_{i=1}^{2} p_{i1} = \frac{1}{6} = p_{11} + p_{21} = p_{11} + \frac{1}{8}$,得 $p_{11} = \frac{1}{24}$.

由独立性,得 $p_{11} = p_{1\cdot} \cdot p_{\cdot 1}$,即 $\frac{1}{24} = p_{1\cdot} \cdot \frac{1}{6}$,故 $p_{1\cdot} = \frac{1}{4}$.

同理,其余值依次求出:

$$p_{13} = \frac{1}{12}, \qquad p_{22} = \frac{3}{8}, \qquad p_{23} = \frac{1}{4}$$

$$p_{\cdot 2} = \frac{1}{2}, \qquad p_{\cdot 3} = \frac{1}{3}, \qquad p_{2\cdot} = \frac{3}{4}$$

列表得

X \ Y	y_1	y_2	y_3	$P\{X = x_i\} = p_{i\cdot}$
x_1	$\frac{1}{24}$	$\frac{1}{8}$	$\frac{1}{12}$	$\frac{1}{4}$
x_2	$\frac{1}{8}$	$\frac{3}{8}$	$\frac{1}{4}$	$\frac{3}{4}$
$P\{Y = y_j\} = p_{\cdot j}$	$\frac{1}{6}$	$\frac{1}{2}$	$\frac{1}{3}$	1

[47] <u>解</u> (1) 因为随机变量 X 和 Y 相互独立,所以

$$f(x,y) = f_X(x) f_Y(y) = \begin{cases} \mathrm{e}^{-(x+y)}, & x > 0, y > 0, \\ 0, & \text{其他}. \end{cases}$$

(2) $P\{X \leqslant 1 \mid Y > 0\} = \frac{P\{X \leqslant 1, Y > 0\}}{P\{Y > 0\}} = \frac{\int_{-\infty}^{1} \int_{0}^{+\infty} f(x,y) \mathrm{d}x \mathrm{d}y}{\int_{0}^{+\infty} f_Y(y) \mathrm{d}y} = 1 - \mathrm{e}^{-1}.$

或者由独立性:

$$P\{X \leqslant 1 \mid Y > 0\} = P\{X \leqslant 1\} = F_X(1) = 1 - \mathrm{e}^{-1}.$$

5. 多维随机变量函数的分布

[51] <u>解</u> 由于 ξ 与 η 相互独立,因此有 $p_{ij} = p_{i\cdot} \cdot p_{\cdot j}$.

得到二维随机变量的联合分布:

ξ \ η	2	4
1	0.18	0.12
3	0.42	0.28

因为 $Z = \xi + \eta$,易知 Z 的分布为

p_{ij}	(ξ, η)	Z
0.18	(1,2)	3
0.12	(1,4)	5
0.42	(3,2)	5
0.28	(3,4)	7

由离散型随机变量函数的定义 $P\{Z=z_k\} = \sum\limits_{x_i+y_j=z_k} P\{X=x_i, Y=y_j\}$,得到 Z 的分布律为

Z	3	5	7
P	0.18	0.54	0.28

[52] 解

(X,Y)	$(0,-1)$	$(0,0)$	$(0,1)$	$(1,-1)$	$(1,0)$	$(1,1)$
$Z=X+Y$	-1	0	1	0	1	2
$Z=\max\{X,Y\}$	0	0	1	1	1	1
$Z=\min\{X,Y\}$	-1	0	0	-1	0	1
P	0.1	0.2	0.3	0.1	0.1	0.2

(1) $Z=X+Y$ 的分布律为

$Z=X+Y$	-1	0	1	2
P	0.1	0.3	0.4	0.2

(2) $Z=\max\{X,Y\}$ 的分布律为

$Z=\max\{X,Y\}$	0	1
P	0.3	0.7

(3) $Z=\min\{X,Y\}$ 的分布律为

$Z=\min\{X,Y\}$	-1	0	1
P	0.2	0.6	0.2

[53] 证 因为 X 和 Y 相互独立,且 $X \sim P(\lambda), Y \sim P(\lambda)$,则 Z 的分布律为

$$P\{Z=k\} = P\{X+Y=k\} = \sum_{i=0}^{k} P\{X=i, Y=k-i\}$$

$$= \sum_{i=0}^{k} P\{X=i\} P\{Y=k-i\} = \sum_{i=0}^{k} \frac{\lambda^i}{i!} e^{-\lambda} \cdot \frac{\lambda^{k-i}}{(k-i)!} e^{-\lambda}$$

$$= \frac{\lambda^k}{k!} e^{-2\lambda} \sum_{i=0}^{k} \frac{k!}{i!(k-i)!} = \frac{\lambda^k}{k!} e^{-2\lambda} \sum_{i=0}^{k} C_k^i$$

$$= \frac{\lambda^k}{k!} e^{-2\lambda} (1+1)^k = \frac{(2\lambda)^k}{k!} e^{-2\lambda}, k=0,1,2,\cdots.$$

因此 $Z \sim P(2\lambda)$.

[57] **解** 由卷积公式

$$f_Z(z) = \int_{-\infty}^{\infty} f_X(x) f_Y(z-x) dx,$$

现在 $f_X(x) = \begin{cases} e^{1-x}, & x > 1, \\ 0, & 其他, \end{cases}$

$f_Y(y) = \begin{cases} e^{1-y}, & y > 1, \\ 0, & 其他. \end{cases}$

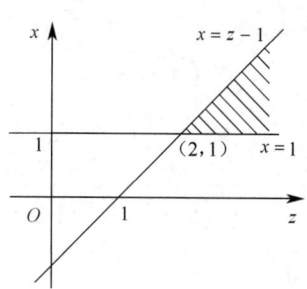

仅当 $\begin{cases} x > 1, \\ z-x > 1, \end{cases}$ 即 $\begin{cases} x > 1, \\ x < z-1, \end{cases}$ 时,上述积分的被积函数不等于零,由图即得

$$f_Z(z) = \begin{cases} \int_1^{z-1} e^{1-x} e^{1-(z-x)} dx = \int_1^{z-1} e^{2-z} dx, & z > 2, \\ 0, & 其他. \end{cases}$$

故

$$f_Z(z) = \begin{cases} e^{2-z}(z-2), & z > 2, \\ 0, & 其他. \end{cases}$$

[58] **解** $f_X(x) = \begin{cases} e^{-x}, & x > 0, \\ 0, & 其他, \end{cases}$ $f_Y(y) = \begin{cases} e^{-y}, & y > 0, \\ 0, & 其他. \end{cases}$

由卷积公式

$$f_Z(z) = \int_{-\infty}^{+\infty} |x| f_X(x) f_Y(xz) dx,$$

仅当 $\begin{cases} x > 0, \\ xz > 0, \end{cases}$ 即 $\begin{cases} x > 0, \\ z > 0 \end{cases}$ 时,上述积分的被积函数不等于零,于是

当 $z > 0$ 时

$$f_Z(z) = \int_0^{\infty} x e^{-x} e^{-xz} dx = \int_0^{\infty} x e^{-x(z+1)} dx = \frac{1}{(z+1)^2};$$

当 $z \leqslant 0$ 时, $f_Z(z) = 0$.
故

$$f_Z(z) = \begin{cases} \dfrac{1}{(z+1)^2}, & z > 0, \\ 0, & z \leqslant 0. \end{cases}$$

[59] **解** 利用公式, $Z = XY$ 的概率密度

$$f_Z(z) = \int_{-\infty}^{+\infty} \frac{1}{|x|} f(x, \frac{z}{x}) dx.$$

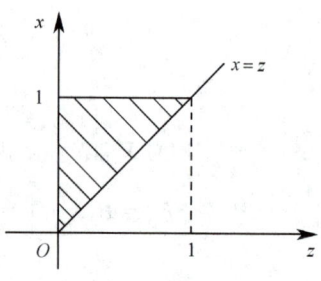

易知,仅当 $\begin{cases} 0 < x < 1, \\ 0 < \dfrac{z}{x} < 1, \end{cases}$ 即 $\begin{cases} 0 < x < 1, \\ 0 < z < x, \end{cases}$ 时,

被积函数不等于零,由图即得

$$f_Z(z) = \begin{cases} \int_z^1 \dfrac{1}{x}(x + \dfrac{z}{x}) dx, & 0 < z < 1, \\ 0, & 其他 \end{cases}$$

$$= \begin{cases} 2(1-z), & 0 < z < 1, \\ 0, & 其他. \end{cases}$$

[60] **解** 由条件知 X 和 Y 的联合密度为

$$f(x,y) = \begin{cases} \dfrac{1}{4}, & 1 \leqslant x \leqslant 3, 1 \leqslant y \leqslant 3, \\ 0, & \text{其他} \end{cases}$$

以 $F(u) = P\{U \leqslant u\}(-\infty < u < +\infty)$ 表示随机变量 U 的分布函数.
显然,当 $u \leqslant 0$ 时,$F(u) = 0$;当 $u \geqslant 2$ 时,$F(u) = 1$.
设 $0 < u < 2$,如图所示,则

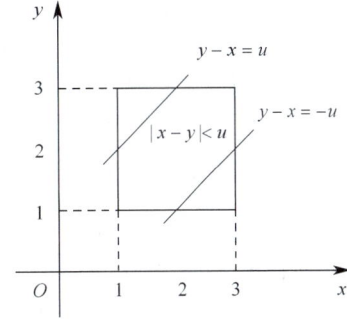

$$F(u) = \iint\limits_{|x-y| \leqslant u} f(x,y)\mathrm{d}x\mathrm{d}y = \iint\limits_{|x-y| \leqslant u} \frac{1}{4}\mathrm{d}x\mathrm{d}y$$
$$= \frac{1}{4}[4 - (2-u)^2] = 1 - \frac{1}{4}(2-u)^2.$$

于是,随机变量 U 的密度为

$$p(u) = \begin{cases} \dfrac{1}{2}(2-u), & 0 < u < 2, \\ 0, & \text{其他}. \end{cases}$$

[63] A

解 由正态分布的性质可知 $X-Y$ 服从正态分布,即 $X-Y \sim N(0, 2\sigma^2)$,故

$$P\{|X-Y| < 1\} = P\left\{\frac{|X-Y|}{\sqrt{2}\sigma} < \frac{1}{\sqrt{2}\sigma}\right\} = \Phi\left(\frac{1}{\sqrt{2}\sigma}\right) - \Phi\left(-\frac{1}{\sqrt{2}\sigma}\right),$$

可知,概率与 μ 无关,与 σ^2 有关.

[64] $\dfrac{1}{2}$.

解 这是一个反问题,即由"$P\{X+Y \leqslant 1\} = \dfrac{1}{2}$"来确定分布中的未知参数 μ,为此首先要确立 $X+Y$ 的分布.由题设知 $X+Y \sim N(2\mu, 1)$,因此有

$$P\{X+Y \leqslant 1\} = \Phi\left(\frac{1-2\mu}{1}\right) = \frac{1}{2} \Rightarrow 1 - 2\mu = 0,$$

解得 $\mu = \dfrac{1}{2}$.

[65] **解** **方法一** 以 $X_i(i=1,2,3)$ 表示第 i 个电气元件无故障工作的时间,则 X_1, X_2, X_3 相互独立且同分布,其分布函数为

$$F(x) = \begin{cases} 1 - \mathrm{e}^{-\lambda x}, & x > 0, \\ 0, & x \leqslant 0. \end{cases}$$

设 $G(t)$ 是 T 的分布函数.当 $t \leqslant 0$ 时,$G(t) = 0$;当 $t > 0$ 时,有

$$G(t) = P\{T \leqslant t\} = 1 - P\{T > t\} = 1 - P\{X_1 > t, X_2 > t, X_3 > t\}$$
$$= 1 - P\{X_1 > t\}P\{X_2 > t\}P\{X_3 > t\} = 1 - [1-F(t)]^3$$
$$= 1 - \mathrm{e}^{-3\lambda t}.$$

故 $G(t) = \begin{cases} 1 - \mathrm{e}^{-3\lambda t}, & t > 0, \\ 0, & t \leqslant 0. \end{cases}$

于是,T 服从参数为 3λ 的指数分布.

方法二 本题也可直接利用公式计算.因为 X_1, X_2, X_3 独立同分布,而 $T = \min(X_1, X_2, X_3)$,故

$$G(t) = 1 - [1-F(t)]^3 = \begin{cases} 1 - \mathrm{e}^{-3\lambda t}, & t > 0, \\ 0, & t \leqslant 0. \end{cases}$$

[68] **解** Z 的分布函数

$$F_Z(z) = P\{Z \leqslant z\} = P\{X+Y \leqslant z\}$$

$$= P\{X+Y \leqslant z \mid X=0\} \cdot P\{X=0\} + P\{X+Y \leqslant z \mid X=2\} \cdot P\{X=2\}$$

$$= \frac{1}{2}[P\{Y \leqslant z\} + P\{Y \leqslant z-2\}]$$

$$= \frac{1}{2}[F_Y(z) + F_Y(z-2)].$$

$$f_Z(z) = F'_Z(z) = \frac{1}{2}[f_Y(z) + f_Y(z-2)] = \begin{cases} z, & 0 < z < 1, \\ z-2, & 2 < z < 3, \\ 0, & \text{其他}. \end{cases}$$

[69] **解** 设 X 的分布参数为 λ. 由于 $E(X) = \frac{1}{\lambda} = 5$, 得 $\lambda = \frac{1}{5}$ ($E(X)$ 结论见第四章), 显然 $Y = \min\{X, 2\}$.

对于 $y < 0$, $F(y) = 0$; 对于 $y \geqslant 2$, $F(y) = 1$.

设 $0 \leqslant y < 2$, 有

$$F(y) = P\{Y \leqslant y\} = P\{\min(X, 2) \leqslant y\} = P\{X \leqslant y\} = 1 - e^{-\frac{y}{5}}.$$

于是, Y 的分布函数为

$$F(y) = \begin{cases} 0, & y < 0, \\ 1 - e^{-\frac{y}{5}}, & 0 \leqslant y < 2, \\ 1, & y \geqslant 2. \end{cases}$$

思路拓展 ◁◁◁◁

本题的关键在于:一是指数分布的参数与数学期望的关系要熟悉;二是能将 Y 表示成 $\min\{X,2\}$.

6. 综合提高题型

[75] D

解 根据联合分布函数的性质可知

$$P\{X > 1, Y > 1\} = 1 - P\{X \leqslant 1\} - P\{Y \leqslant 1\} + P\{X \leqslant 1, Y \leqslant 1\}$$
$$= 1 - F_X(1) - F_Y(1) + F(1,1).$$

[76] D

解 若 $(X, Y) \sim N(\mu_1, \mu_2, \sigma_1^2, \sigma_2^2, \rho)$, 则 $\rho = 0 \Leftrightarrow X, Y$ 相互独立.

由已知条件可知 $X - 2Y \sim N(0, 5\sigma^2)$.

由正态分布概率密度的对称性可知,其对称轴为 $x = 0$, 则 $P\{X < 2Y\} = P\{X - 2Y < 0\} = \frac{1}{2}$.

[77] B

分析 由 $\sum_i \sum_j p_{ij} = 1$ 可得 a 和 b 的关系,再由事件 $\{X=0\}$ 与 $\{X+Y=1\}$ 相互独立得到另外一个关系,由方程组解出 a, b 的值.

解 由 $\sum_i \sum_j p_{ij} = 0.4 + a + b + 0.1 = 1$, 得到 $a + b = 0.5$.

由 $\{X=0\}$ 与 $\{X+Y=1\}$ 相互独立, 得到

$$P\{X=0\}P\{X+Y=1\} = P\{X=0, X+Y=1\}.$$

由已知条件可得

$$P\{X=0, X+Y=1\} = P\{X=0, Y=1\} = a,$$

$$P\{X=0\} = P\{X=0,Y=0\} + P\{X=0,Y=1\} = a + 0.4,$$
$$P\{X+Y=1\} = P\{X=0,Y=1\} + P\{X=1,Y=0\} = a + b = 0.5.$$

联立方程组 $\begin{cases} 0.5 \times (a+0.4) = a, \\ a+b=0.5, \end{cases}$ 解之得 $\begin{cases} a = 0.4, \\ b = 0.1. \end{cases}$

[78] A

解 根据 Y_1 和 Y_2 的取值情况知,Y_1Y_2 只可能取 0 和 1 两个数值. 因此,只要求出 $P\{Y_1Y_2=1\}$ 或 $P\{Y_1Y_2=0\}$ 即可.

因为 $P\{Y_1Y_2=1\} + P\{Y_1Y_2=0\} = 1$,而事件

$$\{Y_1Y_2=1\} = \{Y_1=1, Y_2=1\} = \{X_1+X_2 \text{ 为奇数}, X_2+X_3 \text{ 为奇数}\}$$
$$= \{X_1=0, X_2=1, X_3=0\} \cup \{X_1=1, X_2=0, X_3=1\}.$$

再根据不相容事件和概率的可加性以及 X_1,X_2,X_3 是相互独立的条件可求出

$$P\{Y_1Y_2=1\} = P\{Y_1=1, Y_2=1\}$$
$$= P\{X_1=0, X_2=1, X_3=0\} + P\{X_1=1, X_2=0, X_3=1\}$$
$$= pq^2 + p^2q = pq,$$
$$P\{Y_1Y_2=0\} = 1 - P\{Y_1Y_2=1\} = 1 - pq.$$

所以 Y_1Y_2 的概率分布为 $Y_1Y_2 \sim \begin{bmatrix} 0 & 1 \\ 1-pq & pq \end{bmatrix}.$

[79] B

解 因为 (X,Y) 是连续型随机变量,所以

$$P\left\{X < \frac{1}{2} \,\Big|\, Y = \frac{1}{3}\right\} \neq \frac{P\left\{X < \frac{1}{2}, Y = \frac{1}{3}\right\}}{P\left\{Y = \frac{1}{3}\right\}},$$

$$P\left\{X < \frac{1}{2} \,\Big|\, Y = \frac{1}{3}\right\} = \int_{-\infty}^{\frac{1}{2}} f_{X|Y}\left(x \,\Big|\, \frac{1}{3}\right) dx.$$

[80] D

解 令 $Z = |X-Y|$,则 $F_Z(z) = P\{Z \leqslant z\} = P\{|X-Y| \leqslant z\}$.

当 $z < 0$ 时,$F_Z(z) = 0$;当 $z \geqslant 0$ 时,$F_Z(z) = \iint\limits_{|x-y| \leqslant z} f(x,y)dxdy = \iint\limits_{|x-y| \leqslant z} \lambda e^{-\lambda x} \lambda e^{-\lambda y} dxdy = 2\int_0^{+\infty} dy \int_y^{y+z} \lambda e^{-\lambda x} \lambda e^{-\lambda y} dx = 1 - e^{-\lambda z}.$

所以 $F_Z(z) = \begin{cases} 0, & z < 0, \\ 1-e^{-\lambda z}, & z \geqslant 0. \end{cases}$ 显然 $Z = |X-Y|$ 与 X 同分布.

[81] B

解 由题意:$X \sim N\left(0, \frac{1}{2}\right), Y \sim N\left(1, \frac{1}{2}\right)$,且 X 与 Y 相互独立,可知 $Z = Y - X$ 也服从正态分布,即 $Z = Y - X \sim N(1,1)$.

同理,可知 $X-Y \sim N(-1,1), X+Y \sim N(1,1), X-2Y \sim N\left(-2, \frac{5}{2}\right), Y-2X \sim N\left(2, \frac{5}{2}\right).$

故 $X+Y$ 和 Z 是同分布的随机变量.

[82] C

解 因为 $X - Y \sim N(0, \sigma_1^2 + \sigma_2^2)$,所以

$$P\{|X-Y| < 1\} = 2\Phi\left(\frac{1}{\sqrt{\sigma_1^2 + \sigma_2^2}}\right) - 1.$$

因此,概率随 σ_1 的增加而减少,随 σ_2 的减少而增加.

[87] **解** (1)在没有取白球的情况下取了一次红球,利用样本空间的缩减法,相当于只有 1 个红球,2 个黑球有放回摸两次,其中摸一个红球的概率,所以

$$P\{X=1 \mid Z=0\} = \frac{C_2^1 \times 2}{3^2} = \frac{4}{9};$$

(2)X,Y 取值范围为 $0,1,2$,故

$$P\{X=0,Y=0\} = \frac{C_3^1 \times C_3^2}{6^2} = \frac{1}{4}, \qquad P\{X=1,Y=0\} = \frac{C_2^1 \times C_3^1}{6^2} = \frac{1}{6},$$

$$P\{X=2,Y=0\} = \frac{1}{6^2} = \frac{1}{36}, \qquad P\{X=0,Y=1\} = \frac{C_2^1 \times C_2^1 \times C_3^1}{6^2} = \frac{1}{3},$$

$$P\{X=1,Y=1\} = \frac{C_2^1 \times C_2^1}{6^2} = \frac{1}{9}, \qquad P\{X=2,Y=1\} = 0,$$

$$P\{X=0,Y=2\} = \frac{C_2^1 \times C_2^1}{6^2} = \frac{1}{9}, \qquad P\{X=1,Y=2\} = 0,$$

$$P\{X=2,Y=2\} = 0.$$

列表得

Y \ X	0	1	2
0	$\frac{1}{4}$	$\frac{1}{6}$	$\frac{1}{36}$
1	$\frac{1}{3}$	$\frac{1}{9}$	0
2	$\frac{1}{9}$	0	0

[88] **解** (X,Y) 的所有情形为 $HHH, HHT, HTH, THH, HTT, THT, TTH, TTT.$(其中 T 表示不出现 H 面)

按古典概型,显然有

$$P\{X=0,Y=0\} = \frac{1}{8}, \qquad P\{X=0,Y=1\} = \frac{1}{8},$$

$$P\{X=1,Y=1\} = \frac{2}{8}, \qquad P\{X=1,Y=2\} = \frac{2}{8},$$

$$P\{X=2,Y=2\} = \frac{1}{8}, \qquad P\{X=2,Y=3\} = \frac{1}{8}.$$

那么把 (X,Y) 的联合分布律及边缘分布律列成表格:

Y \ X	0	1	2	$p_{\cdot j}$
0	$\frac{1}{8}$	0	0	$\frac{1}{8}$
1	$\frac{1}{8}$	$\frac{2}{8}$	0	$\frac{3}{8}$
2	0	$\frac{2}{8}$	$\frac{1}{8}$	$\frac{3}{8}$
3	0	0	$\frac{1}{8}$	$\frac{1}{8}$
$p_{i\cdot}$	$\frac{1}{4}$	$\frac{1}{2}$	$\frac{1}{4}$	1

[89] **解** (1)Y 的分布函数为 $F_Y(y) = P\{Y \leqslant y\} = P\{X^2 \leqslant y\}.$

当 $y \leqslant 0$ 时，$F_Y(y) = 0$，$f_Y(y) = 0$；

当 $0 < y < 1$ 时，

$$F_Y(y) = P\{-\sqrt{y} \leqslant X \leqslant \sqrt{y}\} = P\{-\sqrt{y} \leqslant X < 0\} + P\{0 \leqslant X \leqslant \sqrt{y}\}$$

$$= \frac{1}{2}\sqrt{y} + \frac{1}{4}\sqrt{y} = \frac{3}{4}\sqrt{y},$$

$$f_Y(y) = \frac{3}{8\sqrt{y}};$$

当 $1 \leqslant y < 4$ 时，

$$F_Y(y) = P\{-1 \leqslant X < 0\} + P\{0 \leqslant X \leqslant \sqrt{y}\} = \frac{1}{2} + \frac{1}{4}\sqrt{y},$$

$$f_Y(y) = \frac{1}{8\sqrt{y}};$$

当 $y \geqslant 4$ 时，$F_Y(y) = 1$，$f_Y(y) = 0$.

故 Y 的概率密度为

$$f_Y(y) = \begin{cases} \dfrac{3}{8\sqrt{y}}, & 0 < y < 1, \\ \dfrac{1}{8\sqrt{y}}, & 1 \leqslant y < 4, \\ 0, & \text{其他}. \end{cases}$$

(2) $F\left(-\dfrac{1}{2}, 4\right) = P\left\{X \leqslant -\dfrac{1}{2}, Y \leqslant 4\right\} = P\left\{X \leqslant -\dfrac{1}{2}, X^2 \leqslant 4\right\}$

$$= P\left\{X \leqslant -\dfrac{1}{2}, -2 \leqslant X \leqslant 2\right\} = P\left\{-2 \leqslant X \leqslant -\dfrac{1}{2}\right\}$$

$$= P\left\{-1 < X \leqslant -\dfrac{1}{2}\right\} = \dfrac{1}{4}.$$

[90] 解 (1) 由 $\dfrac{1}{4} + a + \dfrac{1}{3} + \dfrac{1}{4} = 1$，得 $a = \dfrac{1}{6}$；

(2) 当 $x < 1$ 或 $y < 0$ 时，$F(x,y) = P\{X \leqslant x, Y \leqslant y\} = 0$；

当 $1 \leqslant x < 2, 0 \leqslant y < 1$ 时，$F(x,y) = p_{11} = \dfrac{1}{4}$；

当 $1 \leqslant x < 2, y \geqslant 1$ 时，$F(x,y) = p_{11} + p_{12} = \dfrac{1}{4} + \dfrac{1}{6} = \dfrac{5}{12}$；

当 $x \geqslant 2, 0 \leqslant y < 1$ 时，$F(x,y) = p_{11} + p_{21} = \dfrac{1}{4} + \dfrac{1}{3} = \dfrac{7}{12}$；

当 $x \geqslant 2, y \geqslant 1$ 时，$F(x,y) = p_{11} + p_{21} + p_{12} + p_{22} = 1$.

故分布函数 $F(x,y)$ 为

$$F(x,y) = \begin{cases} 0, & x < 1 \text{ 或 } y < 0, \\ \dfrac{1}{4}, & 1 \leqslant x < 2, 0 \leqslant y < 1, \\ \dfrac{5}{12}, & 1 \leqslant x < 2, y \geqslant 1, \\ \dfrac{7}{12}, & x \geqslant 2, 0 \leqslant y < 1, \\ 1, & x \geqslant 2, y \geqslant 1. \end{cases}$$

(3) $P\{X < Y\} = 0$，$P\left\{X \leqslant 2, Y \leqslant \dfrac{1}{2}\right\} = \dfrac{1}{4} + \dfrac{1}{3} = \dfrac{7}{12}$.

[91] **解** (1)边缘分布函数为

$$F_X(x) = F(x, +\infty) = \begin{cases} 0, & x < 0, \\ 1 - e^{-x}, & x \geqslant 0. \end{cases}$$

$$F_Y(y) = F(+\infty, y) = \begin{cases} 0, & y < 0, \\ 1 - e^{-y}, & y \geqslant 0. \end{cases}$$

(2) (X, Y) 的概率密度为

$$f(x, y) = \frac{\partial^2 F}{\partial x \partial y} = \begin{cases} e^{-(x+y)}, & x \geqslant 0, y \geqslant 0, \\ 0, & \text{其他}. \end{cases}$$

(3) **方法一** 利用分布函数求概率

$$P\{x_1 < X \leqslant x_2, y_1 < Y \leqslant y_2\} = F(x_2, y_2) - F(x_2, y_1) - F(x_1, y_2) + F(x_1, y_1),$$

得 $P\{0 < X \leqslant 1, 0 < Y \leqslant 2\} = (1 - e^{-1})(1 - e^{-2})$.

方法二 由 $F(x, y) = F_X(x) F_Y(y)$ 可知, X 与 Y 相互独立, 则

$$P\{0 < X \leqslant 1, 0 < Y \leqslant 2\} = P\{0 < X \leqslant 1\} P\{0 < Y \leqslant 2\}$$
$$= F_X(1) F_Y(2) = (1 - e^{-1})(1 - e^{-2}).$$

[92] **解** 因为

$$f_X(x) = \int_{-\infty}^{+\infty} f(x, y) \mathrm{d}y = A \int_{-\infty}^{+\infty} e^{-2x^2 + 2xy - y^2} \mathrm{d}y = A \int_{-\infty}^{+\infty} e^{-(y-x)^2 - x^2} \mathrm{d}y$$
$$= A e^{-x^2} \int_{-\infty}^{+\infty} e^{-(y-x)^2} \mathrm{d}y = A \sqrt{\pi} e^{-x^2}, \quad -\infty < x < +\infty,$$

所以 $1 = \int_{-\infty}^{+\infty} f_X(x) \mathrm{d}x = A \sqrt{\pi} \int_{-\infty}^{+\infty} e^{-x^2} \mathrm{d}x = A\pi$, 从而 $A = \frac{1}{\pi}$.

当 $x \in (-\infty, +\infty)$ 时,

$$f_{Y|X}(y \mid x) = \frac{f(x, y)}{f_X(x)} = \frac{\frac{1}{\pi} e^{-2x^2 + 2xy - y^2}}{\frac{1}{\sqrt{\pi}} e^{-x^2}} = \frac{1}{\sqrt{\pi}} e^{-x^2 + 2xy - y^2}$$
$$= \frac{1}{\sqrt{\pi}} e^{-(x-y)^2}, \quad -\infty < y < +\infty.$$

[97] **解** 由联合分布律的性质可知 $a + b + c + 0.5 = 1$, 即 $a + b + c = 0.5$.

又 $P\{Y = 1 \mid X = 0\} = \frac{P\{X = 0, Y = 1\}}{P\{X = 0\}} = \frac{c}{a+c} = \frac{1}{2}$,

$P\{X = 1 \mid Y = 0\} = \frac{P\{X = 1, Y = 0\}}{P\{Y = 0\}} = \frac{b}{a+b} = \frac{1}{3}$.

由 $\begin{cases} a + b + c = 0.5, \\ \dfrac{c}{a+c} = \dfrac{1}{2}, \\ \dfrac{b}{a+b} = \dfrac{1}{3}, \end{cases}$ 解得 $\begin{cases} a = 0.2, \\ b = 0.1, \\ c = 0.2. \end{cases}$

[98] **解** (1)因为

$$\int_{-\infty}^{+\infty} \int_{-\infty}^{+\infty} f(x, y) \mathrm{d}x \mathrm{d}y = \int_0^2 \mathrm{d}x \int_2^4 k(6 - x - y) \mathrm{d}y = k \int_0^2 (6 - 2x) \mathrm{d}x$$
$$= k(12 - 4) = 8k = 1,$$

所以 $k = \dfrac{1}{8}$;

(2) $P\{X < 1, Y < 3\} = \int_0^1 \mathrm{d}x \int_2^3 \dfrac{1}{8}(6 - x - y) \mathrm{d}y = \dfrac{1}{8} \int_0^1 \left[(6 - x) - \dfrac{5}{2}\right] \mathrm{d}x$

$$= \frac{1}{8}\left(\frac{7}{2}-\frac{1}{2}\right) = \frac{3}{8};$$

(3) $P\{X<1.5\} = \int_{-\infty}^{1.5}\int_{-\infty}^{+\infty}f(x,y)\mathrm{d}y\mathrm{d}x = \int_{0}^{1.5}\left[\int_{2}^{4}\frac{1}{8}(6-x-y)\mathrm{d}y\right]\mathrm{d}x$

$$= \frac{1}{8}\int_{0}^{1.5}[2(6-x)-6]\mathrm{d}x = \frac{1}{8}\int_{0}^{1.5}(6-2x)\mathrm{d}x$$

$$= \frac{1}{8}[6\times1.5-(1.5)^2] = \frac{1}{8}\left(9-\frac{9}{4}\right) = \frac{27}{32};$$

(4) 将 (X,Y) 看作是平面上随机点的坐标,即有 $\{X+Y\leqslant 4\} = \{(X,Y)\in G\}$,其中 G 为 XOY 平面上直线 $x+y=4$ 下方的部分(参阅右图).

$P\{X+Y\leqslant 4\} = P\{(X,Y)\in G\} = \iint\limits_{G}f(x,y)\mathrm{d}x\mathrm{d}y$

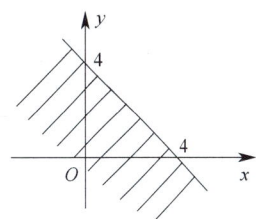

$$= \int_{0}^{2}\mathrm{d}x\int_{2}^{4-x}\frac{1}{8}(6-x-y)\mathrm{d}y$$

$$= \frac{1}{8}\int_{0}^{2}\left[(6-x)(2-x)-\frac{(6-x)(2-x)}{2}\right]\mathrm{d}x$$

$$= \frac{1}{16}\int_{0}^{2}(12-8x+x^2)\mathrm{d}x$$

$$= \frac{1}{16}\left(24-16-\frac{8}{3}\right) = \frac{1}{2}\times\frac{4}{3} = \frac{2}{3}.$$

[99] **解** 由全概率公式,可知

$P\{X+Y\leqslant 1\} = P\{Y=0\}P\{X+Y\leqslant 1\mid Y=0\}+P\{Y=1\}P\{X+Y\leqslant 1\mid Y=1\}$,

由于 X,Y 独立,可知

$$P\{X+Y\leqslant 1\mid Y=0\} = P\{X\leqslant 1\}, P\{X+Y\leqslant 1\mid Y=1\} = P\{X\leqslant 0\},$$

从而 $P\{X+Y\leqslant 1\} = \frac{1}{2}P\{X\leqslant 1\}+\frac{1}{2}P\{X\leqslant 0\}$.

由于 X 的概率密度为 $f(x) = \begin{cases} \mathrm{e}^{-x}, & x>0, \\ 0, & x\leqslant 0, \end{cases}$ 可知

$$P\{X\leqslant 1\} = \int_{0}^{1}\mathrm{e}^{-x}\mathrm{d}x = 1-\mathrm{e}^{-1}, P\{X\leqslant 0\} = 0,$$

从而 $P\{X+Y\leqslant 1\} = \frac{1}{2}(1-\mathrm{e}^{-1})$.

[100] **解** (1) X 的概率密度

$$f_X(x) = \int_{-\infty}^{+\infty}f(x,y)\mathrm{d}y = \begin{cases} \int_{0}^{x}\mathrm{e}^{-x}\mathrm{d}y, & x>0, \\ 0, & x\leqslant 0 \end{cases} = \begin{cases} x\mathrm{e}^{-x}, & x>0, \\ 0, & x\leqslant 0. \end{cases}$$

当 $x>0$ 时,Y 的条件概率密度

$$f_{Y|X}(y\mid x) = \frac{f(x,y)}{f_X(x)} = \begin{cases} \frac{1}{x}, & 0<y<x, \\ 0, & \text{其他}. \end{cases}$$

(2) Y 的概率密度

$$f_Y(y) = \int_{-\infty}^{+\infty}f(x,y)\mathrm{d}x = \begin{cases} \mathrm{e}^{-y}, & y>0, \\ 0, & y\leqslant 0. \end{cases}$$

$$P\{X\leqslant 1\mid Y\leqslant 1\} = \frac{P\{X\leqslant 1,Y\leqslant 1\}}{P\{Y\leqslant 1\}} = \frac{\int_{-\infty}^{1}\int_{-\infty}^{1}f(x,y)\mathrm{d}x\mathrm{d}y}{\int_{0}^{1}\mathrm{e}^{-y}\mathrm{d}y} = \frac{\int_{0}^{1}\mathrm{d}x\int_{0}^{x}\mathrm{e}^{-x}\mathrm{d}y}{1-\mathrm{e}^{-1}} = \frac{\mathrm{e}-2}{\mathrm{e}-1}.$$

[101] 解 由
$$f(x,y) = \begin{cases} \dfrac{21}{4}x^2y, & x^2 \leqslant y \leqslant 1, \\ 0, & 其他, \end{cases}$$

可得
$$f_X(x) = \begin{cases} \dfrac{21}{8}x^2(1-x^4), & -1 \leqslant x \leqslant 1, \\ 0, & 其他, \end{cases}$$

$$f_Y(y) = \begin{cases} \dfrac{7}{2}y^{\frac{5}{2}}, & 0 \leqslant y \leqslant 1, \\ 0, & 其他. \end{cases}$$

(1) $f_{Y|X}(y \mid x) = \dfrac{f(x,y)}{f_X(x)} = \begin{cases} \dfrac{2y}{1-x^4}, & x^2 < y < 1, -1 < x < 1, \\ 0, & 其他. \end{cases}$

$$f_{Y|X}\left(y \mid x = \dfrac{1}{2}\right) = \begin{cases} \dfrac{32}{15}y, & \dfrac{1}{4} < y < 1, \\ 0, & 其他. \end{cases}$$

(2) $P\left\{Y \geqslant \dfrac{3}{4} \mid X = \dfrac{1}{2}\right\} = \int_{\frac{3}{4}}^{+\infty} f_{Y|X}\left(y \mid x = \dfrac{1}{2}\right)\mathrm{d}y = \int_{\frac{3}{4}}^{1} \dfrac{32}{15}y\,\mathrm{d}y = \dfrac{7}{15}.$

[106] D

解 因为 X 和 Y 相互独立,且 $X \sim E(1), Y \sim E(1)$,则
$$\begin{aligned} P\{1 < \min(X,Y) < 2\} &= P\{\min(X,Y) > 1\} - P\{\min(X,Y) \geqslant 2\} \\ &= P\{X > 1, Y > 1\} - P\{X \geqslant 2, Y \geqslant 2\} \\ &= P\{X > 1\}P\{Y > 1\} - P\{X \geqslant 2\}P\{Y \geqslant 2\} \\ &= \mathrm{e}^{-1}\mathrm{e}^{-1} - \mathrm{e}^{-2}\mathrm{e}^{-2} = \mathrm{e}^{-2} - \mathrm{e}^{-4}. \end{aligned}$$

[107] D

解析 由 X 与 Y 相互独立,可得
$$f(x,y) = f_X(x) \cdot f_Y(y) = \begin{cases} 6x^2y, & 0 \leqslant x \leqslant 1, 0 \leqslant y \leqslant 1, \\ 0, & 其他, \end{cases}$$

则 $P\{X > Y\} = \iint\limits_{x > y} f(x,y)\,\mathrm{d}x\mathrm{d}y = \dfrac{3}{5}.$

[108] $\dfrac{1}{2}.$

解 由 X 和 Y 独立,易知
$$P\{Z = 0\} = (1-p)^2 + p^2, \quad P\{Z = 1\} = 2p(1-p).$$
要使 Z 与 X 独立,必须 $P\{X = i, Z = j\} = P\{X = i\}P\{Z = j\}, i = 0,1; j = 0,1,$即
$$\begin{cases} [(1-p)^2 + p^2](1-p) = (1-p)^2, \\ 2p(1-p)(1-p) = p(1-p), \\ [(1-p)^2 + p^2]p = p^2, \\ 2p(1-p)p = p(1-p), \end{cases}$$

解得 $p = \dfrac{1}{2}.$

[109] 解 (1) 因为 $\int_{-\infty}^{+\infty}\int_{-\infty}^{+\infty} f(x,y)\,\mathrm{d}x\mathrm{d}y = 1,$ 所以在这里应有

$$\int_0^{+\infty}\int_0^{+\infty} A\mathrm{e}^{-(2x+y)}\mathrm{d}y\mathrm{d}x = \frac{A}{2} = 1.$$

故 $A=2$；

(2) 据公式有

$$f_{X|Y}(x\mid y) = \frac{f(x,y)}{f_Y(y)}, \quad f_{Y|X}(y\mid x) = \frac{f(x,y)}{f_X(x)}.$$

由于 $y\leqslant 0$ 时，$f_Y(y)=0$；$y>0$ 时，$f_Y(y)=\int_0^{+\infty} 2\mathrm{e}^{-(2x+y)}\mathrm{d}x = \mathrm{e}^{-y}$，所以

$$f_Y(y)=\begin{cases}\mathrm{e}^{-y}, & y>0,\\ 0, & y\leqslant 0.\end{cases}$$

因此，$x>0, y>0$ 时，$f_{X|Y}(x\mid y)=\dfrac{2\mathrm{e}^{-(2x+y)}}{\mathrm{e}^{-y}}=2\mathrm{e}^{-2x}$，所以

$$f_{X|Y}(x\mid y)=\begin{cases}2\mathrm{e}^{-2x}, & x>0, y>0,\\ 0, & \text{其他}.\end{cases}$$

又由于 $x\leqslant 0$ 时，$f_X(x)=0$；$x>0$ 时，$f_X(x)=\int_0^{+\infty} 2\mathrm{e}^{-(2x+y)}\mathrm{d}y = 2\mathrm{e}^{-2x}$，所以

$$f_X(x)=\begin{cases}2\mathrm{e}^{-2x}, & x>0,\\ 0, & x\leqslant 0.\end{cases}$$

因此，$x>0, y>0$ 时，$f_{Y|X}(y\mid x)=\dfrac{2\mathrm{e}^{-(2x+y)}}{2\mathrm{e}^{-2x}}=\mathrm{e}^{-y}$，所以

$$f_{Y|X}(y\mid x)=\begin{cases}\mathrm{e}^{-y}, & x>0, y>0,\\ 0, & \text{其他}.\end{cases}$$

从以上所解的结果看出，$f_{X|Y}(x\mid y)=f_X(x)$，$f_{Y|X}(y\mid x)=f_Y(y)$，这说明 X 与 Y 是相互独立的；

(3) 由(2)中已判断出 X,Y 相互独立，则

$$P\{X\leqslant 2\mid Y\leqslant 1\} = P\{X\leqslant 2\} = F_X(2) = \int_{-\infty}^{2} f_X(x)\mathrm{d}x = \int_0^2 2\mathrm{e}^{-2x}\mathrm{d}x$$
$$= 1-\mathrm{e}^{-4} \approx 0.981\,7;$$

(4) 因为 X,Y 相互独立，这个概率与条件 $Y=1$ 无关，则

$$P\{X\leqslant 2\mid Y=1\} = P\{X\leqslant 2\mid Y\leqslant 1\} = P\{X\leqslant 2\} \approx 0.981\,7.$$

思路拓展

对于(2)，可以先由 $f(x,y)=f_X(x)f_Y(y)$ 判断出 X 与 Y 相互独立，因此 $f_{X|Y}(x\mid y)=f_X(x)$，$f_{Y|X}(y\mid x)=f_Y(y)$，计算更加简便.

[110] **解** (X,Y) 关于 X 的边缘概率密度为

$$f_X(x) = \int_{-\infty}^{+\infty} f(x,y)\mathrm{d}y = \begin{cases}\int_0^{+\infty} \dfrac{1}{2}(x+y)\mathrm{e}^{-(x+y)}\mathrm{d}y, & x>0,\\ 0, & x\leqslant 0\end{cases}$$

$$= \begin{cases}\dfrac{1}{2}(x+1)\mathrm{e}^{-x}, & x>0,\\ 0, & x\leqslant 0.\end{cases}$$

(X,Y) 关于 Y 的边缘概率密度为

$$f_Y(y) = \int_{-\infty}^{+\infty} f(x,y)\mathrm{d}x = \begin{cases}\int_0^{+\infty} \dfrac{1}{2}(x+y)\mathrm{e}^{-(x+y)}\mathrm{d}x, & y>0,\\ 0, & y\leqslant 0\end{cases}$$

$$= \begin{cases} \frac{1}{2}(y+1)e^{-y}, & y>0, \\ 0, & y\leqslant 0. \end{cases}$$

而 $f_X(x)f_Y(y) = \begin{cases} \frac{1}{4}(x+1)(y+1)e^{-(x+y)}, & x>0, y>0, \\ 0, & 其他. \end{cases}$

显然 $f_X(x)f_Y(y) \neq f(x,y)$,故 X 和 Y 不独立.

[117] **解** (1) 一次取出的两个数不可能相等,所以 $P\{X=Y\}=0$,且

$$P\{X=i, Y=j\} = \frac{1}{3\times 2} = \frac{1}{6}, i\neq j, i,j=1,2,3.$$

因此,(X,Y) 的联合分布律及其边缘分布律为

X \ Y	1	2	3	$p_{i.}$
1	0	$\frac{1}{6}$	$\frac{1}{6}$	$\frac{1}{3}$
2	$\frac{1}{6}$	0	$\frac{1}{6}$	$\frac{1}{3}$
3	$\frac{1}{6}$	$\frac{1}{6}$	0	$\frac{1}{3}$
$p_{.j}$	$\frac{1}{3}$	$\frac{1}{3}$	$\frac{1}{3}$	

(2) 因 $\xi = \max\{X,Y\}$,故 ξ 的取值为 $2,3$;$\eta = \min\{X,Y\}$,故 η 的取值为 $1,2$.

$$P\{\xi=2, \eta=1\} = P\{\max\{X,Y\}=2, \min\{X,Y\}=1\}$$
$$= P\{X=2, Y=1\} + P\{X=1, Y=2\}$$
$$= \frac{1}{3};$$

$$P\{\xi=2, \eta=2\} = P\{\max\{X,Y\}=2, \min\{X,Y\}=2\} = 0;$$

$$P\{\xi=3, \eta=1\} = P\{X=1, Y=3\} + P\{X=3, Y=1\} = \frac{1}{3};$$

$$P\{\xi=3, \eta=2\} = P\{X=3, Y=2\} + P\{X=2, Y=3\} = \frac{1}{3}.$$

因此,(ξ, η) 的联合分布律及其边缘分布律为

η \ ξ	1	2	$p_{i.}$
2	$\frac{1}{3}$	0	$\frac{1}{3}$
3	$\frac{1}{3}$	$\frac{1}{3}$	$\frac{2}{3}$
$p_{.j}$	$\frac{2}{3}$	$\frac{1}{3}$	

[118] **解** 要求概率密度,先求其分布函数. 根据分布函数的定义

$$F_Z(z) = P\{Z\leqslant z\} = P\{X-Y\leqslant z\}.$$

由 $(X,Y) \in D = \{(x,y) \mid 0 < y < x < 1\}$ 知,$0 < X - Y < 1$.
所以,当 $z < 0$ 时,$F_Z(z) = 0$;
当 $z \geq 1$ 时,$F_Z(z) = 1$;
当 $0 \leq z < 1$ 时,$F_Z(z) = P\{X - Y \leq z\} = 1 - \int_z^1 3x \mathrm{d}x \int_0^{x-z} \mathrm{d}y = \frac{3z}{2} - \frac{z^3}{2}$.

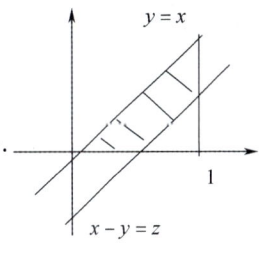

再求导即得概率密度 $f_Z(z) = \begin{cases} \dfrac{3}{2}(1-z^2), & 0 < z < 1, \\ 0, & \text{其他}. \end{cases}$

[119] **解** 设第 i 周的需求量为 $T_i (i=1,2,3)$,由题设知它们是独立同分布的随机变量.
(1) 两周的需求量为 $T_1 + T_2$,其概率密度为
$$f_{T_1+T_2}(t) = \int_{-\infty}^{+\infty} f(u) f(t-u) \mathrm{d}u = \int_0^t u \mathrm{e}^{-u}(t-u) \mathrm{e}^{-(t-u)} \mathrm{d}u = \frac{t^3}{6} \mathrm{e}^{-t} \quad (\text{当 } t > 0 \text{ 时})$$
故
$$f_{T_1+T_2}(t) = \begin{cases} \dfrac{1}{6} t^3 \mathrm{e}^{-t}, & t > 0, \\ 0, & t \leq 0. \end{cases}$$

(2) 三周的需求量为 $(T_1 + T_2) + T_3$,其概率密度为
$$f_{T_1+T_2+T_3}(t) = \int_{-\infty}^{+\infty} f_{T_1+T_2}(u) f(t-u) \mathrm{d}u = \int_0^t \frac{1}{6} u^3 \mathrm{e}^{-u}(t-u) \mathrm{e}^{-(t-u)} \mathrm{d}u = \frac{1}{5!} t^5 \mathrm{e}^{-t} \quad (\text{当 } t > 0 \text{ 时})$$
故
$$f_{T_1+T_2+T_3}(t) = \begin{cases} \dfrac{1}{5!} t^5 \mathrm{e}^{-t}, & t > 0, \\ 0, & t \leq 0. \end{cases}$$

[120] **解** 随机地取 4 只,记其寿命分别为 X_1, X_2, X_3, X_4,由题设知,它们独立同分布,且
$$X_i \sim N(160, 20^2), \quad i = 1, 2, 3, 4.$$
记 $X = \min\{X_1, X_2, X_3, X_4\}$,事件"没有一只寿命小于 180"就是 $\{X \geq 180\}$,从而
$$P\{X \geq 180\} = 1 - P\{X < 180\} = [1 - F(180)]^4 = \left[1 - \Phi\left(\frac{180-160}{20}\right)\right]^4$$
$$= (1 - 0.841\,3)^4 = 0.000\,634.$$

[121] **解** (1) 由概率分布的性质知,$a + b + c + 0.6 = 1$,即 $a + b + c = 0.4$.
由 $EX = -0.2$,可得 $-a + c = -0.1$ (由第四章知识可得).
再由 $P\{Y \leq 0 \mid X \leq 0\} = \dfrac{P\{X \leq 0, Y \leq 0\}}{P\{X \leq 0\}} = \dfrac{a+b+0.1}{a+b+0.5} = 0.5$,得 $a+b = 0.3$.
解以上关于 a, b, c 的三个方程,得 $a = 0.2, b = 0.1, c = 0.1$;
(2) Z 的可能取值为 $-2, -1, 0, 1, 2$,
$$P\{Z = -2\} = P\{X = -1, Y = -1\} = 0.2,$$
$$P\{Z = -1\} = P\{X = -1, Y = 0\} + P\{X = 0, Y = -1\} = 0.1,$$
$$P\{Z = 0\} = P\{X = -1, Y = 1\} + P\{X = 0, Y = 0\} + P\{X = 1, Y = -1\} = 0.3,$$
$$P\{Z = 1\} = P\{X = 1, Y = 0\} + P\{X = 0, Y = 1\} = 0.3,$$
$$P\{Z = 2\} = P\{X = 1, Y = 1\} = 0.1,$$
故 Z 的概率分布为

Z	-2	-1	0	1	2
P	0.2	0.1	0.3	0.3	0.1

(3) $P\{X=Z\} = P\{Y=0\} = 0+b+0.1 = 0.1+0.1 = 0.2.$

[122] **解** 先写出(X,Y)的概率密度,由于X,Y相互独立并且分别服从正态分布$N(0,1)$和均匀分布$U(0,1)$,可知(X,Y)的概率密度

$$f(x,y) = f_X(x)f_Y(y) = \begin{cases} \dfrac{1}{\sqrt{2\pi}}e^{-\frac{x^2}{2}}, & 0<y<1, \\ 0, & \text{其他} \end{cases}$$

下面我们用卷积公式来计算$Z=X+Y$的概率密度$f_Z(z)$,由于联合概率密度的解析式中没有y,所以我们选用公式$f_Z(z) = \int_{-\infty}^{+\infty} f(x,z-x)\mathrm{d}x.$ 为此,需要先求出函数$f(x,z-x).$

$$f(x,z-x) = \begin{cases} \dfrac{1}{\sqrt{2\pi}}e^{-\frac{x^2}{2}}, & 0<z-x<1, \\ 0, & \text{其他} \end{cases} = \begin{cases} \dfrac{1}{\sqrt{2\pi}}e^{-\frac{x^2}{2}}, & z-1<x<z, \\ 0, & \text{其他}, \end{cases}$$

从而有 $f_Z(z) = \int_{-\infty}^{+\infty} f(x,z-x)\mathrm{d}x = \int_{z-1}^{z} \dfrac{1}{\sqrt{2\pi}}e^{-\frac{x^2}{2}}\mathrm{d}x = \Phi(z) - \Phi(z-1).$

[123] **解** (1) $f_X(x) = \begin{cases} \displaystyle\int_{-\sqrt{1-x^2}}^{\sqrt{1-x^2}} \dfrac{2}{\pi}(x^2+y^2)\mathrm{d}y, & -1<x<1, \\ 0, & \text{其他} \end{cases}$

$= \begin{cases} \dfrac{4}{3\pi}(1+2x^2)\sqrt{1-x^2}, & -1<x<1, \\ 0, & \text{其他}. \end{cases}$

$f_Y(y) = \begin{cases} \dfrac{4}{3\pi}(1+2y^2)\sqrt{1-y^2}, & -1<y<1, \\ 0, & \text{其他}. \end{cases}$

因为$f_X(x)f_Y(y) \neq f(x,y)$,所以X与Y不相互独立;

(2) $F_Z(z) = P\{Z \leqslant z\} = P\{X^2+Y^2 \leqslant z\}.$

当$z<0$时,$F_Z(z)=0$;

当$0 \leqslant z<1$时,$F_Z(z) = \displaystyle\iint_{D_z} \dfrac{2}{\pi}(x^2+y^2)\mathrm{d}\sigma = \dfrac{2}{\pi}\int_0^{2\pi}\mathrm{d}\theta\int_0^{\sqrt{z}} r^3\mathrm{d}r = z^2$;

当$z \geqslant 1$时,$F_Z(z)=1$;

所以,z的概率密度为$f_Z(z) = \begin{cases} 2z, & 0<z<1, \\ 0, & \text{其他}. \end{cases}$

[124] **解** (1) (X,Y)的概率密度为 $f(x,y) = \begin{cases} 3, & (x,y) \in D, \\ 0, & \text{其他}. \end{cases}$

(2) 对于$0<t<1$,

$$P\{U \leqslant 0, X \leqslant t\} = P\{X>Y, X \leqslant t\} = \int_0^t \mathrm{d}x \int_{x^2}^{x} 3\mathrm{d}y = \dfrac{3}{2}t^2 - t^3,$$

$$P\{U \leqslant 0\} = P\{X>Y\} = \dfrac{1}{2},$$

$$P\{X \leqslant t\} = \int_0^t \mathrm{d}x \int_{x^2}^{\sqrt{x}} 3\mathrm{d}y = 2t^{\frac{3}{2}} - t^3.$$

由于$P\{U \leqslant 0, X \leqslant t\} \neq P\{U \leqslant 0\}P\{X \leqslant t\}$,所以$U$与$X$不相互独立;

(3) 当$z<0$时,$F(z)=0$;

当$0 \leqslant z<1$时,

$$F(z) = P\{Z \leqslant z\} = P\{U+X \leqslant z\} = P\{U=0, X \leqslant z\}$$

$$= P\{X > Y, X \leqslant z\} = \frac{3}{2}z^2 - z^3;$$

当 $1 \leqslant z < 2$ 时,
$$F(z) = P\{U + X \leqslant z\} = P\{U = 0, X \leqslant z\} + P\{U = 1, X \leqslant z - 1\}$$
$$= \frac{1}{2} + 2(z-1)^{\frac{3}{2}} - \frac{3}{2}(z-1)^2;$$

当 $z \geqslant 2$ 时,$F(z) = P\{U + X \leqslant z\} = 1.$

因此
$$F(z) = \begin{cases} 0, & z < 0, \\ \frac{3}{2}z^2 - z^3, & 0 \leqslant z < 1, \\ \frac{1}{2} + 2(z-1)^{\frac{3}{2}} - \frac{3}{2}(z-1)^2, & 1 \leqslant z < 2, \\ 1, & z \geqslant 2. \end{cases}$$

[125] **解** (1) 当 $0 < x < 1$ 时,$f_X(x) = \int_{-\infty}^{+\infty} f(x,y)\mathrm{d}y = \int_0^{2x} \mathrm{d}y = 2x;$

当 $x \leqslant 0$ 或 $x \geqslant 1$ 时,$f_X(x) = 0.$

故 $f_X(x) = \begin{cases} 2x, & 0 < x < 1, \\ 0 & 其他. \end{cases}$

当 $0 < y < 2$ 时,$f_Y(y) = \int_{-\infty}^{+\infty} f(x,y)\mathrm{d}x = \int_{\frac{y}{2}}^1 \mathrm{d}x = 1 - \frac{y}{2};$

当 $y \leqslant 0$ 或 $y \geqslant 1$ 时,$f_Y(y) = 0.$

故 $f_Y(y) = \begin{cases} 1 - \frac{y}{2}, & 0 < y < 2, \\ 0, & 其他. \end{cases}$

(2) **方法一** 当 $z \leqslant 0$ 时,$F_Z(z) = 0;$

当 $0 < z < 2$ 时,$F_Z(z) = P\{2X - Y \leqslant z\} = \iint\limits_{2x-y \leqslant z} f(x,y)\mathrm{d}x\mathrm{d}y = z - \frac{z^2}{4};$

当 $z \geqslant 2$ 时,$F_Z(z) = 1.$

故 $f_Z(z) = \begin{cases} 1 - \frac{z}{2}, & 0 < z < 2, \\ 0, & 其他. \end{cases}$

方法二 $f_Z(z) = \int_{-\infty}^{+\infty} f(x, 2x-z)\mathrm{d}x,$ 其中 $f(x, 2x-z) = \begin{cases} 1, & 0 < x < 1, 0 < z < 2x, \\ 0, & 其他. \end{cases}$

当 $z \leqslant 0$ 或 $z \geqslant 2$ 时,$f_Z(z) = 0;$

当 $0 < z < 2$ 时,$f_Z(z) = \int_{\frac{z}{2}}^1 \mathrm{d}x = 1 - \frac{z}{2}.$

故 $f_Z(z) = \begin{cases} 1 - \frac{z}{2}, & 0 < z < 2, \\ 0, & 其他. \end{cases}$

(3) $P\left\{Y \leqslant \frac{1}{2} \,\middle|\, X \leqslant \frac{1}{2}\right\} = \dfrac{P\left\{X \leqslant \frac{1}{2}, Y \leqslant \frac{1}{2}\right\}}{P\left\{X \leqslant \frac{1}{2}\right\}} = \dfrac{\frac{3}{16}}{\frac{1}{4}} = \dfrac{3}{4}.$

[126] **解** 用定义法.

$$F_Z(z) = P\{Z \leqslant z\} = P\left\{Z \leqslant z, X \leqslant \frac{1}{2}\right\} + P\left\{Z \leqslant z, X > \frac{1}{2}\right\}$$

$$= P\{Y \leqslant z, X \leqslant \tfrac{1}{2}\} + P\{X \leqslant z, X > \tfrac{1}{2}\}$$

$$= P\{X \leqslant \tfrac{1}{2}\} \cdot P\{Y \leqslant z\} + P\{X \leqslant z, X > \tfrac{1}{2}\}$$

$$= \begin{cases} \tfrac{1}{2} F_Y(z), & z < \tfrac{1}{2}, \\ \tfrac{1}{2} F_Y(z) + P\{\tfrac{1}{2} \leqslant X \leqslant z\}, & \tfrac{1}{2} \leqslant z < 1, \\ \tfrac{1}{2} F_Y(z) + P\{\tfrac{1}{2} < X \leqslant 1\}, & z \geqslant 1 \end{cases}$$

$$= \begin{cases} \tfrac{1}{2} F_Y(z), & z < \tfrac{1}{2}, \\ \tfrac{1}{2} F_Y(z) + z - \tfrac{1}{2}, & \tfrac{1}{2} \leqslant z < 1, \\ \tfrac{1}{2} F_Y(z) + \tfrac{1}{2}, & z \geqslant 1. \end{cases}$$

第四章 随机变量的数字特征

1. 数学期望

[2] 4.

解 $E(X) = \sum x_k p_k = \sum_{k=1}^{\infty} 2^k \cdot \dfrac{2}{3^k} = 2 \sum_{k=1}^{\infty} \left(\dfrac{2}{3}\right)^k = \dfrac{2 \times \tfrac{2}{3}}{1 - \tfrac{2}{3}} = 4.$

[3] **分析** 离散型随机变量期望存在的条件是级数绝对收敛.

解 因为 $\sum_{k=1}^{\infty} |x_k p_k| = \sum_{k=1}^{\infty} \left| (-1)^k k \cdot \dfrac{1}{k(k+1)} \right| = \sum_{k=1}^{\infty} \dfrac{1}{k+1}.$

考察级数 $\sum_{k=1}^{\infty} \dfrac{1}{k+1}$, 由高等数学级数敛散性知识可知此级数是发散的.

所以级数 $\sum_{k=1}^{\infty} x_k p_k$ 不绝对收敛, 故 X 的数学期望不存在.

[5] **解** 因为 X 的概率密度为

$$f(x) = F'(x) = \begin{cases} \dfrac{8}{x^3}, & x \geqslant 2, \\ 0, & x < 2, \end{cases}$$

所以 $E(X) = \int_{-\infty}^{+\infty} x f(x) \mathrm{d}x = \int_{2}^{+\infty} \dfrac{8}{x^2} \mathrm{d}x = 4.$

[6] **解** 因为 $E(Y) = \int_{-\infty}^{+\infty} y f(y) \mathrm{d}y = \int_{0}^{1} y \cdot 2y \mathrm{d}y = \dfrac{2}{3}$, 所以

$$P\{Y \leqslant E(Y)\} = P\left\{Y \leqslant \dfrac{2}{3}\right\} = \int_{-\infty}^{\tfrac{2}{3}} f(y) \mathrm{d}y = \int_{0}^{\tfrac{2}{3}} 2y \mathrm{d}y = \dfrac{4}{9}.$$

[11] $2\mathrm{e}^2.$

解 标准正态分布的密度函数为 $f(x) = \dfrac{1}{\sqrt{2\pi}} e^{-\frac{x^2}{2}}$, $-\infty < x < +\infty$,

因此

$$E(Xe^{2X}) = \int_{-\infty}^{+\infty} x e^{2x} \dfrac{1}{\sqrt{2\pi}} e^{-\frac{x^2}{2}} dx = \int_{-\infty}^{+\infty} x \dfrac{1}{\sqrt{2\pi}} e^{-\frac{x^2}{2}+2x} dx$$

$$= \int_{-\infty}^{+\infty} x \dfrac{1}{\sqrt{2\pi}} e^{-\frac{(x-2)^2}{2}+2} dx = e^2 \int_{-\infty}^{+\infty} x \dfrac{1}{\sqrt{2\pi}} e^{-\frac{(x-2)^2}{2}} dx = 2e^2.$$

[12] **解** 因为 $X \sim P(\lambda)$,所以 $P\{X=k\} = \dfrac{\lambda^k e^{-\lambda}}{k!}, k=0,1,2,\cdots$. 故

$$E\left(\dfrac{1}{X+1}\right) = \sum_{k=0}^{\infty} \dfrac{1}{k+1} P\{X=k\} = \sum_{k=0}^{\infty} \dfrac{1}{k+1} \cdot \dfrac{\lambda^k e^{-\lambda}}{k!} = \sum_{k=0}^{\infty} \dfrac{\lambda^k e^{-\lambda}}{(k+1)!}$$

$$= \dfrac{e^{-\lambda}}{\lambda} \sum_{k=0}^{\infty} \dfrac{\lambda^{k+1}}{(k+1)!} = \dfrac{e^{-\lambda}}{\lambda} \sum_{n=1}^{\infty} \dfrac{\lambda^n}{n!} = \dfrac{e^{-\lambda}}{\lambda} \left(\sum_{n=0}^{\infty} \dfrac{\lambda^n}{n!} - 1\right)$$

$$= \dfrac{e^{-\lambda}}{\lambda} (e^{\lambda} - 1) = \dfrac{1}{\lambda}(1 - e^{-\lambda}).$$

[13] **解** (1) Y 的分布函数为 $F(y) = 1 - e^{-y}(y > 0), F(y) = 0 (y \leqslant 0)$.
(X_1, X_2) 有四个可能值:$(0,0), (0,1), (1,0), (1,1)$. 故

$$P\{X_1 = 0, X_2 = 0\} = P\{Y \leqslant 1, Y \leqslant 2\} = P\{Y \leqslant 1\} = 1 - e^{-1},$$
$$P\{X_1 = 0, X_2 = 1\} = P\{Y \leqslant 1, Y > 2\} = 0,$$
$$P\{X_1 = 1, X_2 = 0\} = P\{Y > 1, Y \leqslant 2\} = P\{1 < Y \leqslant 2\} = e^{-1} - e^{-2},$$
$$P\{X_1 = 1, X_2 = 1\} = P\{Y > 1, Y > 2\} = P\{Y > 2\} = e^{-2}.$$

于是,X_1 和 X_2 的联合概率分布表如下:

X_2 \ X_1	0	1
0	$1 - e^{-1}$	$e^{-1} - e^{-2}$
1	0	e^{-2}

(2) 易见,$X_k (k=1,2)$ 服从 0-1 分布:

$$X_k \sim \begin{bmatrix} 0 & 1 \\ P\{Y \leqslant k\} & P\{Y > k\} \end{bmatrix} = \begin{bmatrix} 0 & 1 \\ 1 - e^{-k} & e^{-k} \end{bmatrix}.$$

因此 $E(X_k) = 1 \times e^{-k} = e^{-k}$ $(k=1,2)$. 故

$$E(X_1 + X_2) = E(X_1) + E(X_2) = e^{-1} + e^{-2}.$$

思路拓展

第二问中 $E(X_1 + X_2)$ 也可以利用公式

$$E[g(X,Y)] = \sum_i \sum_j g(x_i, y_j) p_{ij},$$

直接计算得

$$E(X_1 + X_2) = 1 \times (e^{-1} - e^{-2}) + 2 \times e^{-2} = e^{-1} + e^{-2}.$$

[14] **解** X 的概率密度为

$$f_X(x) = \begin{cases} \int_0^x 12y^2 dy = 4x^3, & 0 \leqslant x \leqslant 1, \\ 0, & \text{其他}. \end{cases}$$

Y 的概率密度为

$$f_Y(y) = \begin{cases} 12y^2(1-y), & 0 \leqslant y \leqslant 1, \\ 0, & \text{其他}. \end{cases}$$

$$E(X) = \int_{-\infty}^{+\infty} x f_X(x) \mathrm{d}x = \int_0^1 x \cdot 4x^3 \mathrm{d}x = \int_0^1 4x^4 \mathrm{d}x = \frac{4}{5},$$

$$E(Y) = \int_{-\infty}^{+\infty} y f_Y(y) \mathrm{d}y = \int_0^1 y \cdot 12y^2(1-y) \mathrm{d}y = \int_0^1 12y^3(1-y) \mathrm{d}y = \frac{3}{5},$$

$$E(XY) = \int_{-\infty}^{+\infty}\int_{-\infty}^{+\infty} xy f(x,y) \mathrm{d}x \mathrm{d}y = \int_0^1 \int_0^x xy \cdot 12y^2 \mathrm{d}y \mathrm{d}x = \int_0^1 3x^5 \mathrm{d}x = \frac{1}{2},$$

$$E(X^2+Y^2) = \int_{-\infty}^{+\infty}\int_{-\infty}^{+\infty} (x^2+y^2) f(x,y) \mathrm{d}x \mathrm{d}y = \int_0^1 \int_0^x (x^2+y^2) \cdot 12y^2 \mathrm{d}y \mathrm{d}x$$

$$= \int_0^1 \frac{32}{5} x^5 \mathrm{d}x = \frac{32}{5} \times \frac{1}{6} = \frac{16}{15}.$$

思路拓展

本题也可以不求 $f_X(x), f_Y(y)$，直接利用 $f(x,y)$ 求 $E(X), E(Y)$：

$$E(X) = \int_{-\infty}^{+\infty}\int_{-\infty}^{+\infty} x f(x,y) \mathrm{d}x \mathrm{d}y,$$

$$E(Y) = \int_{-\infty}^{+\infty}\int_{-\infty}^{+\infty} y f(x,y) \mathrm{d}x \mathrm{d}y.$$

[17] **解** **方法一** 因为 X, Y 相互独立，故利用期望性质

$$E(XY) = E(X) \cdot E(Y) = \int_0^1 x 2x \mathrm{d}x \int_5^{+\infty} y\mathrm{e}^{-(y-5)} \mathrm{d}y = \frac{2}{3} \times 6 = 4.$$

方法二

$$E(XY) = \int_{-\infty}^{+\infty}\int_{-\infty}^{+\infty} xy f_X(x) f_Y(y) \mathrm{d}x \mathrm{d}y = \int_0^1 \int_5^{+\infty} xy\, 2x\mathrm{e}^{-(y-5)} \mathrm{d}x \mathrm{d}y = 4.$$

[18] **解** 引进随机变量 $X_i = \begin{cases} 0, & \text{第}i\text{站没有人下车}, \\ 1, & \text{第}i\text{站有人下车}, \end{cases}$ 则 $X = X_1 + X_2 + \cdots + X_{10}$.

根据题意任一旅客在第 i 站不下车的概率为 $\frac{9}{10}$，因此 20 位旅客在第 i 站不下车的概率为 $\left(\frac{9}{10}\right)^{20}$，在第 i 站有人下车的概率为 $1-\left(\frac{9}{10}\right)^{20}$. 即

$$P\{X_i=0\} = \left(\frac{9}{10}\right)^{20}, \quad P\{X_i=1\} = 1-\left(\frac{9}{10}\right)^{20} (i=1,2,\cdots,10).$$

由此

$$E(X_i) = 0 \times \left(\frac{9}{10}\right)^{20} + 1 \times \left[1-\left(\frac{9}{10}\right)^{20}\right] = 1-\left(\frac{9}{10}\right)^{20},$$

$$E(X) = \sum_{i=1}^{10} \left[1-\left(\frac{9}{10}\right)^{20}\right] \approx 8.8.$$

故平均停车 9 次.

思路拓展

将 X 分解成数个随机变量之和，然后利用数学期望的性质求 $E(X)$，这种方法对于不易求分布律的随机变量计算数学期望有很大作用.

[20] **解** 设进货数量为 a，则利润为

$$Y = \begin{cases} 500a + (X-a)300, & a < X \leqslant 30, \\ 500X - (a-X)100, & 10 \leqslant X \leqslant a \end{cases} = \begin{cases} 300X + 200a, & a < X \leqslant 30, \\ 600X - 100a, & 10 \leqslant X \leqslant a. \end{cases}$$

利润期望

$$E(Y) = \int_{-\infty}^{+\infty} g(x)f(x)\mathrm{d}x = \int_{10}^{30} \frac{1}{20} \cdot g(x)\mathrm{d}x$$
$$= \frac{1}{20}\int_{10}^{a}(600x - 100a)\mathrm{d}x + \frac{1}{20}\int_{a}^{30}(300x + 200a)\mathrm{d}x$$
$$= \frac{1}{20}\left(600\frac{x^2}{2} - 100ax\right)\Big|_{10}^{a} + \frac{1}{20}\left(300\frac{x^2}{2} + 200ax\right)\Big|_{a}^{30}$$
$$= -7.5a^2 + 350a + 5\,250.$$

依题意,有
$$-7.5a^2 + 350a + 5\,250 \geqslant 9\,280, \text{即} 7.5a^2 - 350a + 4\,030 \leqslant 0,$$

解得 $20\frac{2}{3} \leqslant a \leqslant 26$.

故利润期望值不少于 9 280 元的最少进货量为 21 单位.

[21] **解** 设一周 5 个工作日内发生故障的天数为 X,由题意知 X 服从二项分布,
$$P\{X = 0\} = 0.8^5 = 0.327\,68,$$
$$P\{X = 1\} = C_5^1 0.2 \times 0.8^4 = 0.409\,6,$$
$$P\{X = 2\} = C_5^2 0.8^3 \times 0.2^2 = 0.204\,8,$$
$$P\{X \geqslant 3\} = 1 - P\{X = 0\} - P\{X = 1\} - P\{X = 2\} = 0.057\,92.$$

假设一周内获利为 Y 万元,可得知以下关系

$$Y = f(X) = \begin{cases} 10, & \text{当 } X = 0, \\ 5, & \text{当 } X = 1, \\ 0, & \text{当 } X = 2, \\ -2, & \text{当 } X \geqslant 3, \end{cases}$$

则 Y 的分布律为

Y	10	5	0	-2
P	0.327 68	0.409 6	0.204 8	0.057 92

故 $E(Y) = 10 \times 0.327\,68 + 5 \times 0.409\,6 - 2 \times 0.057\,92 = 5.208\,96$.

2. 方差

[25] $\dfrac{8}{9}$.

分析 由 X 的分布得到 Y 的分布律进而求得期望,然后计算方差.

解 根据题意得
$$P\{Y = 1\} = P\{X > 0\} = \frac{2}{3},$$
$$P\{Y = 0\} = P\{X = 0\} = 0,$$
$$P\{Y = -1\} = P\{X < 0\} = \frac{1}{3}.$$

因此
$$E(Y) = 1 \times \frac{2}{3} + (-1) \times \frac{1}{3} + 0 = \frac{1}{3},$$

$$E(Y^2) = 1 \times \frac{2}{3} + (-1)^2 \times \frac{1}{3} + 0 = 1,$$

$$D(Y) = E(Y^2) - (EY)^2 = 1 - \frac{1}{9} = \frac{8}{9}.$$

[26] $\frac{2}{25}$.

解 由 $1 = \int_{-\infty}^{+\infty} f(x)\mathrm{d}x = \int_0^1 (a + bx^2)\mathrm{d}x = a + \frac{1}{3}b$,得

$$3a + b = 3. \qquad ①$$

再由 $\frac{3}{5} = E(X) = \int_{-\infty}^{+\infty} xf(x)\mathrm{d}x = \int_0^1 (ax + bx^3)\mathrm{d}x = \frac{1}{2}a + \frac{1}{4}b$,得

$$2a + b = \frac{12}{5}. \qquad ②$$

联立①、②两式解得 $a = \frac{3}{5}, b = \frac{6}{5}$,代入 $f(x)$ 表达式中即得

$$D(X) = E(X^2) - (EX)^2 = \int_{-\infty}^{+\infty} x^2 f(x)\mathrm{d}x - \left(\frac{3}{5}\right)^2 = \frac{3}{5}\int_0^1 x^2(1 + 2x^2)\mathrm{d}x - \frac{9}{25} = \frac{11}{25} - \frac{9}{25} = \frac{2}{25}.$$

[27] **解** 由 (X, Y) 的联合分布密度

$$\varphi(x, y) = \begin{cases} 1, & 0 < x < 1, |y| < x, \\ 0, & \text{其他}, \end{cases}$$

可得到

$$\varphi_X(x) = \int_{-\infty}^{+\infty} \varphi(x, y)\mathrm{d}y = \int_{-x}^{x} 1 \cdot \mathrm{d}y = 2x \quad (0 < x < 1).$$

因此

$$D(Z) = D(2X + 1) = 2^2 D(X) = 4D(X) = 4[E(X^2) - (EX)^2]$$

$$= 4\left[\int_{-\infty}^{+\infty} x^2 \varphi_X(x)\mathrm{d}x - \left(\int_{-\infty}^{+\infty} x\varphi_X(x)\mathrm{d}x\right)^2\right]$$

$$= 4\left[\int_0^1 x^2 \cdot 2x\mathrm{d}x - \left(\int_0^1 x \cdot 2x\mathrm{d}x\right)^2\right]$$

$$= 4\left(\frac{1}{2}x^4 - \frac{4x^6}{9}\right)\bigg|_0^1 = 4\left(\frac{1}{2} - \frac{4}{9}\right) = \frac{2}{9}.$$

> **思路拓展**
>
> $E(X)$ 及 $E(X^2)$ 也可利用 $E[g(X, Y)]$ 公式计算:
>
> $$E(X) = \int_{-\infty}^{+\infty}\int_{-\infty}^{+\infty} x\varphi(x, y)\mathrm{d}x\mathrm{d}y,$$
>
> $$E(X^2) = \int_{-\infty}^{+\infty}\int_{-\infty}^{+\infty} x^2 \varphi(x, y)\mathrm{d}x\mathrm{d}y.$$
>
> 这种解法无需求边缘密度 $\varphi_X(x)$.

[31] **解** $E(\overline{X}) = E\left[\frac{1}{n}(X_1 + X_2 + \cdots + X_n)\right] = \frac{1}{n}[E(X_1) + E(X_2) + \cdots + E(X_n)]$

$$= \frac{1}{n} \cdot n\mu = \mu.$$

$D(\overline{X}) = D\left[\frac{1}{n}(X_1 + X_2 + \cdots + X_n)\right] = \frac{1}{n^2}[D(X_1) + D(X_2) + \cdots + D(X_n)]$ （由独立性）

$$= \frac{1}{n^2} n\sigma^2 = \frac{\sigma^2}{n}.$$

[32] **解** $E(Y) = E(2X_1 - X_2 + 3X_3 - \frac{1}{2}X_4) = 2E(X_1) - E(X_2) + 3E(X_3) - \frac{1}{2}E(X_4)$

$= 2 \times 1 - 2 + 3 \times 3 - \frac{1}{2} \times 4 = 7.$

由于 X_1, X_2, X_3, X_4 相互独立,所以 $2X_1, X_2, 3X_3, \frac{1}{2}X_4$ 也相互独立,则

$D(Y) = D(2X_1 - X_2 + 3X_3 - \frac{1}{2}X_4) = 4D(X_1) + D(X_2) + 9D(X_3) + \frac{1}{4}D(X_4)$

$= 4 \times (5-1) + (5-2) + 9 \times (5-3) + \frac{1}{4}(5-4) = 37.25.$

[33] **证 方法一** $E[(X-C)^2] = E(X^2 - 2CX + C^2) = E(X^2) - 2CE(X) + C^2$

$= E(X^2) - [E(X)]^2 + [E(X)]^2 - 2CE(X) + C^2$

$= D(X) + [E(X) - C]^2 > D(X),$ 当 $E(X) \neq C$ 时.

故当 $C = E(X)$ 时, $E(X-C)^2$ 取到最小值 $D(X)$.

方法二 $D(X) = E(X - EX)^2 = E[(X - C) + (C - EX)]^2$

$= E(X-C)^2 + E(C-EX)^2 + 2E[(X-C)(C-EX)]$

$= E(X-C)^2 - (C-EX)^2 < E(X-C)^2.$

[37] $\frac{1}{2}, 5.$

解 成功次数 $X \sim B(100, p), D(X) = 100p(1-p).$

则 $\sqrt{D(X)} = 10\sqrt{p(1-p)}$,显然当 $p = \frac{1}{2}$ 时,标准差 $\sqrt{D(X)}$ 最大,最大值为 5.

[38] $1, \frac{1}{2}.$

解 最简便的方法是利用均值为 μ,方差为 σ^2 的正态分布的密度函数

$$\frac{1}{\sigma\sqrt{2\pi}} e^{-\frac{(x-\mu)^2}{2\sigma^2}}.$$

因为

$$f(x) = \frac{1}{\sqrt{\pi}} e^{-x^2 + 2x - 1} = \frac{1}{\sqrt{2\pi} \cdot \frac{1}{\sqrt{2}}} e^{-\frac{(x-1)^2}{2 \cdot \frac{1}{2}}},$$

所以 X 的数学期望是 1,方差是 $\frac{1}{2}$.

另外也可由数学期望和方差的定义直接求 $E(X)$ 和 $D(X)$.

[39] $\frac{1}{e}.$

分析 已知连续型随机变量 X 的分布,求其满足一定条件的概率,转化为定积分计算即可.

解 由题设,知 $D(X) = \frac{1}{\lambda^2}$,于是

$$P\{X > \sqrt{D(X)}\} = P\left\{X > \frac{1}{\lambda}\right\} = \int_{\frac{1}{\lambda}}^{+\infty} \lambda e^{-\lambda x} dx = -e^{-\lambda x}\Big|_{\frac{1}{\lambda}}^{+\infty} = \frac{1}{e}.$$

[40] $\lambda^2 + \frac{1}{3}\lambda.$

解 根据独立随机变量和的性质以及服从参数为 λ 的泊松分布的随机变量数学期望和方差均为 λ 知

$$E(Y) = \frac{1}{3}[E(X_1) + E(X_2) + E(X_3)] = \lambda,$$

$$D(Y) = \frac{1}{9}[D(X_1) + D(X_2) + D(X_3)] = \frac{1}{3}\lambda,$$

故 $E(Y^2) = [E(Y)]^2 + D(Y) = \lambda^2 + \frac{1}{3}\lambda.$

3. 协方差与相关系数

[43] $-\frac{\sqrt{3}}{3}$.

解 由 $P\{X = Y\} = P\{X = 1, Y = 1\} = \frac{1}{4}$,可求得 (X,Y) 联合分布律

X \ Y	0	1
−1	0	$\frac{1}{2}$
1	$\frac{1}{4}$	$\frac{1}{4}$

故 $E(XY) = -\frac{1}{4}$. 又

$$E(X) = 0, \quad D(X) = 1, \quad E(Y) = \frac{3}{4}, \quad D(Y) = \frac{3}{16},$$

则 $\rho_{XY} = \dfrac{\mathrm{Cov}(X,Y)}{\sqrt{D(X)} \cdot \sqrt{D(Y)}} = \dfrac{E(XY) - E(X) \cdot E(Y)}{\sqrt{D(X)} \cdot \sqrt{D(Y)}} = -\dfrac{\sqrt{3}}{3}.$

[44] 解 (1) 设事件 A_i = "抽到 i 等品" $(i = 1,2,3)$. 由题意知 A_1, A_2, A_3 两两互不相容.

$$P(A_1) = 0.8, \quad P(A_2) = P(A_3) = 0.1.$$

易见,

$$P\{X_1 = 0, X_2 = 0\} = P(A_3) = 0.1,$$
$$P\{X_1 = 0, X_2 = 1\} = P(A_2) = 0.1,$$
$$P\{X_1 = 1, X_2 = 0\} = P(A_1) = 0.8,$$
$$P\{X_1 = 1, X_2 = 1\} = P(\emptyset) = 0.$$

故 X_1 和 X_2 的联合分布为

X_2 \ X_1	0	1
0	0.1	0.8
1	0.1	0

(2) $E(X_1) = 0.8, \quad E(X_2) = 0.1.$

$D(X_1) = 0.8 \times 0.2 = 0.16, \quad D(X_2) = 0.1 \times 0.9 = 0.09.$

$E(X_1 X_2) = 0 \times 0 \times 0.1 + 0 \times 1 \times 0.1 + 1 \times 0 \times 0.8 + 1 \times 1 \times 0 = 0.$

$\mathrm{Cov}(X_1, X_2) = E(X_1 X_2) - E(X_1) \cdot E(X_2) = 0 - 0.8 \times 0.1 = -0.08.$

$\rho = \dfrac{\mathrm{Cov}(X_1, X_2)}{\sqrt{D(X_1) \cdot D(X_2)}} = \dfrac{-0.08}{\sqrt{0.16 \times 0.09}} = -\dfrac{2}{3}.$

[45] **解** 由题意知,X 的概率密度函数为

$$f(x) = \begin{cases} \dfrac{1}{\pi}, & -\dfrac{\pi}{2} < x < \dfrac{\pi}{2}, \\ 0, & \text{其他}. \end{cases}$$

故

$$\begin{aligned}
\text{Cov}(X,Y) &= E(XY) - E(X) \cdot E(Y) \\
&= E(X \cdot \sin X) - E(X) \cdot E(\sin X) \\
&= \int_{-\frac{\pi}{2}}^{\frac{\pi}{2}} (x \sin x \cdot \frac{1}{\pi}) dx - \int_{-\frac{\pi}{2}}^{\frac{\pi}{2}} x \cdot \frac{1}{\pi} dx \cdot \int_{-\frac{\pi}{2}}^{\frac{\pi}{2}} \sin x \cdot \frac{1}{\pi} dx \\
&= \frac{2}{\pi} \int_0^{\frac{\pi}{2}} x \sin x \, dx - 0 \\
&= \frac{2}{\pi}.
\end{aligned}$$

[49] $\mu^3 + \mu\sigma^2$.

解 由于 $\rho = 0$,由二维正态分布的性质可知,随机变量 X,Y 独立.因此 $E(XY^2) = E(X) \cdot E(Y^2)$. 由于 (X,Y) 服从 $N(\mu,\mu;\sigma^2,\sigma^2;0)$,可知 $E(X) = \mu$,$E(Y^2) = D(Y) + [E(Y)]^2 = \mu^2 + \sigma^2$,则

$$E(XY^2) = \mu(\mu^2 + \sigma^2) = \mu^3 + \mu\sigma^2.$$

[50] 0.9.

解 由于 $D(Z) = D(X - 0.4) = D(X)$,而

$$\text{Cov}(Y,Z) = \text{Cov}(Y, X-0.4) = \text{Cov}(Y,X),$$

因此

$$\rho_{YZ} = \frac{\text{Cov}(Y,Z)}{\sqrt{D(Y)}\sqrt{D(Z)}} = \frac{\text{Cov}(Y,X)}{\sqrt{D(Y)}\sqrt{D(X)}} = \rho_{YX} = 0.9.$$

> **思路拓展**
>
> 本题也可利用重要结论直接得出:由于 $\rho_{aX+b, cY+d} = \rho_{X,Y}$(当 a,c 同号时),故
>
> $$\rho_{Y,Z} = \rho_{Y, X-0.4} = \rho_{Y,X} = 0.9.$$

[51] **解** (1) $E(Z) = \dfrac{1}{3} E(X) + \dfrac{1}{2} E(Y) = \dfrac{1}{3} + \dfrac{0}{2} = \dfrac{1}{3}$,

$$\begin{aligned}
D(Z) &= \frac{1}{3^2} D(X) + \frac{1}{2^2} D(Y) + 2 \text{Cov}\left(\frac{X}{3}, \frac{Y}{2}\right) = \frac{3^2}{3^2} + \frac{4^2}{2^2} + 2\left(-\frac{1}{2}\right) \cdot \frac{3}{3} \cdot \frac{4}{2} \\
&= 1 + 4 - 2 = 3;
\end{aligned}$$

(2) $\text{Cov}(X,Z) = \dfrac{1}{3} \text{Cov}(X,X) + \dfrac{1}{2} \text{Cov}(X,Y) = \dfrac{1}{3} \cdot 3^2 + \dfrac{1}{2} \left(-\dfrac{1}{2}\right) \cdot 3 \cdot 4 = 0$.

故

$$\rho_{XZ} = \frac{\text{Cov}(X,Z)}{\sqrt{D(X)} \cdot \sqrt{D(Z)}} = 0.$$

[54] **解** 已知 (X,Y) 联合密度为 $f(x,y) = \begin{cases} y e^{-(x+y)}, & x,y > 0, \\ 0, & \text{其他}, \end{cases}$

所以 $E(X) = \int_{-\infty}^{+\infty} \int_{-\infty}^{+\infty} x f(x,y) dx dy = \int_0^{+\infty} dy \int_0^{+\infty} xy e^{-(x+y)} dx = 1$,

$E(Y) = \int_{-\infty}^{+\infty} \int_{-\infty}^{+\infty} y f(x,y) dx dy = \int_0^{+\infty} dx \int_0^{+\infty} y^2 e^{-(x+y)} dy = 2$,

$E(X^2) = \int_{-\infty}^{+\infty} \int_{-\infty}^{+\infty} x^2 f(x,y) dx dy = \int_0^{+\infty} dy \int_0^{+\infty} x^2 y e^{-(x+y)} dx = 2$,

$$E(Y^2) = \int_{-\infty}^{+\infty}\int_{-\infty}^{+\infty} y^2 f(x,y)\mathrm{d}x\mathrm{d}y = \int_0^{+\infty}\mathrm{d}x\int_0^{+\infty} y^2 y\mathrm{e}^{-(x+y)}\mathrm{d}y = 6,$$

故
$$D(X) = E(X^2) - [E(X)]^2 = 2 - 1 = 1,$$
$$D(Y) = E(Y^2) - [E(Y)]^2 = 6 - 2^2 = 2.$$

因为
$$E(XY) = \int_{-\infty}^{+\infty}\int_{-\infty}^{+\infty} xy f(x,y)\mathrm{d}x\mathrm{d}y = \int_0^{+\infty}\int_0^{+\infty} xy \cdot y\mathrm{e}^{-(x+y)}\mathrm{d}x\mathrm{d}y$$
$$= \int_0^{+\infty} x\mathrm{e}^{-x}\mathrm{d}x\int_0^{+\infty} y^2\mathrm{e}^{-y}\mathrm{d}y = 2,$$

所以
$$\mathrm{Cov}(X,Y) = E(XY) - E(X)E(Y) = 0,$$

即得
$$\rho_{XY} = \frac{\mathrm{Cov}(X,Y)}{\sqrt{D(X)}\sqrt{D(Y)}} = 0,$$

故 X 与 Y 不相关.

下面判断独立性,应用边缘密度和联合密度的关系.

由已知
$$f(x,y) = \begin{cases} y\mathrm{e}^{-(x+y)}, & x,y > 0, \\ 0, & \text{其他}, \end{cases}$$

所以
$$f_X(x) = \int_{-\infty}^{+\infty} f(x,y)\mathrm{d}y = \begin{cases} \mathrm{e}^{-x}, & x > 0, \\ 0, & x \leq 0, \end{cases}$$
$$f_Y(y) = \int_{-\infty}^{+\infty} f(x,y)\mathrm{d}x = \begin{cases} y\mathrm{e}^{-y}, & y > 0, \\ 0, & y \leq 0, \end{cases}$$

故
$$f_X(x)f_Y(y) = f(x,y) = \begin{cases} y\mathrm{e}^{-(x+y)}, & x,y > 0, \\ 0, & \text{其他}, \end{cases}$$

因此 X,Y 是相互独立的.

思路拓展

本题也可以先判断出 X,Y 相互独立,既然 X,Y 相互独立,则 X,Y 一定不相关.这样可以减少计算量.

[55] **证** 由 (X,Y) 的分布律得 X 和 Y 的边缘分布分别为

X	-1	0	1
P	$\frac{3}{8}$	$\frac{2}{8}$	$\frac{3}{8}$

Y	-1	0	1
P	$\frac{3}{8}$	$\frac{2}{8}$	$\frac{3}{8}$

显然 $0 = P\{X=0, Y=0\} \neq P\{X=0\}P\{Y=0\} = \frac{2}{8} \times \frac{2}{8}$,故 X 和 Y 不是相互独立的.

而
$$E(X) = -1 \times \frac{3}{8} + 0 \times \frac{2}{8} + 1 \times \frac{3}{8} = 0,$$
$$E(Y) = -1 \times \frac{3}{8} + 0 \times \frac{2}{8} + 1 \times \frac{3}{8} = 0,$$
$$E(XY) = (-1) \times (-1) \times \frac{1}{8} + (-1) \times 1 \times \frac{1}{8} + 1 \times (-1) \times \frac{1}{8} + 1 \times 1 \times \frac{1}{8} = 0,$$

所以 $\rho_{XY} = \dfrac{E(XY) - E(X)E(Y)}{\sqrt{D(X)}\sqrt{D(Y)}} = 0.$

从而 X 与 Y 是不相关的.

[56] 证 X 和 Y 的分布律分别为

X	1	0
P	$P(A)$	$P(\bar{A})$

Y	1	0
P	$P(B)$	$P(\bar{B})$

则 XY 的分布律为

XY	1	0
P	$P(AB)$	$1-P(AB)$

从而
$$E(X) = P(A), \quad E(Y) = P(B), \quad E(XY) = P(AB).$$
如果 $\rho_{XY} = 0$,有
$$E(XY) = E(X)E(Y), \quad P(AB) = P(A)(B),$$
所以,事件 A 与 B 是相互独立的. 由此事件 A 与 $\bar{B}$, $\bar{A}$ 与 $\bar{B}$, $\bar{A}$ 与 B 都是相互独立的. 故得
$$P\{X=1, Y=1\} = P(AB) = P(A)P(B) = P\{X=1\}P\{Y=1\},$$
$$P\{X=1, Y=0\} = P(A\bar{B}) = P(A)P(\bar{B}) = P\{X=1\}P\{Y=0\},$$
$$P\{X=0, Y=1\} = P(\bar{A}B) = P(\bar{A})P(B) = P\{X=0\}P\{Y=1\},$$
$$P\{X=0, Y=0\} = P(\bar{A}\bar{B}) = P(\bar{A})P(\bar{B}) = P\{X=0\}P\{Y=0\}.$$
因此 X 与 Y 是相互独立的.

[59] 解 $E(X^k) = \int_a^b x^k \frac{1}{b-a} dx = \frac{1}{k+1} \cdot \frac{x^{k+1}}{b-a} \Big|_a^b = \frac{1}{k+1} \cdot \frac{b^{k+1}-a^{k+1}}{b-a},$

当 $k=1$ 时,有 $E(X) = \frac{b+a}{2}$,故
$$E[(X-EX)^3] = \int_a^b \left(x - \frac{b+a}{2}\right)^3 \frac{1}{b-a} dx = 0.$$

[60] 解 因为 $E(X) = \mu = 0$,所以 X 的原点矩及中心矩相同,即
$$E[(X-EX)^k] = E(X^k) = \int_{-\infty}^{+\infty} x^k \frac{1}{\sqrt{2\pi}} e^{-\frac{x^2}{2}} dx = \frac{1}{\sqrt{2\pi}} \int_{-\infty}^{+\infty} x^k e^{-\frac{x^2}{2}} dx.$$
当 k 为奇数时,上式积分中被积函数为奇函数,故
$$E(X^k) = 0;$$
当 k 为偶数时,被积函数为偶函数,此时
$$E(X^k) = \sqrt{\frac{2}{\pi}} \int_0^{+\infty} x^k e^{-\frac{x^2}{2}} dx.$$
令 $y = \frac{x^2}{2}$,得
$$E(X^k) = \frac{1}{\sqrt{\pi}} 2^{\frac{k}{2}} \int_0^{+\infty} y^{\frac{k-1}{2}} e^{-y} dy = \frac{1}{\sqrt{\pi}} 2^{\frac{k}{2}} \Gamma\left(\frac{k+1}{2}\right) = (k-1)(k-3)\cdots 3 \cdot 1.$$

4. 综合提高题型

[66] B

解 $\rho_{\xi,\eta} = 0 \Leftrightarrow \mathrm{Cov}(\xi,\eta) = 0$,即

$$\text{Cov}(\xi,\eta) = E(\xi\eta) - E(\xi) \cdot E(\eta) = E(X^2 - Y^2) - [E(X) + E(Y)][E(X) - E(Y)]$$
$$= E(X^2) - E(Y^2) - [E(X)]^2 + [E(Y)]^2 = 0,$$

也即 $E(X^2) - [E(X)]^2 = E(Y^2) - [E(Y)]^2$.

[67] B

证 由于 $UV = \max\{X,Y\}\min\{X,Y\} = XY$, 可知
$$E(UV) = E(\max\{X,Y\}\min\{X,Y\}) = E(XY) = E(X)E(Y).$$

[68] D

解 $\text{Cov}(aX+Y, X+bY) = aD(X) + bD(Y) = 2a + 2b = 0 \Rightarrow a+b = 0$.

[69] C

解 已知随机变量 X_1 的分布函数为 $F_1(x)$, 概率密度函数为 $f_1(x)$, 可以验证 $F_1(2x+1)$ 为分布函数, 记其对应的随机变量为 X_2, 其中 X_2 为随机变量 X_1 的函数, 且 $X_2 = \dfrac{X_1 - 1}{2}$. 记随机变量 X_2 的分布函数为 $F_2(x)$, 概率密度函数为 $f_2(x)$, 所以 X 的分布函数为
$$F(x) = 0.4F_1(x) + 0.6F_2(x).$$

两边同时对 x 求导, 得 $f(x) = 0.4f_1(x) + 0.6f_2(x)$. 于是
$$\int_{-\infty}^{+\infty} xf(x)\mathrm{d}x = 0.4\int_{-\infty}^{+\infty} xf_1(x)\mathrm{d}x + 0.6\int_{-\infty}^{+\infty} xf_2(x)\mathrm{d}x.$$

即 $E(X) = 0.4E(X_1) + 0.6E(X_2) = 0.4E(X_1) + 0.6E\left(\dfrac{X_1-1}{2}\right) = 0.4$.

[70] D

解 因为 X 与 $X + 2Y$ 不相关, 所以 $\text{Cov}(X, X+2Y) = D(X) + 2\text{Cov}(X,Y) = 0$, 解得 $\text{Cov}(X,Y) = -\dfrac{1}{2}$.

$$\rho_{X,X-Y} = \frac{\text{Cov}(X, X-Y)}{\sqrt{D(X)} \cdot \sqrt{D(X-Y)}} = \frac{D(X) - \text{Cov}(X,Y)}{\sqrt{D(X)} \cdot \sqrt{D(X) + D(Y) - 2\text{Cov}(X,Y)}} = \frac{\frac{3}{2}}{1 \cdot 2} = \frac{3}{4}.$$

[71] A

解 因为
$$\rho_{YZ} = \frac{\text{Cov}(Y,Z)}{\sqrt{D(Y)} \cdot \sqrt{D(Z)}},$$
$$\text{Cov}(Y,Z) = \text{Cov}(Y, aX+b) = a\text{Cov}(X,Y),$$
$$D(Z) = D(aX+b) = a^2 D(X),$$

所以
$$\rho_{YZ} = \frac{a\text{Cov}(X,Y)}{\sqrt{D(Y)}\sqrt{a^2 D(X)}} = \frac{a}{|a|}\rho_{XY}.$$

又 X,Y 相关, 知 $\rho_{YZ} \neq 0$, 所以 $\rho_{YZ} = \rho_{XY} \Leftrightarrow \dfrac{a}{|a|} = 1$, 即 $a > 0$.

[72] D

解 $X \sim N(0,1), f_X(x) = \dfrac{1}{\sqrt{2\pi}}\mathrm{e}^{-\frac{x^2}{2}}, -\infty < x < +\infty$.

当 $X = x$ 时, $f_{Y|X}(y \mid x) \sim N(x, 1)$, 即 $-\infty < x < +\infty$ 时, 有
$$f_{Y|X}(y \mid x) = \frac{1}{\sqrt{2\pi}}\mathrm{e}^{-\frac{(y-x)^2}{2}}, -\infty < y < +\infty.$$

所以 (X,Y) 的概率密度为
$$f(x,y) = f_X(x)f_{Y|X}(y \mid x) = \frac{1}{\sqrt{2\pi}}\mathrm{e}^{-\frac{x^2}{2}} \cdot \frac{1}{\sqrt{2\pi}}\mathrm{e}^{-\frac{(y-x)^2}{2}} = \frac{1}{2\pi}\mathrm{e}^{-\frac{1}{2}(2x^2 - 2xy + y^2)}, -\infty < x < +\infty,$$
$-\infty < y < +\infty$.

由二维正态分布的概率密度

$$f(x,y) = \frac{1}{2\pi\sigma_1\sigma_2\sqrt{1-\rho^2}} e^{\left\{-\frac{1}{2(1-\rho^2)}\left[\frac{(x-\mu_1)^2}{\sigma_1^2} - \frac{2\rho(x-\mu_1)(y-\mu_2)}{\sigma_1\sigma_2} + \frac{(y-\mu_2)^2}{\sigma_2^2}\right]\right\}}, -\infty < x < +\infty, -\infty < y < +\infty.$$

可知 $(X,Y) \sim N\left(0,0;1,2;\frac{\sqrt{2}}{2}\right)$,故 $\rho_{XY} = \rho = \frac{\sqrt{2}}{2}$.

[81] B

解 $P\{\max\{X,Y\}=2\} = P\{Y=2\} = b+0.1$.
$P\{\min\{X,Y\}=1\} = P\{X=1,Y=1\} + P\{X=1,Y=2\} = 0.1+0.1 = 0.2$.
$P\{\max\{X,Y\}=2, \min\{X,Y\}=1\} = P\{X=1,Y=2\} = 0.1$.
由已知条件中的相互独立可得
$$P\{\max\{X,Y\}=2, \min\{X,Y\}=1\} = P\{\max\{X,Y\}=2\}P\{\min\{X,Y\}=1\},$$
即 $0.1 = (b+0.1) \times 0.2$,解得 $b=0.4, a=0.2$.

X \ Y	0	1	2	$p_X(x)$
-1	0.1	0.1	0.4	0.6
1	0.2	0.1	0.1	0.4
$p_Y(y)$	0.3	0.2	0.5	

故
$E(X) = -1 \times 0.6 + 0.4 = -0.2, E(Y) = 0.2 + 2 \times 0.5 = 1.2,$
$E(XY) = -1 \times 0.1 + 1 \times 0.1 - 2 \times 0.4 + 2 \times 0.1 = -0.6,$
$\text{Cov}(X,Y) = E(XY) - E(X)E(Y) = -0.6 + 0.24 = -0.36.$

[82] $\frac{1}{5}$.

解 由题意可得 (X,Y) 的联合分布律和边缘分布律为

Y \ X	0	1	$p_Y(y)$
0	0.3	0.2	0.5
1	0.2	0.3	0.5
$p_X(x)$	0.5	0.5	

则 $E(X) = E(Y) = 0.5, D(X) = D(Y) = 0.25, E(XY) = 0.3$.

故 $\rho_{XY} = \dfrac{\text{Cov}(X,Y)}{\sqrt{D(X)}\sqrt{D(Y)}} = \dfrac{E(XY) - E(X)E(Y)}{\sqrt{D(X)}\sqrt{D(Y)}} = \dfrac{1}{5}$.

[83] **解** (1) 由分布律得 X 和 Y 的边缘分布分别为

X	1	2	3
P	0.4	0.2	0.4

Y	-1	0	1
P	0.3	0.4	0.3

从而
$E(X) = 1 \times 0.4 + 2 \times 0.2 + 3 \times 0.4 = 2,$

$$E(Y) = -1 \times 0.3 + 0 \times 0.4 + 1 \times 0.3 = 0;$$

(2) $Z = \dfrac{Y}{X}$ 的分布律为

Z	-1	$-\dfrac{1}{2}$	$-\dfrac{1}{3}$	0	1	$\dfrac{1}{2}$	$\dfrac{1}{3}$
P	0.2	0.1	0	0.4	0.1	0.1	0.1

$$E(Z) = (-1) \times 0.2 - \dfrac{1}{2} \times 0.1 - \dfrac{1}{3} \times 0 + 0 \times 0.4 + 1 \times 0.1 + \dfrac{1}{2} \times 0.1 + \dfrac{1}{3} \times 0.1 = -\dfrac{1}{15}.$$

思路拓展

第(2)问可以直接利用公式

$$E(Z) = E[g(X,Y)] = \sum_i \sum_j g(x_i, y_j) p_{ij},$$

计算过程更加简便.

[84] **解** (1) 随机向量 (X,Y) 有四个可能值:$(-1,-1)$,$(-1,1)$,$(1,-1)$,$(1,1)$.

$$P\{X=-1, Y=-1\} = P\{U \leqslant -1, U \leqslant 1\} = \dfrac{1}{4};$$

$$P\{X=-1, Y=1\} = P\{U \leqslant -1, U > 1\} = 0;$$

$$P\{X=1, Y=-1\} = P\{U > -1, U \leqslant 1\} = \dfrac{1}{2};$$

$$P\{X=1, Y=1\} = P\{U > -1, U > 1\} = \dfrac{1}{4}.$$

于是,得 X 和 Y 的联合概率分布为

$$(X,Y) \sim \begin{bmatrix} (-1,-1) & (-1,1) & (1,-1) & (1,1) \\ \dfrac{1}{4} & 0 & \dfrac{1}{2} & \dfrac{1}{4} \end{bmatrix}.$$

(2) 利用公式 $E[g(X,Y)] = \sum_i \sum_j g(x_i, y_j) p_{ij},$

$$E(X+Y) = -\dfrac{2}{4} + \dfrac{2}{4} = 0, \quad D(X+Y) = E[(X+Y)^2] = 2.$$

思路拓展

$E(X+Y)$,$D(X+Y)$ 也可以用性质计算.

[85] **解** (1) $P\{X=2Y\} = P\{X=2, Y=1\} + P\{X=0, Y=0\} = \dfrac{1}{4}.$

(2) X 的边缘分布律

X	0	1	2
P	$\dfrac{1}{2}$	$\dfrac{1}{3}$	$\dfrac{1}{6}$

Y 的边缘分布律

Y	0	1	2
P	$\dfrac{1}{3}$	$\dfrac{1}{3}$	$\dfrac{1}{3}$

$$\text{Cov}(X-Y, Y) = \text{Cov}(X,Y) - D(Y),$$

而

$$\text{Cov}(X,Y) = E(XY) - E(X)E(Y),$$

其中
$$E(XY)=0\times\frac{7}{12}+1\times\frac{1}{3}+2\times 0+4\times\frac{1}{12}=\frac{2}{3},$$
$$E(X)E(Y)=\left(0\times\frac{1}{2}+1\times\frac{1}{3}+2\times\frac{1}{6}\right)\times\left(0\times\frac{1}{3}+1\times\frac{1}{3}+2\times\frac{1}{3}\right)=\frac{2}{3},$$
可得
$$\mathrm{Cov}(X,Y)=E(XY)-E(X)E(Y)=\frac{2}{3}-\frac{2}{3}=0,$$
$$D(Y)=E(Y^2)-E^2(Y)=\left(0\times\frac{1}{3}+1^2\times\frac{1}{3}+2^2\times\frac{1}{3}\right)-\left(0\times\frac{1}{3}+1\times\frac{1}{3}+2\times\frac{1}{3}\right)^2=\frac{2}{3},$$
故 $\mathrm{Cov}(X-Y,Y)=\mathrm{Cov}(X,Y)-D(Y)=-\frac{2}{3}.$

[86] 解 (1) 随机变量 (X,Y) 的概率分布为

X \ Y	0	1	2
0	$\frac{1}{5}$	$\frac{2}{5}$	$\frac{1}{15}$
1	$\frac{1}{5}$	$\frac{2}{15}$	0

(2) $P\{X=0\}=\frac{2}{3}$, $P\{X=1\}=\frac{1}{3}$, $E(X)=0\times\frac{2}{3}+1\times\frac{1}{3}=\frac{1}{3}.$

$P\{Y=0\}=\frac{2}{5}$, $P\{Y=1\}=\frac{8}{15}$, $P\{Y=2\}=\frac{1}{15}$,

$E(Y)=0\times\frac{2}{5}+1\times\frac{8}{15}+2\times\frac{1}{15}=\frac{2}{3}.$

$E(XY)=1\times 1\times\frac{2}{15}=\frac{2}{15}.$

$\mathrm{Cov}(X,Y)=E(XY)-E(X)\cdot E(Y)=\frac{2}{15}-\frac{1}{3}\times\frac{2}{3}=-\frac{4}{45}.$

[87] 解 由题设及图,可得
$$P\{X\leqslant Y\}=\frac{1}{4},\quad P\{X>2Y\}=\frac{1}{2},\quad P\{Y<X\leqslant 2Y\}=\frac{1}{4}.$$

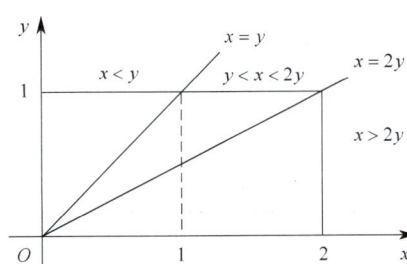

(1) (U,V) 有四个可能值: $(0,0),(0,1),(1,0),(1,1).$

$P\{U=0,V=0\}=P\{X\leqslant Y,X\leqslant 2Y\}=P\{X\leqslant Y\}=\frac{1}{4},$

$P\{U=0,V=1\}=P\{X\leqslant Y,X>2Y\}=0,$

$P\{U=1,V=0\}=P\{X>Y,X\leqslant 2Y\}=P\{Y<X\leqslant 2Y\}=\frac{1}{4},$

$P\{U=1,V=1\}=1-\left(\frac{1}{4}+\frac{1}{4}\right)=\frac{1}{2};$

(2) 由以上可见 UV 以及 U 和 V 的分布为

$$UV \sim \begin{bmatrix} 0 & 1 \\ \frac{1}{2} & \frac{1}{2} \end{bmatrix}, \quad U \sim \begin{bmatrix} 0 & 1 \\ \frac{1}{4} & \frac{3}{4} \end{bmatrix}, \quad V \sim \begin{bmatrix} 0 & 1 \\ \frac{1}{2} & \frac{1}{2} \end{bmatrix}.$$

于是,有

$$E(U) = \frac{3}{4}, \quad D(U) = \frac{3}{16}, \quad E(V) = \frac{1}{2}, \quad D(V) = \frac{1}{4}, \quad E(UV) = \frac{1}{2}.$$

$$\text{Cov}(U,V) = E(UV) - E(U) \cdot E(V) = \frac{1}{8}.$$

故

$$\rho = \frac{\text{Cov}(U,V)}{\sqrt{D(U) \cdot D(V)}} = \frac{1}{\sqrt{3}}.$$

[88] **解** (1) 由于 X,Y 的概率分布相同,故 $P\{X=0\} = \frac{1}{3}, P\{X=1\} = \frac{2}{3}, P\{Y=0\} = \frac{1}{3}, P\{Y=1\} = \frac{2}{3}$. 显然 $E(X) = E(Y) = \frac{2}{3}, D(X) = D(Y) = \frac{2}{9}$.

相关系数 $\rho_{XY} = \frac{1}{2} = \frac{\text{Cov}(X,Y)}{\sqrt{D(X)}\sqrt{D(Y)}} = \frac{E(XY) - E(X)E(Y)}{\sqrt{D(X)}\sqrt{D(Y)}} = \frac{E(XY) - \frac{4}{9}}{\frac{2}{9}}$,故 $E(XY) = \frac{5}{9}$.

而 $E(XY) = 1 \times 1 \times P\{X=1, Y=1\}$,所以 $P\{X=1, Y=1\} = \frac{5}{9}$.

从而得到 (X,Y) 的联合概率分布

Y \ X	0	1
0	$\frac{2}{9}$	$\frac{1}{9}$
1	$\frac{1}{9}$	$\frac{5}{9}$

(2) $P\{X+Y \leq 1\} = 1 - P\{X+Y > 1\} = 1 - P\{X=1, Y=1\} = \frac{4}{9}$.

[93] D

解 设两段长度分别为 X 和 Y,则 $Y = 1 - X$,利用相关系数的性质或者计算公式 $\rho_{XY} = \frac{\text{Cov}(X,Y)}{\sqrt{D(X)}\sqrt{D(Y)}}$,可得相关系数为 -1.

[94] **解** $E(W) = E(X+Y+Z) = E(X) + E(Y) + E(Z) = 1$,

$D(W) = D(X+Y+Z) = D(X) + D(Y) + D(Z) + 2\text{Cov}(X,Y) + 2\text{Cov}(X,Z) + 2\text{Cov}(Y,Z)$.

而

$$\text{Cov}(X,Y) = \rho_{XY}\sqrt{D(X)} \cdot \sqrt{D(Y)} = 0,$$

$$\text{Cov}(X,Z) = \rho_{XZ}\sqrt{D(X)} \cdot \sqrt{D(Z)} = \frac{1}{2},$$

$$\text{Cov}(Y,Z) = \rho_{YZ}\sqrt{D(Y)} \cdot \sqrt{D(Z)} = -\frac{1}{2},$$

故 $D(W) = 3$.

[95] **解** 根据

$$D(X) = E(X^2) - [E(X)]^2, \quad D(Y) = E(Y^2) - [E(Y)]^2,$$

$$\text{Cov}(X,Y) = E(XY) - E(X) \cdot E(Y),$$

$$\rho_{XY} = \frac{\text{Cov}(X,Y)}{\sqrt{D(X)}\sqrt{D(Y)}},$$

有 $E(W) = E(aX+3Y)^2 = D(aX+3Y) + [E(aX+3Y)]^2$
$= a^2 D(X) + 9D(Y) + 2\text{Cov}(aX, 3Y) + [aE(X) + 3E(Y)]^2$
$= a^2 D(X) + 9D(Y) + 6a\rho_{XY}\sqrt{D(X) \cdot D(Y)}$
$= 4a^2 + 9 \times 16 + 6a(-0.5)\sqrt{4 \times 16} = 4a^2 - 24a + 144$
$= (2a-6)^2 + 108 \geqslant 108.$

因此当 $a=3$ 时,$E(W)$ 最小,$E(W)$ 最小值为 108.

[96] **解** 对于 $E(Z)$:在(1),(2),(3) 三种情形下都有
$$E(Z) = E(5X - Y + 15) = 5E(X) - E(Y) + 15 = 15 - 1 + 15 = 29.$$
对于 $D(Z)$:
(1) X,Y 独立,则
$$D(Z) = D(5X - Y + 15) = D(5X) + D(Y) = 25D(X) + D(Y)$$
$$= 25 \times 4 + 9 = 109;$$
(2) X,Y 不相关,即 $\text{Cov}(X,Y) = 0$,则
$$D(Z) = D(5X) + D(Y) = 109;$$
(3) $\rho_{XY} = 0.25$,即 $\text{Cov}(X,Y) = \rho_{XY}\sqrt{D(X)}\sqrt{D(Y)} = 1.5$,则
$$D(Z) = D(5X - Y + 15) = 25D(X) + D(Y) - 10\text{Cov}(X,Y)$$
$$= 100 + 9 - 10 \times 1.5 = 94.$$

[97] **解** (1) $E(X_1) = \int_{-\infty}^{+\infty} x \cdot f_1(x) \mathrm{d}x = \int_0^{+\infty} 2x\mathrm{e}^{-2x} \mathrm{d}x = x\mathrm{e}^{-2x}\Big|_0^{+\infty} + \int_0^{+\infty} \mathrm{e}^{-2x} \mathrm{d}x = \frac{1}{2},$

$E(X_2) = \int_{-\infty}^{+\infty} x \cdot f_2(x) \mathrm{d}x = \int_0^{+\infty} 4x\mathrm{e}^{-4x} \mathrm{d}x = -x\mathrm{e}^{-4x}\Big|_0^{+\infty} + \int_0^{+\infty} \mathrm{e}^{-4x} \mathrm{d}x = \frac{1}{4},$

$E(X_2^2) = \int_{-\infty}^{+\infty} x^2 \cdot f_2(x) \mathrm{d}x = \int_0^{+\infty} 4x^2 \mathrm{e}^{-4x} \mathrm{d}x = -x^2 \mathrm{e}^{-4x}\Big|_0^{+\infty} + \int_0^{+\infty} 2x\mathrm{e}^{-4x} \mathrm{d}x$

$= -\frac{1}{2}x\mathrm{e}^{-4x}\Big|_0^{+\infty} + \int_0^{+\infty} \frac{1}{2}\mathrm{e}^{-4x} \mathrm{d}x = \frac{1}{8},$

因此
$$E(X_1 + X_2) = E(X_1) + E(X_2) = \frac{1}{2} + \frac{1}{4} = \frac{3}{4},$$
$$E(2X_1 - 3X_2^2) = 2E(X_1) - 3E(X_2^2) = 2 \times \frac{1}{2} - 3 \times \frac{1}{8} = \frac{5}{8};$$

(2) 由于 X_1, X_2 相互独立,则
$$E(X_1 X_2) = E(X_1) \cdot E(X_2) = \frac{1}{2} \times \frac{1}{4} = \frac{1}{8}.$$

[98] **解** (1) 因为是不重复抽样,而取到每只钥匙是等可能的,故试开次数 X 的分布律为

X	1	2	$\cdots$	i	$\cdots$	n
P	$\frac{1}{n}$	$\frac{1}{n}$	$\cdots$	$\frac{1}{n}$	$\cdots$	$\frac{1}{n}$

从而
$$E(X) = \frac{1}{n} + \frac{2}{n} + \cdots + \frac{i}{n} + \cdots + \frac{n}{n} = \frac{1}{n}(1 + \cdots + n) = \frac{1}{2}(n+1);$$

(2) 引进随机变量
$$X_i = \begin{cases} i, & \text{第 } i \text{ 把钥匙把门打开,} \\ 0, & \text{第 } i \text{ 把钥匙未把门打开,} \end{cases} \quad i = 1, 2, \cdots, n,$$

则试开次数 $X = \sum_{i=1}^{n} X_i$. $E(X) = \sum_{i=1}^{n} E(X_i).$

而

X_i	i	0
P	$\dfrac{1}{n}$	$1-\dfrac{1}{n}$

则 $E(X_i) = \dfrac{i}{n}$,故 $E(X) = \sum\limits_{i=1}^{n} \dfrac{i}{n} = \dfrac{n+1}{2}$.

[104] C

解 由 $X \sim U(0,3), Y \sim P(2)$ 知,$D(X) = \dfrac{(3-0)^2}{12} = \dfrac{3}{4}, D(Y) = 2$,故

$$D(2X-Y+1) = D(2X-Y) = 4D(X) + D(Y) - 4\text{Cov}(X,Y) = 4 \cdot \dfrac{3}{4} + 2 + 4 = 9.$$

[105] C

解 由题意可得 $X \sim N(0,1), Y \sim N(0,1), \rho_{XY} = -\dfrac{1}{2}$.

由公式
$$E(aX + bY) = aE(X) + bE(Y),$$
$$D(aX + bY) = a^2 D(X) + b^2 D(Y) + 2ab\rho_{XY} \sqrt{D(X)} \sqrt{D(Y)},$$

可求出
$$E\left[\dfrac{\sqrt{3}}{3}(X+Y)\right] = 0,$$
$$D\left[\dfrac{\sqrt{3}}{3}(X+Y)\right] = \dfrac{1}{3}[D(X) + D(Y) + 2\rho_{XY} \sqrt{D(X)} \sqrt{D(Y)}]$$
$$= \dfrac{1}{3}\left[1 + 4 + 2\left(-\dfrac{1}{2}\right) \cdot 1 \cdot 2\right] = 1,$$

所以 $\dfrac{\sqrt{3}}{3}(X+Y) \sim N(0,1)$.

又因为
$$\text{Cov}(X, X+Y) = \text{Cov}(X,X) + \text{Cov}(X,Y)$$
$$= D(X) + \rho_{XY} \sqrt{D(X)} \sqrt{D(Y)} = 1 + \left(-\dfrac{1}{2}\right) \cdot 1 \cdot 2 = 0.$$

所以 X 与 $\dfrac{\sqrt{3}}{3}(X+Y)$ 相互独立.

[106] D

解 由题设 $(X,Y) \sim N\left(0,0;1,4;\dfrac{1}{2}\right)$,则 $E(X) = E(Y) = 0, D(X) = 1, D(Y) = 4, \rho_{XY} = \dfrac{1}{2}$.
若 Z 与 Y 独立,则 Z 与 Y 不相关,即 $\text{Cov}(Z,Y) = 0$.
$$\text{Cov}(Z,Y) = \text{Cov}(aX+Y,Y) = a\text{Cov}(X,Y) + D(Y) = a\rho_{XY} \sqrt{D(X)} \sqrt{D(Y)} + D(Y)$$
$$= a \cdot \dfrac{1}{2} \cdot 2 + 4 = 0 \Rightarrow a = -4.$$

[107] $\dfrac{1}{2\text{e}}$.

解 因为 $X \sim P(1)$,所以 $E(X) = D(X) = 1$,则
$$E(X^2) = D(X) + [E(X)]^2 = 2.$$
因此
$$P\{X = E(X^2)\} = P\{X = 2\} = \dfrac{1^2 \cdot \text{e}^{-1}}{2!} = \dfrac{1}{2\text{e}}.$$

[108] 18.4.

分析 利用二项分布的方差和期望公式.

解 由于 X 服从二项分布 $B(10, 0.4)$,所以
$$E(X) = np = 10 \times 0.4 = 4, \quad D(X) = npq = 10 \times 0.4 \times (1-0.4) = 2.4.$$
由方差公式 $E(X^2) = D(X) + [E(X)]^2$ 得,
$$E(X^2) = 2.4 + 4^2 = 18.4.$$

[109] $-1, \dfrac{15}{2}, 21.$

解 由条件知,$E(X) = D(X) = 16, E(Y) = \dfrac{1}{2}, D(Y) = \dfrac{1}{4}$,则
$$\mathrm{Cov}(X, Y+1) = \mathrm{Cov}(X,Y) = \rho_{XY} \cdot \sqrt{D(X)} \cdot \sqrt{D(Y)} = -1;$$
$$E(Y^2 + XY) = E(Y^2) + E(XY) = \{D(Y) + [E(Y)]^2\} + [\mathrm{Cov}(X,Y) + E(X) \cdot E(Y)] = \dfrac{15}{2};$$
$$D(X - 2Y) = D(X) + 4D(Y) - 4\mathrm{Cov}(X,Y) = 21.$$

[110] **解** **方法一** 按照一维随机变量的函数处理.

令 $Z = X - Y$,由于 $X \sim N(0, \dfrac{1}{2}), Y \sim N(0, \dfrac{1}{2})$,且 X 和 Y 相互独立,则 $Z \sim N(0,1)$. 故
$$E(|X-Y|) = E(|Z|) = \int_{-\infty}^{+\infty} |z| \dfrac{1}{\sqrt{2\pi}} \mathrm{e}^{-\frac{z^2}{2}} \mathrm{d}z = \dfrac{2}{\sqrt{2\pi}} \int_0^{+\infty} z \mathrm{e}^{-\frac{z^2}{2}} \mathrm{d}z = \sqrt{\dfrac{2}{\pi}}.$$

因为
$$D(|X-Y|) = D(|Z|) = E(|Z|^2) - [E(|Z|)]^2 = E(Z^2) - [E(|Z|)]^2,$$
而 $E(Z^2) = D(Z) = 1$,所以 $D(|X-Y|) = 1 - \dfrac{2}{\pi}.$

方法二 按照二维随机变量的函数处理.

利用公式 $E[g(X,Y)] = \int_{-\infty}^{+\infty} \int_{-\infty}^{+\infty} g(x,y) f(x,y) \mathrm{d}x \mathrm{d}y$,得
$$E(|X-Y|) = \int_{-\infty}^{+\infty} \int_{-\infty}^{+\infty} |x-y| f(x,y) \mathrm{d}x \mathrm{d}y = \int_{-\infty}^{+\infty} \int_{-\infty}^{+\infty} |x-y| \cdot \dfrac{1}{\pi} \mathrm{e}^{-(x^2+y^2)} \mathrm{d}x \mathrm{d}y$$
$$= \sqrt{\dfrac{2}{\pi}} (利用极坐标计算),$$
$$E(|X-Y|^2) = E[(X-Y)^2] = D(X-Y) + [E(X-Y)]^2 = 1.$$
故 $D(|X-Y|) = 1 - \dfrac{2}{\pi}.$

思路拓展

解法一比解法二简便.

[111] **解** (1) 因为 X, Y 的分布函数为
$$F(x) = \begin{cases} 1 - \mathrm{e}^{-x}, & x > 0, \\ 0, & x \leqslant 0, \end{cases}$$
所以 $V = \min\{X, Y\}$ 的分布函数为
$$F_V(v) = 1 - [1 - F(v)]^2 = \begin{cases} 1 - \mathrm{e}^{-2v}, & v > 0, \\ 0, & v \leqslant 0, \end{cases}$$
故 V 的概率密度为
$$f_V(v) = F_V'(v) = \begin{cases} 2\mathrm{e}^{-2v}, & v > 0, \\ 0, & v \leqslant 0. \end{cases}$$

(2) 同理可求 $U = \max\{X,Y\}$ 的概率密度为

$$f_U(u) = \begin{cases} 2(1-\mathrm{e}^{-u})\mathrm{e}^{-u}, & u > 0, \\ 0, & u \leqslant 0. \end{cases}$$

故

$$E(U+V) = E(U) + E(V) = \int_{-\infty}^{+\infty} u f_U(u) \mathrm{d}u + \int_{-\infty}^{+\infty} v f_V(v) \mathrm{d}v = \frac{3}{2} + \frac{1}{2} = 2. \text{ 或者}$$

$U + V = \max\{X,Y\} + \min\{X,Y\} = X + Y$, 故 $E(U+V) = E(X+Y) = E(X) + E(Y) = 2$.

[115] **解** **方法一** (1) X 的可能取值为 $0,1,2,3$, X 的概率分布为

$$P\{X=k\} = \frac{C_3^k C_3^{3-k}}{C_6^3}, \ k = 0,1,2,3,$$

即

X	0	1	2	3
P	$\frac{1}{20}$	$\frac{9}{20}$	$\frac{9}{20}$	$\frac{1}{20}$

因此

$$E(X) = 0 \times \frac{1}{20} + 1 \times \frac{9}{20} + 2 \times \frac{9}{20} + 3 \times \frac{1}{20} = \frac{3}{2};$$

(2) 设 A 表示事件"从乙箱中任意取出的一件产品是次品",根据全概率公式,有

$$P(A) = \sum_{k=0}^{3} P\{X=k\} P\{A \mid X=k\} = \frac{1}{20} \times 0 + \frac{9}{20} \times \frac{1}{6} + \frac{9}{20} \times \frac{2}{6} + \frac{1}{20} \times \frac{3}{6} = \frac{1}{4}.$$

方法二 (1) 设 $X_i = \begin{cases} 0, & \text{从甲箱中取出的第 } i \text{ 件产品是合格品,} \\ 1, & \text{从甲箱中取出的第 } i \text{ 件产品是次品,} \end{cases}$ 则 X_i 的概率分布为

X_i	0	1
P	$\frac{1}{2}$	$\frac{1}{2}$

, $i = 1,2,3$.

且 $E(X_i) = \frac{1}{2} \ (i = 1,2,3)$.

因为 $X = X_1 + X_2 + X_3$, 所以

$$E(X) = E(X_1 + X_2 + X_3) = E(X_1) + E(X_2) + E(X_3) = \frac{3}{2};$$

(2) 设 A 表示事件"从乙箱中任意取出的一件产品是次品", 由于 $\{X=0\}, \{X=1\}, \{X=2\}$ 和 $\{X=3\}$ 构成完备事件组, 因此根据全概率公式, 有

$$P(A) = \sum_{k=0}^{3} P\{X=k\} P\{A \mid X=k\} = \sum_{k=0}^{3} P\{X=k\} \cdot \frac{k}{6} = \frac{1}{6} \sum_{k=0}^{3} k P\{X=k\}$$

$$= \frac{1}{6} E(X) = \frac{1}{6} \cdot \frac{3}{2} = \frac{1}{4}.$$

[116] **解** 由条件知,平均利润为

$$E(T) = 20 P\{10 \leqslant X \leqslant 12\} - P\{X < 10\} - 5 P\{X > 12\}$$

$$= 20[\Phi(12-\mu) - \Phi(10-\mu)] - \Phi(10-\mu) - 5[1 - \Phi(12-\mu)]$$

$$= 25\Phi(12-\mu) - 21\Phi(10-\mu) - 5,$$

其中 $\Phi(x)$ 是标准正态分布函数. 设 $\varphi(x)$ 为标准正态密度,则有

$$\frac{\mathrm{d}E(T)}{\mathrm{d}\mu} = -25\varphi(12-\mu) + 21\varphi(10-\mu).$$

令其等于 0, 得

$$\frac{-25}{\sqrt{2\pi}} \mathrm{e}^{-\frac{(12-\mu)^2}{2}} + \frac{21}{\sqrt{2\pi}} \mathrm{e}^{-\frac{(10-\mu)^2}{2}} = 0,$$

即 $25e^{-\frac{(12-\mu)^2}{2}} = 21e^{-\frac{(10-\mu)^2}{2}}$.

由此得 $\mu = \mu_0 = 11 - \frac{1}{2}\ln\frac{25}{11} \approx 10.9$.

由题意知,当 $\mu = \mu_0 \approx 10.9$ 毫米时,平均利润最大.

[117] **解** 以 X_1 和 X_2 表示先后开动的记录仪无故障工作的时间,则 $T = X_1 + X_2$. 由条件知 $X_i (i = 1, 2)$ 的概率密度为

$$p_i(x) = \begin{cases} 5e^{-5x}, & 若 x > 0, \\ 0, & 若 x \leqslant 0. \end{cases}$$

两台仪器无故障工作时间 X_1 和 X_2 显然相互独立.

利用二独立随机变量和的密度公式求 T 的概率密度,对于 $t > 0$,有

$$f(t) = \int_{-\infty}^{+\infty} p_1(x) p_2(t-x) dx = 25\int_0^t e^{-5x} e^{-5(t-x)} dx = 25e^{-5t}\int_0^t dx$$
$$= 25te^{-5t}.$$

当 $t \leqslant 0$ 时,显然 $f(t) = 0$. 于是,得

$$f(t) = \begin{cases} 25te^{-5t}, & 若 t > 0, \\ 0, & 若 t \leqslant 0. \end{cases}$$

由于 X_i 服从参数为 $\lambda = 5$ 的指数分布,知

$$E(X_i) = \frac{1}{5}, \quad D(X_i) = \frac{1}{25} \quad (i = 1, 2).$$

因此,有

$$E(T) = E(X_1 + X_2) = E(X_1) + E(X_2) = \frac{2}{5}.$$

由于 X_1 和 X_2 独立,可见

$$D(T) = D(X_1 + X_2) = D(X_1) + D(X_2) = \frac{2}{25}.$$

点评 $E(T)$ 和 $D(T)$ 也可由 T 的密度 $f(t)$ 求得:

$$E(T) = \int_{-\infty}^{+\infty} t f(t) dt$$
$$E(T^2) = \int_{-\infty}^{+\infty} t^2 f(t) dt$$
$$D(T) = E(T^2) - [E(T)]^2$$

[118] **解** 设投保人应缴保险费为 x,保险公司的收益为 Y,则 Y 的分布律为

Y	x	$x-a$
P	$1-p$	p

故 $E(Y) = x \cdot (1-p) + (x-a) \cdot p$.

令 $x \cdot (1-p) + (x-a) \cdot p = \frac{a}{10}$,解得 $x = a\left(p + \frac{1}{10}\right)$(元).

[122] **解** 因为 $X \sim U(0,1)$,故

$$E(X) = \frac{1}{2},$$
$$E(Y) = E(X^2) = \int_0^1 x^2 dx = \frac{1}{3},$$
$$E(XY) = E(X^3) = \int_0^1 x^3 dx = \frac{1}{4},$$

则 $\text{Cov}(X, Y) = E(XY) - E(X) \cdot E(Y) \neq 0$.

故 X,Y 并非不相关,从而 X,Y 不独立.

[123] **解** (1)由于二维正态密度函数的两个边缘密度都是正态密度函数,因此 $\varphi_1(x,y)$ 和 $\varphi_2(x,y)$ 的两个边缘密度为标准正态密度函数,故

$$f_1(x) = \int_{-\infty}^{+\infty} f(x,y)\mathrm{d}y = \frac{1}{2}\left[\int_{-\infty}^{+\infty}\varphi_1(x,y)\mathrm{d}y + \int_{-\infty}^{+\infty}\varphi_2(x,y)\mathrm{d}y\right]$$

$$= \frac{1}{2}\left(\frac{1}{\sqrt{2\pi}}\mathrm{e}^{-\frac{x^2}{2}} + \frac{1}{\sqrt{2\pi}}\mathrm{e}^{-\frac{x^2}{2}}\right) = \frac{1}{\sqrt{2\pi}}\mathrm{e}^{-\frac{x^2}{2}}.$$

同理, $f_2(y) = \frac{1}{\sqrt{2\pi}}\mathrm{e}^{-\frac{y^2}{2}}$.

由于 $X \sim N(0,1)$, $Y \sim N(0,1)$,得 $E(X) = E(Y) = 0$, $D(X) = D(Y) = 1$. 随机变量 X 和 Y 的相关系数

$$\rho = \int_{-\infty}^{+\infty}\int_{-\infty}^{+\infty} xy f(x,y)\mathrm{d}x\mathrm{d}y$$

$$= \frac{1}{2}\left[\int_{-\infty}^{+\infty}\int_{-\infty}^{+\infty} xy\varphi_1(x,y)\mathrm{d}x\mathrm{d}y + \int_{-\infty}^{+\infty}\int_{-\infty}^{+\infty} xy\varphi_2(x,y)\mathrm{d}x\mathrm{d}y\right]$$

$$= \frac{1}{2}\left(\frac{1}{3} - \frac{1}{3}\right) = 0;$$

(2) 由题设

$$f(x,y) = \frac{3}{8\pi\sqrt{2}}\left[\mathrm{e}^{-\frac{9}{16}(x^2 - \frac{2}{3}xy + y^2)} + \mathrm{e}^{-\frac{9}{16}(x^2 + \frac{2}{3}xy + y^2)}\right],$$

$$f_1(x) \cdot f_2(y) = \frac{1}{2\pi}\mathrm{e}^{-\frac{x^2}{2}} \cdot \mathrm{e}^{-\frac{y^2}{2}} = \frac{1}{2\pi}\mathrm{e}^{-\frac{(x^2+y^2)}{2}},$$

$$f(x,y) \neq f_1(x) \cdot f_2(y).$$

所以 X 与 Y 不独立.

[124] **解** 由于

$$f_X(x) = \int_{-\infty}^{+\infty} f(x,y)\mathrm{d}y = \begin{cases} \frac{1}{\pi}\int_{-\sqrt{1-x^2}}^{\sqrt{1-x^2}}\mathrm{d}y = \frac{2}{\pi}\sqrt{1-x^2}, & -1 \leqslant x \leqslant 1, \\ 0, & \text{其他}, \end{cases}$$

由 X 和 Y 的对称性,同理可得

$$f_Y(y) = \begin{cases} \frac{2}{\pi}\sqrt{1-y^2}, & -1 \leqslant y \leqslant 1, \\ 0, & \text{其他}. \end{cases}$$

显然, $f(x,y) \neq f_X(x)f_Y(y)$,故 X 和 Y 不是相互独立的.
又

$$E(X) = \int_{-\infty}^{+\infty} xf_X(x)\mathrm{d}x = \int_{-1}^{1}\frac{2}{\pi}x\sqrt{1-x^2}\,\mathrm{d}x = 0,$$

同理 $E(Y) = 0$.

$$E(XY) = \int_{-\infty}^{+\infty}\int_{-\infty}^{+\infty} xyf(x,y)\mathrm{d}x\mathrm{d}y = \frac{1}{\pi}\int_{-1}^{1}\mathrm{d}x\int_{-\sqrt{1-x^2}}^{\sqrt{1-x^2}} xy\,\mathrm{d}y = 0,$$

从而 $\rho_{XY} = \dfrac{\mathrm{Cov}(X,Y)}{\sqrt{D(X)}\sqrt{D(Y)}} = \dfrac{E(XY) - E(X)E(Y)}{\sqrt{D(X)}\sqrt{D(Y)}} = 0.$

故 X 和 Y 不相关.

[125] **证** (1)由 ρ 的定义,可见 $\rho = 0$ 当且仅当 $P(AB) - P(A)P(B) = 0$,而这恰好是二事件 A 和 B 独立的定义,即 $\rho = 0$ 是 A 和 B 独立的充分必要条件;

(2)考虑随机变量 X 和 Y:

$$X = \begin{cases} 1, & 若A出现, \\ 0, & 若A不出现, \end{cases} \quad Y = \begin{cases} 1, & 若B出现, \\ 0, & 若B不出现. \end{cases}$$

由条件知,X 和 Y 都服从 $0 \sim 1$ 分布:

$$X \sim \begin{pmatrix} 0 & 1 \\ 1-P(A) & P(A) \end{pmatrix}, \quad Y \sim \begin{pmatrix} 0 & 1 \\ 1-P(B) & P(B) \end{pmatrix}.$$

易知

$$E(X) = P(A), \quad E(Y) = P(B).$$
$$D(X) = P(A)P(\bar{A}), \quad D(Y) = P(B)P(\bar{B}).$$
$$E(XY) = P(AB),$$
$$\mathrm{Cov}(X,Y) = P(AB) - P(A)P(B).$$

因此,事件 A 和 B 的相关系数就是随机变量 X 和 Y 的相关系数.
于是由二随机变量相关系数的基本性质,可见 $|\rho| \leqslant 1$.

第五章 大数定律与中心极限定理

[3] $\dfrac{1}{12}$.

解 根据期望和方差的性质

$$E(X+Y) = E(X) + E(Y) = -2 + 2 = 0,$$
$$D(X+Y) = D(X) + D(Y) + 2\mathrm{Cov}(X,Y) = D(X) + D(Y) + 2\rho_{XY}\sqrt{D(X)}\sqrt{D(Y)}$$
$$= 1 + 4 + 2 \times (-0.5) \times \sqrt{1} \times \sqrt{4} = 3.$$

那么

$$P\{|X+Y| \geqslant 6\} \leqslant \frac{D(X+Y)}{6^2} = \frac{3}{6^2} = \frac{1}{12}.$$

[4] **证** $E(X) = np$, $D(X) = np(1-p)$,由切比雪夫不等式,

$$P\{|X - E(X)| \geqslant \sqrt{n}\} \leqslant \frac{D(X)}{(\sqrt{n})^2},$$

即

$$P\{|X - np| \geqslant \sqrt{n}\} \leqslant p(1-p) \leqslant \frac{1}{4},$$

其中最后的不等式来自二次函数的极值.

[6] C

解 根据伯努利大数定律有 $\lim\limits_{n \to \infty} P\{|\dfrac{\mu_n}{n} - 0.3| > \varepsilon\} = 0$.

[7] $\dfrac{1}{2}$.

解 因为 $X_i \sim E(2)$,所以 $E(X_i) = \dfrac{1}{2}$, $D(X_i) = \dfrac{1}{4}$.
由已知 $X_1^2, X_2^2, \cdots, X_n^2$ 独立同分布,且

$$E(X_i^2) = DX_i + [E(X_i)]^2 = \frac{1}{4} + \frac{1}{4} = \frac{1}{2},$$

由大数定律得,$Y_n = \dfrac{1}{n}\sum\limits_{i=1}^{n} X_i^2$ 依概率收敛于 $\dfrac{1}{2}$.

[11] C

分析 列维—林德伯格定理成立的条件有三条:(1) 随机变量序列 $\{X_n\}$ 相互独立;(2) 各随机变量

73

服从同一分布;(3)各随机变量的数学期望和方差存在.

要判定当 n 充分大时,$S_n = \sum_{i=1}^{n} X_i$ 是否近似服从正态分布,只需验证随机变量序列 $\{X_n\}$ 是否满足上述三个条件即可.

解 根据题意知,选项 A、B 不能保证 $X_1, \cdots, X_n, \cdots$ 同分布;选项 D 不能保证数学期望存在.

[12] **解** 记 X 为 100 根木柱中长度小于 3 m 的木柱根数,则 $X \sim B(100, 0.2)$.由棣莫弗-拉普拉斯中心极限定理知

$$P\{X \geqslant 30\} = 1 - P\{X < 30\} = 1 - P\left\{\frac{X - 100 \times 0.2}{\sqrt{100 \times 0.2 \times 0.8}} < \frac{30 - 100 \times 0.2}{\sqrt{100 \times 0.2 \times 0.8}}\right\}$$

$$= 1 - \Phi\left(\frac{30 - 20}{4}\right) = 1 - \Phi(2.5) = 1 - 0.9938 = 0.0062.$$

[13] **解** 考虑用中心极限定理来估计,则有

$$P\left\{\left|\frac{1}{n}\sum_{i=1}^{n} X_i - \mu\right| \leqslant 0.2\right\} = P\left\{\left|\frac{\frac{1}{n}\sum_{i=1}^{n} X_i - \mu}{\frac{\sigma}{\sqrt{n}}}\right| \leqslant \frac{0.2\sqrt{n}}{\sigma}\right\} \approx 2\Phi\left(\frac{0.2\sqrt{n}}{\sigma}\right) - 1$$

$$= 2\Phi(0.2\sqrt{n}) - 1 \text{(由 } \sigma^2 = 1\text{)}.$$

$2\Phi(0.2\sqrt{n}) - 1 = 0.95$,即 $\Phi(0.2\sqrt{n}) = 0.975$,故 $0.2\sqrt{n} = 1.96$,解得 $n \geqslant 96.04$.

需要测量 97 次以上,才能以 95% 的把握确信估计值与真实值之差的绝对值不超过 0.2.

[14] **证** 根据简单随机样本的特性,$X_1, X_2, \cdots, X_n$ 独立同分布,那么 $X_1^2, X_2^2, \cdots, X_n^2$ 也独立同分布.由 $E(X^k) = a_k$, $k = 1, 2, 3, 4$,有

$$E(Z_n) = \frac{1}{n}\sum_{i=1}^{n} E(X_i^2) = a_2,$$

$$D(Z_n) = \frac{1}{n^2}\sum_{i=1}^{n} D(X_i^2) = \frac{1}{n^2}\sum_{i=1}^{n}\{E(X_i^4) - [E(X_i^2)]^2\} = \frac{1}{n}(a_4 - a_2^2) > 0.$$

所以,根据中心极限定理,$\dfrac{Z_n - a_2}{\sqrt{\dfrac{a_4 - a_2^2}{n}}}$ 的极限分布为标准正态分布,即 $Z_n = \dfrac{1}{n}\sum_{i=1}^{n} X_i^2$ 近似服从正态

分布(n 充分大时),其分布参数为 $\left(a_2, \dfrac{a_4 - a_2^2}{n}\right)$.

[22] B

解 由题意 Y 服从二项分布 $B(100, 0.8)$,

$$EY = 80, \quad DY = 16.$$

由中心极限定理可知,当 n 充分大时,Y 近似服从正态分布 $N(80, 16)$.

故 Y 的分布函数 $F(y) \approx \Phi\left(\dfrac{y - 80}{4}\right)$ (当 n 充分大时).

[23] D

解 因为 $E(X_i) = 0, D(X_i) = 1$,则由中心极限定理,当 n 充分大时,$\sum_{i=1}^{n} X_i$ 近似服从 $N(0, n)$.

故 $Z_n = \dfrac{1}{\sqrt{n}}\sum_{i=1}^{n} X_i$ 近似服从 $N(0, 1)$.

[24] C

解 由列维-林德伯格定理,$\overline{X} = \dfrac{1}{n}\sum_{k=1}^{n} X_k$ 近似服从 $N\left(\mu, \dfrac{\sigma^2}{n}\right)$,则

$$\lim_{n \to \infty} P\left\{|\overline{X}_n - \mu| \leqslant \dfrac{\sigma}{\sqrt{n}}\right\} = 2\Phi(1) - 1.$$

[25] $\dfrac{1}{4}$.

解 $E(X) = \displaystyle\int_{-\infty}^{+\infty} x f(x) \mathrm{d}x = 3$,

$D(X) = E(X^2) - [E(X)]^2 = \displaystyle\int_{-\infty}^{+\infty} x^2 f(x) \mathrm{d}x - 9 = 3$.

则 $P\{1 < X < 5\} = P\{|X-3| < 2\} > 1 - \dfrac{D(X)}{2^2} = 1 - \dfrac{3}{4} = \dfrac{1}{4}$.

[26] 0.374 5.

解 设第 i 个寻呼台在给定时刻一分钟内收到的呼叫次数为 $X_i(i=1,2,\cdots,50)$,则该市在此时刻一分钟内收到的呼叫总数为 $S = \displaystyle\sum_{i=1}^{50} X_i$,且

$$E(X_i) = \lambda = 0.05,$$
$$D(X_i) = \lambda = 0.05,\qquad i=1,2,\cdots,50,$$

所以,根据独立同分布中心极限定理,有

$$S \overset{\text{近似}}{\sim} N(50 \times 0.05, 50 \times 0.05) = N(2.5, 2.5).$$

于是,所求概率为

$$P\{S > 3\} = 1 - P\{S \leqslant 3\} \approx 1 - \Phi\left(\dfrac{3-2.5}{\sqrt{2.5}}\right) = 1 - \Phi(0.316\ 2) = 0.374\ 5.$$

[27] **解** 令 X 表示在夜晚同时开着的电灯数目,则 X 服从 $n=10\ 000, p=0.7$ 的二项分布,这时 $E(X) = np = 7\ 000, D(X) = npq = 2\ 100$,由切比雪夫不等式可得

$$P\{6\ 800 < X < 7\ 200\} = P\{|X - 7\ 000| < 200\} \geqslant 1 - \dfrac{2\ 100}{200^2} \approx 0.95.$$

这个概率的近似值表明,在 10 000 盏灯中,开着的灯数在 6 800 到 7 200 的概率大于 0.95.

[28] **解** X_k 表示第 k 个器件寿命,$k=1,2,\cdots,n$,

$$E(X_k) = \mu,\quad D(X_k) = 400,\quad E(\overline{X}) = \mu,\quad D(\overline{X}) = \dfrac{D(X_k)}{n} = \dfrac{400}{n},$$

$$P\{|\overline{X} - \mu| < 1\} = P\left\{\left|\dfrac{\overline{X} - \mu}{\sqrt{\frac{400}{n}}}\right| < \dfrac{1}{\sqrt{\frac{400}{n}}}\right\} = \Phi\left(\dfrac{\sqrt{n}}{20}\right) - \Phi\left(-\dfrac{\sqrt{n}}{20}\right)$$

$$= 2\Phi\left(\dfrac{\sqrt{n}}{20}\right) - 1 \geqslant 0.95.$$

故 $\Phi\left(\dfrac{\sqrt{n}}{20}\right) \geqslant 0.975 = \Phi(1.96)$,得 $\dfrac{\sqrt{n}}{20} \geqslant 1.96$,故 $n \geqslant 1\ 536.64$.

因此,n 至少为 1 537.

[29] **解** 设需要车位数为 n,且设第 $i(i=1,2,\cdots,200)$ 户有车辆数为 X_i,则由 X_i 的分布律知

$$E(X_i) = 0 \times 0.1 + 1 \times 0.6 + 2 \times 0.3 = 1.2,$$
$$E(X_i^2) = 0^2 \times 0.1 + 1^2 \times 0.6 + 2^2 \times 0.3 = 1.8,$$

故

$$D(X_i) = E(X_i^2) - [E(X_i)]^2 = 1.8 - 1.2^2 = 0.36.$$

因共有 200 户,各户占有车位数相互独立.从而近似地有

$$\sum_{i=1}^{200} X_i \sim N(200 \times 1.2, 200 \times 0.36).$$

今要求车位数 n 满足

$$0.95 \leqslant P\left\{\sum_{i=1}^{200} X_i \leqslant n\right\},$$

由正态近似知,上式中 n 应满足

$$0.95 \leqslant \Phi\left(\frac{n-200\times 1.2}{\sqrt{200\times 0.36}}\right) = \Phi\left(\frac{n-240}{\sqrt{72}}\right).$$

因 $0.95 = \Phi(1.645)$,从而由 $\Phi(x)$ 的单调性知 $\dfrac{n-240}{\sqrt{72}} \geqslant 1.645$,故

$$n \geqslant 240 + 1.645 \times \sqrt{72} = 253.96.$$

由此知至少需 254 个车位.

[30] **解** 设 X 为同时与主机交换数据的终端数,则 $X \sim B(120, 0.1)$.

由棣莫弗-拉普拉斯定理,X 近似服从 $N(np, np(1-p))$,即 X 近似服从 $N(12, 10.8)$,则

$$P\{X > 20\} = 1 - P\{X \leqslant 20\} \approx 1 - \Phi\left(\frac{20-12}{\sqrt{10.8}}\right)$$

$$= 1 - \Phi(2.43) = 0.0075.$$

[31] **解** 设 X_i 为第 i 周的销售量,$i = 1, 2, \cdots, 52$,因为 $X_i \sim P(1)$,则一年的销售量为 $Y = \sum_{i=1}^{52} X_i$,

$$E(Y) = 52, \quad D(Y) = 52.$$

由独立同分布的中心极限定理,所求概率为

$$P\{50 < Y < 70\} = P\left\{\frac{-2}{\sqrt{52}} < \frac{Y-52}{\sqrt{52}} < \frac{18}{\sqrt{52}}\right\} \approx \Phi\left(\frac{18}{\sqrt{52}}\right) + \Phi\left(\frac{2}{\sqrt{52}}\right) - 1$$

$$= \Phi(2.50) + \Phi(0.28) - 1.$$

[32] **解** 设 100 人中的治愈人数为 X,则 $X \sim B(100, p)$.

(1) $p = 0.8$,即 $X \sim B(100, 0.8)$.

由中心极限定理,X 近似服从 $N(80, 4^2)$.

故,接受药厂断言的概率为

$$P\{X > 75\} = 1 - P\{X \leqslant 75\} \approx 1 - \Phi\left(\frac{75-80}{4}\right)$$

$$= 1 - \Phi\left(-\frac{5}{4}\right) = \Phi(1.25) = 0.8944;$$

(2) $p = 0.7$,即 $X \sim B(100, 0.7)$.

由中心极限定理,X 近似服从 $N(70, 21)$.

故,接受药厂断言的概率为

$$P\{X > 75\} = 1 - P\{X \leqslant 75\} \approx 1 - \Phi\left(\frac{75-70}{\sqrt{21}}\right)$$

$$= 1 - \Phi(1.09) = 1 - 0.8621 = 0.1379.$$

[33] **解** 设修理第 i 台机器 $(i=1,2,\cdots,20)$ 第一阶段耗时 X_i,第二阶段耗时 Y_i,则共耗时 $Z_i = X_i + Y_i$.

由已知 $E(X_i) = 0.2, E(Y_i) = 0.3$,故

$$E(Z_i) = E(X_i) + E(Y_i) = 0.5,$$

$$D(Z_i) = D(X_i) + D(Y_i) = 0.2^2 + 0.3^2 = 0.13.$$

由中心极限定理,20 台机器需要修理的时间近似服从正态分布,即

$$\sum_{i=1}^{20} Z_i \stackrel{近似}{\sim} N(20 \times 0.5, 20 \times 0.13) = N(10, 2.6),$$

因此概率为

$$P\left\{\sum_{i=1}^{20} Z_i \leqslant 8\right\} \approx \Phi\left(\frac{8-10}{\sqrt{2.6}}\right) = \Phi(-1.24) = 0.1075.$$

[34] **解** (1) 设参加保险的 10 000 人中一年死亡的人数为 X,则有 $X \sim B(10\,000, 0.006)$,$E(X) = 60$,$D(X) \approx 7.72^2$.

公司一年收保险费 120 000 元,付给死者家属 1 000X 元.当 1 000X − 120 000 > 0 即 X > 120 时,公司就亏本了.所以亏本的概率为
$$P\{X > 120\} = 1 - P\{X \leqslant 120\}.$$
由中心极限定理,X 近似服从 $N(60, 7.72^2)$,于是
$$P\{X > 120\} = 1 - P\left\{\frac{X-60}{7.72} \leqslant \frac{120-60}{7.72}\right\} = 1 - P\left\{\frac{X-60}{7.72} \leqslant 7.77\right\}$$
$$\approx 1 - \Phi(7.77) \approx 1 - 1 = 0;$$
(2) 公司年利润不少于 60 000 元就是 120 000 − 1 000X ≥ 60 000,即 0 ≤ X ≤ 60,其概率为
$$P\{0 \leqslant X \leqslant 60\} = P\left\{\frac{0-60}{7.72} \leqslant \frac{X-60}{7.72} \leqslant \frac{60-60}{7.72}\right\} = P\left\{-7.77 \leqslant \frac{X-60}{7.72} \leqslant 0\right\}$$
$$\approx \Phi(0) - \Phi(-7.77) \approx 0.5 - 0 = 0.5.$$

[35] 解
$$E(\overline{X}) = E(X) = \int_{-1}^{1} x \mid x \mid \mathrm{d}x = 0,$$
$$D(\overline{X}) = \frac{1}{50} D(X) = \frac{1}{50} E(X^2) = \frac{1}{50} 2\int_0^1 x^2 \mid x \mid \mathrm{d}x = \frac{1}{100}.$$
由中心极限定理,$\overline{X} \overset{\text{近似}}{\sim} N\left(0, \frac{1}{100}\right)$,故
$$P\{\mid \overline{X} \mid > 0.02\} = 1 - P\{\mid \overline{X} \mid \leqslant 0.02\} \approx 2\left[1 - \Phi\left(\frac{0.02-0}{0.1}\right)\right] = 2[1 - \Phi(0.2)] = 0.841\,4.$$

[36] 解 (1) 令 X_i 表示第一组第 i 人测量结果,则 $E(X_i) = 5$,$D(X_i) = 0.3$ $(i = 1, 2, \cdots, 80)$.由中心极限定理
$$P\{4.9 < \overline{X} < 5.1\} = \left\{\frac{4.9-5}{\sqrt{\frac{0.3}{80}}} < \frac{\overline{X}-5}{\sqrt{\frac{0.3}{80}}} < \frac{5.1-5}{\sqrt{\frac{0.3}{80}}}\right\} \approx \Phi\left(\frac{4}{\sqrt{6}}\right) - \Phi\left(-\frac{4}{\sqrt{6}}\right)$$
$$= 2\Phi(1.63) - 1 = 0.896\,8;$$
(2) 令 Y_j 表示第二组第 j 人测量结果,则 $E(Y_j) = 5$,$D(Y_j) = 0.3$ $(j = 1, 2, \cdots, 80)$.
$$E(\overline{X}) = E(\overline{Y}) = 5, \quad D(\overline{X}) = D(\overline{Y}) = \frac{0.3}{80} = \frac{3}{800},$$
$$E(\overline{X} - \overline{Y}) = 0, \quad D(\overline{X} - \overline{Y}) = D(\overline{X}) + D(\overline{Y}) = \frac{3}{400},$$
$$P\{-0.1 < \overline{X} - \overline{Y} < 0.1\} = P\left\{\frac{-0.1}{\sqrt{\frac{3}{400}}} < \frac{\overline{X}-\overline{Y}}{\sqrt{\frac{3}{400}}} < \frac{0.1}{\sqrt{\frac{3}{400}}}\right\} \approx \Phi\left(\frac{2}{\sqrt{3}}\right) - \Phi\left(-\frac{2}{\sqrt{3}}\right)$$
$$= 2\Phi(1.16) - 1 = 0.754.$$

[37] 解 设 6 000 粒中的良种数量为 X,则 $X \sim B\left(6\,000, \frac{1}{6}\right)$.

(1) 要估计的概率为
$$P\left\{\left|\frac{X}{6\,000} - \frac{1}{6}\right| < \frac{1}{100}\right\} = P\{\mid X - 1\,000 \mid < 60\},$$
相当于在切比雪夫不等式中取 $\varepsilon = 60$,于是由切比雪夫不等式可得
$$P\left\{\left|\frac{X}{6\,000} - \frac{1}{6}\right| < \frac{1}{100}\right\} = P\{\mid X - 1\,000 \mid < 60\}$$
$$\geqslant 1 - \frac{D(X)}{60^2} = 1 - \frac{5}{6} \times 1\,000 \times \frac{1}{3\,600}$$
$$= 1 - 0.231\,5 = 0.768\,5,$$
即用切比雪夫不等式估计此概率值不小于 0.768 5;

(2) 由拉普拉斯中心极限定理,二项分布 $B\left(6\,000, \frac{1}{6}\right)$ 可用正态分布 $N\left(1\,000, \frac{5}{6} \times 1\,000\right)$ 近似,于是,所求概率为

$$P\left\{\left|\frac{X}{6\,000} - \frac{1}{6}\right| < \frac{1}{100}\right\} = P\{|X - 1\,000| < 60\} = P\left\{\left|\frac{X - 1\,000}{\sqrt{\frac{5}{6} \times 1\,000}}\right| < \frac{60}{\sqrt{\frac{5}{6} \times 1\,000}}\right\}$$

$$\approx 2\Phi(2.078\,4) - 1 = 2 \times 0.981\,24 - 1 \approx 0.962\,5.$$

比较两个结果,用切比雪夫不等式估计是比较粗略的.

[38] **解** (1) 由列维—林德伯格定理,$\overline{X} = \frac{1}{n}\sum_{i=1}^{n} X_i$ 近似服从 $N\left(\mu, \frac{\sigma^2}{n}\right)$,即

$$\overline{X} \stackrel{\text{近似}}{\sim} N\left(4, \frac{1.5^2}{50}\right) = N(4, 0.212\,1^2),$$

则

$$P\{3.5 \leqslant \overline{X} \leqslant 3.8\} \approx \Phi\left(\frac{3.8 - 4}{0.212\,1}\right) - \Phi\left(\frac{3.5 - 4}{0.212\,1}\right) = \Phi(-0.94) - \Phi(-2.36) = 0.164\,5;$$

(2) 由列维—林德伯格定理,$\sum_{i=1}^{n} X_i$ 近似地服从 $N(n\mu, n\sigma^2)$,即

$$T = \sum_{i=1}^{100} X_i \stackrel{\text{近似}}{\sim} N(400, 15^2),$$

则

$$P\{T \leqslant 425\} \approx \Phi\left(\frac{425 - 400}{15}\right) = \Phi(1.67) = 0.952\,5.$$

第六章 数理统计基本概念

[5] $\frac{1}{20}, \frac{1}{100}, 2.$

解 令 $Y_1 = X_1 - 2X_2$,则 $\frac{Y_1}{\sqrt{20}} \sim N(0,1).$

故当 $a = \frac{1}{20}$ 时,$\sqrt{a}(X_1 - 2X_2) \sim N(0,1).$

同样令 $Y_2 = 3X_3 - 4X_4$,则 $\frac{Y_2}{10} \sim N(0,1).$

故当 $b = \frac{1}{100}$ 时,$\sqrt{b}(3X_3 - 4X_4) \sim N(0,1)$,此时 $X = \frac{Y_1^2}{20} + \frac{Y_2^2}{100} \sim \chi^2(2).$

[6] $\sqrt{\frac{3}{2}}.$

解 因为

$$\frac{X_1 + X_2}{\sqrt{2}\sigma} \sim N(0,1), \quad \frac{1}{\sigma^2}(X_3^2 + X_4^2 + X_5^2) \sim \chi^2(3),$$

且 $\frac{X_1 + X_2}{\sqrt{2}\sigma}$ 与 $\frac{1}{\sigma^2}(X_3^2 + X_4^2 + X_5^2)$ 独立,于是

$$\frac{\frac{X_1 + X_2}{\sqrt{2}\sigma}}{\sqrt{\frac{\frac{1}{\sigma^2}(X_3^2 + X_4^2 + X_5^2)}{3}}} = \frac{\sqrt{\frac{3}{2}}(X_1 + X_2)}{\sqrt{X_3^2 + X_4^2 + X_5^2}} \sim t(3) \Rightarrow a = \sqrt{\frac{3}{2}}.$$

[7] F, $(10,5)$.

分析 利用 χ^2 分布与 F 分布的定义可判断分布并解得参数.

解 由于 $X_1, X_2, \cdots, X_{15}$ 是简单随机样本,所以 $X_i(i=1,2,\cdots,15)$ 相互独立且服从 $N(0,2^2)$ 分布,因此 $X_1^2 + \cdots + X_{10}^2$ 与 $X_{11}^2 + \cdots + X_{15}^2$ 也相互独立,而

$$\frac{X_i}{2} \sim N(0,1) \quad (i=1,2,\cdots,15),$$

故

$$\left(\frac{X_1}{2}\right)^2 + \cdots + \left(\frac{X_{10}}{2}\right)^2 = \frac{1}{4}(X_1^2 + \cdots + X_{10}^2) \sim \chi^2(10),$$

$$\left(\frac{X_{11}}{2}\right)^2 + \cdots + \left(\frac{X_{15}}{2}\right)^2 = \frac{1}{4}(X_{11}^2 + \cdots + X_{15}^2) \sim \chi^2(5),$$

所以

$$\frac{\frac{1}{4}(X_1^2 + \cdots + X_{10}^2) \frac{1}{10}}{\frac{1}{4}(X_{11}^2 + \cdots + X_{15}^2) \frac{1}{5}} = \frac{X_1^2 + \cdots + X_{10}^2}{2(X_{11}^2 + \cdots + X_{15}^2)} \sim F(10,5),$$

故 Y 服从 F 分布,参数为 $(10,5)$.

[8] **解** 将题目中的概率密度函数变形整理可化为二维正态分布的形式,

$$f(x,y) = \frac{1}{12\pi} e^{-\frac{1}{72}(9x^2 + 4y^2 - 8y + 4)} = \frac{1}{2\pi \times 2 \times 3} e^{-\left(\frac{x^2}{2 \times 2^2} + \frac{(y-1)^2}{2 \times 3^2}\right)},$$

所以 (X,Y) 服从正态分布 $N(0,1;2^2,3^2;0)$.

故 $X \sim N(0,2^2), Y \sim N(1,3^2)$,且 X,Y 相互独立,则

$$\frac{X-0}{2} \sim N(0,1^2), \quad \frac{Y-1}{3} \sim N(0,1^2).$$

将所给统计量进行变形,凑成 F 分布的形式

$$\frac{9X^2}{4(Y-1)^2} = \frac{\left(\frac{X-0}{2}\right)^2}{\left(\frac{Y-1}{3}\right)^2} = \frac{\frac{\chi^2(1)}{1}}{\frac{\chi^2(1)}{1}} \sim F(1,1).$$

[9] **解** 因为 $\overline{X} \sim N\left(\mu, \frac{\sigma^2}{n}\right), X_{n+1} \sim N(\mu, \sigma^2)$,且两者独立.

所以

$$X_{n+1} - \overline{X} \sim N\left(0, \frac{n+1}{n}\sigma^2\right),$$

$$U = \frac{X_{n+1} - \overline{X}}{\sqrt{\frac{n+1}{n}}\sigma} \sim N(0,1).$$

而 $\chi^2 = \frac{(n-1)S^2}{\sigma^2} \sim \chi^2(n-1)$ 且与 U 独立,则由 t 分布定义可知,

$$\frac{U}{\sqrt{\frac{\chi^2}{n-1}}} = \sqrt{\frac{n}{n+1}} \cdot \frac{X_{n+1} - \overline{X}}{S} \sim t(n-1).$$

[10] **证** 因为 $X \sim N(\mu, \sigma^2), X_i \sim N(\mu, \sigma^2)$,所以 $Y_1 \sim N\left(\mu, \frac{\sigma^2}{6}\right), Y_2 \sim N\left(\mu, \frac{\sigma^2}{3}\right)$.

故 $Y_1 - Y_2 \sim N\left(0, \frac{\sigma^2}{2}\right)$,因此有

$$\frac{Y_1 - Y_2}{\frac{\sigma}{\sqrt{2}}} = \frac{\sqrt{2}(Y_1 - Y_2)}{\sigma} \sim N(0,1).$$

又由于

$$S^2 = \frac{1}{2}\sum_{i=7}^{9}(X_i - Y_2)^2 = \frac{1}{3-1}\sum_{i=7}^{9}(X_i - Y_2)^2,$$

而

$$\frac{(n-1)S^2}{\sigma^2} \sim \chi^2(n-1),$$

所以 $\frac{2S^2}{\sigma^2} \sim \chi^2(2)$.

因为 Y_2 和 S^2 相互独立,而且 Y_1 与 Y_2,Y_1 与 S^2 也相互独立,所以 $Y_1 - Y_2$ 与 S^2 相互独立.

则有 $\frac{\sqrt{2}(Y_1 - Y_2)}{\sigma}$ 与 $\frac{2S^2}{\sigma^2}$ 相互独立.

那么

$$T = \frac{\sqrt{2}(Y_1 - Y_2)}{S} = \frac{\frac{\sqrt{2}(Y_1 - Y_2)}{\sigma}}{\sqrt{\frac{2S^2}{2\sigma^2}}} \sim t(2),$$

故 T 服从自由度为 2 的 t 分布.

[14] B

解 因为 $X \sim F(n,n)$,所以 $\frac{1}{X} \sim F(n,n)$,故

$$p_1 = P\{X \geqslant 1\} = P\left\{\frac{1}{X} \leqslant 1\right\} = P\{X \leqslant 1\} = p_2.$$

[15] -0.438.

解 $P\{\overline{X} > \mu + aS\} = P\left\{\frac{\overline{X} - \mu}{\frac{S}{\sqrt{16}}} > a\sqrt{16}\right\} = 0.95,$

因为 $\frac{\overline{X} - \mu}{\frac{S}{\sqrt{n}}} \sim t(n-1)$,所以 $4a = t_{0.95}(15) = -1.7531.$

故 $a = -0.438.$

[16] 解 以 $\overline{X}$ 表示该样本均值,则

$$\overline{X} \sim N\left(3.4, \frac{6^2}{n}\right),$$

从而有

$$P\{1.4 < \overline{X} < 5.4\} = P\{-2 < \overline{X} - 3.4 < 2\} = P\{|\overline{X} - 3.4| < 2\}$$
$$= P\left\{\frac{|\overline{X} - 3.4|}{6}\sqrt{n} < \frac{2\sqrt{n}}{6}\right\} = 2\Phi\left(\frac{\sqrt{n}}{3}\right) - 1 \geqslant 0.95.$$

故 $\Phi\left(\frac{\sqrt{n}}{3}\right) \geqslant 0.975.$ 由此得 $\frac{\sqrt{n}}{3} \geqslant 1.96$,即 $n \geqslant (1.96 \times 3)^2 \approx 34.57.$

所以 n 至少应取 35.

[17] 解 因为 $\frac{(n-1)S^2}{\sigma^2} \sim \chi^2(n-1)$,所以

$$P\left\{\frac{S^2}{\sigma^2} \leqslant 1.664\right\} = P\left\{\frac{(n-1)S^2}{\sigma^2} \leqslant (n-1) \times 1.664\right\}$$

$$= P\left\{\frac{(n-1)S^2}{\sigma^2} \leqslant 15 \times 1.664\right\}$$
$$= P\{\chi^2(n-1) \leqslant 24.96\} = 1 - P\{\chi^2(15) > 24.96\}$$
$$= 1 - 0.05 = 0.95 (其中 \chi^2_{0.05}(15) = 24.996).$$

[18] 证 由分位点定义：
$$1 - \alpha = P\{F > F_{1-\alpha}(m,n)\} = P\left\{\frac{1}{F} < \frac{1}{F_{1-\alpha}(m,n)}\right\}$$
$$= 1 - P\left\{\frac{1}{F} > \frac{1}{F_{1-\alpha}(m,n)}\right\},$$

则 $P\left\{\frac{1}{F} > \frac{1}{F_{1-\alpha}(m,n)}\right\} = \alpha.$

由 F 分布性质可知 $\frac{1}{F} \sim F(n,m)$，则 $\frac{1}{F_{1-\alpha}(m,n)} = F_\alpha(n,m).$

故 $F_{1-\alpha}(m,n) = \frac{1}{F_\alpha(n,m)}.$

[22] C

解 $\text{Cov}(\overline{X}_k, \overline{X}_{k+1}) = \frac{1}{k(k+1)} \text{Cov}(\sum_{i=1}^{k} X_i, \sum_{i=1}^{k} X_i + X_{k+1})$
$$= \frac{1}{k(k+1)} \text{Cov}(\sum_{i=1}^{k} X_i, \sum_{i=1}^{k} X_i) = \frac{1}{k(k+1)} D(\sum_{i=1}^{k} X_i)$$
$$= \frac{1}{k(k+1)} \cdot k\sigma^2 = \frac{\sigma^2}{k+1}.$$

[23] $\sigma^2 + \mu^2.$

解 因为 $X_i \sim N(\mu, \sigma^2)$，所以 $E(X_i) = \mu, D(X_i) = \sigma^2.$ 则
$$E(T) = E(\frac{1}{n} \sum_{i=1}^{n} X_i^2) = \frac{1}{n} \sum_{i=1}^{n} E(X_i^2)$$
$$= \frac{1}{n} \sum_{i=1}^{n} \{D(X_i) + [E(X_i)]^2\} = \frac{1}{n} \sum_{i=1}^{n} (\sigma^2 + \mu^2)$$
$$= \sigma^2 + \mu^2.$$

[24] 2.

解 因为 $E(S^2) = D(X)$，而
$$E(X) = \int_{-\infty}^{+\infty} xf(x)\mathrm{d}x = 0,$$
$$E(X^2) = \int_{-\infty}^{+\infty} x^2 f(x)\mathrm{d}x = \int_{-\infty}^{+\infty} x^2 \cdot \frac{1}{2} \mathrm{e}^{-|x|} \mathrm{d}x$$
$$= \int_{0}^{+\infty} x^2 \mathrm{e}^{-x} \mathrm{d}x = -x^2 \mathrm{e}^{-x} \Big|_{0}^{+\infty} + \int_{0}^{+\infty} 2x\mathrm{e}^{-x} \mathrm{d}x = 2,$$
$$D(X) = E(X^2) - [E(X)]^2 = 2,$$

所以 $E(S^2) = 2.$

[25] 分析 本题既可以利用公式 $E(\overline{X}) = E(X)$、$D(\overline{X}) = \frac{D(X)}{n}$、$E(S^2) = D(X)$ 直接计算，也可利用期望与方差的性质推导，其中在求 S^2 的期望时，采用 S^2 的另一种表达式
$$S^2 = \frac{1}{n-1}(\sum_{i=1}^{n} X_i^2 - n\overline{X}^2),$$

问题就变得简单了.

解 (1) $X_1, X_2, \cdots, X_n$ 相互独立且与 X 有相同的分布，所以
$$E(X_i) = E(X),$$

$$E(\overline{X}) = E\Big(\frac{1}{n}\sum_{i=1}^{n}X_i\Big) = \frac{1}{n}\sum_{i=1}^{n}E(X_i) = \frac{1}{n}nE(X) = E(X).$$

故 $E(\overline{X}) = E(X) = \mu.$

$$D(X_i) = D(X) \quad (i=1,2,\cdots,n),$$

$$D(\overline{X}) = D\Big(\frac{1}{n}\sum_{i=1}^{n}X_i\Big) = \frac{1}{n^2}\sum_{i=1}^{n}D(X_i) = \frac{1}{n^2}nD(X) = \frac{1}{n}D(X).$$

故 $D(\overline{X}) = \dfrac{\sigma^2}{n}$;

(2) $E(S^2) = E\Big[\dfrac{1}{n-1}\Big(\sum\limits_{i=1}^{n}X_i^2 - n\overline{X}^2\Big)\Big] = \dfrac{1}{n-1}\Big[\sum\limits_{i=1}^{n}E(X_i^2) - nE(\overline{X}^2)\Big].$

因为

$$E(X_i^2) = D(X_i) + [E(X_i)]^2 \quad (i=1,2,\cdots,n),$$
$$E(\overline{X}^2) = D(\overline{X}) + [E(\overline{X})]^2,$$

所以

$$E(X_i^2) = D(X) + [E(X)]^2 \quad (i=1,2,\cdots,n),$$
$$E(\overline{X}^2) = \frac{1}{n}D(X) + [E(X)]^2,$$

故

$$E(S^2) = \frac{1}{n-1}\{nD(X) + n[E(X)]^2 - D(X) - n[E(X)]^2\} = D(X),$$

因此 $E(S^2) = \sigma^2.$

[26] 分析 $Y_i = X_i - \mu \sim N(0, \sigma^2)$, $E(|Y_i|) = \dfrac{2}{\sqrt{2\pi}\sigma}\int_0^{+\infty} y\mathrm{e}^{-\frac{y^2}{2\sigma^2}}\mathrm{d}y.$

证 记 $Y_i = X_i - \mu$, 得 $Y_i \sim N(0, \sigma^2)$, $i=1,2,\cdots,n.$

$$E(|X_i - \mu|) = E(|Y_i|) = \frac{1}{\sqrt{2\pi}\sigma}\int_{-\infty}^{+\infty}|y|\mathrm{e}^{-\frac{y^2}{2\sigma^2}}\mathrm{d}y = \frac{2}{\sqrt{2\pi}\sigma}\int_0^{+\infty}y\mathrm{e}^{-\frac{y^2}{2\sigma^2}}\mathrm{d}y$$

$$= -\frac{2\sigma}{\sqrt{2\pi}}\mathrm{e}^{-\frac{y^2}{2\sigma^2}}\Big|_0^{+\infty} = \sqrt{\frac{2}{\pi}}\sigma.$$

$$D(|X_i - \mu|) = D(|Y_i|) = E(Y_i^2) - [E(|Y_i|)]^2$$

$$= D(Y_i) + [E(Y_i)]^2 - \Big(\sqrt{\frac{2}{\pi}}\sigma\Big)^2$$

$$= \sigma^2 + 0 - \frac{2}{\pi}\sigma^2 = \Big(1 - \frac{2}{\pi}\Big)\sigma^2.$$

因此

$$E(Y) = E\Big(\frac{1}{n}\sum_{i=1}^{n}|X_i - \mu|\Big) = \frac{1}{n}\sum_{i=1}^{n}E(|X_i - \mu|)$$

$$= \frac{1}{n}\cdot n\sqrt{\frac{2}{\pi}}\sigma = \sqrt{\frac{2}{\pi}}\sigma,$$

$$D(Y) = D\Big(\frac{1}{n}\sum_{i=1}^{n}|X_i - \mu|\Big) = \frac{1}{n^2}\sum_{i=1}^{n}D(|X_i - \mu|)$$

$$= \Big(1 - \frac{2}{\pi}\Big)\frac{\sigma^2}{n}.$$

[29] 解 (1) 样本空间

$$\Omega = \{(x_1, x_2, \cdots, x_n) \mid x_i \in R, i=1,2,\cdots,n\} = R^n.$$

联合分布密度

$$f(x_1, x_2, \cdots, x_n) = \prod_{i=1}^{n}f(x_i) = \prod_{i=1}^{n}\frac{1}{\sqrt{2\pi}\sigma}\mathrm{e}^{-\frac{(x_i-\mu)^2}{2\sigma^2}} = \frac{1}{(2\pi)^{\frac{n}{2}}\sigma^n}\mathrm{e}^{-\frac{1}{2\sigma^2}\sum_{i=1}^{n}(x_i-\mu)^2};$$

(2) 因为 T_1, T_3, T_4 中不含未知参数,故 T_1, T_3, T_4 是统计量,而 T_2, T_5, T_6 中含未知参数(其中 T_2 中 $E(X_1) = \mu$),故 T_2, T_5, T_6 不是统计量.

[30] **解** (1) 由于 $P\{X_i = x_i\} = \dfrac{\lambda^{x_i}}{x_i!}\mathrm{e}^{-\lambda}$ $(x_i = 0, 1, 2, \cdots) \lambda > 0$

因此 $(X_1, X_2, \cdots, X_n)$ 的概率分布为

$$p(x_1, x_2, \cdots, x_n) = \prod_{i=1}^{n}\dfrac{\lambda^{x_i}}{x_i!}\mathrm{e}^{-\lambda} = \dfrac{\mathrm{e}^{-n\lambda}\lambda^{\sum_{i=1}^{n}x_i}}{\prod_{i=1}^{n}x_i!};$$

(2) 由于 $X \sim P(\lambda)$,所以 $E(X) = D(X) = \lambda$,则有

$$E(\overline{X}) = E(X) = \lambda, \quad D(\overline{X}) = \dfrac{D(X)}{n} = \dfrac{\lambda}{n}, \quad E(S^2) = D(X) = \lambda;$$

(3) $\overline{X} = \dfrac{1}{10}\sum_{i=1}^{10}X_i = 4$,

$S^2 = \dfrac{1}{n-1}\sum_{i=1}^{n}(X_i - \overline{X})^2 = \dfrac{1}{n-1}\Big(\sum_{i=1}^{n}X_i^2 - n\overline{X}^2\Big) = 4.$

经验分布函数 $F_{10}(x)$ 为

$$F_{10}(x) = \begin{cases} 0, & x < 1, \\ \dfrac{1}{10}, & 1 \leqslant x < 2, \\ \dfrac{2}{10}, & 2 \leqslant x < 3, \\ \dfrac{4}{10}, & 3 \leqslant x < 4, \\ \dfrac{7}{10}, & 4 \leqslant x < 5, \\ \dfrac{8}{10}, & 5 \leqslant x < 6, \\ \dfrac{9}{10}, & 6 \leqslant x < 8, \\ 1, & x \geqslant 8. \end{cases}$$

[39] B

分析 根据 t 分布的表达形式及推导可判断出正确选项.

解 因为 $X_1, X_2, \cdots, X_n$ 服从 $N(\mu, \sigma^2)$ 分布,所以有

$$\dfrac{\overline{X} - \mu}{\sigma}\sqrt{n} \sim N(0, 1), \quad \sum_{i=1}^{n}\dfrac{(X_i - \overline{X})^2}{\sigma^2} \sim \chi^2(n-1),$$

$$\dfrac{\overline{X} - \mu}{\sqrt{\dfrac{1}{n-1}\sum_{i=1}^{n}(X_i - \overline{X})^2}}\sqrt{n} \sim t(n-1).$$

因此

$$\dfrac{(\overline{X} - \mu)\sqrt{n}}{\sqrt{\dfrac{1}{n-1}\sum_{i=1}^{n}(X_i - \overline{X})^2}} = \dfrac{\overline{X} - \mu}{\sqrt{\dfrac{1}{n} \cdot \dfrac{1}{n-1}\sum_{i=1}^{n}(X_i - \overline{X})^2}} = \dfrac{\overline{X} - \mu}{\dfrac{S_2}{\sqrt{n-1}}} \sim t(n-1).$$

思路拓展 如果牢记正态总体抽样分布的有关结论,则此题也直接选 B.

[40] D

解 $X_i \sim N(0,\sigma^2)$, $\dfrac{X_i}{\sigma} \sim N(0,1)$, $\overline{X} \sim N(0,\dfrac{\sigma^2}{n})$,

$$\dfrac{(n-1)}{\sigma^2}S^2 = \sum_{i=1}^{n}\left(\dfrac{X_i - \overline{X}}{\sigma}\right)^2 \sim \chi^2(n-1), \quad \dfrac{\sqrt{n}\,\overline{X}}{\sigma} = \dfrac{1}{\sqrt{n}}\sum_{i=1}^{n}\dfrac{X_i}{\sigma} \sim N(0,1),$$

故有 $\dfrac{1}{n}\left(\sum\limits_{i=1}^{n}\dfrac{X_i}{\sigma}\right)^2 \sim \chi^2(1)$. 由 $\overline{X}$ 与 S^2 独立, 所以

$$n\left(\dfrac{\overline{X}}{\sigma}\right)^2 + \dfrac{(n-1)S^2}{\sigma^2} = \dfrac{1}{n}\left(\sum_{i=1}^{n}\dfrac{X_i}{\sigma}\right)^2 + \dfrac{(n-1)S^2}{\sigma^2} \sim \chi^2(n).$$

[41] B

解 $E(S^2) = D(X) = m\theta(1-\theta)$, 从而

$$E\left[\sum_{i=1}^{n}(X_i - \overline{X})^2\right] = E[(n-1)S^2] = m(n-1)\theta(1-\theta).$$

[42] C

解 $X \sim N(0,\sigma^2)$, 则 $X_1 - X_2 \sim N(0,2\sigma^2)$, 因此 $\dfrac{X_1 - X_2}{\sqrt{2}\sigma} \sim N(0,1)$.

又因为 $\left(\dfrac{X_3}{\sigma}\right)^2 \sim \chi^2(1)$, 所以 $S = \dfrac{X_1 - X_2}{\sqrt{2}\,|X_3|} = \dfrac{\dfrac{X_1 - X_2}{\sqrt{2}\sigma}}{\sqrt{\left(\dfrac{X_3}{\sigma}\right)^2}} \sim t(1)$.

[43] C

解 根据上侧分位数的性质

$$u_{1-\alpha} = -u_\alpha, \quad t_{1-\alpha} = -t_\alpha, \quad F_{1-\alpha}(m,n) = \dfrac{1}{F_\alpha(n,m)}.$$

[44] D

解 $Z = X_1^2 + X_2^2 + \cdots + X_8^2 \sim \chi^2(8)$, $Y = X_9^2 + X_{10}^2 + \cdots + X_{16}^2 \sim \chi^2(8)$,

因此, $\dfrac{Z}{Y} \sim F(8,8)$.

[45] $5, \chi^2, 5$.

解 因为 $E(X_i) = 0, E(X_i^2) = D(X_i) = 1$, 所以 $E(Y) = 5$.

$$Y = \left(\dfrac{X_1 + X_2}{\sqrt{2}}\right)^2 + \cdots + \left(\dfrac{X_9 + X_{10}}{\sqrt{2}}\right)^2 \sim \chi^2(5).$$

其中 $\dfrac{X_1 + X_2}{\sqrt{2}} \sim N(0,1), \cdots, \dfrac{X_9 + X_{10}}{\sqrt{2}} \sim N(0,1)$.

[46] 40.

解 $E(\overline{X} - \mu)^2 = D(\overline{X}) = \dfrac{1}{n}D(X) = \dfrac{1}{n} \cdot 2^2 \leqslant 0.1$, 得 $n \geqslant 40$.

或

$$E(\overline{X} - \mu)^2 = E[(\overline{X})^2 - 2\mu(\overline{X}) + \mu^2] = E[(\overline{X})^2] - 2\mu E(\overline{X}) + E(\mu^2)$$

$$= D(\overline{X}) + [E(\overline{X})]^2 - 2\mu E(X) + \mu^2 = \dfrac{D(X)}{n} + [E(X)]^2 - 2\mu^2 + \mu^2$$

$$= \dfrac{2^2}{n} + \mu^2 - 2\mu^2 + \mu^2 = \dfrac{4}{n} \leqslant 0.1.$$

故 $n \geqslant 40$.

[47] $C_n^k p^k (1-p)^{n-k}$.

解 $X_1, X_2, \cdots, X_n$ 相互独立且均服从 $B(1,p)$, 故 $\sum\limits_{i=1}^{n}X_i \sim B(n,p)$, 即 $n\overline{X} \sim B(n,p)$. 故

$$P\left\{\overline{X} = \frac{k}{n}\right\} = P\{n\overline{X} = k\} = C_n^k p^k (1-p)^{n-k}.$$

[48] **解** 因 $\overline{X} \sim N(52, \frac{6.3^2}{36})$,所以

$$P\{50.8 < \overline{X} < 53.8\} = P\left\{\frac{50.8-52}{\frac{6.3}{6}} < \frac{\overline{X}-52}{\frac{6.3}{6}} < \frac{53.8-52}{\frac{6.3}{6}}\right\}$$

$$= P\left\{-\frac{8}{7} < \frac{\overline{X}-52}{\frac{6.3}{6}} < \frac{12}{7}\right\}$$

$$= \Phi(\frac{12}{7}) - \Phi(-\frac{8}{7}) = \Phi(\frac{12}{7}) + \Phi(\frac{8}{7}) - 1$$

$$\approx 0.9564 + 0.8729 - 1$$

$$= 0.8293.$$

[49] **解** 记 $\overline{X} = \frac{1}{10}\sum_{i=1}^{10} X_i, \overline{Y} = \frac{1}{15}\sum_{i=1}^{15} Y_i, \overline{X}$ 与 $\overline{Y}$ 独立,且 $\overline{X} \sim N(20, \frac{3}{10}), \overline{Y} \sim N(20, \frac{3}{15})$,则 $\overline{X} - \overline{Y} \sim N(0, \frac{1}{2})$. 于是

$$P\{|\overline{X}-\overline{Y}|>0.3\} = \left\{\left|\frac{\overline{X}-\overline{Y}}{\frac{1}{\sqrt{2}}}\right| > 0.3 \times \sqrt{2}\right\}$$

$$= 2 \times [1-\Phi(0.3\times\sqrt{2})] \approx 2 \times [1-\Phi(0.4243)]$$

$$= 2 \times (1-0.6628) = 0.6744.$$

[50] **解** 设瓶装洗洁精灌装容量服从正态分布,均值为 μ,方差为 1. 则 25 瓶洗洁精灌装量 $X_1, X_2, \cdots, X_{25}$ 是来自总体 $N(\mu, 1)$ 的简单随机样本.

根据定理,有 $\overline{X} \sim N\left(\mu, \frac{1}{25}\right)$. 故

$$P\{|\overline{X}-\mu| \leqslant 0.3\} = P\left\{\frac{-0.3}{\frac{1}{\sqrt{25}}} < \frac{\overline{X}-\mu}{\frac{1}{\sqrt{25}}} \leqslant \frac{0.3}{\frac{1}{\sqrt{25}}}\right\}$$

$$\approx \Phi(1.5) - \Phi(-1.5) = 2\Phi(1.5) - 1 = 0.8664.$$

[51] **解** (1) 由 $\dfrac{\frac{S_1^2}{S_2^2}}{\frac{\sigma_1^2}{\sigma_2^2}} \sim F(n_1-1, n_2-1)$ 知 $\dfrac{S_1^2}{S_2^2} \sim F(4,8)$.

(2) 因为 $\dfrac{S_1^2}{S_2^2} \sim F(4,8)$,而 $P\left\{\dfrac{S_1^2}{S_2^2} > \lambda\right\} = 0.90$,查表知

$$\lambda = F_{0.9}(4,8) = \frac{1}{F_{0.1}(8,4)} = \frac{1}{3.95} = 0.2532.$$

[52] **解** (1) $P\{X_1 = x_1, X_2 = x_2, \cdots, X_n = x_n\}$

$$= P\{X_1 = x_1\}P\{X_2 = x_2\}\cdots P\{X_n = x_n\}$$

$$= p^{\sum_{i=1}^{n} x_i}(1-p)^{n-\sum_{i=1}^{n} x_i}, \quad x_i = 0,1; i = 1,2,\cdots,n.$$

(2) $X_1, X_2, \cdots, X_n$ 独立同服从 $B(1,p)$,则 $X = \sum_{i=1}^{n} X_i \sim B(n,p)$,因此

$$P\left\{\sum_{i=1}^{n} X_i = k\right\} = C_n^k p^k (1-p)^{n-k} \quad (k=0,1,2,\cdots,n);$$

(3) 由于 $\sum_{i=1}^{n} X_i \sim B(n,p)$,因此

$$E(\overline{X}) = E\left(\frac{1}{n}\sum_{i=1}^{n}X_i\right) = \frac{1}{n}E\left(\sum_{i=1}^{n}X_i\right) = \frac{1}{n}\cdot np = p.$$

$$D(\overline{X}) = D\left(\frac{1}{n}\sum_{i=1}^{n}X_i\right) = \frac{1}{n^2}D\left(\sum_{i=1}^{n}X_i\right) = \frac{1}{n^2}np(1-p) = \frac{p(1-p)}{n}.$$

$$E(S^2) = E\left[\frac{1}{n-1}\sum_{i=1}^{n}(X_i-\overline{X})^2\right] = \frac{1}{n-1}E\left(\sum_{i=1}^{n}X_i^2 - n\overline{X}^2\right)$$

$$= \frac{1}{n-1}\left[\sum_{i=1}^{n}E(X_i^2) - nE(\overline{X}^2)\right]$$

$$= \frac{1}{n-1}\left\{\sum_{i=1}^{n}[DX_i+(EX_i)^2] - n[D\overline{X}+(E\overline{X})^2]\right\}$$

$$= \frac{n}{n-1}\left[p(1-p)+p^2 - \frac{p(1-p)}{n} - p^2\right] = p(1-p).$$

[53] **解** 因为总体 $X \sim N(\mu_1,\sigma^2), Y \sim N(\mu_2,\sigma^2)$，所以

$$\overline{X} \sim N\left(\mu_1,\frac{\sigma^2}{m}\right), \quad \overline{Y} \sim N\left(\mu_2,\frac{\sigma^2}{n}\right),$$

且知 $\overline{X}$ 与 $\overline{Y}$ 相互独立.

又

$$E[a(\overline{X}-\mu_1)+b(\overline{Y}-\mu_2)] = 0,$$

$$D[a(\overline{X}-\mu_1)+b(\overline{Y}-\mu_2)] = a^2 D(\overline{X}-\mu_1) + b^2 D(\overline{Y}-\mu_2)$$

$$= a^2\frac{\sigma^2}{m}+b^2\frac{\sigma^2}{n} = \left(\frac{a^2}{m}+\frac{b^2}{n}\right)\sigma^2.$$

因为相互独立的正态随机变量的线性组合仍是正态随机变量，所以

$$a(\overline{X}-\mu_1)+b(\overline{Y}-\mu_2) \sim N\left[0,\left(\frac{a^2}{m}+\frac{b^2}{n}\right)\sigma^2\right],$$

于是

$$\frac{a(\overline{X}-\mu_1)+b(\overline{Y}-\mu_2)}{\sqrt{\frac{a^2}{m}+\frac{b^2}{n}}\,\sigma} \xrightarrow{\text{记}} U \sim N(0,1).$$

又知 $\overline{X}$ 与 S_1^2 独立，$\overline{Y}$ 与 S_2^2 独立，且

$$\frac{(m-1)S_1^2}{\sigma^2} \sim \chi^2(m-1), \quad \frac{(n-1)S_2^2}{\sigma^2} \sim \chi^2(n-1),$$

由两个样本 $X_1,X_2,\cdots,X_m$ 与 $Y_1,Y_2,\cdots,Y_n$ 相互独立知道 S_1^2 与 S_2^2 相互独立，由 χ^2 分布性质可知

$$\frac{(m-1)S_1^2}{\sigma^2} + \frac{(n-1)S_2^2}{\sigma^2} \xrightarrow{\text{记}} W \sim \chi^2(m+n-2).$$

又由上述证明可知 U 与 W 相互独立，由 t 分布的定义可知

$$\frac{U}{\sqrt{\frac{W}{m+n-2}}} = \frac{a(\overline{X}-\mu_1)+b(\overline{Y}-\mu_2)}{\sqrt{\frac{(m-1)S_1^2+(n-1)S_2^2}{m+n-2}}\sqrt{\frac{a^2}{m}+\frac{b^2}{n}}} \sim t(m+n-2).$$

[54] **解** (1) $D(Y_i) = D(X_i-\overline{X}) = D\left[\left(1-\frac{1}{n}\right)X_i - \frac{1}{n}\sum_{k\neq i}X_k\right] = \frac{n-1}{n}\sigma^2, i=1,2,\cdots,n.$

(2) $\text{Cov}(Y_1,Y_n) = E(Y_1-EY_1)(Y_n-EY_n) = E(X_1-\overline{X})(X_n-\overline{X})$

$$= E(X_1 X_n) + E(\overline{X}^2) - E(X_1\overline{X}) - E(X_n\overline{X})$$

$$= E(X_1)E(X_n) + D(\overline{X}) - \frac{1}{n}E(X_1^2) - \frac{1}{n}\sum_{i=2}^{n}E(X_1 X_i)$$

$$-\frac{1}{n}E(X_n^2) - \frac{1}{n}\sum_{i=1}^{n-1}E(X_i X_n)$$

$$= -\frac{1}{n}\sigma^2;$$

(3) $E[c(Y_1+Y_n)^2] = cD(Y_1+Y_n) = c[D(Y_1)+D(Y_n)+2\text{Cov}(Y_1,Y_n)]$
$$= c\left[\frac{n-1}{n}+\frac{n-1}{n}-\frac{2}{n}\right]\sigma^2$$
$$= \frac{2(n-2)}{n}c\sigma^2 = \sigma^2 \text{(无偏性定义见第七章)}.$$

故 $c = \dfrac{n}{2(n-2)}$.

思路拓展

本题(1),(2)也可利用性质计算:
$$D(Y_i) = D(X_i - \bar{X}) = D(X_i) + D(\bar{X}) - 2\text{Cov}(X_i, \bar{X})$$
$$= D(X_i) + \frac{D(X)}{n} - \frac{2}{n}D(X_i) = \frac{n-1}{n}\sigma^2.$$
$$\text{Cov}(Y_1, Y_n) = \text{Cov}(X_1 - \bar{X}, X_n - \bar{X})$$
$$= -\text{Cov}(X_1, \bar{X}) - \text{Cov}(X_n, \bar{X}) + \text{Cov}(\bar{X}, \bar{X})$$
$$= -\frac{1}{n}D(X_1) - \frac{1}{n}D(X_n) + D(\bar{X})$$
$$= -\frac{2}{n}D(X) + \frac{1}{n}D(X) = -\frac{1}{n}\sigma^2.$$

[55] (1) **解** 因为 $X_i \sim N(0,2^2), i=1,2,3,4$,所以
$$X_1 - X_2 \sim N(0,8), \quad X_3 + X_4 \sim N(0,8),$$
则
$$\frac{X_1-X_2}{\sqrt{8}} \sim N(0,1), \quad \frac{X_3+X_4}{\sqrt{8}} \sim N(0,1),$$
所以
$$\frac{(X_1-X_2)^2}{8} + \frac{(X_3+X_4)^2}{8} \sim \chi^2(2).$$

故 $C = \dfrac{1}{8}, n=2$;

(2) **证** 因为
$$\frac{(X_1-X_2)^2}{8} \sim \chi^2(1), \quad \frac{(X_3+X_4)^2}{8} \sim \chi^2(1).$$
由 F 分布的定义可知
$$Z = \frac{(X_1-X_2)^2}{(X_3+X_4)^2} \sim F(1,1).$$

[56] **解** 因为 $X_1, X_2, \cdots, X_n$ 独立同分布,且 X_i 分布函数为 $F(x)$,则由第三章公式可得
$$F_Y(y) = [F(y)]^n, \quad F_Z(z) = 1 - [1-F(z)]^n,$$
故
$$f_Y(y) = F'_Y(y) = nF^{n-1}(y)f(y),$$
$$f_Z(z) = F'_Z(z) = n[1-F(z)]^{n-1}f(z).$$
设 (Y,Z) 的联合分布函数为 $G(y,z), G(y,z) = P\{Y \leqslant y, Z \leqslant z\}$.
当 $y < z$ 时,$G(y,z) = P\{Y \leqslant y\} = F_Y(y) = [F(y)]^n$;
当 $y \geqslant z$ 时,$G(y,z) = P\{Y \leqslant y, Z \leqslant z\} = P\{Y \leqslant y\} - P\{Y \leqslant y, Z > z\}$
$$= P\{Y \leqslant y\} - P\{\max(X_i) \leqslant y, \min(X_i) > z\}$$
$$= P\{Y \leqslant y\} - P\{z < X_1 \leqslant y, z < X_2 \leqslant y, \cdots, z < X_n \leqslant y\}$$
$$= P\{Y \leqslant y\} - [P\{z < X_i \leqslant y\}]^n$$

$$= [F(y)]^n - [F(y) - F(z)]^n,$$

故

$$G(y,z) = \begin{cases} [F(y)]^n, & y < z, \\ [F(y)]^n - [F(y) - F(z)]^n, & y \geqslant z. \end{cases}$$

故 (Y,Z) 的联合密度函数为

$$g(y,z) = \frac{\partial^2 G}{\partial y \partial z} = \begin{cases} n(n-1)f(y)f(z)[F(y) - F(z)]^{n-2}, & y \geqslant z, \\ 0, & y < z. \end{cases}$$

第七章　参数估计

1. 点估计

[3] $\dfrac{1}{n}\sum\limits_{i=1}^{n} X_i - 1.$

解 $E(X) = \int_0^{+\infty} x\mathrm{e}^{-(x-\theta)} \mathrm{d}x = \theta + 1$，即 $\theta = E(X) - 1.$

因此 θ 的矩估计量为

$$\hat{\theta} = \overline{X} - 1 = \frac{1}{n}\sum_{i=1}^{n} X_i - 1.$$

[4] **解　方法一**　可以视为 2 题的特殊情形：$a = 0, b = \theta$，则矩估计量为 $\hat{\theta} = \overline{X} + \sqrt{3B_2}.$

方法二　令 $E(X) = \overline{X}$，即 $\dfrac{\theta}{2} = \dfrac{1}{n}\sum\limits_{i=1}^{n} X_i$，则矩估计量为 $\hat{\theta} = 2\overline{X}.$

方法三　令 $E(X^2) = \dfrac{1}{n}\sum\limits_{i=1}^{n} X_i^2$，即 $\dfrac{\theta^2}{3} = \dfrac{1}{n}\sum\limits_{i=1}^{n} X_i^2$，则矩估计量为 $\hat{\theta} = \sqrt{\dfrac{3}{n}\sum\limits_{i=1}^{n} X_i^2}.$

思路拓展

由 4 题可以看出矩估计量是不唯一的.

[5] **分析**　对离散型随机变量同样是从求其数学期望出发，得到参数和数学期望之间的关系，用样本均值替代总体期望.

解　因为 X 服从几何分布，所以由几何分布的数字特征得结论.

$E(X) = \dfrac{1}{p}$，令 $E(X) = \overline{X}.$

因此，参数 p 的矩估计量 $\hat{p} = \dfrac{1}{\overline{X}}.$

[10] **解**　似然函数为

$$L(\theta) = \prod_{i=1}^{n} f(x_i) = (\theta + 1)^n \prod_{i=1}^{n} (x_i - 5)^\theta,$$

$$\ln L(\theta) = n\ln(1+\theta) + \theta \sum_{i=1}^{n} \ln(x_i - 5).$$

令 $\dfrac{\mathrm{d}\ln L(\theta)}{\mathrm{d}\theta} = \dfrac{n}{1+\theta} + \sum\limits_{i=1}^{n} \ln(x_i - 5) = 0$，得 θ 的最大似然估计 $\hat{\theta} = -\dfrac{n}{\sum\limits_{i=1}^{5} \ln(x_i - 5)} - 1.$

故 θ 的最大似然估计量 $\hat{\theta} = -\dfrac{n}{\sum\limits_{i=1}^{5}\ln(X_i-5)} - 1$.

[11] **解** (1) 由于
$$E(X) = \int_{-\infty}^{+\infty} xf(x;\theta)\mathrm{d}x = \int_0^1 \theta x\mathrm{d}x + \int_1^2 (1-\theta)x\mathrm{d}x = \frac{1}{2}\theta + \frac{3}{2}(1-\theta) = \frac{3}{2} - \theta.$$
令 $\dfrac{3}{2} - \theta = \overline{X}$，解得 $\theta = \dfrac{3}{2} - \overline{X}$，所以参数 θ 的矩估计为 $\hat{\theta} = \dfrac{3}{2} - \overline{X}$;

(2) 似然函数为
$$L(\theta) = \prod_{i=1}^n f(x_i;\theta) = \theta^N (1-\theta)^{n-N},$$
取对数,得
$$\ln L(\theta) = N\ln\theta + (n-N)\ln(1-\theta),$$
两边对 θ 求导,得
$$\frac{\mathrm{d}\ln L(\theta)}{\mathrm{d}\theta} = \frac{N}{\theta} - \frac{n-N}{1-\theta}.$$
令 $\dfrac{\mathrm{d}\ln L(\theta)}{\mathrm{d}\theta} = 0$，得 $\theta = \dfrac{N}{n}$.

所以 θ 的最大似然估计为 $\hat{\theta} = \dfrac{N}{n}$.

[12] **解** 似然函数为
$$L(\mu,\sigma^2) = \prod_{i=1}^n \frac{1}{\sqrt{2\pi}\sigma} \mathrm{e}^{-\frac{(x_i-\mu)^2}{2\sigma^2}} = \frac{1}{(\sqrt{2\pi}\sigma)^n}\mathrm{e}^{-\frac{\sum(x_i-\mu)^2}{2\sigma^2}},$$
两边取对数,得
$$\ln L(\mu,\sigma^2) = -\frac{n}{2}\ln(2\pi\sigma^2) - \frac{1}{2\sigma^2}\sum_{i=1}^n(x_i-\mu)^2,$$
似然方程组为
$$\begin{cases} \dfrac{\partial}{\partial\mu}\ln L = \dfrac{1}{\sigma^2}\left(\sum\limits_{i=1}^n x_i - n\mu\right) = 0, \\ \dfrac{\partial}{\partial\sigma^2}\ln L = -\dfrac{n}{2\sigma^2} + \dfrac{1}{2(\sigma^2)^2}\sum\limits_{i=1}^n(x_i-\mu)^2 = 0. \end{cases}$$
由前一式解得 $\hat{\mu} = \dfrac{1}{n}\sum\limits_{i=1}^n x_i = \overline{x}$，代入后一式得 $\widehat{\sigma^2} = \dfrac{1}{n}\sum\limits_{i=1}^n(x_i-\overline{x})^2$. 因此得 μ,σ^2 的最大似然估计量为
$$\hat{\mu} = \overline{X}, \quad \widehat{\sigma^2} = B_2 = \frac{1}{n}\sum_{i=1}^n(X_i-\overline{X})^2.$$
它们与相应的矩估计量相同.

[13] **解** 记 $x_{(1)} = \min(x_1,x_2,\cdots,x_n)$，$x_{(n)} = \max(x_1,x_2,\cdots,x_n)$. X 的概率密度是
$$f(x;a,b) = \begin{cases} \dfrac{1}{b-a}, & a \leqslant x \leqslant b, \\ 0, & \text{其他}. \end{cases}$$
由于 $a \leqslant x_1,x_2,\cdots,x_n \leqslant b$，等价于 $a \leqslant x_{(1)}$，$b \geqslant x_{(n)}$. 似然函数为
$$L(a,b) = \frac{1}{(b-a)^n}, \quad a \leqslant x_{(1)}, b \geqslant x_{(n)}.$$
于是,对于满足条件 $a \leqslant x_{(1)}$，$b \geqslant x_{(n)}$ 的任意 a,b 有
$$L(a,b) = \frac{1}{(b-a)^n} \leqslant \frac{1}{(x_{(n)}-x_{(1)})^n},$$

即 $L(a,b)$ 在 $a = x_{(1)}, b = x_{(n)}$ 时取到最大值 $(x_{(n)} - x_{(1)})^{-n}$. 故 a,b 的最大似然估计值为

$$\hat{a} = x_{(1)} = \min_{1 \leqslant i \leqslant n} x_i, \quad \hat{b} = x_{(n)} = \max_{1 \leqslant i \leqslant n} x_i.$$

[14] **解** (1) 先求 θ 的最大似然估计. 似然函数为

$$L(\theta) = \prod_{i=1}^{n} \theta x_i^{\theta-1} = \theta^n \Big(\prod_{i=1}^{n} x_i\Big)^{\theta-1},$$

$$\ln L(\theta) = n\ln \theta + (\theta-1)\ln(\prod_{i=1}^{n} x_i).$$

令

$$\frac{\mathrm{d}\ln L(\theta)}{\mathrm{d}\theta} = \frac{n}{\theta} + \sum_{i=1}^{n} \ln x_i = 0,$$

得 θ 的最大似然估计值为

$$\hat{\theta} = \frac{-n}{\sum_{i=1}^{n} \ln x_i}.$$

$U = \mathrm{e}^{-\frac{1}{\theta}}$ 具有单调反函数，故由最大似然估计的不变性知 U 的最大似然估计值为

$$\hat{U} = \mathrm{e}^{-\frac{1}{\hat{\theta}}} = \mathrm{e}^{\frac{\sum_{i=1}^{n} \ln x_i}{n}};$$

(2) 已知 μ 的最大似然估计为 $\hat{\mu} = \overline{x}$. 而 $\theta = P\{X > 2\} = 1 - P\{X \leqslant 2\} = 1 - \Phi(2-\mu)$ 具有单调反函数. 由最大似然估计的不变性得 $\theta = P\{X > 2\}$ 的最大似然估计值为

$$\hat{\theta} = 1 - \Phi(2 - \hat{\mu}) = 1 - \Phi(2 - \overline{x}).$$

[20] B

解 可以将 4 个选项中统计量的方差求出，经比较，B 中统计量 $\overline{X}$ 的方差 $\dfrac{D(X)}{3}$ 为最小，故最有效.

也可以直接利用 18 题的结论.

[21] **解** (1) 设 $x_1, x_2, \cdots, x_n$ 为相应于样本 $X_1, X_2, \cdots, X_n$ 的一个样本值，似然函数为

$$L(\theta) = \begin{cases} \dfrac{1}{\theta^n} \mathrm{e}^{-\frac{1}{\theta}\sum_{i=1}^{n} x_i}, & x_1, x_2, \cdots, x_n > 0, \\ 0, & \text{其他}. \end{cases}$$

当 $x_1, x_2, \cdots, x_n > 0$ 时，有

$$\ln L(\theta) = -n\ln \theta - \frac{1}{\theta}\sum_{i=1}^{n} x_i.$$

将上式对 θ 求导数并令其等于零，得

$$\frac{\mathrm{d}\ln L(\theta)}{\mathrm{d}\theta} = -\frac{n}{\theta} + \frac{1}{\theta^2}\sum_{i=1}^{n} x_i = 0.$$

解得 θ 的最大似然估计值为 $\hat{\theta} = \dfrac{1}{n}\sum_{i=1}^{n} x_i = \overline{x}$.

因此，θ 的最大似然估计量为 $\hat{\theta} = \overline{X}$;

(2) 由于

$$E(\hat{\theta}) = E(\overline{X}) = E\Big(\frac{1}{n}\sum_{i=1}^{n} X_i\Big) = \frac{1}{n}\sum_{i=1}^{n} E(X_i) = E(X),$$

而 X 服从指数分布，$E(X) = \theta$，所以 $E(\hat{\theta}) = \theta$. 故 $\hat{\theta} = \overline{X}$ 为未知参数 θ 的无偏估计量.

[22] **解** (1) $E(X) = \displaystyle\int_{-\infty}^{+\infty} xf(x;\theta)\mathrm{d}x = \int_0^\theta \frac{x}{2\theta}\mathrm{d}x + \int_\theta^1 \frac{x}{2(1-\theta)}\mathrm{d}x = \frac{1}{4} + \frac{\theta}{2}$.

令 $\overline{X} = E(X)$，即 $\overline{X} = \dfrac{1}{4} + \dfrac{\theta}{2}$，得 θ 的矩估计量为
$$\hat{\theta} = 2\overline{X} - \dfrac{1}{2};$$

(2) 因为
$$E(4\overline{X}^2) = 4E(\overline{X}^2) = 4\{D(\overline{X}) + [E(\overline{X})]^2\} = 4\left[\dfrac{1}{n}D(X) + \left(\dfrac{1}{4} + \dfrac{1}{2}\theta\right)^2\right] = \dfrac{4}{n}D(X) + \dfrac{1}{4} + \theta + \theta^2,$$
又 $D(X) \geqslant 0, \theta > 0$，所以 $E(4\overline{X}^2) > \theta^2$，即 $E(4\overline{X}^2) \neq \theta^2$。
因此，$4\overline{X}^2$ 不是 θ^2 的无偏估计量。

[23] **解** 似然函数 $L(\theta) = \prod\limits_{i=1}^{n} f(x_i) = \dfrac{\prod x_i}{(\theta)^n} e^{-\frac{1}{2\theta} \sum\limits_{i=1}^{n} x_i^2}$，令 $\dfrac{\mathrm{d}\ln L}{\mathrm{d}\theta} = \dfrac{1}{2\theta^2} \sum\limits_{i=1}^{n} x_i^2 - \dfrac{n}{\theta} = 0$，

得 $\theta = \dfrac{1}{2n} \sum\limits_{i=1}^{n} x_i^2$，故 θ 的最大似然估计量 $\hat{\theta} = \dfrac{1}{2n} \sum\limits_{i=1}^{n} x_i^2$。

因为 $E(\hat{\theta}) = \dfrac{1}{2n} \sum\limits_{i=1}^{n} E(X_i^2) = \dfrac{1}{2n} \sum\limits_{i=1}^{n} E(X^2) = \dfrac{1}{2} E(X^2) = \dfrac{1}{2} \int_0^{\infty} \dfrac{x^3}{\theta} e^{-\frac{x^2}{2\theta}} \mathrm{d}x = \theta$，

所以 $\hat{\theta}$ 为 θ 的无偏估计量。

[24] **证** 因为总体 $X \sim P(\lambda)$，故 $E(X) = \lambda, D(X) = \lambda$。而
$$E(\overline{X}) = E(X) = \lambda, \quad E(S^2) = D(X) = \lambda,$$
由无偏性定义，$\overline{X}$ 与 S^2 都是 λ 的无偏估计。
当 $0 \leqslant a \leqslant 1$ 时，
$$E[a\overline{X} + (1-a)S^2] = aE(\overline{X}) + (1-a)E(S^2) = a\lambda + (1-a)\lambda = \lambda.$$
故 $a\overline{X} + (1-a)S^2$ 也是 λ 的无偏估计。

2. 区间估计

[28] $\left(\dfrac{2u_{\frac{\alpha}{2}} \sigma}{d}\right)^2$。

解 因为 μ 的置信区间为
$$\left(\overline{X} - u_{\frac{\alpha}{2}} \dfrac{\sigma}{\sqrt{n}}, \quad \overline{X} + u_{\frac{\alpha}{2}} \dfrac{\sigma}{\sqrt{n}}\right),$$
所以区间长度为 $2u_{\frac{\alpha}{2}} \dfrac{\sigma}{\sqrt{n}}$，则 $2u_{\frac{\alpha}{2}} \dfrac{\sigma}{\sqrt{n}} \leqslant d$，故 $n \geqslant \left(\dfrac{2u_{\frac{\alpha}{2}} \sigma}{d}\right)^2$。

[29] **解** 这是 σ_1^2, σ_2^2 都为已知时，求均值差的区间估计问题。

由于 $1 - \alpha = 0.90$，故 $\dfrac{\alpha}{2} = 0.05$，$u_{\frac{\alpha}{2}} = 1.645$。

又因为 $n_1 = 10, n_2 = 12, \sigma_1^2 = 25, \sigma_2^2 = 36$，所以
$$\sqrt{\dfrac{\sigma_1^2}{n_1} + \dfrac{\sigma_2^2}{n_2}} = \sqrt{\dfrac{25}{10} + \dfrac{36}{12}} = \sqrt{5.5} = 2.345,$$
$$\overline{X}_1 - \overline{X}_2 - u_{\frac{\alpha}{2}} \sqrt{\dfrac{\sigma_1^2}{n_1} + \dfrac{\sigma_2^2}{n_2}} = 19.8 - 24.0 - 1.645 \times 2.345$$
$$= -4.2 - 3.858 = -8.06,$$
$$\overline{X}_1 - \overline{X}_2 + u_{\frac{\alpha}{2}} \sqrt{\dfrac{\sigma_1^2}{n_1} + \dfrac{\sigma_2^2}{n_2}} = -4.2 + 3.858 = -0.34.$$
因此，所求的 $\mu_1 - \mu_2$ 的 0.90 置信区间为 $(-8.06, -0.34)$。

[30] **解** 查表得 $t_{0.025}(28) = 2.048$,由公式

$$\left((\overline{X}-\overline{Y}) \pm t_{\frac{\alpha}{2}}(n_1+n_2-2)\sqrt{\frac{1}{n_1}+\frac{1}{n_2}}\sqrt{\frac{(n_1-1)S_1^2+(n_2-1)S_2^2}{n_1+n_2-2}}\right),$$

得 $\mu_1-\mu_2$ 的置信区间为 $(3.07, 4.93)$.

[31] **解** 本例中,总体 $X \sim N(\mu, \sigma^2)$,且方差 σ^2 未知,故应使用 t 分布. 因

$$\frac{(\overline{X}-\mu) \cdot \sqrt{n}}{S} \sim t(n-1),$$

此时要求

$$P\left\{\frac{(\overline{X}-\mu)\sqrt{n}}{S} < t_\alpha(n-1)\right\} = 1-\alpha,$$

于是得 μ 的置信度 $1-\alpha$ 单侧置信区间为

$$\left(\overline{X} - t_\alpha(n-1) \cdot \frac{S}{\sqrt{n}}, +\infty\right).$$

对于给定的数据,具体计算如下:

$$\overline{x} = \frac{1}{10}(1\,498+1\,499+1\,501+1\,503+1\,500+1\,499+1\,499+1\,498+1\,500+1\,503) = 1\,500,$$

$$s^2 = \frac{1}{10-1}[(1\,498-1\,500)^2 + (1\,499-1\,500)^2 + (1\,501-1\,500)^2 + (1\,503-1\,500)^2 +$$

$$(1\,500-1\,500)^2 + (1\,499-1\,500)^2 + (1\,499-1\,500)^2 + (1\,498-1\,500)^2 + (1\,500-1\,500)^2 +$$

$$(1\,503-1\,500)^2] = \frac{10}{3}.$$

又

$$1-\alpha = 0.95, \quad \alpha = 0.05, \quad t_{0.05}(10-1) = 1.833\,1,$$

故寿命均值的 95% 单侧置信区间为

$$\left(1\,500 - \frac{1}{\sqrt{10}} \times \sqrt{\frac{10}{3}} \times 1.833\,1, +\infty\right) \approx (1\,498.942, +\infty).$$

故 $1\,498.942$ 就是所求的置信下限.

[34] B

解 σ^2 的置信度为 $1-\alpha$ 的置信区间为

$$\left(\frac{(n-1)S^2}{\chi^2_{\frac{\alpha}{2}}(n-1)}, \frac{(n-1)S^2}{\chi^2_{1-\frac{\alpha}{2}}(n-1)}\right) = \left(\frac{\sum_{i=1}^{n}(X_i-\overline{X})^2}{\chi^2_{\frac{\alpha}{2}}(n-1)}, \frac{\sum_{i=1}^{n}(X_i-\overline{X})^2}{\chi^2_{1-\frac{\alpha}{2}}(n-1)}\right).$$

[35] **解** $\overline{X} = \frac{1}{10}(578+572+570+568+572+570+570+596+584+572) = 575.2,$

$$S^2 = \frac{1}{10-1}[(578-575.2)^2 + (572-575.2)^2 + (570-575.2)^2 + (568-575.2)^2 +$$

$$(572-575.2)^2 + (570-575.2)^2 + (570-575.2)^2 + (596-575.2)^2 +$$

$$(584-575.2)^2 + (572-575.2)^2] = 75.73.$$

查 χ^2 分布表得

$$\chi^2_{\frac{\alpha}{2}}(9) = \chi^2_{0.05}(9) = 16.919, \quad \chi^2_{1-\frac{\alpha}{2}}(9) = \chi^2_{0.95}(9) = 3.325,$$

故

$$\frac{(n-1)S^2}{\chi^2_{\frac{\alpha}{2}}(9)} = \frac{9 \times 75.73}{16.919} = 40.28, \quad \frac{(n-1)S^2}{\chi^2_{1-\frac{\alpha}{2}}(9)} = \frac{9 \times 75.73}{3.325} = 204.98.$$

于是,σ^2 的 90% 的置信区间为 $[40.28, 240.98]$,σ 的 90% 的置信区间为 $(6.35, 14.32)$.

[36] **解** (1) 因 $X_i \sim N(\mu, \sigma^2)$,故

$$\frac{X_i - \mu}{\sigma} \sim N(0,1), \quad i = 1, 2, \cdots, n.$$

由 $\frac{X_1 - \mu}{\sigma}, \frac{X_2 - \mu}{\sigma}, \cdots, \frac{X_n - \mu}{\sigma}$ 相互独立,得

$$\sum_{i=1}^{n} \left(\frac{X_i - \mu}{\sigma}\right)^2 \sim \chi^2(n).$$

于是有

$$P\left\{\chi^2_{1-\frac{\alpha}{2}}(n) < \sum_{i=1}^{n} \frac{(X_i - \mu)^2}{\sigma^2} < \chi^2_{\frac{\alpha}{2}}(n)\right\} = 1 - \alpha,$$

即有

$$P\left\{\frac{\sum_{i=1}^{n}(X_i - \mu)^2}{\chi^2_{\frac{\alpha}{2}}(n)} < \sigma^2 < \frac{\sum_{i=1}^{n}(X_i - \mu)^2}{\chi^2_{1-\frac{\alpha}{2}}(n)}\right\} = 1 - \alpha.$$

得 σ^2 的置信水平为 $1 - \alpha$ 的置信区间为

$$\left(\frac{\sum_{i=1}^{n}(X_i - \mu)^2}{\chi^2_{\frac{\alpha}{2}}(n)}, \ \frac{\sum_{i=1}^{n}(X_i - \mu)^2}{\chi^2_{1-\frac{\alpha}{2}}(n)}\right).$$

(2) 现在 $n = 10, \mu = 6.5, 1 - \alpha = 0.95, \alpha = 0.05$,由样本值经计算得 $\sum_{i=1}^{10}(X_i - \mu)^2 = 102.69$,查表知,$\chi^2_{0.025}(10) = 20.483, \chi^2_{0.975}(10) = 3.247$.

于是,σ^2 的置信水平为 0.95 置信区间为 $(5.013, 31.626)$,σ 的置信水平为 0.95 的置信区间为 $(2.239, 5.624)$.

3. 综合提高题型

[46] $\frac{2}{5n}$.

解 $E\left(c\sum_{i=1}^{n} X_i^2\right) = c\sum_{i=1}^{n} E(X_i^2) = c\sum_{i=1}^{n} E(X^2) = cn\int_{-\infty}^{+\infty} x^2 f(x) dx = cn\int_{\theta}^{2\theta} x^2 \cdot \frac{2x}{3\theta^2} dx = cn \cdot \frac{5}{2}\theta^2.$

因为 $c\sum_{i=1}^{n} X_i^2$ 是 θ^2 的无偏性估计,所以 $E\left(c\sum_{i=1}^{n} X_i^2\right) = \theta^2$,即 $cn \cdot \frac{5}{2}\theta^2 = \theta^2$.

故 $c = \frac{2}{5n}$.

[47] **解** (1) $E(X) = \int_{-\infty}^{+\infty} xf(x)dx = \int_{0}^{\theta} \frac{6x^2}{\theta^3}(\theta - x)dx = \int_{0}^{\theta}\left(\frac{6x^2}{\theta^2} - \frac{6x^3}{\theta^3}\right)dx = \frac{\theta}{2},$

因此 $\theta = 2E(X)$,所以 θ 的矩估计量为 $\hat{\theta} = 2\overline{X}.$

(2) 由(1) 可知,

$$E(X) = \frac{\theta}{2}, \quad E(X^2) = \int_{0}^{\theta} \frac{6x^3}{\theta^3}(\theta - x)dx = \frac{6\theta^2}{20},$$

故

$$D(X) = E(X^2) - [E(X)]^2 = \frac{6\theta^2}{20} - \left(\frac{\theta}{2}\right)^2 = \frac{\theta^2}{20}.$$

因此

$$D(\hat{\theta}) = D(2\overline{X}) = 4D(\overline{X}) = \frac{4}{n}D(X) = \frac{4}{n} \times \frac{\theta^2}{20} = \frac{\theta^2}{5n}.$$

[48] 解 (1) $E(X) = \int_c^\infty x\theta c^\theta x^{-(\theta+1)} dx = \int_c^\infty \theta c^\theta x^{-\theta} dx = \theta c^\theta \int_c^\theta x^{-\theta} dx = \theta c^\theta \left. \frac{x^{-\theta+1}}{-\theta+1} \right|_c^{+\infty} = \frac{\theta c}{\theta-1}.$

令 $\frac{\theta c}{\theta-1} = \overline{X}$,解得 $\hat{\theta} = \frac{\overline{X}}{\overline{X}-c}$,即为 θ 的矩估计量.

似然函数为
$$L(\theta) = \prod_{i=1}^n \theta \cdot c^\theta x_i^{-(\theta+1)} = \theta^n c^{n\theta} \prod_{i=1}^n x_i^{-(\theta+1)},$$

对数似然函数为
$$\ln L(\theta) = n\ln \theta + n\theta \ln c - (\theta+1) \sum_{i=1}^n \ln x_i,$$

对数似然方程为
$$\frac{d}{d\theta} \ln L(\theta) = \frac{n}{\theta} + n \ln c - \sum_{i=1}^n \ln x_i = 0,$$

解得 θ 的最大似然估计量 $\hat{\theta} = \dfrac{n}{\sum\limits_{i=1}^n \ln X_i - n \ln c}$.

(2) $E(X) = \int_0^1 x \sqrt{\theta} x^{\sqrt{\theta}-1} dx = \int_0^1 \sqrt{\theta} x^{\sqrt{\theta}} dx = \frac{\sqrt{\theta}}{\sqrt{\theta}+1} x^{\sqrt{\theta}+1} \Big|_0^1 = \frac{\sqrt{\theta}}{\sqrt{\theta}+1}.$

令 $\frac{\sqrt{\theta}}{\sqrt{\theta}+1} = \overline{X}$,解得 $\hat{\theta} = \left(\frac{\overline{X}}{\overline{X}-1}\right)^2$,即为 θ 的矩估计量.

似然函数为
$$L(\theta) = \prod_{i=1}^n \sqrt{\theta} x_i^{\sqrt{\theta}-1} = \theta^{\frac{n}{2}} \prod_{i=1}^n x_i^{\sqrt{\theta}-1},$$

对数似然函数为
$$\ln L(\theta) = \frac{n}{2} \ln \theta + (\sqrt{\theta}-1) \sum_{i=1}^n \ln x_i,$$

对数似然方程为
$$\frac{d\ln L(\theta)}{d\theta} = \frac{n}{2\theta} + \frac{\sum\limits_{i=1}^n \ln x_i}{2\sqrt{\theta}} = 0,$$

解得 θ 的最大似然估计量 $\hat{\theta} = \dfrac{n^2}{\left(\sum\limits_{i=1}^n \ln X_i\right)^2}$.

(3) 因为 $X \sim B(m, p)$,所以
$$E(X) = \sum_{i=1}^n x C_m^x p^x (1-p)^{m-x} = mp,$$

令 $mp = \overline{X}$,解得 $\hat{p} = \frac{\overline{X}}{m}$ 即为 p 的矩估计量.

似然函数为
$$L(p) = \prod_{i=1}^n C_m^{x_i} p^{x_i} (1-p)^{m-x_i} = p^{\sum\limits_{i=1}^n x_i} (1-p)^{nm - \sum\limits_{i=1}^n x_i} \prod_{i=1}^n C_m^{x_i},$$

对数似然函数为
$$\ln L(p) = \sum_{i=1}^n x_i \ln p + (nm - \sum_{i=1}^n x_i) \ln(1-p) + \sum_{i=1}^n \ln C_m^{x_i},$$

对数似然方程为

$$\frac{\mathrm{d}\ln L(p)}{\mathrm{d}p} = \frac{\sum_{i=1}^{n} x_i}{p} + \frac{nm - \sum_{i=1}^{n} x_i}{1-p}(-1) = 0,$$

解得 p 的最大似然估计量 $\hat{p} = \frac{\overline{X}}{m}$.

[49] **解** (1) $E(X) = \int_0^{+\infty} x \cdot \frac{\theta^2}{x^3} \mathrm{e}^{-\frac{\theta}{x}} \mathrm{d}x = \int_0^{+\infty} \frac{\theta^2}{x^2} \mathrm{e}^{-\frac{\theta}{x}} \mathrm{d}x = \theta.$

故 θ 的矩估计量为 $\hat{\theta} = \overline{X}$,其中 $\overline{X} = \frac{1}{n}\sum_{i=1}^{n} X_i$;

(2) 设 $x_1, x_2, \cdots, x_n$ 为样本观测值,似然函数为

$$L(\theta) = \prod_{i=1}^{n} f(x_i;\theta) = \begin{cases} \frac{\theta^{2n}}{(x_1 x_2 \cdots x_n)^3} \mathrm{e}^{-\theta\sum_{i=1}^{n}\frac{1}{x_i}}, & x_1, x_2, \cdots, x_n > 0, \\ 0, & \text{其他}. \end{cases}$$

当 $x_1, x_2, \cdots, x_n > 0$ 时,$\ln L(\theta) = 2n\ln\theta - \theta\sum_{i=1}^{n}\frac{1}{x_i} - 3\sum_{i=1}^{n}\ln x_i.$

令 $\frac{\mathrm{d}\ln L(\theta)}{\mathrm{d}\theta} = \frac{2n}{\theta} - \sum_{i=1}^{n}\frac{1}{x_i} = 0$,得 θ 的最大似然估计值为 $\hat{\theta} = \frac{2n}{\sum_{i=1}^{n}\frac{1}{x_i}}$,所以 θ 的最大似然估计量为

$\hat{\theta} = \frac{2n}{\sum_{i=1}^{n}\frac{1}{X_i}}.$

[50] **解** (1) $E(X) = \int_{-\infty}^{+\infty} x f(x) \mathrm{d}x = \int_0^{+\infty} \lambda^2 x^2 \mathrm{e}^{-\lambda x} \mathrm{d}x = \frac{2}{\lambda}.$

令 $\overline{X} = E(X)$,即 $\overline{X} = \frac{2}{\lambda}$,得 λ 的矩估计量为 $\hat{\lambda} = \frac{2}{\overline{X}}$;

(2) 设 $x_1, x_2, \cdots, x_n (x_i > 0, i = 1, 2, \cdots, n)$ 为样本观测值,则似然函数为

$$L(x_1, x_2, \cdots, x_n; \lambda) = \lambda^{2n} \mathrm{e}^{-\lambda\sum_{i=1}^{n} x_i} \prod_{i=1}^{n} x_i.$$

两边取对数

$$\ln L = 2n\ln\lambda - \lambda\sum_{i=1}^{n} x_i + \sum_{i=1}^{n}\ln x_i,$$

令 $\frac{\mathrm{d}\ln L}{\mathrm{d}\lambda} = \frac{2n}{\lambda} - \sum_{i=1}^{n} x_i = 0$,得 λ 的最大似然估计量 $\hat{\lambda} = \frac{2}{\overline{X}}.$

[51] **证** (1) 设 $F(x)$ 是 X 的分布函数,则

$$F(x) = \begin{cases} 1, & x > \theta, \\ \frac{x}{\theta}, & 0 \leqslant x \leqslant \theta, \\ 0, & x < 0, \end{cases}$$

$Y = \max_{1 \leqslant i \leqslant 3} X_i, \quad Z = \min_{1 \leqslant i \leqslant 3} X_i,$

$$F_Y(x) = [F(x)]^3, \quad f_Y(x, \theta) = \begin{cases} 3\left(\frac{x}{\theta}\right)^2 \cdot \frac{1}{\theta}, & 0 \leqslant x \leqslant \theta, \\ 0, & \text{其他}. \end{cases}$$

故 $E(Y) = \frac{3}{\theta^3}\int_0^{\theta} x^3 \mathrm{d}x = \frac{3}{4}\theta$,则 $E(\hat{\theta}_1) = E\left(\frac{4}{3}\max X_i\right) = \theta.$

同理 $E(Z) = \frac{3}{\theta^3}\int_0^{\theta} x(\theta-x)^2 \mathrm{d}x = \frac{1}{4}\theta$,则 $E(\hat{\theta}_2) = E(4\min X_i) = \theta.$

(2) $D(Y) = E(Y^2) - [E(Y)]^2 = \dfrac{3}{\theta}\int_0^\theta x^2 \left(\dfrac{x}{\theta}\right)^2 dx - \left(\dfrac{3}{4}\theta\right)^2 = \dfrac{3}{80}\theta^2$,

故 $D(\hat{\theta}_1) = D(\dfrac{4}{3}\max X_i) = \dfrac{16}{9} D(Y) = \dfrac{1}{15}\theta^2$.

同理 $D(Z) = \dfrac{3}{80}\theta^2$,故 $D(\hat{\theta}_2) = D(4\min X_i) = 16D(Z) = \dfrac{3}{5}\theta^2 > D(\hat{\theta}_1)$.

故 $\hat{\theta}_1$ 更有效.

[52] 解 根据简单随机样本的性质,$X_1, X_2, \cdots, X_n$ 相互独立且与总体 X 同分布,故 $P\{X_i = 1\} = 1 - \theta$,$P\{X_i \neq 1\} = \theta, i = 1, 2, \cdots, n$. 在 n 次独立观测中取 1 的个数 N_1 是个随机变量,$N_1 \sim B(n, 1-\theta)$. 同理 $N_2 \sim B(n, \theta - \theta^2), N_3 \sim B(n, \theta^2)$,所以

$$E(T) = E\left(\sum_{i=1}^{3} a_i N_i\right) = a_1 E(N_1) + a_2 E(N_2) + a_3 E(N_3)$$
$$= a_1 n(1-\theta) + a_2 n(\theta - \theta^2) + a_3 n\theta^2$$
$$= na_1 + n(a_2 - a_1)\theta + n(a_3 - a_2)\theta^2.$$

由 T 是 θ 的无偏估计量,可知 $E(T) = \theta$,则

$$\begin{cases} na_1 = 0, \\ n(a_2 - a_1) = 1, \\ n(a_3 - a_2) = 0, \end{cases} \text{即} \begin{cases} a_1 = 0, \\ a_2 = \dfrac{1}{n}, \\ a_3 = \dfrac{1}{n}. \end{cases}$$

故 $T = 0 \times N_1 + \dfrac{1}{n} \times N_2 + \dfrac{1}{n} \times N_3 = \dfrac{1}{n}(N_2 + N_3) = \dfrac{1}{n}(n - N_1)$.

$D(T) = D\left[\dfrac{1}{n}(n - N_1)\right] = \dfrac{1}{n^2} D(N_1) = \dfrac{1}{n^2} \cdot n \cdot (1-\theta) \cdot \theta = \dfrac{1}{n}\theta(1-\theta)$.

[53] 解 (1) $E(T_1) = \dfrac{1}{6}[E(X_1) + E(X_2)] + \dfrac{1}{3}[E(X_3) + E(X_4)] = \dfrac{1}{6}(\theta + \theta) + \dfrac{1}{3}(\theta + \theta) = \theta$,

$E(T_2) = \dfrac{1}{5}[E(X_1) + 2E(X_2) + 3E(X_3) + 4E(X_4)] = \dfrac{1}{5}(\theta + 2\theta + 3\theta + 4\theta) = 2\theta$,

$E(T_3) = \dfrac{1}{4}[E(X_1) + E(X_2) + E(X_3) + E(X_4)] = \dfrac{1}{4}(\theta + \theta + \theta + \theta) = \theta$.

故 T_1, T_3 为 θ 的无偏估计量;

(2) $D(T_1) = \dfrac{1}{36}[D(X_1) + D(X_2)] + \dfrac{1}{9}[D(X_3) + D(X_4)] = \dfrac{1}{36}(\theta^2 + \theta^2) + \dfrac{1}{9}(\theta^2 + \theta^2) = \dfrac{5}{18}\theta^2$,

$D(T_3) = \dfrac{1}{16}[D(X_1) + D(X_2) + D(X_3) + D(X_4)] = \dfrac{1}{16}(\theta^2 + \theta^2 + \theta^2 + \theta^2) = \dfrac{1}{4}\theta^2$.

$D(T_1) > D(T_3)$,故 T_3 较 T_1 更有效.

[54] 解 $D(c_1\hat{\mu}_1 + c_2\hat{\mu}_2) = c_1^2 D(\hat{\mu}_1) + c_2^2 D(\hat{\mu}_2) + 2c_1 c_2 \text{Cov}(\hat{\mu}_1, \hat{\mu}_2) = c_1^2 \sigma_1^2 + c_2^2 \sigma_2^2 + 2c_1 c_2 \rho \sigma_1 \sigma_2$,

利用高等数学知识,求 $D(c_1\hat{\mu}_1 + c_2\hat{\mu}_2)$ 在 $c_1 + c_2 = 1 (c_1 > 0, c_2 > 0)$ 条件下的最小值点,一种方法是使用拉格朗日乘数法,另一种方法是将 $c_2 = 1 - c_1$ 代入化成无条件极值问题,最终解得

$$c_1 = \dfrac{\sigma_2(\sigma_2 - \rho\sigma_1)}{\sigma_1^2 - 2\rho\sigma_1\sigma_2 + \sigma_2^2}, \quad c_2 = \dfrac{\sigma_1(\sigma_1 - \rho\sigma_2)}{\sigma_1^2 - 2\rho\sigma_1\sigma_2 + \sigma_2^2}.$$

此时 $c_1\hat{\mu}_1 + c_2\hat{\mu}_2$ 的方差达到最小.

[55] 解 $L(\sigma) = \prod_{i=1}^{n} f(x_i; \sigma) = \dfrac{1}{2^n \sigma^n} e^{-\frac{1}{\sigma}\sum_{i=1}^{n}|x_i|}$,令 $\dfrac{d\ln L(\sigma)}{d\sigma} = 0$,得解 $\sigma = \dfrac{1}{n}\sum_{i=1}^{n}|x_i|$,故 $\hat{\sigma} = \dfrac{1}{n}\sum_{i=1}^{n}|X_i|$.

$E(|X|) = \int_{-\infty}^{+\infty} |x| f(x; \sigma) dx = \int_{-\infty}^{+\infty} |x| \dfrac{1}{2\sigma} e^{-\frac{|x|}{\sigma}} dx = \dfrac{1}{\sigma}\int_{0}^{+\infty} x e^{-\frac{x}{\sigma}} dx = \sigma$,

$E(|X|) = \int_0^{+\infty} x \cdot \frac{1}{\sigma} e^{-\frac{x}{\sigma}} dx$ 可视为以 $\frac{1}{\sigma}$ 为参数的指数分布的期望,得到 $E(|X|) = \int_0^{+\infty} x \cdot \frac{1}{\sigma} e^{-\frac{x}{\sigma}} dx = \sigma$. 所以 $E(\hat{\sigma}) = \frac{1}{n} \sum_{i=1}^n E(|X_i|) = E(|X|) = \sigma$.

故 $\hat{\sigma}$ 是 σ 的无偏估计.

[56] 解 (1) $\int_{-\infty}^{+\infty} f(x,\sigma^2) dx = \int_\mu^{+\infty} \frac{A}{\sigma} e^{-\frac{(x-\mu)^2}{2\sigma^2}} dx = \frac{A}{\sigma} \int_\mu^{+\infty} e^{-\frac{(x-\mu)^2}{2\sigma^2}} dx = \sqrt{2} A \frac{\sqrt{\pi}}{2} = 1$,

解得 $A = \sqrt{\frac{2}{\pi}}$;

(2) 设 $x_1, x_2, \cdots, x_n$ 为 $X_1, X_2, \cdots, X_n$ 的观测值,则似然函数

$$L(x_1, \cdots, x_n; \sigma^2) = \prod_{i=1}^n f(x_i, \sigma^2) = \left(\frac{2}{\pi}\right)^{\frac{n}{2}} (\sigma^2)^{-\frac{n}{2}} e^{-\frac{1}{2\sigma^2} \sum_{i=1}^n (x_i - \mu)^2},$$

取对数可得

$$\ln L = \frac{n}{2} \ln \frac{2}{\pi} - \frac{n}{2} \ln \sigma^2 - \frac{1}{2\sigma^2} \sum_{i=1}^n (x_i - \mu)^2,$$

求导可得

$$\frac{d \ln L}{d \sigma^2} = -\frac{n}{2} \frac{1}{\sigma^2} + \frac{1}{2(\sigma^2)^2} \sum_{i=1}^n (x_i - \mu)^2,$$

令 $\frac{d \ln L}{d \sigma^2} = 0$,可得 σ^2 的最大似然估计值为 $\hat{\sigma^2} = \frac{1}{n} \sum_{i=1}^n (x_i - \mu)^2$,则 σ^2 的最大似然估计量为 $\hat{\sigma^2} = \frac{1}{n} \sum_{i=1}^n (X_i - \mu)^2$.

[57] 解 (1) 由总体 X 的概率密度可得

$$F(x) = \int_{-\infty}^x f(t) dt = \begin{cases} 1 - e^{-2(x-\theta)}, & x \geqslant \theta, \\ 0, & x < \theta. \end{cases}$$

(2) $F_{\hat{\theta}}(x) = P\{\hat{\theta} \leqslant x\} = P\{\min(X_1, X_2, \cdots, X_n) \leqslant x\} = 1 - P\{\min(X_1, X_2, \cdots, X_n) > x\}$
$= 1 - P\{X_1 > x, X_2 > x, \cdots, X_n > x\} = 1 - P\{X_1 > x\} P\{X_2 > x\} \cdots P\{X_n > x\}$.

由于 $P\{X_i > x\} = 1 - P\{X_i \leqslant x\} = 1 - F(x)$,因此 $F_{\hat{\theta}}(x) = 1 - [1 - F(x)]^n$.

故 $F_{\hat{\theta}}(x) = \begin{cases} 1 - e^{-2n(x-\theta)}, & x \geqslant \theta, \\ 0, & x < \theta. \end{cases}$

(3) 由 $F_{\hat{\theta}}(x) = \begin{cases} 1 - e^{-2n(x-\theta)}, & x \geqslant \theta, \\ 0, & x < \theta, \end{cases}$ 可得 $\hat{\theta}$ 的概率密度为

$$f_{\hat{\theta}}(x) = F'_{\hat{\theta}}(x) = \begin{cases} 2n e^{-2n(x-\theta)}, & x \geqslant \theta, \\ 0, & x < \theta, \end{cases}$$

则

$$E(\hat{\theta}) = \int_{-\infty}^\infty x f_{\hat{\theta}}(x) dx = \int_\theta^\infty 2nx e^{-2n(x-\theta)} dx = \theta + \frac{1}{2n}.$$

$E(\hat{\theta}) \neq \theta$,因此 $\hat{\theta}$ 不是 θ 的无偏估计.

[58] 解 (1) 似然函数为

$$L(\theta, c) = \begin{cases} \frac{1}{\theta^n} e^{-\frac{1}{\theta} \sum_{i=1}^n (x_i - c)}, & x_i \geqslant c, i = 1, 2, \cdots, n, \\ 0, & 其他 \end{cases} = \begin{cases} \frac{1}{\theta^n} e^{-\frac{1}{\theta} \sum_{i=1}^n (x_i - c)}, & x_n \geqslant x_{n-1} \geqslant \cdots \geqslant x_2 \geqslant x_1 \geqslant c, \\ 0, & 其他, \end{cases}$$

对数似然函数为

$$\ln L(\theta,c) = -n\ln\theta - \frac{1}{\theta}\sum_{i=1}^{n}(x_i - c),$$

对数似然方程为

$$\frac{\partial \ln L(\theta,c)}{\partial c} = \frac{n}{\theta} > 0,$$

故 $\ln L(\theta,c)$ 关于 c 单调增加,故 $\hat{c} = x_1$.

由

$$\frac{\partial \ln L(\theta,c)}{\partial \theta} = -\frac{n}{\theta} + \frac{1}{\theta^2}\sum_{i=1}^{n}(x_i - c) = 0,$$

得 θ 的最大似然估计值为 $\hat{\theta} = \overline{x} - x_1$;

(2) $E(X) = \int_{-\infty}^{+\infty} xf(x)\mathrm{d}x = \int_{c}^{+\infty} \frac{x}{\theta}\mathrm{e}^{-\frac{x-c}{\theta}}\mathrm{d}x = \theta + c,$

$E(X^2) = \int_{c}^{+\infty} \frac{x^2}{\theta}\mathrm{e}^{-\frac{x-c}{\theta}}\mathrm{d}x = \theta^2 + (\theta+c)^2,$

令 $E(X) = \overline{x}, E(X^2) = \frac{1}{n}\sum_{i=1}^{n}x_i^2$,那么 θ 和 c 的矩估计为

$$\hat{\theta} = \sqrt{\frac{1}{n}\sum_{i=1}^{n}(x_i - \overline{x})^2}, \quad \hat{c} = \overline{x} - \sqrt{\frac{1}{n}\sum_{i=1}^{n}(x_i - \overline{x})^2}.$$

[59] **解** (1) $E(X) = \int_{-\infty}^{+\infty} xf(x)\mathrm{d}x = \int_{\theta}^{1} x \cdot \frac{1}{1-\theta}\mathrm{d}x = \frac{1+\theta}{2},$

令 $E(X) = \overline{X}$,即 $\frac{1+\theta}{2} = \overline{X}$,解得 θ 的矩估计量 $\hat{\theta} = 2\overline{X} - 1$;

(2) 似然函数 $L(\theta) = \prod_{i=1}^{n} f(x_i) = \begin{cases} \left(\dfrac{1}{1-\theta}\right)^n, & \theta \leqslant x_i \leqslant 1, \\ 0, & 其他. \end{cases}$

当 $\theta \leqslant x_i \leqslant 1$ 时,$L(\theta) = \prod_{i=1}^{n} \frac{1}{1-\theta} = \left(\frac{1}{1-\theta}\right)^n,$

取对数得 $\ln L(\theta) = -n\ln(1-\theta).$

求导得 $\frac{\mathrm{d}\ln L(\theta)}{\mathrm{d}\theta} = \frac{n}{1-\theta}$,$L(\theta)$ 关于 θ 单调增加,而 $\theta \leqslant x_i \leqslant 1$.

所以 $\hat{\theta} = \min\{X_1, X_2, \cdots, X_n\}$ 为 θ 的最大似然估计量.

[60] **解** (1) 似然函数

$$L(\sigma^2) = \prod_{i=1}^{n} \frac{1}{\sqrt{2\pi}\sigma}\exp\left(-\frac{(x_i-\mu_0)^2}{2\sigma^2}\right) = \frac{1}{(2\pi)^{\frac{n}{2}}\sigma^n}\exp\left(\sum_{i=1}^{n} -\frac{(x_i-\mu_0)^2}{2\sigma^2}\right),$$

$\ln L = -\frac{n}{2}\ln 2\pi - n\ln\sigma - \sum_{i=1}^{n}\frac{(x_i-\mu_0)^2}{2\sigma^2} = -\frac{n}{2}\ln 2\pi - \frac{n}{2}\ln\sigma^2 - \frac{1}{\sigma^2}\sum_{i=1}^{n}\frac{(x_i-\mu_0)^2}{2},$

$$\frac{\mathrm{d}\ln L}{\mathrm{d}\sigma^2} = -\frac{n}{2\sigma^2} + \frac{1}{(\sigma^2)^2}\sum_{i=1}^{n}\frac{(x_i-\mu_0)^2}{2},$$

令 $\frac{\partial \ln L}{\partial \sigma^2} = 0$,可得 σ^2 的最大似然估计值 $\hat{\sigma}^2 = \frac{1}{n}\sum_{i=1}^{n}(x_i-\mu_0)^2.$

故 σ^2 的最大似然估计量 $\hat{\sigma}^2 = \frac{1}{n}\sum_{i=1}^{n}(X_i-\mu_0)^2$;

(2) 由于 $\frac{X_i-\mu_0}{\sigma} \sim N(0,1)$,因此 $\sum_{i=1}^{n}\left(\frac{X_i-\mu_0}{\sigma}\right)^2 \sim \chi^2(n).$

由 χ^2 的性质可知

$$E\left[\sum_{i=1}^{n}\left(\frac{X_i-\mu_0}{\sigma}\right)^2\right]=n, \quad D\left[\sum_{i=1}^{n}\left(\frac{X_i-\mu_0}{\sigma}\right)^2\right]=2n,$$

因此

$$E(\hat{\sigma}^2)=E\left[\sum_{i=1}^{n}\frac{(X_i-\mu_0)^2}{n}\right]=\frac{\sigma^2}{n}E\left[\sum_{i=1}^{n}\frac{(X_i-\mu_0)^2}{\sigma^2}\right]=\sigma^2,$$

$$D(\hat{\sigma}^2)=D\left[\sum_{i=1}^{n}\frac{(X_i-\mu_0)^2}{n}\right]=\frac{\sigma^4}{n^2}D\left[\sum_{i=1}^{n}\frac{(X_i-\mu_0)^2}{\sigma^2}\right]=\frac{2\sigma^4}{n}.$$

[61] **解** (1)X 的概率密度为 $f(x)=F'(x)=\begin{cases}\dfrac{2x}{\theta}\mathrm{e}^{-\frac{x^2}{\theta}}, & x\geqslant 0,\\ 0, & x<0.\end{cases}$

$$E(X)=\int_{-\infty}^{+\infty}xf(x)\mathrm{d}x=\frac{\sqrt{\pi\theta}}{2},\quad E(X^2)=\int_{-\infty}^{+\infty}x^2f(x)\mathrm{d}x=\theta;$$

(2) 似然函数 $L(\theta)=\prod_{i=1}^{n}f(x_i)=\begin{cases}\dfrac{2^n}{\theta^n}(\prod x_i)^n\mathrm{e}^{-\frac{\sum x_i^2}{\theta}}, & x_i>0,\\ 0, & \text{其他}.\end{cases}$

当 $x_i>0$ 时，令 $\dfrac{\mathrm{d}\ln L(\theta)}{\mathrm{d}\theta}=0$，得 $\theta=\dfrac{1}{n}\sum_{i=1}^{n}x_i^2$.

所以得 θ 的最大似然估计量 $\hat{\theta}=\dfrac{1}{n}\sum_{i=1}^{n}X_i^2$;

(3) 因为 $X_1,X_2,\cdots,X_n$ 独立同分布，显然对应的 $X_1^2,X_2^2,\cdots,X_n^2$ 也独立同分布，由辛钦大数定律，可得

$$\lim_{n\to\infty}P\left\{\left|\frac{1}{n}\sum_{i=1}^{n}X_i^2-E(X_i^2)\right|\geqslant\varepsilon\right\}=0,$$

又由(1)可知 $E(X_i^2)=\theta$，所以 $\lim_{n\to\infty}P\left\{\left|\dfrac{1}{n}\sum_{i=1}^{n}X_i^2-\theta\right|\geqslant\varepsilon\right\}=0.$

故存在常数 $a=\theta$，使得对任意的 $\varepsilon>0$，都有 $\lim_{n\to\infty}P\{|\hat{\theta}_n-a|\geqslant\varepsilon\}=0.$

[62] **解** (1)X 的概率密度为 $f(x)=\begin{cases}\dfrac{1}{\theta}, & 0<x<\theta,\\ 0, & \text{其他},\end{cases}$ X 的分布函数为 $F(x)=\begin{cases}0, & x<0,\\ \dfrac{1}{\theta}x, & 0\leqslant x<\theta,\\ 1, & x\geqslant\theta.\end{cases}$

$X_{(n)}$ 的分布函数为

$$F_{X_{(n)}}(x)=P\{\max\{X_1,X_2,\cdots,X_n\}\leqslant x\}=P\{X_1\leqslant x,X_2\leqslant x,\cdots,X_n\leqslant x\}$$
$$=P\{X_1\leqslant x\}\cdot P\{X_2\leqslant x\}\cdots\cdots\{X_n\leqslant x\}=F^n(x),$$

$X_{(n)}$ 概率密度为

$$f_{X_{(n)}}(x)=nF^{n-1}(x)\cdot f(x)=\begin{cases}\dfrac{n}{\theta^n}x^{n-1}, & 0<x<\theta,\\ 0, & \text{其他}.\end{cases}$$

从而 $E(T_c)=cE[X_{(n)}]=c\int_0^{\theta}x\cdot\dfrac{n}{\theta^n}x^{n-1}\mathrm{d}x=\dfrac{cn}{n+1}\theta.$

令 $E(T_c)=\dfrac{cn}{n+1}\theta=\theta$，解得 $c=\dfrac{n+1}{n}$;

(2)$E(T_c^2)=c^2E[X_{(n)}^2]=c^2\int_0^{\theta}x^2\cdot\dfrac{n}{\theta^n}x^{n-1}\mathrm{d}x=\dfrac{c^2n}{n+2}\theta^2.$

故 $h(c)=E(T_c-\theta)^2=E(T_c^2-2\theta T_c+\theta^2)=E(T_c^2)-2\theta E(T_c)+\theta^2=\dfrac{c^2n}{n+2}\theta^2-\dfrac{2cn}{n+1}\theta^2+\theta^2.$

而 $h'(c)=\dfrac{2cn}{n+2}\theta^2-\dfrac{2n}{n+1}\theta^2$，令 $h'(c)=0$，得 $c=\dfrac{n+2}{n+1}$，此时 $h''(c)=\dfrac{2n}{n+2}\theta^2>0.$

所以当 $c = \dfrac{n+2}{n+1}$ 时，$h(c)$ 最小.（或者利用开口向上的抛物线的对称轴来处理）

[63] **解** （1）$E(T) = E(\overline{X}^2 - \dfrac{1}{n}S^2) = E(\overline{X}^2) - E(\dfrac{1}{n}S^2) = E(\overline{X}^2) - \dfrac{1}{n}\sigma^2$.

因为 $X \sim N(\mu, \sigma^2), \overline{X} \sim N(\mu, \dfrac{\sigma^2}{n})$，而

$$E(\overline{X}^2) = D(\overline{X}) + [E(\overline{X})]^2 = \dfrac{1}{n}\sigma^2 + \mu^2, \quad E(T) = \dfrac{1}{n}\sigma^2 + \mu^2 - \dfrac{1}{n}\sigma^2 = \mu^2,$$

所以 T 是 μ^2 的无偏估计；

（2）$D(T) = E(T^2) - [E(T)]^2, E(T) = 0, E(T^2) = E\left(\overline{X}^4 - \dfrac{2}{n}\overline{X}^2 \cdot S^2 + \dfrac{S^4}{n^2}\right)$.

因为 $\overline{X} \sim N(0, \dfrac{1}{n}), \dfrac{\overline{X}}{\dfrac{1}{\sqrt{n}}} \sim N(0,1)$，令 $X = \dfrac{\overline{X}}{\dfrac{1}{\sqrt{n}}}$，

$$E(X^4) = \int_{-\infty}^{+\infty} \dfrac{x^4}{\sqrt{2\pi}} e^{-\frac{x^2}{2}} dx = \int_{-\infty}^{+\infty} \dfrac{3x^2}{\sqrt{2\pi}} e^{-\frac{x^2}{2}} dx = 3E(X^2) = 3,$$

所以 $E(\overline{X}^4) = \dfrac{3}{n^2}$，

$$E\left(\dfrac{2}{n}\overline{X}^2 \cdot S^2\right) = \dfrac{2}{n} E(\overline{X}^2) \cdot E(S^2) = \dfrac{2}{n}\{D(\overline{X}) + [E(\overline{X})]^2\} = \dfrac{2}{n}(\dfrac{1}{n} + 0) = \dfrac{2}{n^2},$$

$$E\left(\dfrac{S^4}{n^2}\right) = \dfrac{1}{n^2} E(S^4), \quad E(S^4) = D(S^2) + [E(S^2)]^2 = D(S^2) + 1.$$

因为 $W = \dfrac{(n-1)S^2}{\sigma^2} \sim \chi^2(n-1)$，且 $\sigma^2 = 1$，所以

$$D(W) = (n-1)^2 D(S^2) = 2(n-1), \quad D(S^2) = \dfrac{2}{n-1}, \quad E(S^4) = \dfrac{2}{n-1} + 1 = \dfrac{n+1}{n-1}.$$

故 $E(T^2) = \dfrac{3}{n^2} - \dfrac{2}{n^2} + \dfrac{1}{n^2} \cdot \dfrac{n+1}{n-1} = \dfrac{2}{n(n-1)}$.

[70] **解** 由样本值得

$$\overline{X} = \dfrac{1}{5}(1\,455 + 1\,502 + 1\,370 + 1\,610 + 1\,430) = 1\,473.4.$$

当 $\alpha = 0.1$ 时，查表得 $u_{\frac{\alpha}{2}} = 1.64$，故

$$\overline{X} - u_{\frac{\alpha}{2}} \dfrac{\sigma}{\sqrt{n}} = 1\,473.4 - 1.64 \times \dfrac{100}{\sqrt{5}} = 1\,400.1,$$

$$\overline{X} + u_{\frac{\alpha}{2}} \dfrac{\sigma}{\sqrt{n}} = 1\,473.4 + 1.64 \times \dfrac{100}{\sqrt{5}} = 1\,546.7.$$

于是置信度 90% 下，平均使用寿命 μ 的置信区间为 $(1\,400.1, 1\,546.7)$.

当 $\alpha = 0.05$ 时，查表得 $u_{\frac{\alpha}{2}} = 1.96$，故

$$\overline{X} - u_{\frac{\alpha}{2}} \dfrac{\sigma}{\sqrt{n}} = 1\,473.4 - 1.96 \times \dfrac{100}{\sqrt{5}} = 1\,385.7,$$

$$\overline{X} + u_{\frac{\alpha}{2}} \dfrac{\sigma}{\sqrt{n}} = 1\,473.4 + 1.96 \times \dfrac{100}{\sqrt{5}} = 1\,561.1.$$

于是置信度 95% 下，平均使用寿命 μ 的置信区间为 $(1\,385.7, 1\,561.1)$.

[71] **解** 由 σ^2 的置信区间公式知，σ 的置信度为 0.95 的置信区间为

$$\left(\dfrac{\sqrt{n-1}S}{\sqrt{\chi^2_{\frac{\alpha}{2}}(n-1)}}, \dfrac{\sqrt{n-1}S}{\sqrt{\chi^2_{1-\frac{\alpha}{2}}(n-1)}}\right),$$

其中 $s = 11, n - 1 = 8, 1 - \alpha = 0.95, \alpha = 0.05, \dfrac{\alpha}{2} = 0.025$.

查表得 $\chi^2_{\frac{\alpha}{2}}(8) = 17.535, \chi^2_{1-\frac{\alpha}{2}}(8) = 2.180$,代入得到 σ 的置信区间为(7.4,21.1).

[72] **解** (1) 当方差 σ^2 已知时,μ 的置信度为 0.95 的置信区间为

$$\left(\overline{X} - \frac{\sigma}{\sqrt{n}} u_{\frac{\alpha}{2}}, \quad \overline{X} + \frac{\sigma}{\sqrt{n}} u_{\frac{\alpha}{2}}\right),$$

这里,$1-\alpha = 0.95, \alpha = 0.05, \frac{\alpha}{2} = 0.025, n = 9, \sigma = 0.6, \overline{x} = \frac{1}{9}(6.0 + 5.7 + \cdots + 5.0) = 6$.

查正态分布表得 $u_{\frac{\alpha}{2}} = 1.96$.

将这些值代入公式得(5.608,6.392);

(2) 当方差 σ^2 未知时,μ 的置信度为 0.95 的置信区间为

$$\left(\overline{X} - \frac{S}{\sqrt{n}} t_{\frac{\alpha}{2}}(n-1), \quad \overline{X} + \frac{S}{\sqrt{n}} t_{\frac{\alpha}{2}}(n-1)\right),$$

这里,$1-\alpha = 0.95, \alpha = 0.05, \frac{\alpha}{2} = 0.025, n-1 = 8$.

查表得 $t_{\frac{\alpha}{2}}(n-1) = 2.3060$,

$$\overline{x} = \frac{1}{9}(6.0 + 5.7 + \cdots + 5.0) = 6, \quad s^2 = \frac{1}{n-1} \sum_{i=1}^{n}(x_i - \overline{x})^2 = 0.33.$$

将这些值代入公式得(5.558,6.442).

[73] **解** 此题中,$\sigma_1 = \sigma_2 = 0.05$,因此,$\mu_1 - \mu_2$ 的置信度 0.99 的置信区间为

$$\left(\overline{X}_1 - \overline{X}_2 - u_{\frac{\alpha}{2}} \sigma \sqrt{\frac{1}{n_1} + \frac{1}{n_2}}, \quad \overline{X}_1 - \overline{X}_2 + u_{\frac{\alpha}{2}} \sigma \sqrt{\frac{1}{n_1} + \frac{1}{n_2}}\right),$$

这里 $n_1 = n_2 = 20, \alpha = 0.01, \frac{\alpha}{2} = 0.005$.

查表得 $u_{\frac{\alpha}{2}} = 2.58$.

代入上区间得(-6.04,-5.96).

[74] **解** $\frac{\sigma_A^2}{\sigma_B^2}$ 的置信区间为

$$\left(\frac{S_A^2}{S_B^2} \frac{1}{F_{\frac{\alpha}{2}}(n_1-1, n_2-1)}, \quad \frac{S_A^2}{S_B^2} \frac{1}{F_{1-\frac{\alpha}{2}}(n_1-1, n_2-1)}\right),$$

这里 $1-\alpha = 0.95, \alpha = 0.05, \frac{\alpha}{2} = 0.025$.

查表得 $F_{\frac{\alpha}{2}}(9,9) = 4.03, F_{1-\frac{\alpha}{2}}(9,9) = \frac{1}{4.03}$.

代入上式得(0.222,3.601).

[75] **解** σ 未知,此时

$$\frac{\overline{X} - \mu}{\frac{S}{\sqrt{n}}} \sim t(n-1), \quad P\left\{\frac{\overline{X} - \mu}{\frac{S}{\sqrt{n}}} < t_{\alpha}(n-1)\right\} = 1 - \alpha,$$

由此得 μ 的置信度为 $1-\alpha$ 的单侧置信下限为 $\overline{X} - t_{\alpha}(n-1) \cdot \frac{S}{\sqrt{n}}$,这里

$$\overline{x} = \frac{1}{16}(41\,250 + \cdots + 40\,400) = 41\,117, \quad s = 1\,347.$$

查表得 $t_{0.05}(15) = 1.7531$.

代入上式得 $\overline{x} - t_{\alpha}(n-1) \cdot \frac{s}{\sqrt{n}} = 40\,526$.

[76] **解** 由 $\sigma^2 = 6^2$ 得 $\frac{\overline{X} - \mu}{6} \sqrt{n} \sim N(0,1)$,故置信区间为

$$\left(\overline{X}-u_{\frac{\alpha}{2}}\frac{\sigma}{\sqrt{n}},\ \overline{X}+u_{\frac{\alpha}{2}}\frac{\sigma}{\sqrt{n}}\right).$$

从而得均值 μ 的置信区间的长度为

$$2u_{\frac{\alpha}{2}}\cdot\frac{\sigma}{\sqrt{n}}\leqslant 2,$$

即 $n\geqslant(u_{\frac{\alpha}{2}}\cdot\sigma)^2=(1.96\times 6)^2\approx 139.$

[77] **解** 由题意知 $n=25,\overline{x}=5.5,s=1.73.$

由于方差 σ^2 未知,故 μ 的置信度为 0.95 的置信区间为

$$\left(\overline{X}-\frac{S}{\sqrt{n}}\cdot t_{\frac{\alpha}{2}}(n-1),\overline{X}+\frac{S}{\sqrt{n}}\cdot t_{\frac{\alpha}{2}}(n-1)\right)=\left(5.5-\frac{1.73}{\sqrt{25}}\times 2.0639,5.5+\frac{1.73}{\sqrt{25}}\times 2.0639\right)$$
$$=(4.7858,6.2141).$$

由于均值 μ 未知,故 σ^2 的置信度为 0.95 的置信区间为

$$\left(\frac{(n-1)S^2}{\chi^2_{\frac{\alpha}{2}}(n-1)},\frac{(n-1)S^2}{\chi^2_{1-\frac{\alpha}{2}}(n-1)}\right)=\left(\frac{(25-1)\times 1.73^2}{\chi^2_{0.025}(24)},\frac{(25-1)\times 1.73^2}{\chi^2_{0.975}(24)}\right)$$
$$=\left(\frac{(25-1)\times 2.9929}{39.364},\frac{(25-1)\times 2.9929}{12.401}\right)=(1.8248,5.7922).$$

[78] **解** 因为 σ^2 未知,故 μ 的单侧置信下限为

$$\hat{\mu}_L=\overline{X}-t_\alpha(n-1)\frac{S}{\sqrt{n}}.$$

由题意知,$n=5,\overline{x}=1\,160,s^2=\frac{1}{4}\left(\sum_{i=1}^{5}x_i^2-5\overline{x}^2\right)=9\,950,t_\alpha(4)=t_{0.05}(4)=2.1318.$

故 μ 的置信度为 0.95 的单侧置信下限为

$$\hat{\mu}_L=\overline{x}-t_{0.05}(4)\frac{s}{\sqrt{n}}=1\,064.9.$$

由于 μ 未知,则 σ^2 的单侧置信上限为

$$\hat{\sigma}_U^2=\frac{(n-1)S^2}{\chi^2_{1-\alpha}(n-1)}.$$

查表得 $\chi^2_{0.95}(4)=0.711,$ 故 $\hat{\sigma}_U^2=\frac{4s^2}{\chi^2_{0.95}(4)}=55\,977.$

[79] **解** 本题是求样本容量的最小值,因此,不妨设 $X_1,X_2,\cdots,X_n$ 是取自该总体的样本. 样本均值为 $\overline{X},$ 且已知 $\hat{\mu}=\overline{X},$ 依题意,即可由 $P\{|\overline{X}-\mu|<50\}\geqslant 0.95$ 去求最小样本容量.

设 n 为需要调查的游客人数,要使

$$P\{|\overline{X}-\mu|<50\}\geqslant 0.95,\text{即 }P\left\{\frac{|\overline{X}-\mu|}{\frac{\sigma}{\sqrt{n}}}<\frac{50}{\frac{\sigma}{\sqrt{n}}}\right\}\geqslant 0.95.$$

因为 $\frac{\overline{X}-\mu}{\frac{\sigma}{\sqrt{n}}}=U\sim N(0,1),$ 由 $P\{|U|<u_{\frac{\alpha}{2}}\}=1-\alpha=0.95,$ 其中 $\alpha=0.05,$ 得

$$\frac{50}{\frac{\sigma}{\sqrt{n}}}\geqslant u_{\frac{0.05}{2}}\Rightarrow\sqrt{n}\geqslant\frac{1.96\sigma}{50}\Rightarrow n\geqslant\left(\frac{1.96\sigma}{50}\right)^2=\left(\frac{1.96\times 500}{50}\right)^2=384.16.$$

随机调查游客人数不少于 385 人,就有不小于 0.95 的把握,使得用调查所得的 $\overline{x}$ 去估计平均消费额的真相 $\mu,$ 其绝对误差小于 50 元.

答案解析

第八章 假设检验

1. 假设检验基本概念

[4] B

解 α 即第一类错误"弃真"的概率.

[5] B

解 B 相当于 H_0 为真,但拒绝 H_0,为第一类错误.

[6] $1-\beta$.

解 $P\{$拒绝 $H_0 \mid H_0$ 不真$\} = 1 - P\{$接受 $H_0 \mid H_0$ 不真$\} = 1-\beta$.

2. 正态总体参数的假设检验

[10] 解 根据题意,建立检验假设 $H_0:\mu = \mu_0 = 4.55, H_1:\mu \neq \mu_0$.
由于已知 $\sigma^2 = 0.108^2$,故在 H_0 成立条件下选取统计量

$$U = \frac{\overline{X} - \mu_0}{\frac{\sigma_0}{\sqrt{n}}} \sim N(0,1).$$

已知 $\alpha = 0.05$,查表知 $u_{\frac{\alpha}{2}} = 1.96$.
由于 $\overline{X} = 4.61, n = 9, \sigma = 0.108$. 故 U 的观测值为 $|U| = 1.67 < 1.96 = u_{\frac{\alpha}{2}}$.
因此接受 H_0,即认为现在生产的铁水平均含碳量仍为 4.55.

[11] 解 $H_0:\mu \geq 1\,000, H_1:\mu < 1\,000$.
此题中,$\sigma^2 = 10\,000$ 为已知,因此此检验问题的拒绝域为

$$U = \frac{\overline{X} - \mu_0}{\frac{\sigma}{\sqrt{n}}} \leq -u_\alpha \quad (\text{单边检验},\alpha \text{ 不分半}).$$

计算 $\alpha = 0.05, \overline{x} = 950, \sigma = 100, n = 25, u_{0.05} = 1.645$.

$$u = \frac{950 - 1\,000}{\frac{100}{\sqrt{25}}} = -2.5 < -1.645.$$

因为 u 落在拒绝域内,所以拒绝 H_0,即认为这批元件不合格.

[12] 解 需要检验的假设为 $H_0:\mu \leq 10, H_1:\mu > 10$.
σ^2 未知,因此,拒绝域的形式为

$$T = \frac{\overline{X} - \mu_0}{\frac{S}{\sqrt{n}}} \geq t_\alpha(n-1).$$

现在 $n = 20, \alpha = 0.05$,查表得 $t_\alpha(n-1) = 1.729\,1$.算得 $\overline{x} = 10.2, s^2 = 0.26, s = 0.51$.

$$t = \frac{10.2 - 10}{\frac{0.51}{\sqrt{20}}} = 1.753\,7 > 1.729\,1.$$

· 103 ·

因为 t 落在拒绝域内,所以应拒绝 H_0,即认为装配时间的均值显著大于 10(分).

[13] **解** 提出待检假设 $H_0:\mu_1=\mu_2$,$H_1:\mu_1\neq\mu_2$. 由于 σ_1^2,σ_2^2 未知,但相等.
选取统计量

$$T=\frac{\overline{X}-\overline{Y}}{\sqrt{\frac{(n_1-1)S_1^2+(n_2-1)S_2^2}{n_1+n_2-2}}\sqrt{\frac{1}{n_1}+\frac{1}{n_2}}}.$$

其中 $n_1=n_2=6$,当 H_0 为真时,$T\sim t(6+6-2)=t(10)$.

对 $\alpha=0.05$,拒绝域为 $|T|\geqslant t_{\frac{0.05}{2}}(10)=2.2281$,且 $\overline{X}=25.5,\overline{Y}=25.67,S_1^2=7.5,S_2^2=11.07$,
那么

$$|T|=\left|\frac{25.5-25.67}{\sqrt{\frac{5\times(7.5+11.07)}{10}}\sqrt{\frac{1}{6}+\frac{1}{6}}}\right|\approx 0.099.$$

因为 $|T|\approx 0.099<2.2281=t_{0.025}(10)$,所以接受 H_0,即认为两种香烟的尼古丁含量无显著差异.

[16] C

解 检验统计量为 $\chi^2=\dfrac{(n-1)S^2}{\sigma_0^2}=\dfrac{\sum\limits_{i=1}^n(X_i-\overline{X})^2}{\sigma_0^2}\sim\chi^2(n-1)$.

[17] **解** 需假设检验$(\alpha=0.01)$,$H_0:\sigma\geqslant\sigma_0$,$H_1:\sigma<\sigma_0(\sigma_0=14)$.
采用 χ^2 检验法. 拒绝域为

$$\chi^2=\frac{(n-1)S^2}{\sigma_0^2}<\chi_{1-\alpha}^2(9).$$

现在 $n=10$,$\chi_{1-0.01}^2(9)=2.088$,$s^2=24.233$,

$$\chi^2=\frac{(n-1)s^2}{\sigma_0^2}=\frac{218.1}{14^2}=1.11<2.088.$$

因为 χ^2 落在拒绝域内,所以拒绝 H_0,即认为提纯后的群体比原群体整齐.

[18] **解** 在 $\alpha=0.05$ 下,检验假设 $H_0:\sigma_1^2\leqslant\sigma_2^2$.

选取检验统计量 $F=\dfrac{S_1^2}{S_2^2}$,当 H_0 为真时,$F\sim F(n_1-1,n_2-1)$.

对 $\alpha=0.05$,拒绝域为

$$F>F_\alpha(n_1-1,n_2-1)=F_{0.05}(5,9)=3.48,$$

而由题意可知 $S_1^2=505\,667$,$S_2^2=939\,56$,那么检验统计量 F 的观察值为

$$F=\frac{S_1^2}{S_2^2}=\frac{505\,667}{93\,956}=5.382>3.48=F_{0.05}(5,9).$$

因为 F 落在拒绝域内,所以拒绝 H_0,即认为新生女婴体重的方差冬季不比夏季的小.

[20] **解** 成对试验 $D=X-Y\sim N(\mu_D,\sigma_D^2)$,$D_i=X_i-Y_i$.
检验假设 $H_0:\mu_D\leqslant 0$,$H_1:\mu_D>0$.

因 σ_D^2 未知,拒绝域为 $t=\dfrac{\overline{D}-0}{\frac{S_D}{\sqrt{n}}}\geqslant t_\alpha(n-1)$,这里 $n=15$,$\alpha=0.05$,$t_{0.05}(14)=1.7613$.

计算得 $\overline{D}=0.553$,$S_D^2=(1.0225)^2$,于是 $t=\dfrac{0.553-0}{\frac{1.0225}{\sqrt{15}}}=2.0958>1.7613$.

因为 t 落在拒绝域内,所以拒绝 H_0,即认为 A 比 B 耐穿.

3. 综合提高题型

[28] C

解 μ_1, μ_2 未知,检验两个正态总体方差相等,应选 F 检验法.

$$F = \frac{S_1^2}{S_2^2} \sim F(n_1-1, n_2-1),$$

因为 $\frac{S_1^2}{S_2^2} = \frac{118.4}{31.93} = 3.71$,$F_{0.05}(11,9) = 3.10$,所以 $f > F_{0.05}(11,9)$,故应拒绝 H_0.

[29] $\frac{\overline{X}}{Q}\sqrt{n(n-1)}$.

解 因为 σ^2 未知,故取统计量 $t = \frac{\overline{X} - \mu_0}{\frac{S}{\sqrt{n}}}$. 由 $\mu = 0, S^2 = \frac{Q^2}{n-1}$,得 $t = \frac{\overline{X}}{Q}\sqrt{n(n-1)}$.

[30] 8.

解 当 $\sigma^2 = 8$ 时,检验 $H_0: \mu = \mu_0$, $H_1: \mu \neq \mu_0$,拒绝域应为 $|U| \geqslant u_{\frac{\alpha}{2}}$,即

$$\left|\frac{\overline{X} - \mu_0}{\frac{\sigma}{\sqrt{n}}}\right| \geqslant u_{0.025} = 1.96.$$

由题意 $\frac{\sigma}{\sqrt{n}} = 1$,故 $n = \sigma^2 = 8$.

[31] **解** 根据题意需检验 $H_0: \mu \leqslant 0.8, H_1: \mu > 0.8$.

检验统计量为

$$T = \frac{\overline{X} - \mu}{\frac{S}{\sqrt{16}}} \sim t(15).$$

当 $\alpha = 0.05$ 时,拒绝域为 $T > t_\alpha(n-1) = t_{0.05}(15) = 1.753$.

将 $\overline{x} = 0.92, s = 0.32, n = 16$ 代入检验统计量中可得

$$t = \frac{\overline{x} - 0.8}{\frac{s}{\sqrt{n}}} = 1.5 < 1.735.$$

故接受原假设,即可以接受厂方的断言.

[32] **解** 本题需检验假设 $H_0: \mu \geqslant 21$, $H_1: \mu < 21$.

σ^2 未知,因此拒绝域的形式为

$$t = \frac{\overline{x} - \mu_0}{\frac{s}{\sqrt{n}}} < -t_\alpha(n-1).$$

现在 $n = 17, \overline{x} = 20, s = 3.984, t_{0.05}(16) = 1.7459$,

$$t = \frac{20 - 21}{\frac{3.984}{\sqrt{17}}} = -1.035 > -1.7459.$$

因为 t 不落在拒绝域内,所以接受 H_0,即认为这批罐头是符合规定的.

[33] **解** $H_0: \sigma \geqslant 0.0004$, $H_1: \sigma < 0.0004$.

此题 μ 未知,故拒绝域为

$$\chi^2 = \frac{(n-1)S^2}{\sigma_0^2} \leqslant \chi_{1-\alpha}^2(n-1).$$

这里 $\alpha = 0.05, n = 10$,查表 $\chi^2_{1-\alpha}(9) = \chi^2_{0.95}(9) = 3.325$,计算

$$\chi^2 = \frac{9 \times (0.00037)^2}{(0.0004)^2} = 7.7006 > 3.325.$$

因为 χ^2 没落在拒绝域内,所以接受 H_0.

[34] **解** 检验问题为 $H_0: \sigma^2 = \sigma_0^2 = 5^2, H_1: \sigma^2 \neq 5^2$.

由题意,$n = 10$,计算得 $\bar{x} = 501.1, s = 7.637$.

$\alpha = 0.05$ 时,$\chi^2_{\frac{\alpha}{2}}(n) = 20.483, \chi^2_{1-\frac{\alpha}{2}}(n) = 3.247, \chi^2_{\frac{\alpha}{2}}(n-1) = 19.023, \chi^2_{1-\frac{\alpha}{2}}(n-1) = 2.7$.

(1) 已知 $\mu = \mu_0 = 500$,当 H_0 为真时,检验统计量

$$\chi^2 = \sum_{i=1}^{n} \left(\frac{X_i - \mu_0}{\sigma_0} \right)^2 \sim \chi^2(n) = \chi^2(10),$$

拒绝域为

$$W = \{\chi^2 < 3.247 \text{ 或 } \chi^2 > 20.483\}.$$

$$\chi^2 = \frac{1}{25} \sum_{i=1}^{10} (x_i - 500)^2 = 21.48 > \chi^2_{0.025}(10),$$

故应拒绝原假设,即不能认为各袋重量标准差为 5 克;

(2) 若 μ 未知,当 H_0 为真时,检验统计量

$$\chi^2 = \frac{(n-1)S^2}{\sigma_0^2} \sim \chi^2(n-1) = \chi^2(9),$$

拒绝域为

$$W = \{\chi^2 < 2.7 \text{ 或 } \chi^2 > 19.023\}.$$

计算得 $\chi^2 = \frac{(n-1)s^2}{\sigma_0^2} = \frac{9 \times 7.637^2}{25} \approx 21 > \chi^2_{\frac{\alpha}{2}}(9)$,

故应拒绝原假设,即不能认为各袋重量标准差为 5 克.

[35] **解** 设 X 和 Y 分别表示两台车床加工的零件厚度,分别服从正态分布 $N(\mu_1, \sigma_1^2)$ 和 $N(\mu_2, \sigma_2^2)$,$\mu_1, \mu_2, \sigma_1^2, \sigma_2^2$ 未知.

建立假设 $H_0: \sigma_1^2 = \sigma_2^2, H_1: \sigma_1^2 \neq \sigma_2^2$.

选统计量 $F = \frac{S_1^2}{S_2^2} \sim F(n_1 - 1, n_2 - 1)$.

对于给定的显著性水平 α,确定拒绝域为

$$F < F_{1-\frac{\alpha}{2}}(n_1 - 1, n_2 - 1) \text{ 或 } F > F_{\frac{\alpha}{2}}(n_1 - 1, n_2 - 1).$$

查 F 分布表得,

$$F_{\frac{\alpha}{2}}(n_1 - 1, n_2 - 1) = F_{0.05}(5, 8) = 3.69,$$

$$F_{1-\frac{\alpha}{2}}(n_1 - 1, n_2 - 1) = F_{0.95}(5, 8) = \frac{1}{F_{0.05}(8, 5)} = \frac{1}{4.82} = 0.207.$$

由于 $s_1^2 = 0.345, s_2^2 = 0.375$,所以 $F = \frac{s_1^2}{s_2^2} = 0.92$.

而 $0.207 < 0.92 < 3.69$,故应接受 H_0,即认为两车床加工精度无差异.

[36] **解** 根据题意,需先检验 $H_0: \sigma_1^2 = \sigma_2^2, H_1: \sigma_1^2 \neq \sigma_2^2$.

在 H_0 为真时,检验统计量为 $F = \frac{S_X^2}{S_Y^2} \sim F(49, 49)$,

拒绝域为

$$F < F_{1-\frac{\alpha}{2}}(n_1 - 1, n_2 - 1) \text{ 或 } F > F_{\frac{\alpha}{2}}(n_1 - 1, n_2 - 1).$$

$f = \frac{s_X^2}{s_Y^2} = 1.78$,则 $F_{0.975}(49, 49) < f < F_{0.025}(49, 49)$.

故接受 H_0,即认为两条路线行车时间的方差一样.

其次,需检验 $H_0: \mu_1 = \mu_2, H_1: \mu_1 \neq \mu_2$.

在 H_0 为真时,检验统计量为 $T = \dfrac{\overline{X}-\overline{Y}}{S_w\sqrt{\dfrac{1}{n_1}+\dfrac{1}{n_2}}} \sim t(n_1+n_2-2)$,

其中 $S_w^2 = \dfrac{(n_1-1)S_1^2+(n_2-1)S_2^2}{n_1+n_2-2}$.

当 $\alpha = 0.05$ 时,拒绝域为
$$|T| > t_{\frac{\alpha}{2}}(n_1+n_2-2) = t_{0.025}(98) \approx u_{0.025} = 1.96.$$

因为 $|t| = 5.37 > 1.96$,所以拒绝 H_0,即认为两条路线行车时间的均值不一样.

思路拓展 ‹‹‹

在采用 t 检验法检验有关两个正态总体均值差的假设时,如方差未知,先要检查一下两总体的方差是否相等. 若在题目中未指明两总体方差相等时,需先用 F 检验法来检验方差,只有当经 F 检验认为两总体方差相等时,才能用 t 检验法来检验有关均值差的假设.

[37] **解** 设总体 X 表示早晨起床时身高,Y 表示晚上就寝时身高,$D = X - Y$,$D_i = X_i - Y_i$,$D \sim N(\mu_D, \sigma_D^2)$,$\sigma_D^2$ 未知,用 $t -$ 检验法.

检验假设 $H_0: \mu_D \leq 0$,$H_1: \mu_D > 0$.

作差 $d_i = x_i - y_i$,得

序号	1	2	3	4	5	6	7	8
d	0	1	3	2	1	2	-1	2

H_0 为真时 $t = \dfrac{\overline{D}-0}{\dfrac{S_D}{\sqrt{n}}} \sim t(n-1)$.

拒绝域为 $t \geq t_\alpha(n-1)$.

而 $n = 8$,$\alpha = 0.05$,$t_{0.05}(7) = 1.8946$,计算得
$$\overline{d} = 1.25,$$
$$s^2 = \frac{1}{7}\left(\sum_{i=1}^{8}d_i^2 - 8\overline{d}^2\right) = \frac{1}{7}(24-12.5) = 1.643, \quad s = 1.282,$$
$$t = \frac{1.25}{\dfrac{1.282}{\sqrt{8}}} = 2.758 > 1.8946.$$

因为 t 落在拒绝域内,所以拒绝 H_0,即认为早晨的身高比晚上高.

[38] **解** $H_0: \mu_1 - \mu_2 \leq 2$,$H_1: \mu_1 - \mu_2 > 2$.

σ_1^2, σ_2^2 未知,该检验的拒绝域为
$$t = \frac{\overline{x}-\overline{y}-2}{s_w\sqrt{\dfrac{1}{n_1}+\dfrac{1}{n_2}}} \geq t_\alpha(n_1+n_2-2).$$

$n_1 = 12$,$n_2 = 12$,$\alpha = 0.05$. 查表知 $t_\alpha(n_1+n_2-2) = 1.7171$. 计算得
$$\overline{x} = 5.25, \quad \overline{y} = 1.5,$$
$$s_w^2 = \frac{(n_1-1)s_1^2+(n_2-1)s_2^2}{n_1+n_2-2} = \frac{10.252+11}{22} = (0.9828)^2,$$
$$t = \frac{5.25-1.5-2}{0.9828\sqrt{\dfrac{1}{12}+\dfrac{1}{12}}} = 4.362 > 1.7171.$$

因为 t 落在拒绝域内,所以拒绝 H_0.

[42] A

解 当 H_0 成立时,$X \sim N(\mu_0, \sigma_0^2)$,$\overline{X} \sim N\left(\mu_0, \dfrac{\sigma_0^2}{n}\right)$,那么犯第一类错误的概率为

$$\alpha = P\{\text{弃真}\} = P\{\overline{X} > c \mid H_0 \text{ 成立}\} = P\{\overline{X} > c\} = 1 - P\{\overline{X} \leqslant c\} = 1 - \Phi\left(\dfrac{\sqrt{n}(c-\mu_0)}{\sigma_0}\right).$$

固定 n,μ_0 和 σ_0,$\Phi\left(\dfrac{\sqrt{n}(c-\mu_0)}{\sigma_0}\right)$ 关于 c 递增,从而 α 关于 c 递减.

[43] $(1.08, 8.92), 0.9209$.

解 因为 $U = \dfrac{\overline{X} - \mu}{\dfrac{\sigma}{\sqrt{n}}} \sim N(0,1)$,所以接受域为 $|U| < u_{\frac{\alpha}{2}}$,即 $|\overline{X} - 5| < u_{\frac{\alpha}{2}} \dfrac{\sigma}{\sqrt{n}} = 3.92$,

故 $\overline{X}$ 的接受域为 $(1.08, 8.92)$.

而 $\mu = 6$ 相当于 H_0 不真,此时 $\dfrac{\overline{X} - 6}{\dfrac{\sigma}{\sqrt{n}}} \sim N(0,1)$,故

$$\beta = P\{\text{接受 } H_0 \mid H_0 \text{ 不真}\} = P\{1.08 < \overline{X} < 8.92\} = \Phi(1.46) - \Phi(-2.46) = 0.9209.$$

[44] **解** $\beta = P\{\text{接受 } H_0 \mid H_1 \text{ 为真}\}$

$$= P\left\{\dfrac{\overline{X} - \mu_0}{\dfrac{\sigma}{\sqrt{n}}} \leqslant 1.64 \mid \mu = \mu_1\right\} = P\left\{\dfrac{\overline{X} - \mu_1}{\dfrac{\sigma}{\sqrt{n}}} \leqslant 1.64 - \dfrac{\mu_1 - \mu_0}{\dfrac{\sigma}{\sqrt{n}}}\right\} = \Phi\left(1.64 - \dfrac{\mu_1 - \mu_0}{\dfrac{\sigma}{\sqrt{n}}}\right).$$

[45] **解** 该检验的接受域为 $\dfrac{\overline{X} - \mu_0}{\dfrac{\sigma}{\sqrt{n}}} > -u_\alpha$. 在数学期望为 μ 条件下,该事件的概率

$$P(\mu) = P\left\{\dfrac{\overline{X} - \mu_0}{\dfrac{\sigma}{\sqrt{n}}} > -u_\alpha\right\} = P\left\{\overline{X} > -u_\alpha \dfrac{\sigma}{\sqrt{n}} + \mu_0\right\}$$

$$= P\left\{\dfrac{\overline{X} - \mu}{\dfrac{\sigma}{\sqrt{n}}} > -u_\alpha + \dfrac{\mu_0 - \mu}{\dfrac{\sigma}{\sqrt{n}}}\right\} \leqslant \beta,$$

则

$$-u_\alpha + \dfrac{\mu_0 - \mu}{\dfrac{\sigma}{\sqrt{n}}} \geqslant u_\beta, \quad (\mu_0 - \mu)\sqrt{n} \leqslant (u_\beta + u_\alpha)\sigma, \quad \sqrt{n} \geqslant \dfrac{u_\beta + u_\alpha}{\mu_0 - \mu} \sigma.$$

代入计算 $\sqrt{n} \geqslant \dfrac{1.645 + 1.645}{15 - 13} \sqrt{2.5}$,即 $n \geqslant 6.765$. 取 $n = 7$ 即可.

[46] **解** (1) $H_0 : \mu \leqslant 125$,$H_1 : \mu > 125$.

拒绝域为 $\dfrac{\overline{x} - \mu_0}{\dfrac{s}{\sqrt{n}}} \geqslant t_\alpha(n-1)$,这里 $\alpha = 0.05$,查表知 $t_\alpha(n-1) = 1.895$.

计算得 $\overline{x} = 132$,$s^2 = 444.286$,$s = 21.08$,

$$t = \dfrac{132 - 125}{\dfrac{21.08}{\sqrt{8}}} = 0.939 < t_\alpha(n-1) = 1.895.$$

因为 t 没落在否定域内,所以接受 H_0;

(2) 此题中 $\alpha = 0.05$,$\beta = 0.1$,$\dfrac{\mu - \mu_0}{\sigma} = 1.4$,仿照上题可得 $n = 7$.

故所需样本容量 $n \geqslant 7$.